全国优秀教材特等奖

"十四五"职业教育国家规划教材

"十三五"职业教育国家规划教材
高等院校"互联网+"系列精品教材

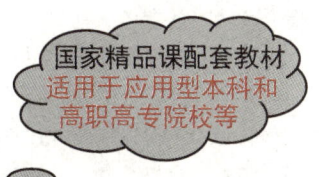

国家精品课配套教材
适用于应用型本科和
高职高专院校等

单片机应用技术
（C语言版）第4版

王静霞　主　编
杨宏丽　刘　俐　副主编

机器人欣赏：扫一扫开启学习之旅

先睹为快：扫一扫对课程实践体系进行解析

学生面对面：扫一扫开始快乐学习单片机

电子工业出版社
Publishing House of Electronics Industry
北京·BEIJING

内 容 简 介

本书在前 3 版得到全国广大院校教师与学生的欢迎和使用基础上，结合行业新技术发展和课程组近年来取得的教学改革成果，在充分和认真听取广大师生及职教专家的意见和建议后，在保留原教材主体内容与特色的前提下，对其内容不断进行优化、补充和调整。主要内容包括：单片机操作环境、单片机硬件系统、单片机并行 I/O 端口、显示和键盘接口技术、定时与中断系统、串行通信技术、A/D 与 D/A 转换接口以及单片机应用系统设计等。本书注重职业技能训练，采用项目任务引导教学，内容贴近电子行业的工作岗位技能要求，同时介绍许多有关单片机应用的小经验、小技巧、小资料等知识，具有很强的实用性、可操作性和趣味性。本书的内容安排科学、实用、合理，非常方便开展高效率教学。

本书为应用型本科和高职高专院校电子信息类、通信类、自动化类、机电类、机械制造类等专业的单片机技术课程的教材，也可作为开放大学、成人教育、自学考试、中职学校和培训班的教材，以及电子工程技术人员的参考工具书。

本教材配有电子教学课件、习题参考答案、C 语言源程序及其他立体化多媒体资源等，详见前言。

未经许可，不得以任何方式复制或抄袭本书之部分或全部内容。
版权所有，侵权必究。

图书在版编目（CIP）数据

单片机应用技术：C 语言版/王静霞主编. —4 版. —北京：电子工业出版社，2019.1（2025.8重印）
高等院校"互联网+"系列精品教材
ISBN 978-7-121-24453-7

Ⅰ. ①单… Ⅱ. ①王… Ⅲ. ①单片微型计算机-高等学校-教材②C 语言-程序设计-高等学校-教材
Ⅳ. ①TP368.1②TP312.8

中国版本图书馆 CIP 数据核字（2018）第 294078 号

策划编辑：陈健德（E-mail：chenjd@phei.com.cn）
责任编辑：陈健德
印　　刷：大厂回族自治县聚鑫印刷有限责任公司
装　　订：大厂回族自治县聚鑫印刷有限责任公司
出版发行：电子工业出版社
　　　　　北京市海淀区万寿路 173 信箱　邮编 100036
开　　本：787×1 092　1/16　印张：19.5　字数：499.2 千字
版　　次：2009 年 5 月第 1 版
　　　　　2019 年 1 月第 4 版
印　　次：2025 年 8 月第 24 次印刷
定　　价：55.00 元

凡所购买电子工业出版社图书有缺损问题，请向购买书店调换。若书店售缺，请与本社发行部联系，联系及邮购电话：(010) 88254888，88258888。
质量投诉请发邮件至 zlts@phei.com.cn，盗版侵权举报请发邮件至 dbqq@phei.com.cn。
本书咨询联系方式：chenjd@phei.com.cn。

第4版前言

寻找单片机：扫一扫发现就在我身边

扫一扫解析机器人：单片机就是机器人的大脑

《单片机应用技术（C语言版）》一书自2009年出版后，以其全新的教学理念、鲜明的高职教育特色、仔细认真的内容编写和精细的编辑出版过程，得到全国广大院校教师与学生的欢迎和使用，前3版累计发行有二十多万册。本书从内容与方法、教与学、做与练等方面，多角度、全方位地体现了高职教育的教学特色，主要的特点包括以下几个方面：

1. 以工作任务引导教与学

全书采用项目化方式，以工作任务为导向，由任务入手引入相关知识和理论，通过技能训练引出相关概念、硬件设计与编程技巧，体现做中学、学中练的教学思路，非常适合作为高等院校的教材。为方便教学，给学生更多的思考空间，每个任务都添加了"举一反三"环节，让学生在基本任务的基础上进行扩展和提升，充分锻炼学生的设计能力。

2. 从职业岗位需求出发，采用C语言编程

传统的单片机教学采用汇编语言进行控制程序设计。汇编语言的优点是比较灵活，但程序不易理解，尤其对于高职学生，很难掌握其编程方法，更难进行灵活的应用。尤为重要的是，在实际工作中，单片机应用产品的开发基本上不采用汇编语言程序。因此，采用C语言是单片机教学改革的重要内容。

C语言程序易于阅读、理解，程序风格更加人性化，且方便移植，目前已经成为单片机应用产品开发的主流语言。本书以单片机应用为主线，把相关的C语言知识融合在工作任务中，以够用为度，让学生在技能训练中逐渐掌握编程方法，易教易学，避免了把C语言单独完整讲解，致使学生无法学以致用，影响学习效果。

3. 任务设计具有针对性、扩展性和系统性，贴近职业岗位需求

针对每个单元具体能力要素的培养目标，精心选择训练任务，避免过大过繁，体现精训精练。同时，注重能力训练的延展性，每个任务既相对独立，又与前后任务之间保持密切的联系，具有扩展性，即后一个任务是在前一个任务基础之上进行功能扩展而实现的，使训练内容由点到线，由线到面，体现技能训练的综合性和系统性。

4. 编写形式直观生动，增强可操作性和可读性

在叙述方式上，引入了大量与实践相关的图、表，并给出了器件清单、电路板实现等细节内容，一步步引导学生自己动手完成设计，具有可操作性。原理性内容叙述简约，并适时穿插各种小知识、小问答、小技能等，表现形式丰富多彩，可读性强。本书各项目正文前配有"教学导航"，为本项目的教与学过程提供指导；正文中的"知识分布网络"，便于学习者掌握本节内容的重点；项目结尾有"知识梳理与总结"，以便于学习者高效率地学习、提炼与归纳。

为了使本书内容紧跟职业教育的教学改革，更多地反映本课程教学内容的行业性、实用性、科学性和方便性，本书修订前编者充分和认真听取广大师生以及职教专家的意见和建议，并保留原教材主体内容与特色，对其内容进行了优化、补充和调整，主要做了以下几方面的修订工作：

（1）增加优质微视频和教学课件等教学资源。微视频教学注重趣味性设计，采用生活化和场景化教学，增强故事性、游戏性，采用比喻激趣法，让学生喜欢学、容易学和快乐学。

（2）紧跟企业实际需求和技术发展，在项目 8 单片机应用系统综合设计中，增加单片机与蓝牙模块、WIFI 模块的接口设计，实现了家居照明蓝牙控制系统设计和 WIFI 遥控小车设计。

（3）增加任务的仿真设计。在 Proteus 8.6 平台上，实现了本书绝大部分任务的功能仿真，并提供了仿真电路和仿真程序，供读者下载使用。

（4）提供配套的电路板资料。本课程的多个项目内容是与深圳市普中科技有限公司合作开发的，为方便开展教学，请有需要的教师扫下面的二维码下载相应的实验用电路板资料。对选用该教材数量大的学校，该公司承诺赠送一套电路板，请课程负责人与本书责任编辑进行联系。

本书为应用型本科和高职高专院校电子信息类、通信类、自动化类、机电类、机械制造类等专业的单片机技术课程的教材，也可作为开放大学、成人教育、自学考试、中职学校和培训班的教材，以及电子工程技术人员的参考工具书。

本书由深圳职业技术学院王静霞任主编，杨宏丽和刘俐任副主编。具体分工为：王静霞对本书的编写思路与大纲进行总体策划，指导全书的编写，对全书统稿，并编写项目 1 和项目 2，项目 4 的任务 4-1、4-4、4-5 及第 4.5 节和第 4.6 节，项目 5 的任务 5-1 以及附录 B；杨宏丽协助完成统稿工作，并编写项目 5 其余内容；刘俐协助完成统稿工作，并编写项目 3 和项目 4 其余内容；毛丰江编写项目 6；唐建东编写项目 7；陈海松编写项目 8 的任务 8-1、8-2 和 8-3，梁召峰编写任务 8-4 和 8-5 及附录 A。刘丽莎、何惠琴和柴继红老师以及教学合作企业的工程技术人员，对本书的编写提供了很多的宝贵意见和建议，同时在编写过程中参考了多位同行老师的著作及资料，在此一并表示感谢。

为了方便教师教学，本书配有电子教学课件、习题参考答案、C 语言源程序文件等，请有此需要的教师登录华信教育资源网（http://www.hxedu.com.cn）免费注册后进行下载；直接扫一扫书中的二维码可阅看或下载更多的立体化教学资源，有问题时请在网站留言或与电子工业出版社联系（E-mail：hxedu@phei.com.cn）。

本书因时间和作者水平有限，书中的错误在所难免，恳请读者提出宝贵意见。

编　者

扫一扫轻松进行本课程典型测验

目　录

项目 1　熟悉单片机操作环境 ··· (1)
　　教学导航 ··· (1)
　　任务 1-1　Keil C51 软件的使用 ·· (2)
　　1.1　认识单片机 ·· (11)
　　　　1.1.1　什么是单片机 ·· (11)
　　　　1.1.2　单片机内部结构 ··· (13)
　　任务 1-2　一个 LED 发光二极管的闪烁控制 ··· (14)
　　1.2　学习单片机的准备 ··· (18)
　　　　1.2.1　单片机开发流程与工具 ·· (18)
　　　　1.2.2　单片机的仿真学习与 ISP 下载实验板 ····································· (19)
　　知识梳理与总结 ··· (20)
　　思考与练习题 1 ·· (21)

项目 2　学习单片机硬件系统 ·· (22)
　　教学导航 ··· (22)
　　任务 2-1　单片机控制蜂鸣器发声 ··· (23)
　　2.1　8051 的信号引脚 ··· (25)
　　2.2　单片机最小系统电路 ·· (27)
　　　　2.2.1　单片机时钟电路 ··· (27)
　　　　2.2.2　单片机复位电路 ··· (28)
　　2.3　51 单片机的存储器结构 ·· (29)
　　　　2.3.1　片内数据存储器 ··· (29)
　　　　2.3.2　片外数据存储器 ··· (33)
　　　　2.3.3　程序存储器 ··· (34)
　　任务 2-2　模拟汽车左右转向灯控制 ·· (35)
　　2.4　单片机并行 I/O 端口 ·· (37)
　　　　2.4.1　并行 I/O 端口电路结构 ·· (37)
　　　　2.4.2　作为输入端口使用 ··· (38)
　　　　2.4.3　作为输出端口使用 ··· (39)
　　　　2.4.4　I/O 端口的第二功能 ··· (39)
　　任务 2-3　仿真调试发光二极管闪烁控制系统 ·· (39)
　　知识梳理与总结 ··· (46)
　　思考与练习题 2 ·· (46)

项目 3　单片机并行 I/O 端口的应用 ·· (48)
　　教学导航 ··· (48)
　　任务 3-1　流水灯设计 ·· (49)
　　3.1　认识 C 语言 ··· (51)
　　　　3.1.1　第一个 C 语言程序 ··· (51)
　　　　3.1.2　C 语言的基本结构 ·· (53)
　　　　3.1.3　C 语言的特点 ·· (54)
　　任务 3-2　按键控制多种花样霓虹灯设计 ·· (55)

3.2　C语言的基本语句 ………………………………………………………………… (59)
　　3.2.1　表达式语句和复合语句 ……………………………………………………… (60)
　　3.2.2　选择语句 …………………………………………………………………… (61)
　　3.2.3　循环语句 …………………………………………………………………… (65)
任务 3-3　声光报警器设计 …………………………………………………………… (71)
3.3　C语言数据与运算 ………………………………………………………………… (76)
　　3.3.1　数据类型 …………………………………………………………………… (77)
　　3.3.2　常量和变量 ………………………………………………………………… (80)
　　3.3.3　运算符和表达式 …………………………………………………………… (84)
任务 3-4　基于 PWM 的可调光台灯设计 ………………………………………… (89)
3.4　C语言的函数 ……………………………………………………………………… (97)
　　3.4.1　函数的分类和定义 ………………………………………………………… (97)
　　3.4.2　函数调用 …………………………………………………………………… (99)
知识梳理与总结 ………………………………………………………………………… (100)
思考与练习题 3 ………………………………………………………………………… (100)

项目 4　显示和键盘接口技术应用 …………………………………………………… (103)
教学导航 ………………………………………………………………………………… (103)
任务 4-1　8 路抢答器设计 …………………………………………………………… (104)
4.1　认识 LED 数码管 ………………………………………………………………… (108)
　　4.1.1　LED 数码管的结构 ………………………………………………………… (108)
　　4.1.2　LED 数码管静态显示 ……………………………………………………… (110)
4.2　数组的概念 ………………………………………………………………………… (111)
　　4.2.1　一维数组 …………………………………………………………………… (111)
　　4.2.2　二维数组 …………………………………………………………………… (114)
　　4.2.3　字符数组 …………………………………………………………………… (114)
任务 4-2　小型 LED 数码管字符显示屏控制 ……………………………………… (115)
4.3　LED 数码管动态显示 ……………………………………………………………… (119)
任务 4-3　LED 点阵式电子广告牌控制 …………………………………………… (120)
4.4　LED 大屏幕显示器及接口 ………………………………………………………… (125)
　　4.4.1　LED 大屏幕显示器的结构及原理 ………………………………………… (125)
　　4.4.2　LED 大屏幕显示器接口 …………………………………………………… (126)
任务 4-4　字符型 LCD 液晶显示广告牌控制 ……………………………………… (129)
4.5　字符型 LCD 液晶显示及接口 ……………………………………………………… (134)
　　4.5.1　LCD 液晶显示器的功能与特点 …………………………………………… (134)
　　4.5.2　字符型 LCD 液晶显示器与单片机的接口 ………………………………… (135)
　　4.5.3　字符型 LCD 液晶显示器的应用 …………………………………………… (135)
任务 4-5　密码锁设计 ………………………………………………………………… (140)
4.6　单片机与矩阵键盘接口 …………………………………………………………… (146)
　　4.6.1　矩阵式键盘结构 …………………………………………………………… (146)
　　4.6.2　矩阵式键盘按键的识别 …………………………………………………… (147)
知识梳理与总结 ………………………………………………………………………… (149)
思考与练习题 4 ………………………………………………………………………… (149)

项目 5　定时与中断系统设计 ………………………………………………………… (152)
教学导航 ………………………………………………………………………………… (152)

任务 5-1　简易秒表设计 ……………………………………………………………………… (153)
5.1　定时/计数器 ……………………………………………………………………………… (158)
  5.1.1　定时/计数器的结构 …………………………………………………………… (158)
  5.1.2　定时/计数器的工作方式 ……………………………………………………… (162)
5.2　中断系统 ………………………………………………………………………………… (165)
  5.2.1　什么是中断 ……………………………………………………………………… (165)
  5.2.2　51 单片机中断系统的结构 …………………………………………………… (166)
  5.2.3　中断有关寄存器 ………………………………………………………………… (167)
  5.2.4　中断处理过程 …………………………………………………………………… (170)
任务 5-2　模拟交通灯控制系统设计 ……………………………………………………… (172)
知识梳理与总结 ……………………………………………………………………………… (178)
思考与练习题 5 ……………………………………………………………………………… (178)

项目 6　串行通信技术应用 …………………………………………………………………… (181)
教学导航 ……………………………………………………………………………………… (181)
任务 6-1　银行动态密码获取系统设计 …………………………………………………… (182)
6.1　串行通信基础 …………………………………………………………………………… (187)
  6.1.1　串行通信与并行通信 …………………………………………………………… (187)
  6.1.2　单工通信与双工通信 …………………………………………………………… (187)
  6.1.3　异步通信与同步通信 …………………………………………………………… (188)
6.2　51 单片机的串行接口 …………………………………………………………………… (190)
  6.2.1　串行口结构 ……………………………………………………………………… (190)
  6.2.2　设置工作方式 …………………………………………………………………… (191)
  6.2.3　设置波特率 ……………………………………………………………………… (193)
6.3　51 单片机串行口工作过程 ……………………………………………………………… (195)
  6.3.1　查询方式串行通信程序设计 …………………………………………………… (195)
  6.3.2　中断方式串行通信程序设计 …………………………………………………… (196)
任务 6-2　移动终端数据上传系统设计 …………………………………………………… (197)
6.4　串行通信协议 …………………………………………………………………………… (202)
  6.4.1　常用串行通信协议 ……………………………………………………………… (202)
  6.4.2　EIA 串行通信标准 ……………………………………………………………… (204)
任务 6-3　串口控制数码管显示系统设计 ………………………………………………… (205)
6.5　串行口的 I/O 端口扩展 ………………………………………………………………… (207)
  6.5.1　采用串行口扩展并行输入口 …………………………………………………… (207)
  6.5.2　采用串行口扩展并行输出口 …………………………………………………… (208)
知识梳理与总结 ……………………………………………………………………………… (209)
思考与练习题 6 ……………………………………………………………………………… (209)

项目 7　A/D 与 D/A 转换接口设计 …………………………………………………………… (211)
教学导航 ……………………………………………………………………………………… (211)
任务 7-1　简易数字电压表设计 …………………………………………………………… (212)
7.1　模拟信号与数字信号 …………………………………………………………………… (218)
7.2　单片机内部 ADC 及其应用 …………………………………………………………… (219)
任务 7-2　基于 A/D 和 D/A 转换芯片的可调光台灯设计 ……………………………… (223)
7.3　I^2C 总线 A/D 与 D/A 转换器 PCF8591 …………………………………………… (229)
  7.3.1　PCF8591 的功能 ………………………………………………………………… (230)

7.3.2　PCF8591 的 I^2C 总线连接与通信 ……………………………… (231)
7.3.3　PCF8591 的 D/A 转换及程序设计 ……………………………… (233)
7.3.4　PCF8591 的 A/D 转换及程序设计 ……………………………… (235)
知识梳理与总结 …………………………………………………………… (235)
思考与练习题 7 …………………………………………………………… (236)

项目 8　单片机应用系统综合设计 …………………………………………… (237)
任务 8-1　数字钟的设计与制作 …………………………………………… (238)
8-1-1　任务目的　　8-1-2　任务要求 ……………………………… (238)
8-1-3　系统方案选择 ………………………………………………… (238)
8-1-4　系统硬件设计　　8-1-5　系统软件设计 …………………… (240)
8-1-6　系统调试与脱机运行 ………………………………………… (247)
8-1-7　任务小结 ……………………………………………………… (249)

任务 8-2　图形液晶显示系统设计 ………………………………………… (249)
8-2-1　目的与要求 …………………………………………………… (249)
8-2-2　系统方案选择 ………………………………………………… (249)
8-2-3　系统硬件设计　　8-2-4　系统软件设计 …………………… (253)
8-2-5　举一反三 ……………………………………………………… (258)
8-2-6　任务小结 ……………………………………………………… (260)

任务 8-3　单片机温度检测记录系统设计 ………………………………… (260)
8-3-1　任务目的　　8-3-2　任务要求 ……………………………… (260)
8-3-3　系统方案选择　　8-3-4　系统硬件设计 …………………… (261)
8-3-5　系统软件整体设计 …………………………………………… (264)
8-3-6　模块程序设计 ………………………………………………… (265)
8-3-7　系统调试与脱机运行 ………………………………………… (286)
8-3-8　系统功能扩展 ………………………………………………… (286)
8-3-9　任务小结 ……………………………………………………… (286)

任务 8-4　家居照明蓝牙控制系统的设计 ………………………………… (286)
8-4-1　目的与要求 …………………………………………………… (286)
8-4-2　电路设计 ……………………………………………………… (287)
8-4-3　程序设计 ……………………………………………………… (288)
8-4-4　蓝牙 APP 设置及系统运行调试 ……………………………… (289)
8-4-5　任务小结　　8-4-6　举一反三 ……………………………… (290)

任务 8-5　WIFI 遥控小车设计 …………………………………………… (293)
8-5-1　目的与要求　　8-5-2　电路设计 …………………………… (293)
8-5-3　程序设计 ……………………………………………………… (293)
8-5-4　WIFI 模块 APP 设置及系统运行调试 ……………………… (297)
8-5-5　任务小结　　8-5-6　举一反三 ……………………………… (298)
知识梳理与总结 …………………………………………………………… (299)

附录 A　课程设计的步骤 …………………………………………………… (300)
附录 B　常用的 C51 标准库函数 ………………………………………… (301)
参考文献 …………………………………………………………………… (304)

项目 1
熟悉单片机操作环境

扫一扫看本项目教学课件

扫一扫看单片机控制系统设计示例

本项目从 Keil C51 软件的使用入手，首先让读者对 Keil C51 软件有一个初步了解；然后，介绍单片机和单片机应用系统的基本概念。通过制作一个 LED 发光二极管的闪烁控制系统，让读者了解单片机应用系统的开发流程及所使用的工具，最后对单片机的各种操作环境进行简单介绍。

教学导航

知识重点	1. 单片机及其内部结构； 2. 单片机应用系统及其开发流程
知识难点	单片机和单片机应用系统的概念
推荐教学方式	从工作任务入手，通过对 Keil C51 软件的使用和制作一个 LED 发光二极管闪烁控制系统，让学生了解单片机应用系统的开发流程及开发环境
建议学时	6 学时
推荐学习方法	动手操作是学习单片机的重要手段，动手焊接一块单片机最小系统的实验板是学习单片机的第一步。操作有一个从不会到会、从生手到熟手的过程，勤练是关键
必须掌握的理论知识	单片机的概念
必须掌握的技能	单片机应用系统开发所需的各种工具的使用

任务 1-1　Keil C51 软件的使用

1. 目的与要求

Keil C51 软件是目前最流行的开发 51 单片机的工具软件，掌握这一软件的使用方法，对于 51 单片机的开发人员来说是十分必要的。

下面按照任务中给出的操作步骤，学习 Keil C51 软件的基本操作方法。

2. 操作步骤

1) 启动 Keil C51 软件

首先启动 Keil C51 软件的集成开发环境。从桌面上直接双击 μVision 图标 ，启动该软件，打开如图 1.1 所示窗口。

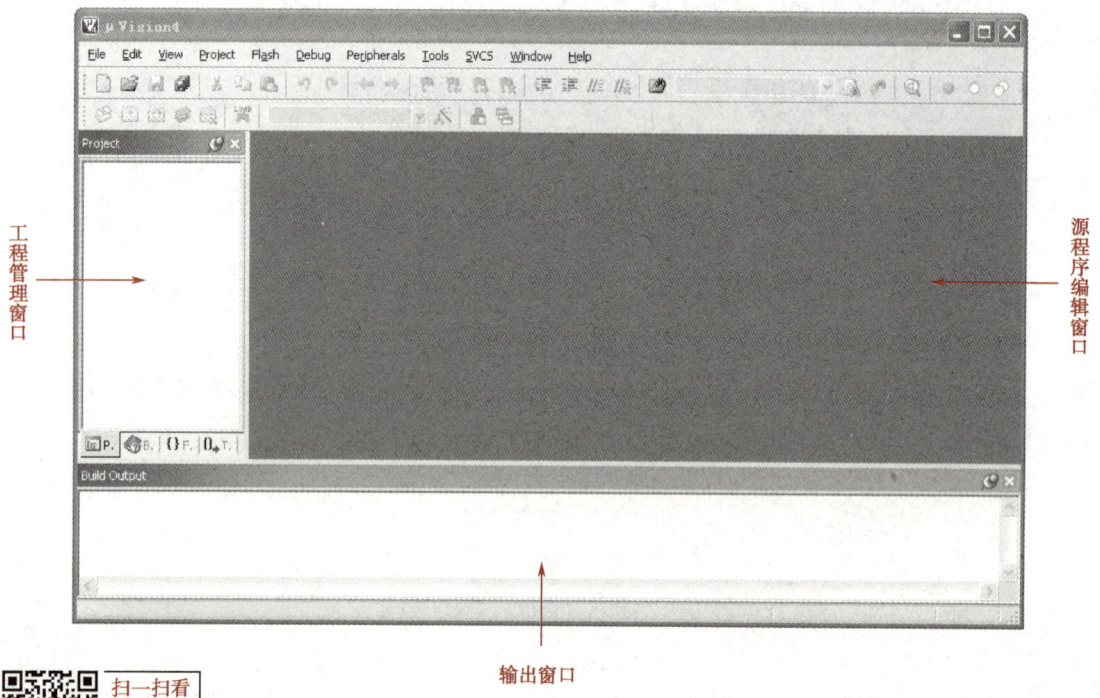

图 1.1　Keil C51 启动窗口

> **小提示**　Keil C51 提供了包括 C 编译器、宏汇编、链接器、库管理和一个功能强大的仿真调试器等在内的完整开发方案，通过一个集成开发环境（μVision）将这些部分组合在一起。学会该软件的使用是踏入 51 单片机学习的第一步。

2) 建立工程文件

（1）在如图 1.1 所示的工作窗口中，单击"Project"→"New μVision Project"菜单命令，打开"Create New Project"对话框，如图 1.2 所示。

（2）在"保存在"下拉列表框中，选择工程保存目录（如 E：\ project \ ex1_1），并在"文件名"文本框中输入工程名字（如 ex1_1），不需要加扩展名，单击"保存"按钮，出现如图 1.3 所示的选择目标器件"Select Device for Target"对话框。

（3）在图 1.3 中，单击左侧列表框中"Atmel"项前面的"+"号，展开该层，单击其中的"AT89C51"，如图 1.4 所示，然后再单击"OK"按钮。

图 1.2　建立工程文件

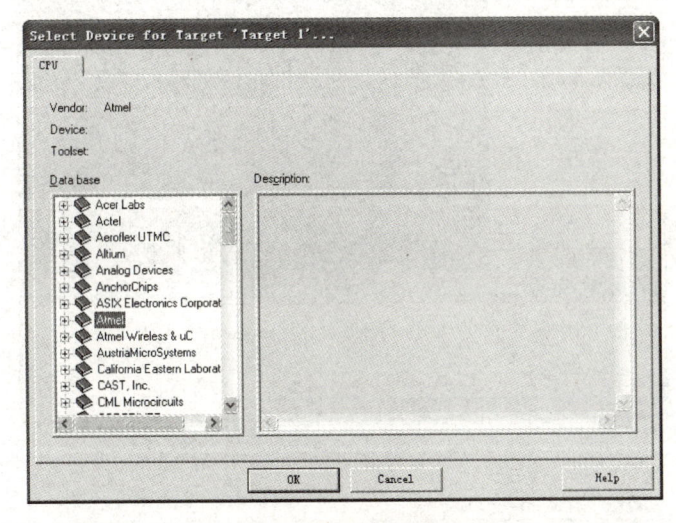

图 1.3　选择目标器件窗口

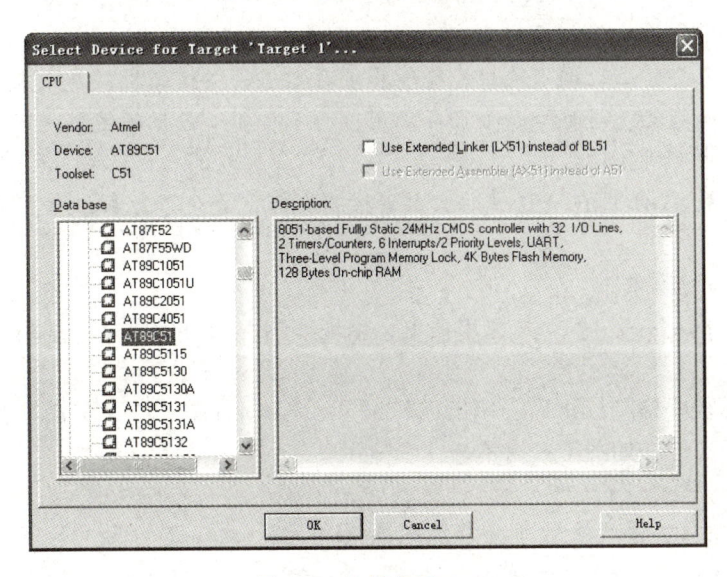

图 1.4　选择目标 CPU

(4) 打开如图 1.5 所示的复制标准 8051 启动代码选择窗口界面,单击"是(Y)"按钮回到主界面,如图 1.6 所示。

图 1.5　复制标准 8051 启动代码选择窗口

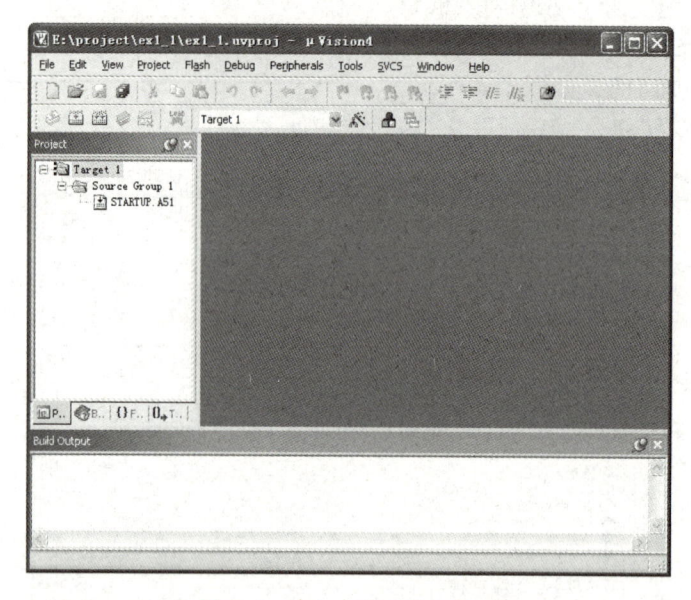

图 1.6　建立工程后的主界面

> **小知识**　已加载的 STARTUP.A51 文件,如图 1.6 所示,其主要作用是:上电时初始化单片机的硬件堆栈、初始化 RAM、初始化模拟堆栈和跳转到主函数即 main 函数。硬件堆栈是用来存放函数调用地址、变量和寄存器值的;模拟堆栈是用来存放可重入函数的,可重入函数就是同时给多个任务调用,而不必担心数据的丢失,可重入函数一般在嵌入式系统中有所体现。
>
> 如果不加载 STARTUP.A51 文件,编译的代码可能会使单片机工作异常。

3) 建立并添加源文件

(1) 单击"File"→"New"菜单命令,出现如图 1.7 所示的文本编辑窗口,在该窗口中输入源程序。

(2) 对该源程序检查校正后,单击"File"→"Save as..."菜单命令,将源程序另存为 C 语言源程序文件,如图 1.8 所示。

> **小提示**　在源文件名的后面必须加扩展名".c",如 ex1_1.c,用于区别其他源文件,例如汇编语言源文件的扩展名为".a"、头文件的扩展名为".h"等。

项目1 熟悉单片机操作环境

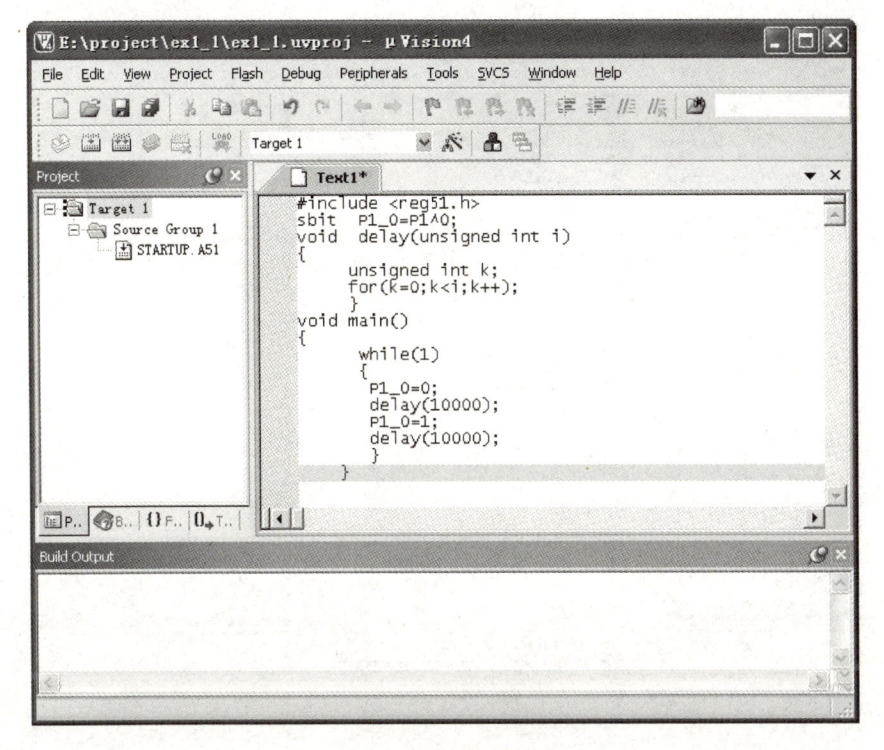

图1.7 文本编辑窗口

图1.8 源程序保存界面

（3）在如图1.9所示的工程管理窗口中"Source Group 1"项上单击鼠标右键打开快捷菜单，再选择"Add Files to Group 'Source Group 1'"菜单命令，出现如图1.10所示窗口。在"文件类型"下拉列表框中选择"C Source file(*.c)"，找到前面新建的"ex1_1.c"文件并选择后，单击"Add"按钮加入工程中。

5

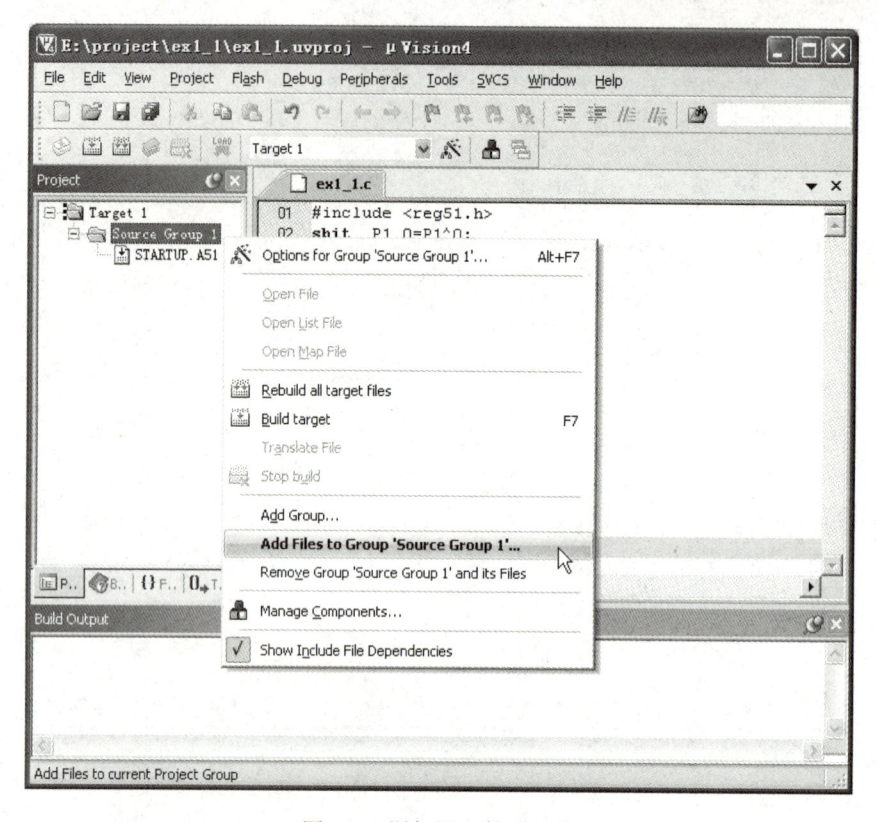

图 1.9 添加源文件到组中

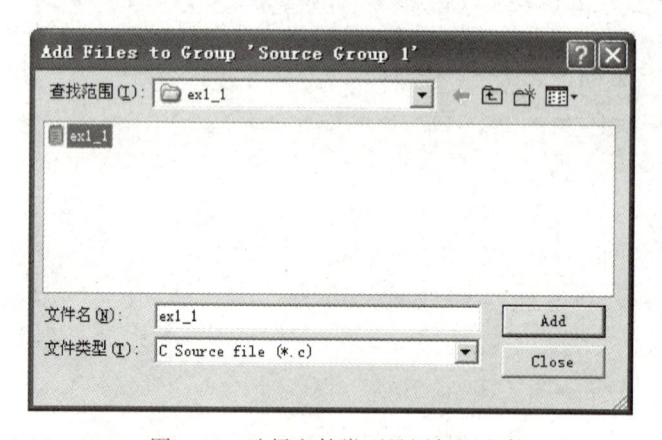

图 1.10 选择文件类型及添加源文件

扫一扫看跟我做微视频：使用 Keil C51 软件

（4）在工程管理窗口"Source Group 1"项中会出现名为"ex1_1.c"的文件，说明新文件的添加已完成，如图 1.11 所示。

小提示 通常单片机控制程序包含多个源程序文件，Keil C51 使用工程（Project）这一概念，将这些参数设置和所需的所有文件都加在一个工程中，包括为这个工程选择 CPU，确定编译、汇编、链接的参数，指定调试的方式等。

项目1 熟悉单片机操作环境

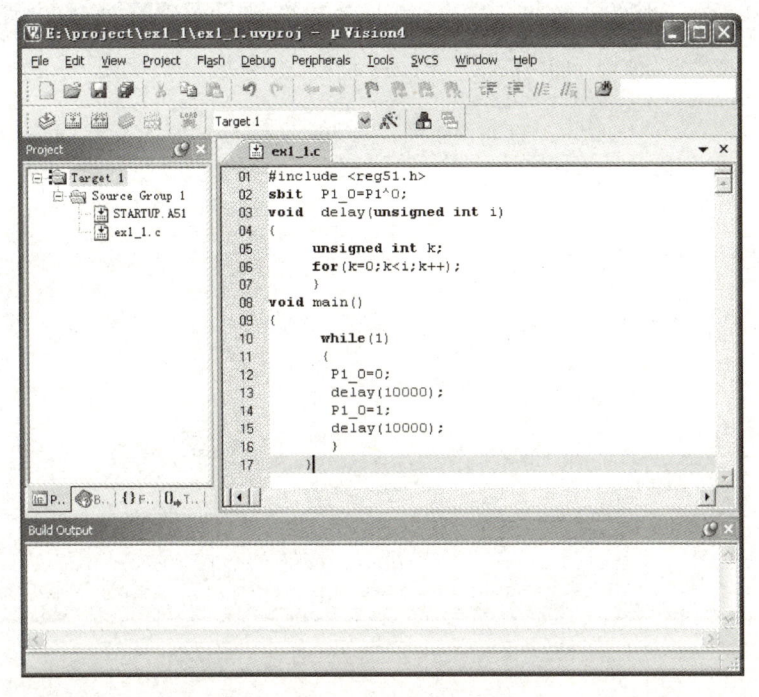

图1.11 加入文件

4) 配置工程属性

(1) 如图1.12所示，将鼠标移到工程管理窗口的"Target 1"上，单击鼠标右键，再选择"Options for Target 'Target1'"快捷菜单命令，弹出如图1.13所示的目标属性窗口。

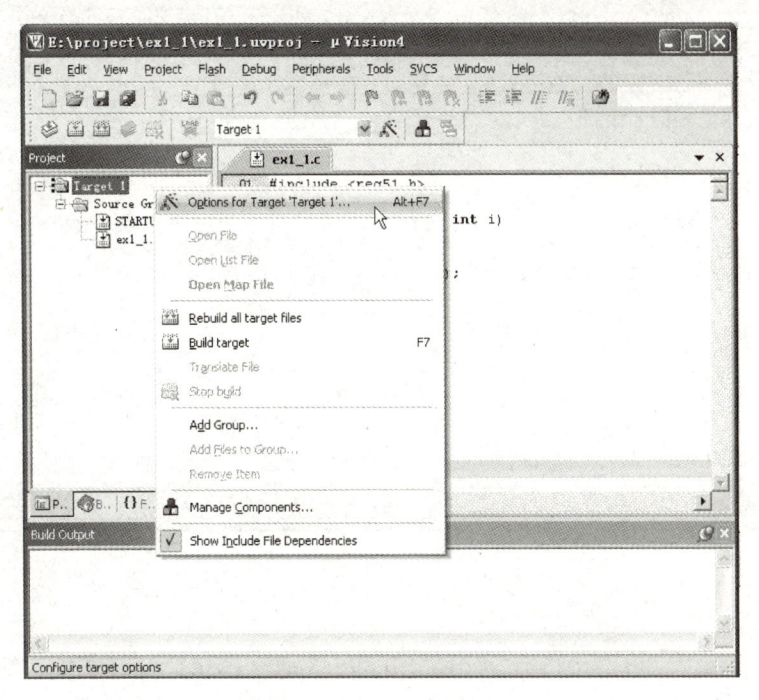

图1.12 配置工程属性

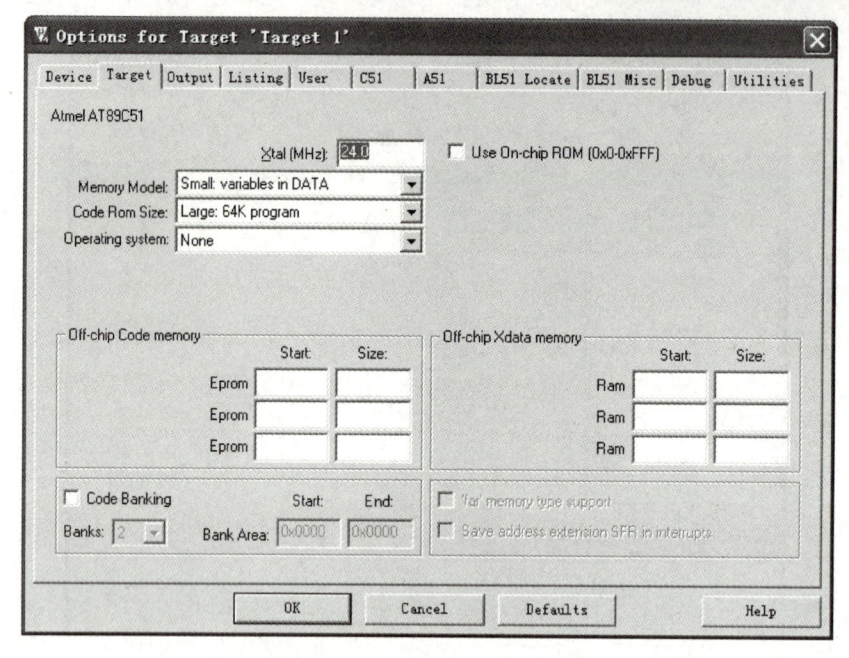

图1.13 目标属性

（2）在如图1.13所示窗口中单击"Output"选项卡，打开"Output"选项设置页面，如图1.14所示，选中"Create HEX File"复选框，再单击"OK"按钮。

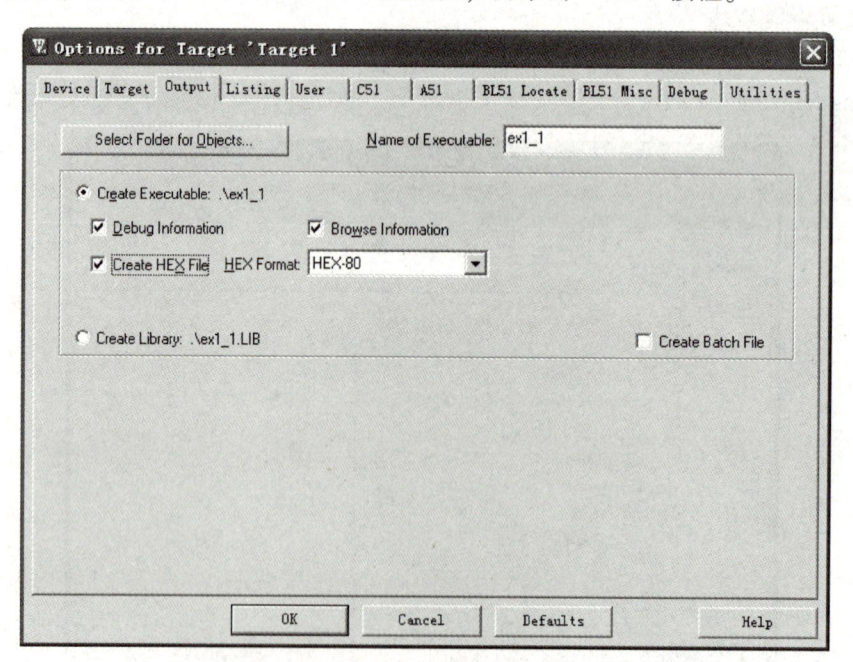

图1.14 "Output"选项卡

5）编译工程

（1）在主界面中，单击"Project"→"Build target"菜单命令（或按快捷键F7），或单击工具栏中的快捷图标"▦"来进行编译，如图1.15所示。

项目1 熟悉单片机操作环境

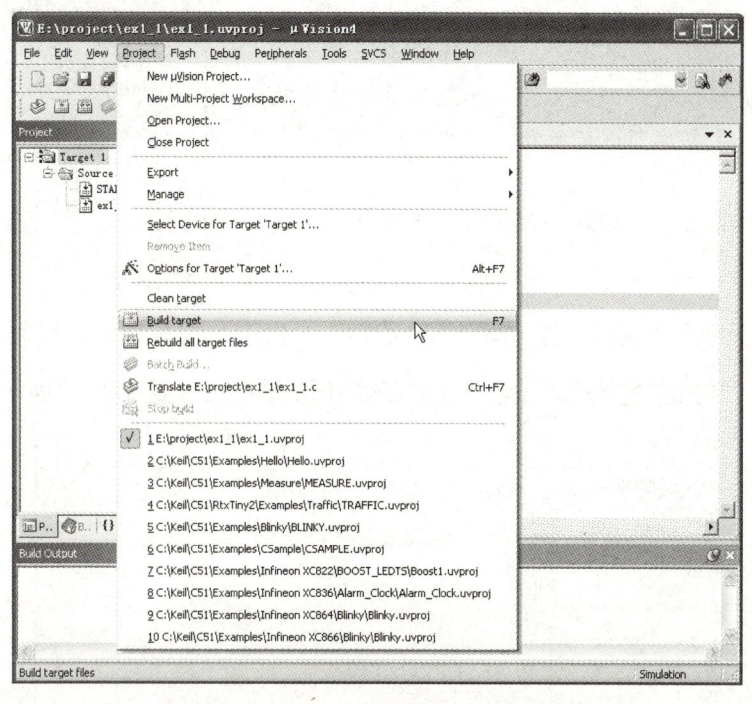

图1.15 编译工程

（2）编译完成后，在输出窗口中查看出现的编译结果信息，如图1.16所示。

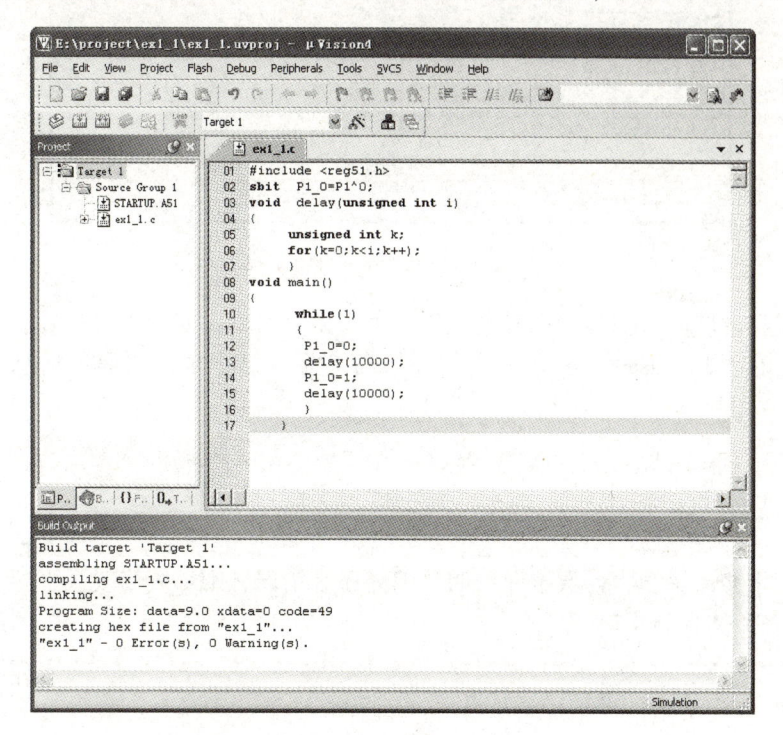

图1.16 编译结果

编译成功后，下部输出窗口中第①行到第⑦行的信息含义如图1.17所示。

📖 **小知识**　编译只是对当前工程进行编译，产生与之对应的二进制或十六进制文件，如果编译后又修改了源程序，一定要重新进行编译，产生新的二进制或十六进制文件。我们可以通过查看 HEX 文件生成的时间，来了解系统产生的是否为最新的二进制或十六进制文件。

①编译目标"Target 1"
②汇编启动文件STARTUP.A51
③编译源文件ex1_1.c
④链接
⑤编译后程序的大小
⑥从"ex1_1"工程中生成了hex文件，这个文件是我们后面调试下载的关键文档
⑦"ex1_1"程序有0个错误，0个警告

图 1.17　输出窗口信息含义

（3）当源程序有语法错误时，编译不会成功，会出现如图 1.18 所示的输出信息。

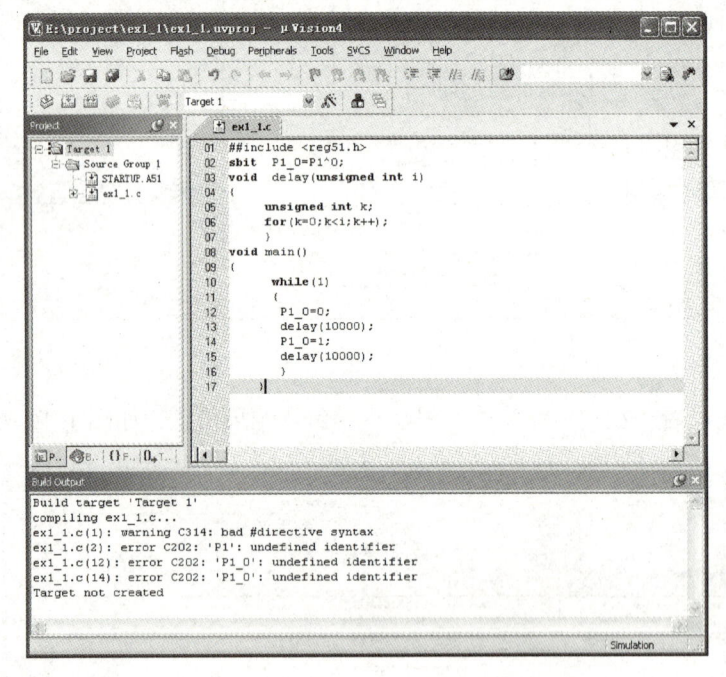

图 1.18　编译不成功输出信息

编译不成功的原因有很多，在输出窗口信息中会给出错误或警告的行号、错误代码、错误原因等，并有"Target not created"的提示，对产生的第 1 个错误提示信息（见图 1.18）详细解释如下：

　　　　ex1_1.c(1)：　　warning C314：bad #directive syntax
　　　　　　│　　　　　　　　│　　　　　　　　│
　　　　源程序名（行号）　警告代码 C314　　不好的指示性语法

在源程序中修改错误，再次编译；如果编译还有错误，则继续修改，直至编译成功后生成十六进制 HEX 文件为止。

📝 **小经验**　当工程编译出现很多错误时，一定要按照行号顺序，从较小行号开始检查修改。当发现一个错误并改正后，一定要及时对工程进行重新编译，再次查看错误信息，也许后面的错误就是由前面的错误引起的，前面的改正了，后面的错误就消失了。

> 如图 1.18 所示的右部程序中，第 1 行多输入一个"#"，却产生了 1 个警告、3 个错误，若从第 1 行开始修改，删除多余的"#"后，重新编译工程，发现编译成功。

3. 任务小结

使用 Keil C51 的基本步骤如图 1.19 所示，图中虚线箭头指向的步骤可以改变顺序。

新建工程 → 新建源文件 → 输入源程序 → 添加源文件 → 工程配置 → 工程编译 → HEX 文件

图 1.19 使用 Keil C51 软件基本步骤

经过以上步骤，在成功生成二进制或十六进制 HEX 目标文件后，还需要把文件加载到单片机中运行才能看到程序的执行结果。如果手边没有硬件下载工具，也可以直接采用软件进行仿真，Keil C51 内建了一个仿真 CPU 可以模拟执行程序，参见任务 2-3，也可以采用目前比较流行的电路仿真软件 Proteus 来进行仿真。

> **小经验** 按照上面步骤动手做一遍之后，可能感觉还是很生手啊。不用着急，软件的熟练使用还需要很多时间反复训练。相信经过一段时间后，不但能够熟练使用这个软件，而且还可以发现它有很多功能呢。

1.1 认识单片机

知识分布网络

认识单片机 ─┬─ 什么是单片机 ─┬─ 单片微型计算机
　　　　　　│　　　　　　　　├─ 单片机应用系统
　　　　　　│　　　　　　　　└─ 51 单片机
　　　　　　└─ 单片机内部结构

1.1.1 什么是单片机

1. 单片微型计算机

单片微型计算机（Single Chip Microcomputer）简称单片机，是指集成在一个芯片上的微型计算机，它的各种功能部件，包括 CPU（Central Processing Unit）、存储器（Memory）、基本输入/输出（Input/Output，简称 I/O）接口电路、定时/计数器和中断系统等，都制作在一块集成芯片上，构成一个完整的微型计算机。单片机内部的基本结构如图 1.20 所示。由于它的结构与指令功能都是按照工业控制要求设计的，故又称为微控制器（Micro-Controller Unit，简称 MCU）。

单片机实质上是一个芯片。它具有结构简单、控制功能强、可靠性高、体积小、价格低等优点，单片机技术作为计算机技术的一个重要分支，广泛地应用于工业控制、智能化仪器仪表、家用电器、电子玩具等各个领域。

> **小提示** 单片机在一个芯片内包含了微型计算机应该具有的基本部件,因此它本身就是一个简单的微型计算机系统。

2. 单片机应用系统

单片机应用系统是以单片机为核心,配以输入、输出、显示等外围接口电路和控制程序,能实现一种或多种功能的实用系统。

单片机应用系统由硬件和控制程序两部分组成,二者相互依赖,缺一不可。硬件是应用系统的基础,控制程序是在硬件的基础上,对其资源进行合理调配和使用,控制其按照一定顺序完成各种时序、运算或动作,从而实现应用系统所要求的任务。

单片机应用系统设计人员必须从硬件结构和控制程序设计两个角度来深入了解单片机,将二者有机地结合起来,才能开发出具有特定功能的单片机应用系统。单片机应用系统的组成如图 1.21 所示。

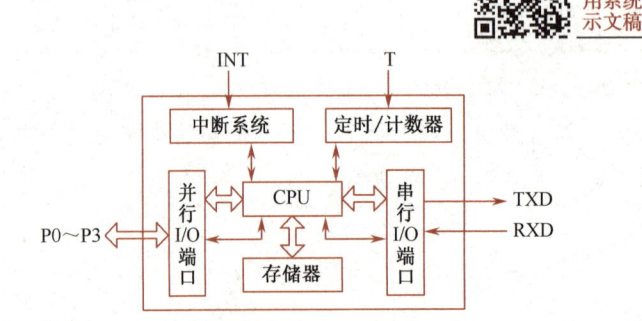

图 1.20 单片机内部基本结构

图 1.21 单片机应用系统的组成

3. 51 单片机

本书以目前使用最为广泛的 51 系列 8 位单片机为研究对象,介绍单片机的硬件结构、工作原理及应用系统设计。

MCS-51 单片机是指美国 Intel 公司生产的内核兼容的一系列单片机的总称。"MCS-51"也代表这一系列单片机的内核。该系列单片机的硬件结构相似、指令系统兼容,包括 8031、8051、8751、8032、8052、8752 等基本型。其中,8051 单片机是 MCS-51 系列单片机中的一个基本型,是 MCS-51 系列中最早期、最典型、应用最广泛的产品,所以 8051 单片机也就成了 MCS-51 系列单片机的典型代表。

Intel 公司生产出 MCS-51 系列单片机以后,上世纪 90 年代因致力于研制和生产微机 CPU,而将 MCS-51 核心技术授权给了其他半导体器件公司,包括 Philip、Atmel、Winbond、SST、Siemens、Temic、OKI、Dalas、AMD 等公司。这些公司生产的单片机都普遍使用 MCS-51 内核,并在 8051 这个基本型单片机基础上增加资源和功能改进,使其速度越来越快,功能越来越强大,片上资源越来越丰富,即所谓的"增强型 51 单片机"。

51 单片机是对目前所有兼容 MCS-51 指令系统的单片机的统称,包括 Intel MCS-51 系列单片机以及其他厂商生产的兼容 MCS-51 内核的增强型 8051 单片机。只要和 MCS-51 内核兼容的单片机都叫做 51 单片机。

目前，单片机正朝着低功耗、高性能、多品种方向发展，近年来 32 位单片机已进入了实用阶段。但是由于 8 位单片机在性能价格比上占有优势，且 8 位增强型单片机在速度和功能上可以挑战 16 位单片机，因此 8 位单片机仍是当前单片机的主流机型。

1.1.2 单片机内部结构

8051 作为 MCS-51 系列单片机中早期的典型产品，其内部结构如图 1.22 所示。

8051 内部各部分的功能如表 1.1 所示。

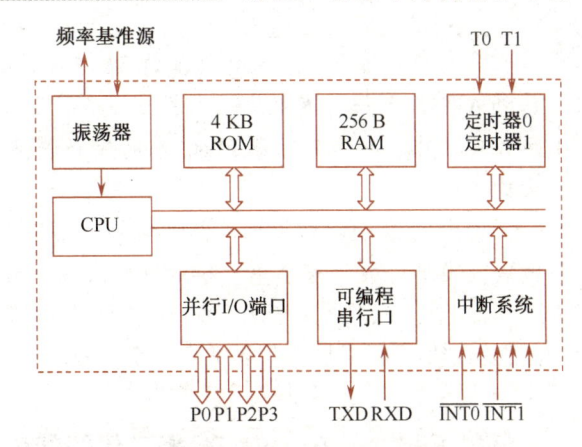

图 1.22 8051 单片机的内部结构

表 1.1 单片机的内部结构与功能

部件名称	功能
中央处理器 （Central Processing Unit，简称 CPU）	中央处理器是单片机的控制核心，由运算器和控制器组成。运算器的主要功能是对数据进行各种运算，包括加、减、乘、除等基本算术运算，以及与、或、非等基本逻辑运算和数据的比较、移位等操作。控制器相当于人的大脑，它控制和协调整个单片机的动作
内部数据存储器 RAM （Random Access Memory）	8051 内部共有 256 个 RAM 单元，可读可写，掉电后数据丢失。其中，高 128 个单元被专用寄存器占用；低 128 个单元供用户使用，用于暂存中间数据，通常所说的内部数据存储器就是指低 128 个单元
内部程序存储器 ROM （Read-Only Memory）	8051 内部共有 4 KB 掩膜 ROM，只能读不能写，掉电后数据不会丢失，用于存放程序或程序运行过程中不会改变的原始数据，通常称为程序存储器
并行 I/O 口 （Parallel Input/Output Port）	8051 内部有四个 8 位并行 I/O 接口（称为 P0、P1、P2 和 P3），可以实现数据的并行输入输出
串行口（Serial Port）	8051 内部有一个全双工异步串行口，可以实现单片机与其他设备之间的串行数据通信。该串行口既可作为全双工异步通信收发器使用，也可作为同步移位器使用，扩展外部 I/O 端口
定时/计数器（Timer/Counter）	8051 内部有两个 16 位的定时/计数器，可实现定时或计数功能
中断系统（Interrupt System）	8051 内部共有 5 个中断源，分为高级和低级两个优先级别
时钟电路（Clock Circuit）	8051 内部有时钟电路，只需外接石英晶体和微调电容即可。晶振频率通常选择 6 MHz、12 MHz 或 11.0592 MHz

> **小提示** 随着集成电路技术的发展，51 单片机的集成度越来越高，除了图 1.22 中给出的基本模块之外，有的还集成了 A/D 转换模块、I²C 接口、SPI 接口、PWM 输出、看门狗、在系统可编程（In System Programming——ISP）接口等功能模块，例如项目 7 中使用的 STC 12C5A60S2 单片机中就包含了 A/D 转换模块。

具有在系统可编程 ISP 功能的 51 单片机是目前人们学习单片机时选用较多的型号，例如 AT89S51 等。该单片机无需专用的仿真器或编程器，只要通过相应的 ISP 软件，就可以对单片机程序存储器 Flash 中的代码进行反复下载测试，为单片机使用者提供了极大的方便。

国产宏晶 STC 单片机以其低功耗、廉价、功能稳定等优势，占据着国内 51 单片机的较大市场，关于宏晶单片机的资料可以参考网站 http://www.mcu-memory.com。

除此之外，采用 51 内核的控制芯片也有很多，比如 ZigBee 新一代 SOC 芯片 CC2530 结合了一个完全集成的、高性能的 RF 收发器与一个 8051 微处理器。

任务 1-2　一个 LED 发光二极管的闪烁控制

1. 目的与要求

通过单片机控制一个 LED 发光二极管闪烁系统的制作，了解什么是单片机和单片机最小系统、单片机应用系统的制作过程。

在万能板上焊接单片机控制 LED 系统电路，并将给定的二进制代码程序下载到单片机中，实现发光二极管的闪烁效果。

2. 电路及器件

单片机控制 LED 硬件电路如图 1.23 所示，包括单片机、复位电路、时钟电路、电源电路及一个发光二极管显示控制电路。

单片机控制 LED 系统电路的器件清单如表 1.2 所示。

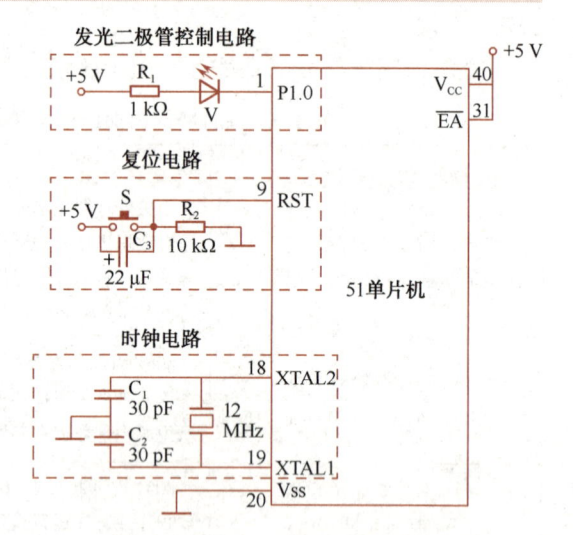

图 1.23　单片机控制 LED 系统电路

表 1.2　单片机控制 LED 系统电路器件清单

元件名称	参数	数量	元件名称	参数	数量
IC 插座	DIP40	1	弹性按键 S		1
单片机	DIP40 封装的 51 单片机	1	电阻 R_1	1 kΩ	1
晶体振荡器	6 MHz 或 12 MHz	1	电阻 R_2	10 kΩ	1
瓷片电容 C_1、C_2	30 pF	2	电解电容 C_3	22 μF	1
发光二极管 V		1			

小知识　图 1.23 电路包含了 51 单片机的典型最小系统电路。单片机最小系统是指能够让单片机工作的最小硬件电路，除了单片机之外，最小系统还包括复位电路和时钟电路。复位电路用于将单片机内部各电路的状态恢复到初始值。时钟电路为单片机工作提供基本时钟，因为单片机内部由大量的时序电路构成，如果没有时钟脉冲即"脉搏"的跳动，各个部分将无法工作。

项目1 熟悉单片机操作环境

51单片机的$\overline{EA}$引脚连接+5 V，表示程序将下载到单片机内部程序存储器中（参见2.1节引脚说明）；单片机并行端口P1口的P1.0引脚与发光二极管的阴极连接，当P1.0引脚输出低电平时，发光二极管点亮，当P1.0引脚输出高电平时，发光二极管熄灭。

对电路中的主要器件介绍如下：

（1）单片机芯片实物如图1.24所示，单片机实质上是一个集成电路芯片，封装形式有很多种，例如DIP（Dual In-line Package，双列直插式封装）、PLCC（Plastic Leaded Chip Carrier，带引线的塑料芯片封装）、QFP（Quad Flat Package，塑料方型扁平式封装）、PGA（Pin Grid Array Package，插针网格阵列封装）、BGA（Ball Grid Array Package，球栅阵列封装）等。其中，DIP封装的单片机可以在万能板上焊接，其他封装形式的单片机须按引脚尺寸制作印制电路板（Printed Circuit Board，PCB）。

如果没有特殊说明，本书电路中的51单片机都采用与典型8051引脚兼容的DIP40封装。

（2）发光二极管实物如图1.25所示。发光二极管具有单向导电性，电流只能从阳极流向阴极，图1.25给出的是直插式发光二极管的实物图，其中比较长的引脚是阳极，较短的引脚是阴极。发光二极管一般通过3~20 mA左右的电流即可发光，电流越大，其亮度越强，但若电流过大，会烧毁二极管。为了限制通过发光二极管的电流不要太大，需要串联一个电阻，因此这个电阻称为"限流电阻"。

图1.24 单片机实物

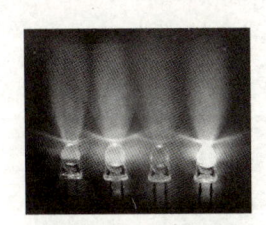

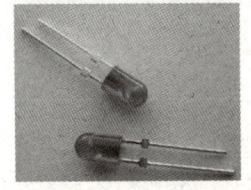

图1.25 发光二极管实物

> **小经验** 当发光二极管发光时，它两端的电压一般为1.7 V左右（不同类型或颜色的发光二极管，该值有所不同），称为导通压降。
>
> 当发光二极管导通时，其阴极接地，电压为0 V，根据欧姆定律，当限流电阻为1 kΩ时，流过发光二极管的电流$I=(5-1.7)/1\,000=0.003\,3(A)=3.3$ mA。若想让发光二极管再亮一些，可以减小限流电阻的阻值。

（3）弹性按键实物如图1.26所示，有四个引脚，假定为A、B、C、D，则A和D是一组已经连通的引脚，B和C是一组已经连通的引脚，焊接时，只要使用两组引脚中的任何一个作为开关的两端即可，例如引脚 A 和引脚 B。

3. 硬件电路板制作

在万能板上按电路图焊接元器件，完成电路板制作，图 1.27 是焊接好的电路板实物照片。

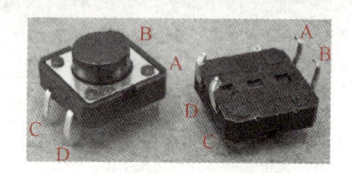

图 1.26 弹性按键

> **小经验** （1）焊接单片机应用系统硬件电路时，为了调试方便，一般不直接将单片机芯片焊接在电路板上，而是焊接一个与单片机芯片引脚相对应的直插式插座，以方便芯片的拔出与插入，系统中采用 DIP40 插座。
>
> （2）注意电解电容和发光二极管都有正负极之分，在电路中不能接反。电解电容外壳一般标有"+"、"-"记号，如果没有标记，则较长的引脚为正极，较短的引脚为负极。
>
> （3）晶振电路焊接时尽可能靠近单片机芯片，以减小电路板的分布电容，使晶振频率更加稳定。
>
> （4）器件分布时，要考虑为后面不断增加的器件预留适当的位置，且器件引脚不宜过高。

4. 源程序设计

图 1.27 中看到的只是单片机应用系统的硬件电路，实际上在单片机芯片的内部存储器中必须烧录了预先编写好的控制程序，才能看到发光二极管的闪烁效果。

给出发光二极管闪烁控制系统的源程序如下。

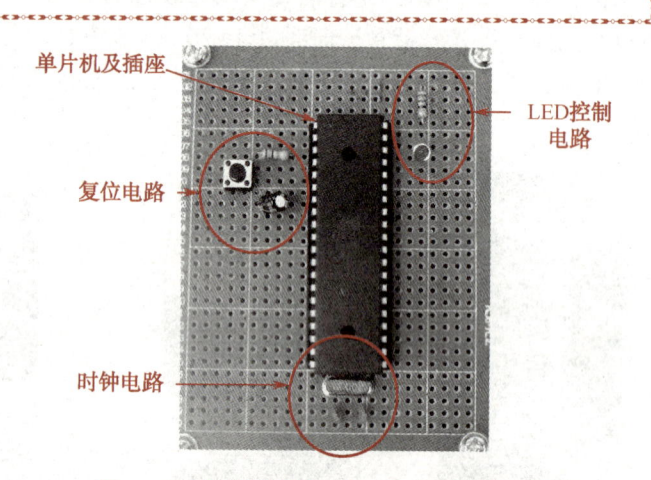

图 1.27 单片机控制一个 LED 闪烁系统电路板

```
//程序：ex1_1.c
//功能：控制一个 LED 闪烁程序
#include<reg51.h>        //包含头文件 reg51.h，定义 51 单片机的专用寄存器
 sbit    P1_0=P1^0;      //定义位名称
//函数名：delay
//函数功能：实现软件延时
//形式参数：无符号整型变量 i，控制空循环的循环次数
//返回值：无
void    delay(unsigned int i)//延时函数
{
 unsigned int k;
 for(k=0;k<i;k++);
}
```

```
void  main ( )                    //主函数
{
  while ( 1 )
    {
    P1_0=0;                       //点亮 LED
    delay(10000);                 //调用延时函数，实际参数为 10000
    P1_0=1;                       //熄灭 LED
    delay (10000) ;               //调用延时函数，实际参数为 10000
    }
}
```

将 ex1_1.c 源程序编译、链接后，生成十六进制代码文件 ex1_1.hex，编译、链接过程参见任务 1-1，该文档可以直接下载到单片机的程序存储器中。

小知识 用 C 语言或汇编语言编写的程序称为源程序。源程序必须经过编译、链接等操作，变成目标程序，即二进制程序。二进制程序也称为机器语言程序，单片机能够直接执行的程序是二进制程序。

5. 程序下载

将二进制文件下载到单片机中的方法有很多种，例如可以选用具有在系统编程 ISP 功能的单片机芯片，例如 AT89S51、宏晶单片机等。宏晶单片机不仅具有 ISP 下载功能，还具有串口下载功能，使用起来非常方便。

6. 任务小结

通过一个 LED 发光二极管闪烁控制系统的制作过程，让读者对单片机、单片机最小系统和单片机应用系统的概念有初步了解和直观认识。与此同时，读者还了解了单片机应用系统的开发过程。单片机应用系统的开发过程为：设计电路图→制作电路板→程序设计→硬软件联调（仿真联调）→程序下载→产品测试。

在本任务中，除了硬软件联调外，以上每个开发步骤都有所体现。

7. 举一反三

（1）按照任务 1-2 中的设计过程，将下面的程序烧录到单片机中，并观察运行效果。

```
//程序：ex1_2.c
//功能：控制一个 LED 发光二极管闪烁程序
#include<reg51.h>                 //包含头文件 reg51.h，定义 51 单片机的专用寄存器
 sbit  P1_0=P1^0;                 //定义位名称
//函数名：delay
//函数功能：实现软件延时
//形式参数：无符号整型变量 i，控制空循环的循环次数
//返回值：无
void  delay (unsigned int i)      //延时函数
{
  unsigned int k;
  for ( k=0;k<i;k++) ;
```

```
}
void   main()                          //主函数
{
  while(1)
    {
      P1_0=~P1_0;//P1_0 取反
      delay(20000);        //调用延时函数,实际参数为20000
    }
}
```

(2) 设计 8 个 LED 同时闪烁的控制程序。

(3) 修改上述程序,改变 LED 的闪烁速度。

扫一扫下载任务1-2的仿真实验文件

1.2 学习单片机的准备

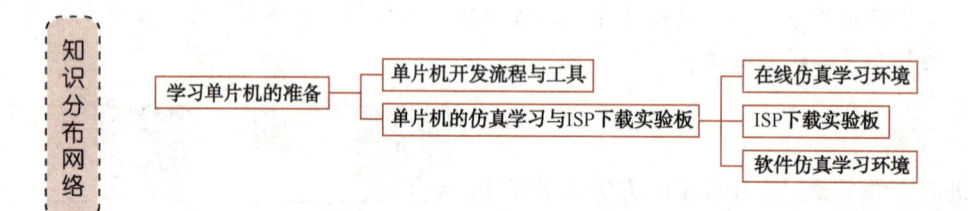

知识分布网络

学习单片机的准备 —— 单片机开发流程与工具 —— 在线仿真学习环境
                单片机的仿真学习与ISP下载实验板 —— ISP下载实验板
                                              软件仿真学习环境

1.2.1 单片机开发流程与工具

单片机应用系统的开发流程及所需工具如图 1.28 所示。

扫一扫看单片机开发流程

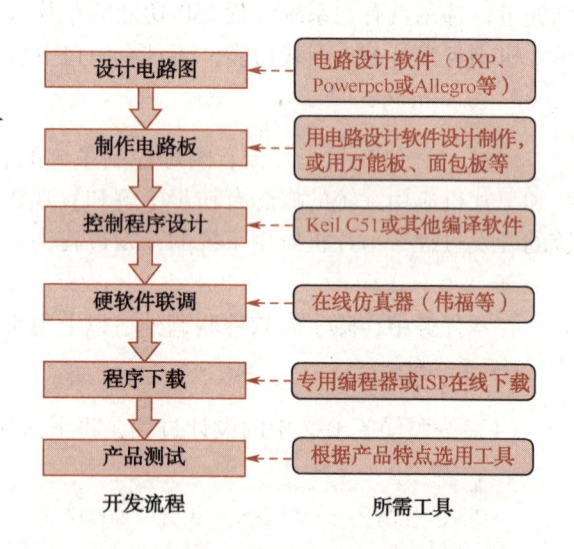

开发流程	所需工具
设计电路图	电路设计软件(DXP、Powerpcb或Allegro等)
制作电路板	用电路设计软件设计制作,或用万能板、面包板等
控制程序设计	Keil C51或其他编译软件
硬软件联调	在线仿真器(伟福等)
程序下载	专用编程器或ISP在线下载
产品测试	根据产品特点选用工具

图 1.28 单片机应用系统的开发流程及所需工具

> **小提示** (1) 在任务 1-2 中,除了硬软件联调外,以上每个开发步骤都有所体现。
>
> (2) 在开发流程中,前两项硬件设计和第 3 项控制程序设计可以并行开发,同时进行。
>
> (3) 硬软件联调是单片机应用系统开发过程的重要阶段,由于单片机硬件和控制

程序的支持能力有限，一般自身无调试能力，因此必须配备一定的开发工具，借助于开发工具来排除应用系统样机中的硬件故障和程序错误，最后生成目标程序。

（4）对于个人学习比较方便的方法是：采用价格低廉的带有 ISP 下载功能的单片机实验板，或者直接采用软件进行辅助仿真，常用的仿真软件有 Keil C51 的仿真器 Simulator 以及 Proteus 仿真软件等，把二者结合起来还可以进行软件调试。

1.2.2 单片机的仿真学习与 ISP 下载实验板

1. 在线仿真学习环境

一般单片机实验室配备的都是典型的单片机在线仿真学习环境，由计算机、通信电缆、仿真器、仿真电缆以及用户目标系统组成。系统调试成功之后，通过专用的编程器把程序下载到目标系统的单片机中，然后再进行脱机调试，如图 1.29 所示。

在线仿真学习环境的优点是借助单片机仿真器模拟用户实际的单片机，能随时观察程序运行的中间过程，而不改变性能和结果，从而进行模仿现场的真实调试。缺点是要配备仿真器和专用的编程器，花费比较高。

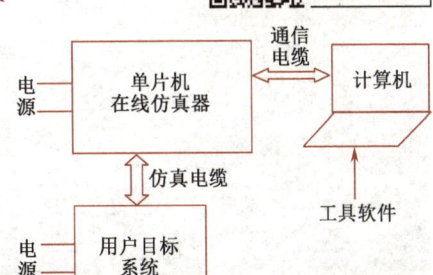

图 1.29 在线仿真学习环境

2. ISP 下载实验板

目前市场上比较流行的单片机学习工具是一种具有 ISP 下载功能的实验板，通常采用具有 ISP 下载功能的 AT89S51 系列或 STC 系列单片机作为控制核心，并提供丰富的接口资源，包括发光二极管、七段数码管、液晶等显示接口，按键接口、蜂鸣器接口、红外、光敏、温度等传感器接口，电机接口等，同时配备有实验指导书、源程序、学习视频等学习资源，单片机实验板实例如图 1.30 所示。

这种实验板的优点是可以在线下载程序，无需专用编程器，学习资源丰富，价格低廉，缺点是一般不能提供在线仿真功能。

3. 软件仿真学习环境

通过软件仿真学习单片机，无需任何硬件资源，可以节约成本，还可以进行实时的调试和仿真。Keil C51 软件具有软件仿真调试功能，参见项目 2 的任务 2-3。

Proteus 也是一款常用的仿真软件，可以直接在基于原理图的虚拟原型上编程，并实现软件代码级的调试；可以直接实时动态地模拟按钮、键盘的输入，LED、液晶显示的输出，还可以同时配合虚拟工具如示波器、逻辑分析仪等进行相应的测量和观察。另外，安装 Proteus 和 Keil C51 联调插件 vdmagdi.exe，Proteus 仿真软件就可以和 Keil C51 软件进行联调，可以像在线仿真器一样进行调试，Proteus 软件仿真实例如图 1.31 所示。

这种学习方法的优点是无需硬件成本，有一台计算机就可以进行学习。缺点是只能看到仿真结果，没有动手实践。仿真软件可以作为学习单片机的辅助工具。

图1.30　单片机实验板实例

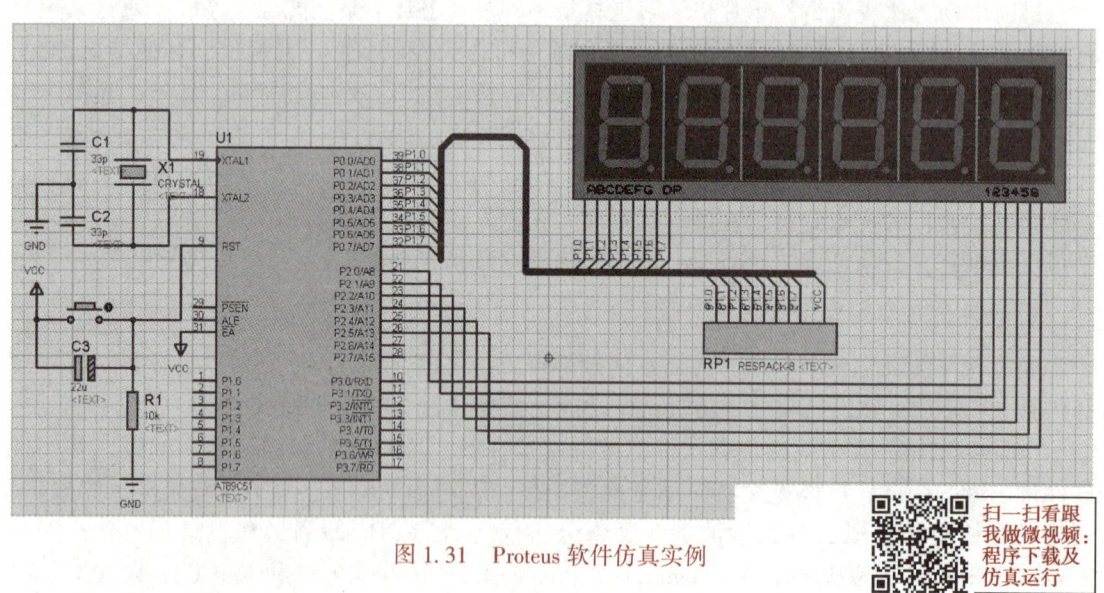

图1.31　Proteus软件仿真实例

扫一扫看跟我做微视频：程序下载及仿真运行

知识梳理与总结

本项目从两个简单任务入手，介绍单片机和单片机应用系统的基本概念，了解单片机应用系统的开发流程，学习使用单片机开发环境中需要的各种硬软件工具，为后面内容的学习

打下基础。本项目要掌握的重点内容如下：
(1) 单片机和单片机应用系统的概念；
(2) 单片机的内部结构；
(3) 单片机应用系统的开发流程。

思考与练习题 1

1.1 单项选择题
(1) 51 单片机的 CPU 主要由_____组成。
　　A. 运算器、控制器　　B. 加法器、寄存器　　C. 运算器、加法器　　D. 运算器、译码器
(2) Intel 8051 是_____位的单片机。
　　A. 16　　　　　　　　B. 4　　　　　　　　C. 8　　　　　　　　D. 准 16 位
(3) 程序是以_____形式存放在程序存储器中。
　　A. C 语言源程序　　　B. 汇编程序　　　　C. 二进制编码　　　　D. BCD 码

1.2 填空题
(1) 单片机应用系统是由_____和_____组成的。
(2) 除了单片机和电源外，单片机最小系统包括_____电路和_____电路。
(3) 在进行单片机应用系统设计时，除了电源和地引脚外，_____、_____、_____引脚信号必须连接相应电路。
(4) 51 单片机的 XTAL1 和 XTAL2 引脚是_____引脚。

1.3 问答题
(1) 什么是单片机？它由哪几部分组成？
(2) 什么是单片机应用系统？

1.4 上机操作题
(1) 利用单片机控制 8 个发光二极管，设计 8 个灯同时闪烁的控制程序。
(2) 利用单片机控制 8 个发光二极管，设计控制程序实现如下亮灭状态。

● ○ ● ○ ● ○ ● ○
亮 灭 亮 灭 亮 灭 亮 灭

扫一扫
阅读本
练习题

扫一扫
查看本
练习题
答案

项目 2 学习单片机硬件系统

扫一扫看本项目教学课件

本项目以单片机控制蜂鸣器发声和模拟汽车转向灯控制系统为实例，介绍单片机的外部信号引脚、最小系统、存储器结构和并行 I/O 端口等单片机硬件系统，重点介绍单片机并行 I/O 端口作为输入端口和输出端口的操作方法；最后采用 Keil C51 软件对发光二极管闪烁控制系统进行仿真调试，让读者在仿真环境中观察单片机的硬件资源，加深对单片机硬件系统的了解。

教学导航

知识重点	1. 单片机外部引脚及功能； 2. 单片机最小系统； 3. 单片机存储器结构； 4. 单片机并行 I/O 端口
知识难点	单片机存储器结构和并行 I/O 端口应用
推荐教学方式	从工作任务入手，通过单片机控制蜂鸣器和模拟汽车转向灯系统的设计，以及对发光二极管闪烁控制系统的仿真调试，让学生从外到内、从直观到抽象，逐渐理解单片机硬件系统
建议学时	8 学时
推荐学习方法	首先动手完成任务，在任务中了解单片机最小系统及其硬件结构，并在仿真调试中验证单片机各部分的结构及功能
必须掌握的理论知识	单片机最小系统，单片机并行 I/O 端口
必须掌握的技能	单片机应用系统设计过程

项目2 学习单片机硬件系统

任务 2-1 单片机控制蜂鸣器发声

1. 目的与要求

通过单片机控制蜂鸣器发声系统的制作,了解单片机并行 I/O 端口的输出控制作用以及蜂鸣器发声控制方法。

任务要求采用单片机控制蜂鸣器发出鸣叫声。

扫一扫下载该任务的仿真实验文件

2. 电路及器件

单片机控制蜂鸣器硬件电路如图 2.1 所示,包括单片机、复位电路、时钟电路、电源电路及用 P1.0 引脚控制的蜂鸣器电路。

蜂鸣器是一种一体化结构的电子讯响器,广泛应用于计算机、打印机等电子产品中作为发声器件;蜂鸣器主要分为压电式蜂鸣器和电磁式蜂鸣器两种类型,其发声原理是电流通过电磁线圈,使电磁线圈产生磁场来驱动振动膜发声的,因此需要一定的电流才能驱动发声,实物如图 2.2 所示。

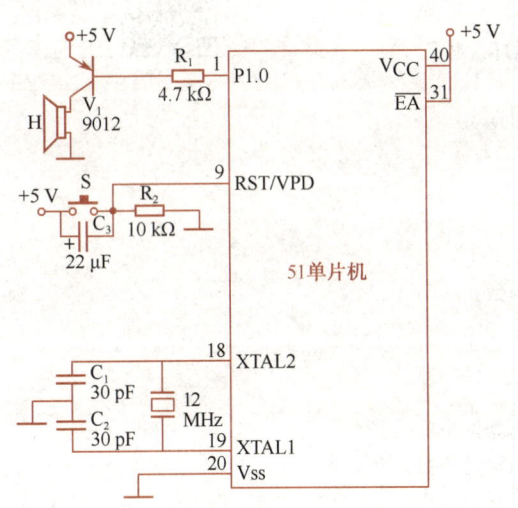

图 2.1　51 单片机控制蜂鸣器电路

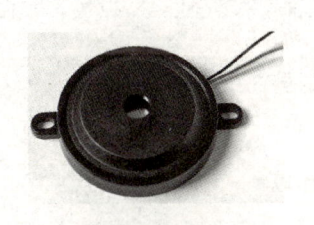

图 2.2　蜂鸣器

扫一扫看能发声的蜂鸣器微视频

> **小经验**　有源蜂鸣器和无源蜂鸣器从外观上看差不太多,怎样区别呢?可以用万用表电阻挡 $R×1$ 挡测试:用黑表笔接蜂鸣器"+"引脚,红表笔在另一引脚上来回碰触,如果发出咔咔声、且电阻只有 8 Ω(或 16 Ω)的是无源蜂鸣器;如果能发出持续声音、且电阻在几百欧以上的,是有源蜂鸣器。

蜂鸣器从结构上分为有源和无源两种,注意,这里的"源"不是指电源,而是指振荡源。有源蜂鸣器内部带振荡器,只要一通电就会响;而无源蜂鸣器内部不带振荡源,所以用直流信号驱动它时,不会发出声音,必须用一个方波信号驱动,频率一般为 2 kHz~5 kHz。

无论是有源蜂鸣器还是无源蜂鸣器,都可以通过单片机驱动信号来使它发出不同音调的声音。通过改变信号的频率,可以调整蜂鸣器的音调,频率越高,音调越高;另外,改变驱动信号的高低电平占空比,则可以控制蜂鸣器的声音大小。

因此，可以通过控制驱动信号的输出来使蜂鸣器演奏各种音乐。

由于单片机 I/O 引脚输出电流较小，单片机输出的 TTL 电平基本上驱动不了蜂鸣器，因此需要增加一个电流放大的电路，可以通过一个三极管 9012 来放大输出电流驱动蜂鸣器。

蜂鸣器的负极接到 GND 地上，蜂鸣器正极接到三极管 V_1 的集电极，三极管的基极经过限流电阻 R_1 后由单片机的 P1.0 引脚控制，当 P1.0 输出高电平时，三极管 V_1 截止，没有电流流过线圈，蜂鸣器不发声；当 P1.0 输出低电平时，三极管 V_1 导通，这样蜂鸣器的电流形成回路，发出声音。因此，我们可以通过程序控制 P1.0 脚的电平来使蜂鸣器发出声音。

3. 源程序设计

```
//程序: ex2_1.c
//功能: 控制蜂鸣器发声程序
#include<reg51.h>           //包含头文件 reg51.h, 定义 51 单片机的专用寄存器
 sbit    beep=P1^0;          //定义位名称
//函数名: delay
//函数功能: 实现软件延时
//形式参数: 无符号整型变量 i, 控制空循环的循环次数
//返回值: 无
void    delay(unsigned int i)    //延时函数
{
  unsigned int k;
  for(k=0;k<i;k++);
}
void    main()                   //主函数
{
  while(1)
   {
    beep=0;                      //蜂鸣器发声
    delay(100);                  //调用延时函数, 实际参数为 100
    beep=1;                      //蜂鸣器不发声
    delay(100);                  //调用延时函数, 实际参数为 100
   }
}
```

> **小知识** bit、sbit、sfr 和 sfr16 是专门用于 C51 编译器的数据类型，用于访问 51 单片机的专用寄存器，并不是标准 C 语言的一部分。
>
> 在程序中通过 sbit 定义位名称，实现访问单片机内部 RAM 中的可寻址位或专用寄存器中的可寻址位。P1 端口的寄存器是可位寻址的，所以我们可以定义：
>
> sbit beep=P1^0;
>
> 位名称 beep 对应 P1 口的 P1.0 位，这样在后面的程序中就可以用 beep 来对 P1.0 位进行读写操作了。我们也可以用 P1.0 位的位地址来进行定义，如：
>
> sbit beep=0x90;   //0x 是十六进制数的前缀

4. 任务小结

通过单片机控制一个蜂鸣器发声系统的制作，让读者对单片机并行 I/O 端口的输出控制功能和常用电子器件蜂鸣器的控制方法有一个初步的了解，侧重训练单片机并行 I/O 端口的输出驱动应用能力，通过工作任务引导读者逐步进入单片机的控制世界。

5. 举一反三

（1）修改程序 ex2_1.c，两个延时函数都修改成 delay(1000)，观察蜂鸣器的发声有什么变化。

（2）修改程序 ex2_1.c 中的第二个 delay 函数的实际参数值，即第一个延时函数仍为 delay(100)，第二个延时函数为 delay(1000)，观察蜂鸣器的发声有什么变化。

2.1 8051 的信号引脚

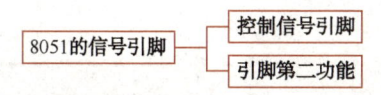

8051 作为早期典型的 51 单片机，采用标准 40 引脚双列直插式封装，其外形和引脚排列如图 2.3 所示，引脚功能见表 2.1。

表 2.1 8051 引脚功能

引脚名称	引脚功能
P0.0~P0.7	P0 口 8 位双向端口线
P1.0~P1.7	P1 口 8 位双向端口线
P2.0~P2.7	P2 口 8 位双向端口线
P3.0~P3.7	P3 口 8 位双向端口线
ALE	地址锁存控制信号
$\overline{PSEN}$	外部程序存储器读选通信号
$\overline{EA}$	访问程序存储控制信号
RST	复位信号
XTAL1 和 XTAL2	外接晶体引线端
V_{CC}	+5 V 电源
V_{SS}	地线

图 2.3 8051 单片机

1. 控制信号引脚

（1）ALE：系统扩展时，P0 口是 8 位数据线和低 8 位地址线复用引脚，ALE 用于把 P0 口输出的低 8 位地址锁存起来，以实现低 8 位地址和数据的隔离。

由于 ALE 引脚以晶振 1/6 固定频率输出正脉冲信号，因此它可作为外部时钟或外部定时脉冲使用。

（2）$\overline{PSEN}$：$\overline{PSEN}$ 有效（低电平）时，可实现对外部 ROM 单元的读操作。

（3）$\overline{EA}$：当 $\overline{EA}$ 引脚为低电平时，对 ROM 的读操作限定在外部程序存储器；而当 $\overline{EA}$ 引脚为高电平时，对 ROM 的读操作是从内部程序存储器开始的，并可延至外部程序存储器。在任务 1-2 中，由于程序下载到内部程序存储器中，因此该引脚与+5 V 电源连接。

（4）XTAL1 和 XTAL2：外接晶体引线端。当使用芯片内部时钟时，两引脚用于外接石英晶体和微调电容；当使用外部时钟时，用于连接外部时钟脉冲信号。具体应用参见第 2.2.1 节。

（5）RST：当输入的复位信号延续两个机器周期以上的高电平时即为有效，用以完成单片机的复位初始化操作。具体应用参见第 2.2.2 节。

> **小提示**　在进行单片机应用系统设计时，除了电源和地线引脚外，以下引脚信号必须连接相应电路。
>
> （1）复位信号 RST 一定要连接复位电路，外接晶体引线端 XTAL1 和 XTAL2 必须连接时钟电路，这两部分是单片机能够工作所必需的电路，即单片机最小系统电路。
>
> （2）$\overline{EA}$ 引脚一定要连接高电平或低电平。随着技术的发展，单片机芯片内部的程序存储器空间越来越大，因此，用户程序一般都固化在单片机内部程序存储器中，此时 $\overline{EA}$ 引脚应接高电平。只有在使用内部没有程序存储器的 8031 芯片时，$\overline{EA}$ 引脚才接低电平，该芯片目前已很少使用。

2. 引脚第二功能

由于工艺及标准化等原因，芯片的引脚数目是有限的。为了满足实际需要，部分信号引脚被赋予双重功能，即第一功能和第二功能。最常用的是 8 条 P3 口线所提供的第二功能，如表 2.2 所示。

表 2.2　P3 口各引脚的第二功能

第一功能	第二功能	第二功能信号名称
P3.0	RXD	串行数据接收
P3.1	TXD	串行数据发送
P3.2	$\overline{INT0}$	外部中断 0 申请
P3.3	$\overline{INT1}$	外部中断 1 申请
P3.4	T0	定时/计数器 0 的外部输入
P3.5	T1	定时/计数器 1 的外部输入
P3.6	$\overline{WR}$	外部 RAM 或外部 I/O 写选通
P3.7	$\overline{RD}$	外部 RAM 或外部 I/O 读选通

2.2 单片机最小系统电路

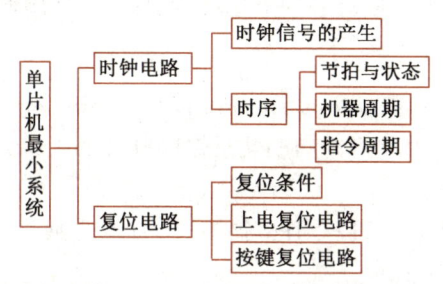

单片机的工作就是执行用户程序、指挥各部分硬件完成既定任务。如果一个单片机芯片没有烧录用户程序,显然它就不能工作。可是,一个烧录了用户程序的单片机芯片,给它上电后就能工作吗?也不能。原因是除了单片机外,单片机能够工作的最小电路还包括时钟和复位电路,通常称为单片机最小系统电路。

时钟电路为单片机工作提供基本时钟,复位电路用于将单片机内部各电路的状态恢复到初始值。图 2.1 电路中包含了典型的单片机最小系统电路。

2.2.1 单片机时钟电路

单片机是一个复杂的同步时序电路,为了保证同步工作方式的实现,电路应在唯一的时钟信号控制下严格地按时序进行工作。时钟电路用于产生单片机工作所需要的时钟信号。

1. 时钟信号的产生

在 51 单片机内部有一个高增益反相放大器,其输入端引脚为 XTAL1,其输出端引脚为 XTAL2。只要在 XTAL1 和 XTAL2 之间跨接晶体振荡器和微调电容,就可以构成一个稳定的自激振荡器,如图 2.4 所示。

> **小提示** 一般地,电容 C_1 和 C_2 取 30 pF 左右;晶体振荡器,简称晶振,频率范围是 1.2 MHz~12 MHz。晶体振荡频率越高,系统的时钟频率也越高,单片机的运行速度也就越快。在通常情况下,使用振荡频率为 6 MHz 或 12 MHz 的晶振。如果系统中使用了单片机的串行口通信,则一般采用振荡频率为 11.059 2 MHz 的晶振。

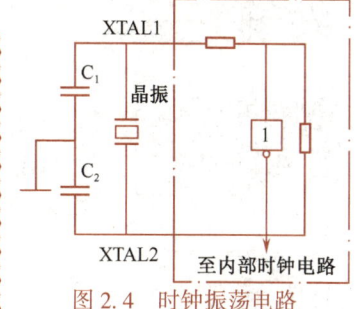

图 2.4 时钟振荡电路

2. 时序

关于 51 单片机的时序概念有 4 个,可用定时单位来说明,从小到大依次是:节拍、状态、机器周期和指令周期,下面分别加以说明。

1) 节拍

把振荡脉冲的周期定义为节拍,用 P 表示,也就是晶振的振荡频率 f_{osc}。

2）状态

振荡脉冲 f_{osc} 经过二分频后，就是单片机时钟信号的周期，定义为状态，用 S 表示。一个状态包含两个节拍，其前半周期对应的节拍称为 P1，后半周期对应的节拍称为 P2。

3）机器周期

51 单片机采用定时控制方式，有固定的机器周期。规定一个机器周期的宽度为 6 个状态，即 12 个振荡脉冲周期，因此机器周期就是振荡脉冲的十二分频。

> **小提示** 当振荡脉冲频率为 12 MHz 时，一个机器周期为 1 μs；当振荡脉冲频率为 6 MHz 时，一个机器周期为 2 μs。

4）指令周期

指令周期是最大的时序定时单位，将执行一条指令所需要的时间称为指令周期。它一般由若干个机器周期组成。不同的指令，所需要的机器周期数也不同。通常，将包含一个机器周期的指令称为单周期指令，包含两个机器周期的指令称为双周期指令，依次类推。

2.2.2 单片机复位电路

无论是在单片机刚开始接上电源时，还是断电或者发生故障后都要复位。单片机复位是使 CPU 和系统中的其他功能部件都恢复到一个确定的初始状态，并从这个状态开始工作，例如复位后 PC＝0x0000，使单片机从程序存储器的第一个单元取指令执行。

单片机复位的条件是：必须使 RST（第 9 引脚）加上持续两个机器周期（即 24 个脉冲振荡周期）以上的高电平。若时钟频率为 12 MHz，每个机器周期为 1 μs，则需要加上持续 2 μs 以上时间的高电平。单片机常见的复位电路如图 2.5 所示。

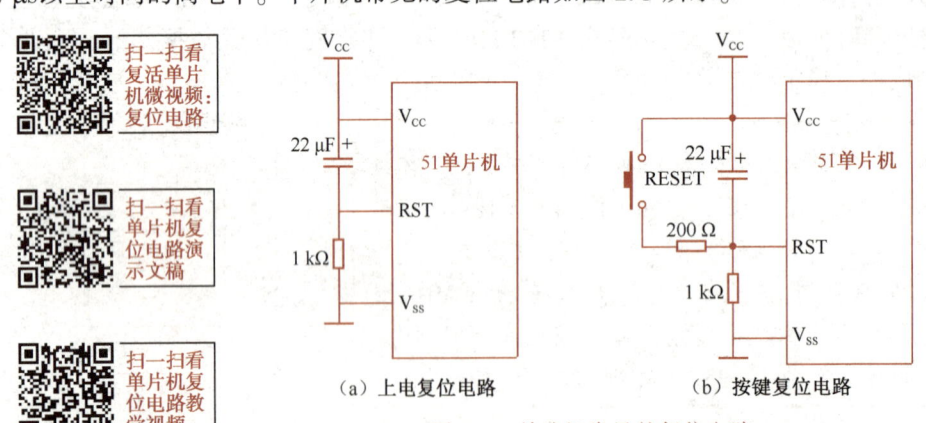

图 2.5 单片机常见的复位电路

图 2.5（a）为上电复位电路。它利用电容充电来实现复位，在接电瞬间，RST 端的电位与 V_{CC} 相同，随着充电电流的减少，RST 的电位逐渐下降。只要保证 RST 为高电平的时间大于两个机器周期，便能正常复位。

图 2.5（b）为按键复位电路。该电路除具有上电复位功能外，还可以按图 2.5（b）中的 RESET 键实现复位，此时电源 V_{CC} 经两个电阻分压，在 RST 端产生一个复位高电平。

图 2.1 中的蜂鸣器控制电路就是采用按键复位电路。

复位后，单片机内部的各专用寄存器的状态如表 2.3 所示。

表 2.3 单片机复位状态

专用寄存器	复位状态	专用寄存器	复位状态
PC	0000H	ACC	00H
B	00H	PSW	00H
SP	07H	DPTR	0000H
P0~P3	FFH	IP	***00000B
TMOD	00H	IE	0**00000B
TH0	00H	SCON	00H
TL0	00H	SBUF	不确定
TH1	00H	PCON	0***0000B
TL1	00H	TCON	00H

说明：*表示无关位。H 是十六进制数后缀，B 是二进制数后缀

2.3 51 单片机的存储器结构

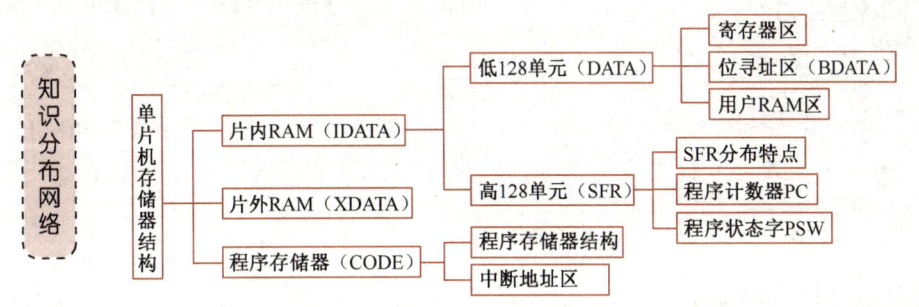

扫一扫看数据存放到哪儿了微视频：数据存储器

知识分布网络：

- 单片机存储器结构
  - 片内RAM（IDATA）
    - 低128单元（DATA）
      - 寄存器区
      - 位寻址区（BDATA）
      - 用户RAM区
    - 高128单元（SFR）
      - SFR分布特点
      - 程序计数器PC
      - 程序状态字PSW
  - 片外RAM（XDATA）
  - 程序存储器（CODE）
    - 程序存储器结构
    - 中断地址区

本节以 8051 为代表来说明 51 单片机的存储器结构。8051 存储器主要有 4 个物理存储空间，即片内数据存储器（IDATA 区）、片外数据存储器（XDATA 区）、片内程序存储器和片外程序存储器（程序存储器合称为 CODE 区）。

扫一扫看单片机数据存储器结构动画

2.3.1 片内数据存储器

8051 的内部 RAM 共有 256 个单元，通常把这 256 个单元按其功能划分为两部分：低 128 单元（单元地址 0x00~0x7F）和高 128 单元（单元地址 0x80~0xFF）。

> 小提示 0x7F 表示十六进制数 7F，0x 在 C 语言中是十六进制数据的前缀。

1. 内部数据存储器低 128 单元（DATA 区）

片内 RAM 的低 128 个单元用于存放程序执行过程中的各种变量和临时数据，称为 DATA 区。表 2.4 给出了低 128 单元的配置情况。

表 2.4 片内 RAM 低 128 单元的配置

序号	区域	地址	功能
1	工作寄存器区	0x00~0x07	第 0 组工作寄存器（R0~R7）
		0x08~0x0F	第 1 组工作寄存器（R0~R7）
		0x10~0x17	第 2 组工作寄存器（R0~R7）
		0x18~0x1F	第 3 组工作寄存器（R0~R7）
2	位寻址区	0x20~0x2F	位寻址区，位地址为：0x00~0x7F
3	用户 RAM 区	0x30~0x7F	用户数据缓冲区

如表 2.4 所示，片内 RAM 低 128 单元是单片机的真正 RAM 存储器，按其用途划分为工作寄存器区、位寻址区和用户数据缓冲区 3 个区域。

1) 工作寄存器区

8051 共有 4 组，每组包括 8 个（以 R0~R7 为编号）共计 32 个寄存器，用来存放操作数及中间结果等，称为通用寄存器或工作寄存器。4 组通用寄存器占据内部 RAM 的 0x00~0x1F 单元地址。

在任一时刻，CPU 只能使用其中一组寄存器，并且把正在使用的那组寄存器称为当前工作寄存器组。当前工作寄存器到底是哪一组，由程序状态字寄存器 PSW 中 RS1 和 RS0 位的状态组合来决定。

> **小提示** 在单片机的 C 语言程序设计中，一般不会直接使用工作寄存器组 R0~R7。但是，在 C 语言与汇编语言的混合编程中，工作寄存器组是汇编子程序和 C 语言函数之间重要的参数传递工具。

2) 位寻址区（BDATA 区）

内部 RAM 的 0x20~0x2F 单元，既可作为一般 RAM 单元使用，进行字节操作，也可以对单元中每一位进行位操作，因此把该区称为位寻址区（BDATA 区）。位寻址区共有 16 个 RAM 单元，共计 128 位，相应的位地址为 0x00~0x7F。表 2.5 为片内 RAM 位寻址区的位地址，其中 MSB 表示高位，LSB 表示低位。

表 2.5 片内 RAM 位寻址区的位地址

单元地址	MSB			位地址				LSB
2F	7F	7E	7D	7C	7B	7A	79	78
2E	77	76	75	74	73	72	71	70
2D	6F	6E	6D	6C	6B	6A	69	68
2C	67	66	65	64	63	62	61	60
2B	5F	5E	5D	5C	5B	5A	59	58
2A	57	56	55	54	53	52	51	50

续表

单元地址	MSB			位地址				LSB
29	4F	4E	4D	4C	4B	4A	49	48
28	47	46	45	44	43	42	41	40
27	3F	3E	3D	3C	3B	3A	39	38
26	37	36	35	34	33	32	31	30
25	2F	2E	2D	2C	2B	2A	29	28
24	27	26	25	24	23	22	21	20
23	1F	1E	1D	1C	1B	1A	19	18
22	17	16	15	14	13	12	11	10
21	0F	0E	0D	0C	0B	0A	09	08
20	07	06	05	04	03	02	01	00

* 表中数据均为十六进制数。

3) 用户数据缓冲区

在内部 RAM 低 128 单元中,除了工作寄存器区(占 32 个单元)和位寻址区(占 16 个单元)外,还剩下 80 个单元,单元地址为 0x30~0x7F,是供用户使用的一般 RAM 区。对用户数据缓冲区的使用没有任何规定或限制,但在一般应用中常把堆栈开辟在此区中。

2. 内部数据存储器高 128 单元

内部 RAM 的高 128 单元地址为 0x80~0xFF,是供给专用寄存器 SFR(Special Function Register,也称为特殊功能寄存器)使用的。表 2.6 给出了专用寄存器地址。

如表 2.6 所示,有 21 个可寻址的专用寄存器,它们不连续地分布在片内 RAM 的高 128 单元中,尽管其中还有许多空闲地址,但用户不能使用。另外还有一个不可寻址的专用寄存器,即程序计数器 PC,它不占据 RAM 单元,在物理上是独立的。

表 2.6 51 单片机专用寄存器地址

SFR	MSB			位地址/位定义				LSB	字节地址
B	F7	F6	F5	F4	F3	F2	F1	F0	F0
ACC	E7	E6	E5	E4	E3	E2	E1	E0	E0
PSW	D7	D6	D5	D4	D3	D2	D1	D0	D0
	CY	AC	F0	RS1	RS0	OV	F1	P	
IP	BF	BE	BD	BC	BB	BA	B9	B8	B8
	/	/	/	PS	PT1	PX1	PT0	PX0	
P3	B7	B6	B5	B4	B3	B2	B1	B0	B0
	P3.7	P3.6	P3.5	P3.4	P3.3	P3.2	P3.1	P3.0	
IE	AF	AE	AD	AC	AB	AA	A9	A8	A8
	EA	/	/	ES	ET1	EX1	ET0	EX0	
P2	A7	A6	A5	A4	A3	A2	A1	A0	A0
	P2.7	P2.6	P2.5	P2.4	P2.3	P2.2	P2.1	P2.0	

续表

SFR	MSB		位地址/位定义					LSB	字节地址
SBUF									(99)
SCON	9F	9E	9D	9C	9B	9A	99	98	98
	SM0	SM1	SM2	REN	TB8	RB8	TI	RI	
P1	97	96	95	94	93	92	91	90	90
	P1.7	P1.6	P1.5	P1.4	P1.3	P1.2	P1.1	P1.0	
TH1									(8D)
TH0									(8C)
TL1									(8B)
TL0									(8A)
TMOD	GAT	C/T	M1	M0	GAT	C/T	M1	M0	(89)
TCON	8F	8E	8D	8C	8B	8A	89	88	88
	TF1	TR1	TF0	TR0	IE1	IT1	IE0	IT0	
PCON	SM0	/	/	/	/	/	/	/	(87)
DPH									(83)
DPL									(82)
SP									(81)
P0	87	86	85	84	83	82	81	80	80
	P0.7	P0.6	P0.5	P0.4	P0.3	P0.2	P0.1	P0.0	

* 表中数据均为十六进制数。

在可寻址的 21 个专用寄存器中，有 11 个寄存器不仅能以字节寻址，也能以位寻址。表 2.6 中，凡十六进制字节地址末位为 0 或 8 的寄存器都是可以进行位寻址的寄存器。全部专用寄存器可寻址的位共 83 位，这些位都有专门的定义和用途。

> **小提示**　在单片机的 C 语言程序设计中，可以通过关键字 sfr 来定义所有专用寄存器，从而在程序中直接访问它们，例如：
>
> 　　sfr　P1=0x90;　　　　//专用寄存器 P1 的地址是 0x90，对应 P1 口的 8 个 I/O 引脚
>
> 在程序中就可以直接使用 P1 这个专用寄存器了，下面语句是合法的：
>
> 　　P1=0x00;　　　　　　//将 P1 口的 8 位 I/O 端口全部清零
>
> 在 C 语言中，还可以通过关键字 sbit 来定义专用寄存器中的可寻址位。在程序 ex1_1.c 中，采用了下面语句定义 P1 口的第 0 位：
>
> 　　sbit P1_0=P1^0;
>
> 在通常情况下，这些专用寄存器已经在头文件 reg51.h 中定义了，只要在程序中包含了该头文件，就可以直接使用已定义的专用寄存器。
>
> 如果没有头文件 reg51.h，或者该文件中只定义了部分专用寄存器和位，用户也可以在程序中自行定义。

下面对几个常用的专用寄存器功能进行简单说明。

1) 程序计数器 PC

程序计数器 PC（Program Counter）是一个 16 位计数器，其内容为下一条将要执行指令的地址，寻址范围为 64 KB。PC 有自动加 1 功能，从而控制程序的执行顺序。PC 没有物理地址，是不可寻址的，因此用户无法对它进行读写。但可以通过转移、调用、返回等指令改变其内容，以实现程序的转移。

2) 程序状态字 PSW

程序状态字 PSW（Program Status Word）是一个 8 位寄存器，用于存放程序运行中的各种状态信息。PSW 的各位定义如表 2.7 所示。

表 2.7 PSW 位定义

位地址	0xD7	0xD6	0xD5	0xD4	0xD3	0xD2	0xD1	0xD0
位名称	CY	AC	F0	RS1	RS0	OV	F1	P

（1）CY（PSW.7）：进位标志位。存放算术运算的进位或借位标志。

（2）AC（PSW.6）：辅助进位标志位。存放算术运算中低 4 位向高 4 位进位或借位标志。

（3）F0（PSW.5）：用户标志位。供用户定义的标志位，需要利用软件方法置位或复位。

（4）RS1 和 RS0（PSW.4，PSW.3）：工作寄存器组选择位。上电或复位后，RS1 RS0=00。

（5）OV（PSW.2）：溢出标志位。存放带符号数加减运算的溢出位。

（6）F1（PSW.1）：保留未使用。

（7）P（PSW.0）：奇偶标志位。存放累加器 ACC 数据的二进制形式中 1 的个数的奇偶性。一般用于异步串行通信中的奇偶校验，参见第 6.1.3 节。

以上简单介绍了 2 个专用寄存器，其余的专用寄存器（如 TCON、TMOD、IE、IP、SCON、PCON、SBUF 等）将在以后的项目中陆续介绍。

> 小提示　在单片机 C 语言程序设计中，经常使用的是直接控制硬件的专用寄存器，例如 P0、P1、P2、P3 等，在以后的项目中会详细介绍。

2.3.2　片外数据存储器

8051 单片机最多可扩充片外数据存储器（片外 RAM）64 KB，称为 XDATA 区。在 XDATA 空间内进行分页寻址操作时，称为 PDATA 区。

> 小提示　片外数据存储器可以根据需要进行扩展。当需要扩展存储器时，低 8 位地址 A7~A0 和 8 位数据 D7~D0 由 P0 口分时传送，高 8 位地址 A15~A8 由 P2 口传送。
> 　　因此，只有在没有扩展片外存储器的系统中，P0 口和 P2 口的每一位才可作为双向 I/O 端口使用。

2.3.3 程序存储器

51 单片机的程序存储器用来存放编好的程序和程序执行过程中不会改变的原始数据。程序存储器结构如图 2.6 所示。

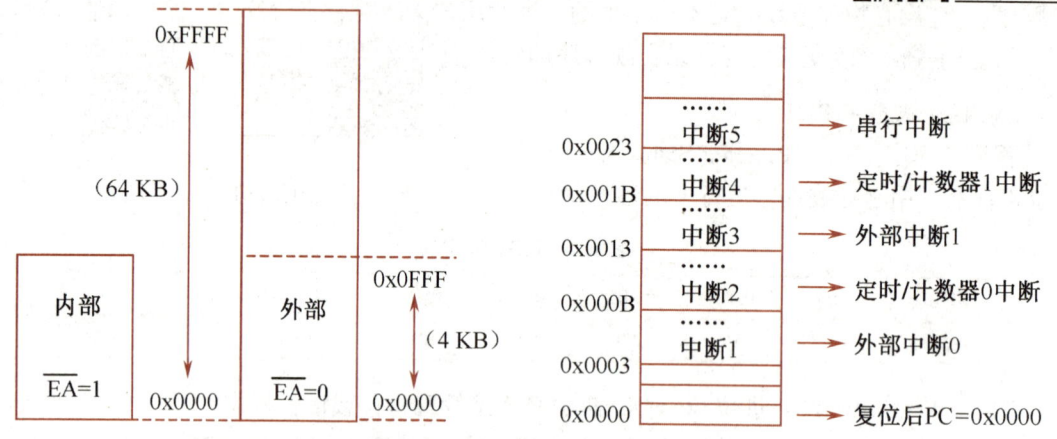

图 2.6 程序存储器结构

8031 片内无程序存储器，8051 片内有 4 KB 的 ROM，8751 片内有 4 KB 的 EPROM，89C51 片内有 4 KB 的 FEPROM。

51 单片机片外最多能扩展 64 KB 程序存储器，片内外的 ROM 是统一编址的。如 $\overline{EA}$ 保持高电平，8051 的程序计数器 PC 在 0x0000～0x0FFF 地址范围内（即前 4 KB 地址），则执行片内 ROM 中的程序；如 PC 在 0x1000～0xFFFF 地址范围时，则自动执行片外程序存储器中的程序。如 $\overline{EA}$ 保持低电平，则只能寻址外部程序存储器，片外存储器可以从 0x0000 开始编址。

程序存储器中有一组特殊单元是 0x0000～0x0002。系统复位后，PC=0x0000，表示单片机从 0x0000 单元开始执行程序。

还有一组特殊单元是 0x0003～0x002A，共 40 个单元。这 40 个单元被均匀地分为 5 段，作为以下 5 个中断源的中断程序入口地址区。

0x0003～0x000A：外部中断 0 中断地址区；
0x000B～0x0012：定时/计数器 0 中断地址区；
0x0013～0x001A：外部中断 1 中断地址区；
0x001B～0x0022：定时/计数器 1 中断地址区；
0x0023～0x002A：串行口中断地址区。

> **小提示** 在单片机 C 语言程序设计中，用户无须考虑程序的存放地址，编译程序会在编译过程中按照上述规定，自动安排程序的存放地址。例如：C 语言是从 main() 函数开始执行的，编译程序会在程序存储器的 0x0000 处自动存放一条转移指令，跳转到 main() 函数存放的地址；中断函数也会按照中断类型号，自动由编译程序安排存放在

程序存储器相应的地址中。因此，读者只需了解程序存储器的结构就可以了。

单片机的存储器结构包括 4 个物理存储空间，C51 编译器对这 4 个物理存储空间都能支持。常见的 C51 编译器支持的存储器类型如表 2.8 所示。

表 2.8 C51 编译器支持的存储器类型

存储器类型	描述
data	直接访问内部数据存储器，允许最快访问（128 B）
bdata	可位寻址内部数据存储器，允许位与字节混合访问（16 B）
idata	间接访问内部数据存储器，允许访问整个内部地址空间（256 B）
pdata	"分页"外部数据存储器（256 B）
xdata	外部数据存储器（64 KB）
code	程序存储器（64 KB）

任务 2-2　模拟汽车左右转向灯控制

1. 目的与要求

安装在汽车不同位置的信号灯是汽车驾驶员之间及驾驶员向行人传递汽车行驶状况的语言工具。汽车信号灯一般包括转向灯、刹车灯、倒车灯、雾灯等，其中汽车转向灯包括左转灯和右转灯。任务要求采用单片机制作一个模拟汽车左右转向灯的控制系统，重点训练单片机 I/O 端口的位操作方法。

2. 电路设计

单片机模拟汽车左右转向灯控制系统电路如图 2.7 所示。并行口 P1 的 P1.0 和 P1.1 控制两个发光二极管，当引脚输出为 0 时，相应的发光二极管点亮；P3 口的 P3.0 和 P3.1 各自分别连接一个拨动开关，拨动开关的一端通过一个 4.7 kΩ 电阻连接到电源，另一端接地。

当拨动开关 S_0 拨至位置 2 时，P3.0 引脚为低电平，P3.0 = 0；当 S_0 拨至位置 1 时，P3.0 引脚为高电平，P3.0 = 1。拨动开关 S_1 亦然。

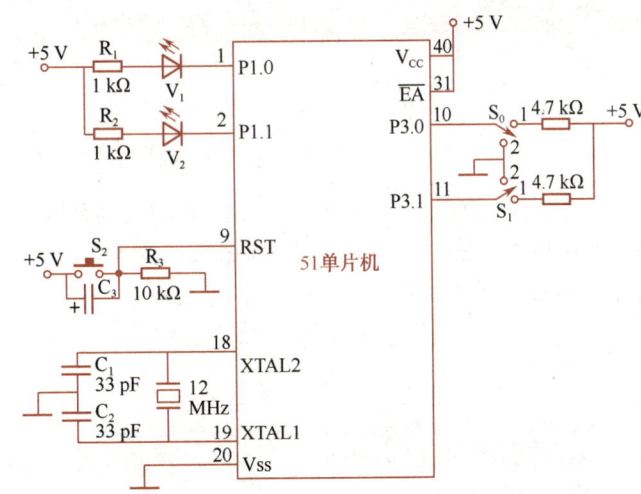

图 2.7　模拟汽车左右转向灯控制系统电路

🔔 **小提示** 注意拨动开关和弹性按键的区别,拨动开关具有断开和闭合两个稳定状态,而弹性按键不同,只有当弹性按键按下时,保持闭合状态,当手松开,按键的弹性会使按键自动回到断开状态。

3. 源程序设计

汽车转向灯显示状态如表2.9所示。

表2.9 汽车转向灯显示状态

转向灯显示状态		驾驶员发出的命令
左转灯	右转灯	
灭	灭	驾驶员未发出命令
灭	闪烁	驾驶员发出右转显示命令
闪烁	灭	驾驶员发出左转显示命令
闪烁	闪烁	驾驶员发出汽车故障显示命令

系统采用两个发光二极管来模拟汽车左转灯和右转灯,用单片机的P1.0和P1.1引脚控制发光二极管的亮、灭状态;用两个连接到单片机P3.0和P3.1引脚的拨动开关S_0、S_1,模拟驾驶员发出左转、右转命令。P3.0和P3.1引脚的电平状态与驾驶员发出命令的对应关系如表2.10所示。

表2.10 P3口引脚状态与驾驶员发出的命令

P3口状态		驾驶员发出的命令
P3.0	P3.1	
1	1	驾驶员未发出命令
1	0	驾驶员发出右转指示灯显示命令
0	1	驾驶员发出左转指示灯显示命令
0	0	驾驶员发出汽车故障显示命令

比较表2.9和表2.10可以看到,P3.0引脚的电平状态与左转灯的亮灭状态相对应,当P3.0引脚的状态为1时,左转灯熄灭;当P3.0引脚的状态为0时,左转灯闪烁。同样,P3.1引脚的状态与右转灯的亮灭状态相对应。

模拟汽车转向灯控制系统的源程序如下。

```c
//程序: ex2_2.c
//功能: 模拟汽车转向灯控制程序
#include<reg51.h>        //包含头文件reg51.h, 定义51单片机的专用寄存器
sbit LED_L=P1^0;         //定义P1.0引脚位名称为LED_L
sbit LED_R=P1^1;         //定义P1.1引脚位名称为LED_R
sbit S_L=P3^0;           //定义P3.0引脚位名称为S_L
sbit S_R=P3^1;           //定义P3.1引脚位名称为S_R
//函数名: delay
//函数功能: 实现软件延时
```

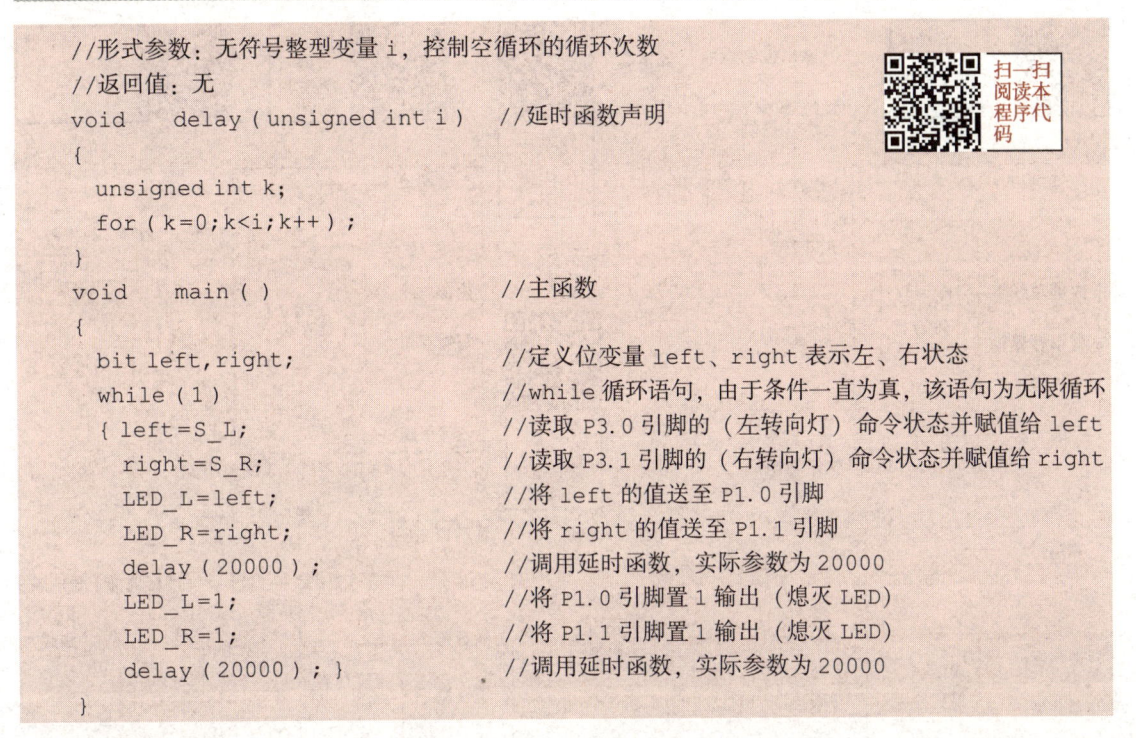

```
//形式参数：无符号整型变量 i, 控制空循环的循环次数
//返回值：无
void    delay(unsigned int i)        //延时函数声明
{
  unsigned int k;
  for(k=0;k<i;k++);
}
void    main()                       //主函数
{
  bit left,right;                    //定义位变量 left、right 表示左、右状态
  while(1)                           //while 循环语句，由于条件一直为真，该语句为无限循环
  { left=S_L;                        //读取 P3.0 引脚的（左转向灯）命令状态并赋值给 left
    right=S_R;                       //读取 P3.1 引脚的（右转向灯）命令状态并赋值给 right
    LED_L=left;                      //将 left 的值送至 P1.0 引脚
    LED_R=right;                     //将 right 的值送至 P1.1 引脚
    delay(20000);                    //调用延时函数，实际参数为 20000
    LED_L=1;                         //将 P1.0 引脚置 1 输出（熄灭 LED）
    LED_R=1;                         //将 P1.1 引脚置 1 输出（熄灭 LED）
    delay(20000); }                  //调用延时函数，实际参数为 20000
}
```

4. 任务小结

本任务模拟人们常见的汽车转向灯显示控制功能，用 51 单片机的 P3 口接收驾驶员发出的左转、右转命令（拨动开关 S_0、S_1 到位置 2 上），控制连接到 P1 口上的两个发光二极管闪烁，指示汽车的左、右转向。

通过本任务的制作，使读者进一步理解 51 单片机并行 I/O 端口的使用。

5. 举一反三

请用 if 或 if-else 语句实现本任务中的控制程序，if 或 if-else 语句介绍参见 3.2.2 节。

2.4 单片机并行 I/O 端口

知识分布网络

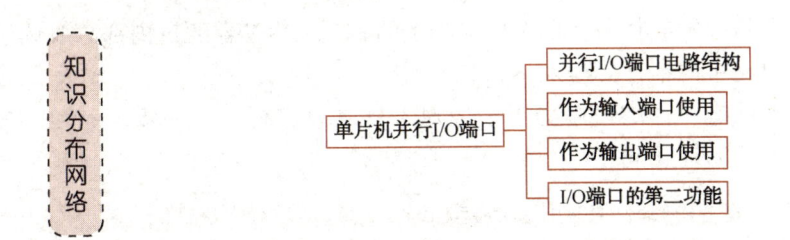

单片机并行 I/O 端口
- 并行 I/O 端口电路结构
- 作为输入端口使用
- 作为输出端口使用
- I/O 端口的第二功能

2.4.1 并行 I/O 端口电路结构

51 单片机典型芯片 8051 共有 4 个 8 位并行 I/O 端口，分别用 P0、P1、P2、P3 表示。每个 I/O 端口既可以按位操作使用单个引脚，也可以按字节操作使用 8 个引脚。

单片机的 4 个 I/O 端口可以作为一般的 I/O 端口使用，在结构和特性上基本相同，又各具特点。4 个并行 I/O 端口的口线逻辑电路如图 2.8 所示。

图 2.8　并行 I/O 接口逻辑电路

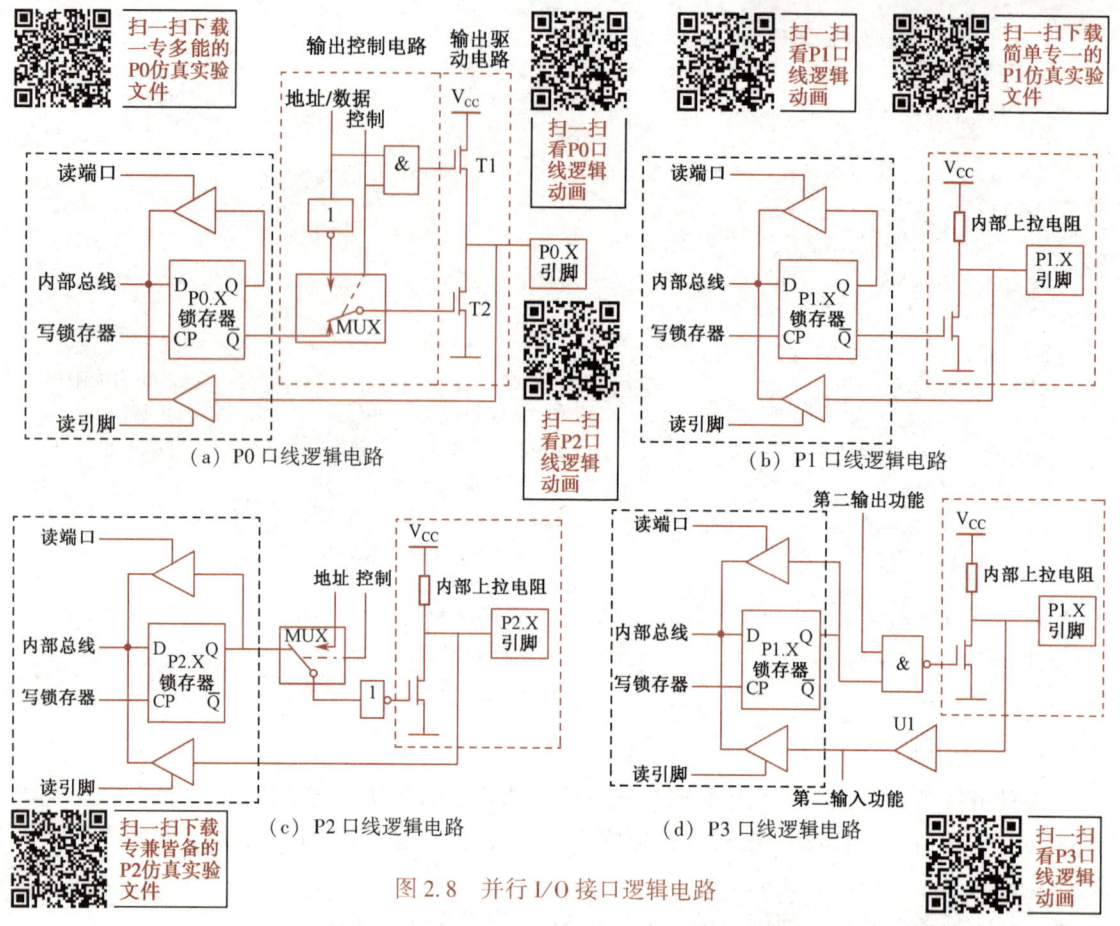

(a) P0 口线逻辑电路　　(b) P1 口线逻辑电路　　(c) P2 口线逻辑电路　　(d) P3 口线逻辑电路

如图 2.8 所示，4 个并行 I/O 端口的线逻辑电路基本结构非常相似，因此都具有基本 I/O 功能，不同之处在于基本 I/O 功能之外的第二功能。

2.4.2　作为输入端口使用

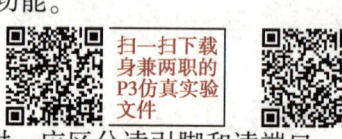

4 个并行 I/O 端口 P0~P3 作为输入端口使用时，应区分读引脚和读端口。

所谓读引脚，就是读芯片引脚的状态，把端口引脚上的数据从缓冲器通过内部总线读进来。读引脚时，必须先向电路中的锁存器写入"1"。

读端口是指读锁存器的状态。读端口是为了适应对 I/O 端口进行"读—修改—写"操作语句的需要。例如，下面的 C51 语句：

```
P0=P0&0xf0;    //将 P0 口的低 4 位引脚清零输出
```

该语句执行时，分为"读—修改—写"三步。首先读入 P0 口锁存器中的数据；然后与 0xf0 进行"逻辑与"操作；最后将所读入数据的低 4 位清零，再把结果送回 P0 口。对于这类"读—修改—写"语句，不直接读引脚而读锁存器是为了避免可能出现的错误。

任务 2-2 中，利用单片机的 P3.0 和 P3.1 引脚控制拨动开关，如图 2.7 所示，此时，P3.0 和 P3.1 作为输入端口使用。当开关 S_0 拨到 1 位置时，P3.0 引脚上为高电平，通过读引脚，就可以读出该引脚上的高电平"1"，从而得知开关的具体位置。

项目2 学习单片机硬件系统

读引脚可以用位操作，也可以用字节操作。任务 2-2 中采用的是位操作，先定义了位变量 left 和 right，再把开关状态读入位变量。

```
bit left, right;        //定义位变量
left=S_L;               //读取引脚 P3.0 状态
right=S_R;              //读取引脚 P3.1 状态
```

采用字节操作读取按键状态的实例参见任务 4-1 的 ex4_1.c。

2.4.3 作为输出端口使用

P0 口作为输出端口使用时，输出电路是漏极开路电路，必须外接上拉电阻（一般为 4.7 kΩ 或 10 kΩ）才能有高电平输出。P1、P2 和 P3 口作为输出端口使用时，无须外接上拉电阻。

任务 1-2 中利用单片机的 P1.0 控制发光二极管的亮灭，任务 2-1 中利用 P1.0 控制蜂鸣器的发声，此时，P1.0 都是作为输出端口使用。通过给 P1.0 引脚输出 0 或 1，从而达到在 P1.0 引脚上输出低电平或高电平的目的。

输出时，可以用位操作，也可以用字节操作。例如，下面操作就是采用位操作。

```
sbit P1_0=P1^0;         //定义 P1.0 引脚位名称为 P1_0
P1_0=0;                 //在 P1.0 引脚输出低电平
P1_0=1;                 //在 P1.0 引脚输出高电平
```

采用字节操作时，直接给整个 I/O 端口的 8 个引脚赋值，例如：

```
P1=0x01;                //P1 口的 P1.0 引脚为高电平，其余 7 个引脚均为低电平
```

注意：无论作为输入端口还是输出端口，I/O 端口采用字节操作时，第七位为高位，第零位为低位。

扫一扫看单片机系统扩展方法演示文稿

2.4.4 I/O 端口的第二功能

在进行单片机系统扩展时，P0 口作为单片机系统的低 8 位地址/数据线使用，一般称它为地址/数据分时复用引脚。P2 口作为单片机系统的高 8 位地址，与 P0 口的低 8 位地址线共同组成 16 位地址总线。

P3 口的 8 个引脚都具有第二功能，具体参见 2.1 节中的表 2.2。作为第二功能使用的端口线，不能同时当做通用 I/O 端口使用，但其他未被使用的端口线仍可作为通用 I/O 端口使用。

任务 2-3　仿真调试发光二极管闪烁控制系统

1. 目的与要求

任务 1-1 介绍了 Keil C51 软件的基本使用步骤，本任务通过单片机控制发光二极管闪烁系统的仿真调试，让读者了解 Keil C51 软件仿真调试功能的使用方法。

学会利用 Keil C51 软件的软件仿真器 Simulator 调试任务 1-2 中的单片机控制发光二极管闪烁系统，学会查看单片机硬件及存储器内容，仿真计算延时函数的延时时间等。

2. Keil C51 软件仿真调试步骤

1）打开任务 1-1 中新建的工程

在 Keil C51 主界面中，单击"Project"→"Open Project"命令项，找到工程所在目录，打开工程。

2）配置软件仿真器

（1）将光标移到工程管理窗口的"Target 1"上，单击鼠标右键，再选择"Options for Target 1'Target1'"快捷菜单命令，打开工程配置窗口如图 2.9 所示，将 Xtal（MHz）选项修改为"12.0"。

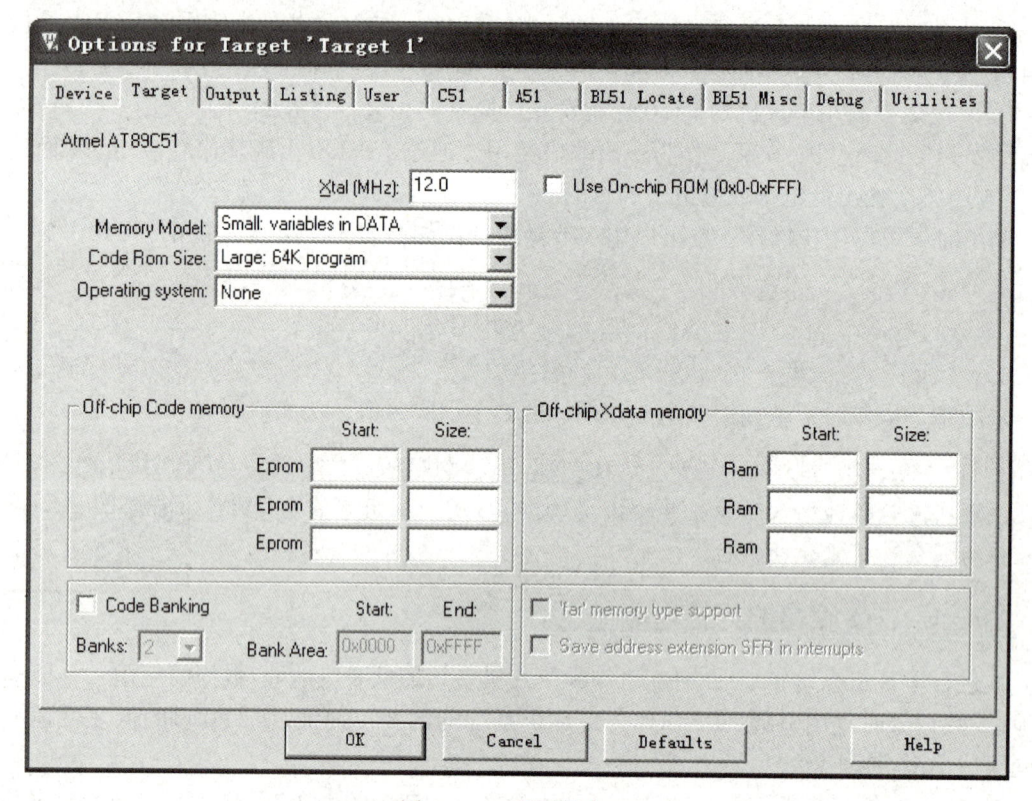

图 2.9 工程配置窗口

小知识 在图 2.9 所示的"Target"属性窗口中，各选项的功能如下。

（1）Xtal（晶振频率）：默认值是所选目标 CPU 的最高可用频率值，该值与最终产生的目标代码无关，仅用于软件模拟调试时显示程序执行时间。正确设置该数值可使显示时间与实际所用时间一致，一般将其设置成实际硬件所用晶振频率；如果没有必要了解程序执行的时间，也可以不设该项。

（2）Memory Model（存储器模式）：用于设置 RAM 使用模式，有三个选择项。

① Small（小型）：所有变量都定义在单片机的内部 RAM 中。

② Compact（紧凑）：可以使用一页（256 B）外部扩展 RAM。

③ Large（大型）：可以使用全部 64 KB 外部扩展 RAM。

（3）Code Rom Size（代码存储器模式）：用于设置 ROM 的使用空间，同样也有三个选择项。

① Small（小型）：只使用低 2 KB 程序空间。

② Compact（紧凑）：单个函数的代码量不能超过 2 KB，整个程序可以使用 64 KB 程序空间。

③ Large（大型）：可用全部 64 KB 空间。

这些选择必须根据所用硬件来决定。

（4）Operating System（操作系统）：Keil C51 提供了两种操作系统：Rtx tiny 和 Rtx full，通常不使用任何操作系统，即使用该项的默认值 None。

（5）Off-chip Code memory（片外代码存储器）：用于确定系统扩展 ROM 的地址范围，由硬件确定，一般为默认值。

（6）Off-chip Xdata memory（片外 Xdata 存储器）：用于确定系统扩展 RAM 的地址范围，由硬件确定，一般为默认值。

关于存储器模式的介绍参见第 3.3.2 节。

（2）在图 2.9 中单击"Debug"选项卡，打开如图 2.10 所示窗口，选择"Use Simulator"选项，再单击"OK"按钮。

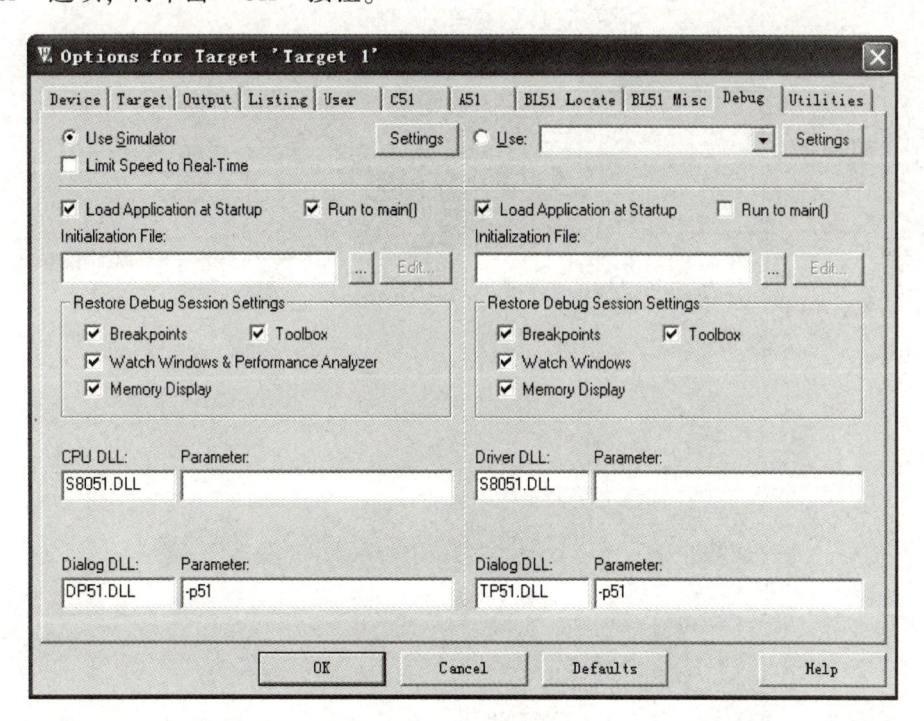

图 2.10 选择仿真方式

Keil C51 集成开发环境为用户提供了软件仿真调试功能，只要选择使用仿真器选项即可进行软件仿真。

3) 编译工程

在主界面中，单击"Project"菜单命令，在下拉菜单中选择"Build target"命令项（或使用快捷键F7），或单击工具栏中的快捷图标" "，对打开的工程进行编译。

4) 启动调试

在主界面中，单击"Debug"菜单命令，在下拉菜单中选择"Start/Stop Debug Session"命令项，如图2.11所示，进入调试主界面，如图2.12所示。

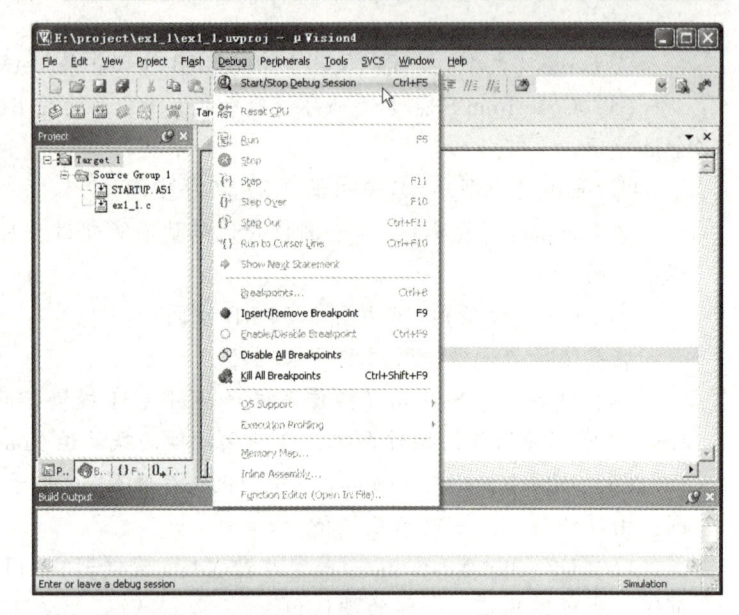

图2.11 调试开始/结束命令

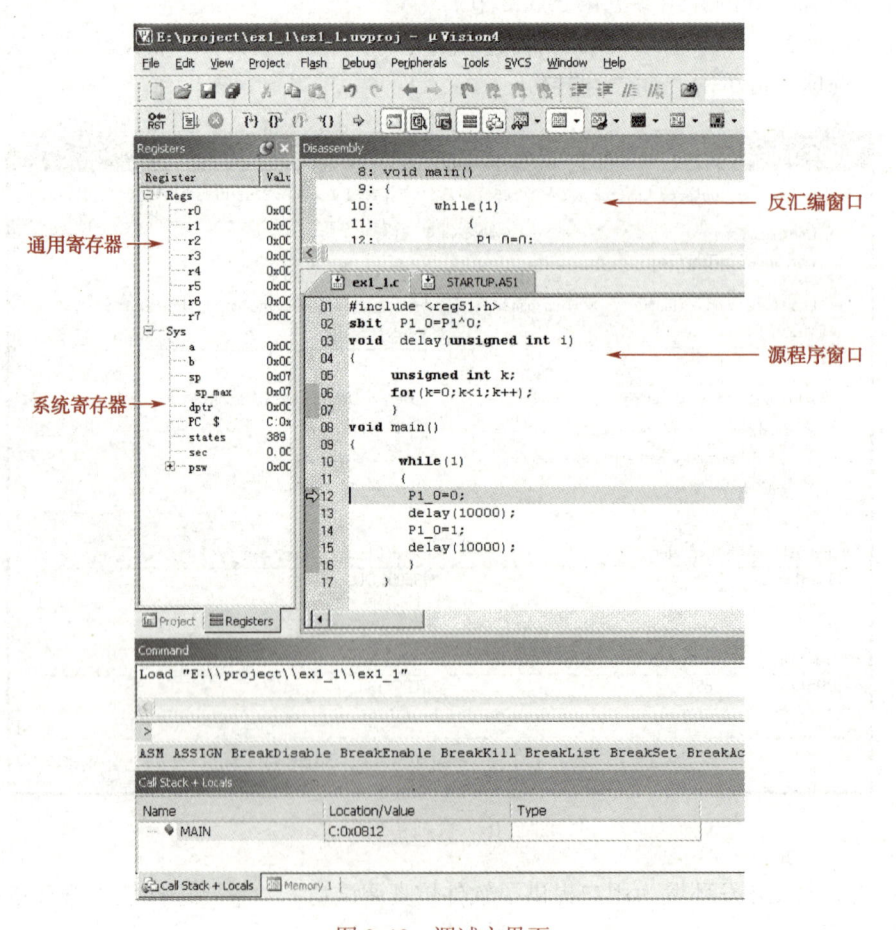

图2.12 调试主界面

小提示 反汇编窗口提供了 C 语言源程序中的每条语句编译成汇编语言和机器语言后的内容,例如:语句"P1_0=0;"反汇编后的结果如下。

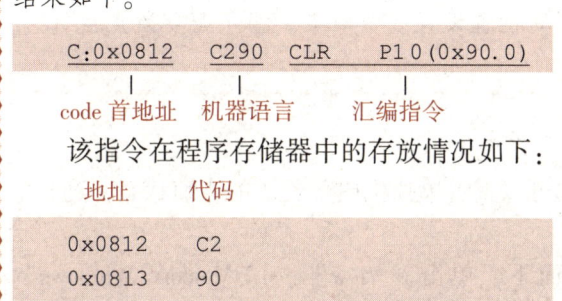

```
C:0x0812    C290    CLR    P10(0x90.0)
    |         |       |
 code首地址  机器语言  汇编指令
```

该指令在程序存储器中的存放情况如下:

```
 地址      代码
0x0812     C2
0x0813     90
```

5) 程序执行

在图 2.12 所示的调试窗口中,单击"Debug"下拉菜单的 Run(全速运行,F5)、Step(单步跟踪运行,F11)、Step Over(单步运行,F10)、Run to Cursor line(全速运行到光标处,Ctrl+F10)、Breakpoints(设置断点)等命令,都可以对程序进行运行调试等,如图 2.13 所示。

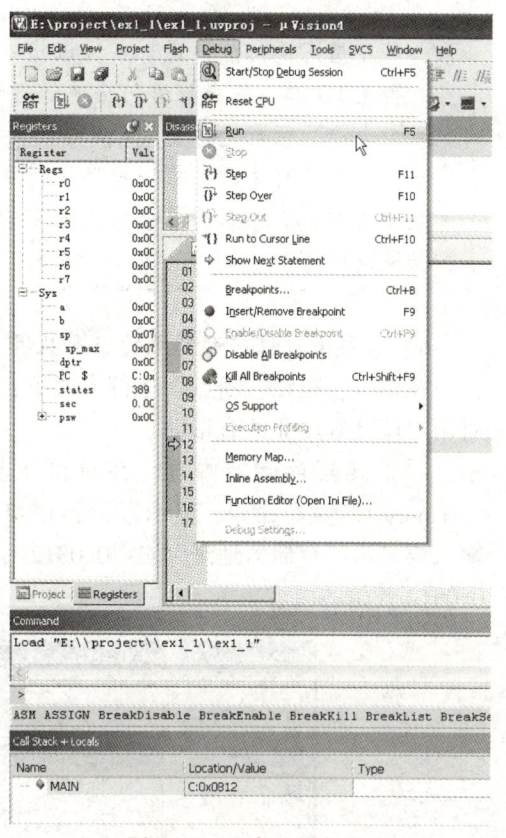

图 2.13 程序运行方式

试一试

(1) 单步运行调试(F10):每按一次 F10 键,黄色箭头向下移动一条语句,表示上一条语句已执行完毕。

(2) 单步跟踪运行调试(F11):每按一次 F11 键,黄色箭头向下移动一条语句,系统就执行一条语句。与单步运行 F10 不同的是:F11 可以跟踪到函数内部执行,而 F10 只是把函数作为一个语句执行,分别用 F10 和 F11 执行函数 delay(10000)语句,就会发现二者的不同之处了。

(3) 全速运行至光标处调试(Ctrl+F10):如果想有针对性地快速观察程序运行到某条语句处的结果,可预先将光标移到该条语句处,再按 Ctrl+F10 组合键,程序将从当前所指示的位置全速运行到光标处。此方法可加快调试程序的速度。

(4) 全速连续运行调试(F5):这种方法可以完全模拟单片机应用系统的真实运行状态,硬件仿真时执行连续运行方式,便于观察程序连续运行状态下相关显示及控制过程的动态变化过程。但无法观察某条语句或某段语句的运行结果,只能根据系统运行中所完成的显示及控制过程的变化结果来判断程序运行的正确与否。因此,软件仿真时通常是将连续运行与设置断点二者一起结合来使用。

(5) 设置断点调试(Breakpoints):为了快速检查程序运行至某一关键位置处的结

果，可在指定语句前设置断点，该指令前将出现一个红色标记，表示此处已被设置为断点。再按 F5 键，从当前语句全速运行程序，至断点处就会停止。

与全速运行至光标处（Ctrl+F10）调试方法相比，断点调试对断点有记忆功能，当再次重复调试程序时，每当程序运行到断点处都会停在该断点处。此方法特别适用于循环程序的调试。根据需要也可在程序的不同位置设置多个断点。当不需要断点运行时，删除断点即可。

6) 观察单片机内部资源的当前状况

在单步、跟踪、断点等运行方式下，都可以查看单片机内部资源的当前状态，这些状态对用户调试程序非常有帮助。

(1) 观察存储器内容。在调试主界面下，单击"View"→"Memory Windows"→"Memory 1"菜单命令，显示存储器窗口，如图 2.14 所示。在下部的"Address"文本框中输入要显示的存储器地址"C：0x0812"，然后按 Enter 键，即可查看程序存储器中从地址 0x0812 开始的内容。

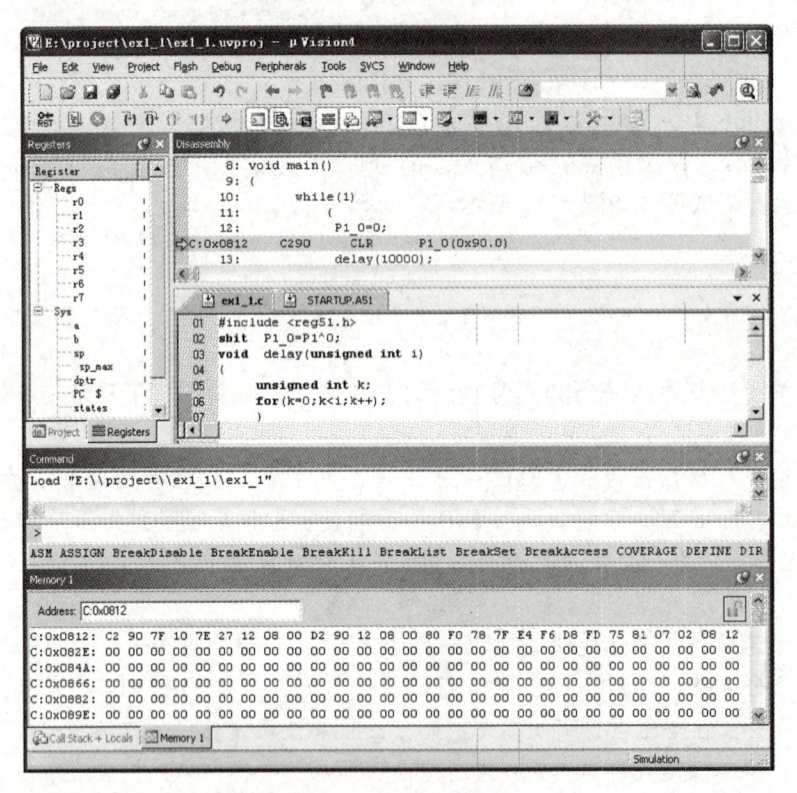

图 2.14　显示存储器窗口

小提示　输入地址"C：0x0812"中的字母 C 代表 Code，观察的是程序存储器中的内容，如果要观察内部数据存储器中的内容，则用字母"D"开头。

存储器窗口最多可以显示 4 个，用来分别观察各个存储器中的内容。

（2）观察 I/O 端口当前的状态。在调试主界面下，单击菜单"Periphrals"→"I/O-Ports"→"Port 1"命令项，打开如图 2.15 所示的 P1 口观察窗口。

在图 2.15 中，"√"表示该位为 1，空白表示该位为 0。当程序调试运行时，在图 2.15 中可以随时观察、修改 P1 口寄存器中的内容。

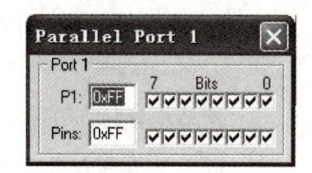

图 2.15　P1 口观察窗口

> **小提示**　Keil C51 的仿真调试功能非常强大，要想把它们都用好，还要花费一番功夫呢，限于篇幅这里就不多介绍了。

7）利用仿真计算延时函数的延时时间

在调试主界面单击"Debug"→"Reset CPU"命令项，使系统复位。将源程序的光标定位在第一个"delay（10000）；"语句上，按下 Ctrl+F10 组合键全速运行至光标处，运行结果如图 2.16 所示。

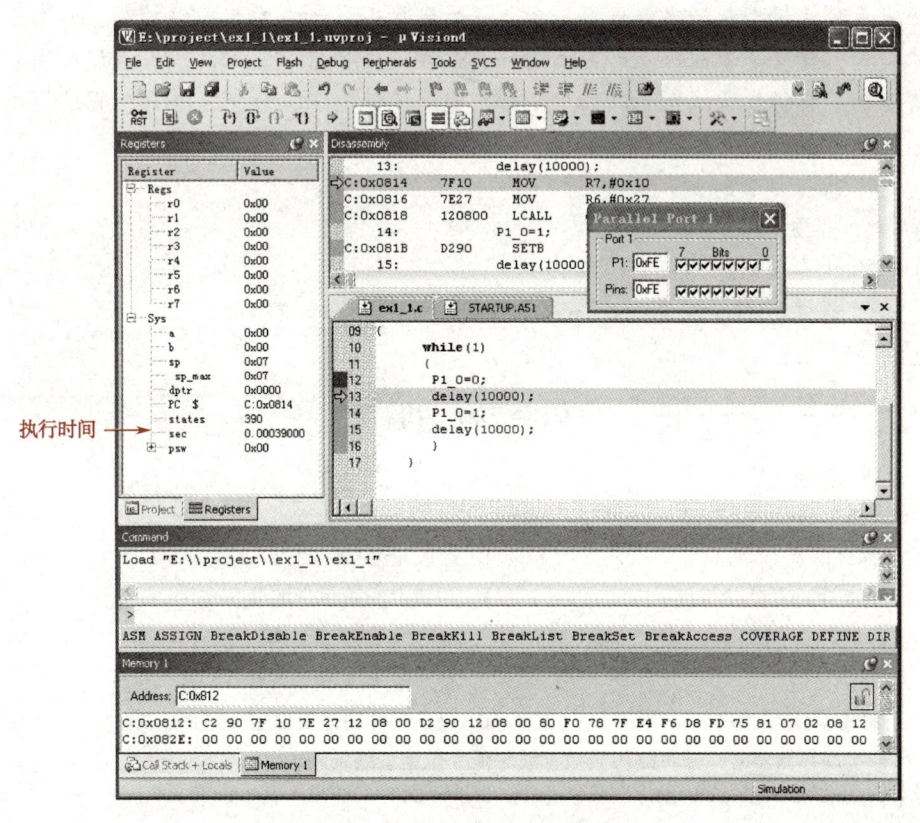

图 2.16　运行到光标处的调试界面

查看 P1 口观察窗口，P1.0 位变成空白，表示该位清 0，相应引脚输出低电平，点亮 LED。

主界面左侧窗口中的 sec 项自动记录程序的执行时间，单位为 s，当系统复位时，sec=0。记录下此时 sec=0.000 390 00 s，即程序执行到这一语句所花的时间。

在图 2.16 所示窗口中按下 F10 键单步运行程序，此时再次记录 sec = 0.120 445 00 s，二者之差则是 delay 函数的执行时间 0.120 055 s。

3. 任务小结

（1）为了方便程序调试，单片机开发系统一般提供以下几种程序运行方式：全速运行、单步运行、跟踪运行、断点运行等，了解每一种运行方式的特点并熟练、灵活地使用，可以有效地提高编程与调试效率。

（2）程序调试是一个反复的过程，一般来讲，单片机硬件电路和程序很难一次设计成功，因此，必须通过反复调试，不断修改硬件和软件，直到运行结果完全符合要求为止。

4. 举一反三

断点调试是一种常用的程序调试方法，请试一试如何设置断点、删除断点、断点运行等。

知识梳理与总结

本项目从单片机控制蜂鸣器发声任务入手，到模拟汽车左右转向灯控制，介绍了单片机硬件基本结构，建立了单片机从外部到内部、从直观到抽象的认识过程，为后面项目的学习打下硬件基础。在仿真调试发光二极管闪烁控制系统任务中，介绍了单片机程序调试的步骤与方法，有助于提高编程效率。本项目要掌握的重点内容如下：

（1）单片机信号引脚；
（2）单片机最小系统；
（3）单片机存储器结构；
（4）单片机并行 I/O 端口；
（5）单片机程序调试方法。

思考与练习题 2

2.1 单项选择题

（1）单片机中的程序计数器 PC 用来_____。
    A. 存放指令　　　　　　　　　　　B. 存放正在执行的指令地址
    C. 存放下一条指令地址　　　　　　D. 存放上一条指令地址

（2）单片机 8031 的$\overline{EA}$引脚_____。
    A. 必须接地　　　　　　　　　　　B. 必须接+5 V 电源
    C. 可悬空　　　　　　　　　　　　D. 以上三种视需要而定

（3）外部扩展存储器时，分时复用做数据线和低 8 位地址线的是_____。
    A. P0 口　　　　B. P1 口　　　　C. P2 口　　　　D. P3 口

（4）PSW 中的 RS1 和 RS0 用来_____。
    A. 选择工作寄存器组　　　　　　　B. 指示复位
    C. 选择定时器　　　　　　　　　　D. 选择工作方式

（5）单片机上电复位后，PC 的内容为_____。
    A. 0x0000　　　B. 0x0003　　　C. 0x000B　　　D. 0x0800

（6）8051 单片机的程序计数器 PC 为 16 位计数器，其寻址范围是_____。

A. 8 KB　　　　　　B. 16 KB　　　　　　C. 32 KB　　　　　　D. 64 KB

　（7）单片机的 ALE 引脚是以晶振振荡频率的_____固定频率输出正脉冲,因此它可作为外部时钟或外部定时脉冲使用。

　　　A. 1/2　　　　　　B. 1/4　　　　　　　C. 1/6　　　　　　　D. 1/12

　（8）单片机的 4 个并行 I/O 端口作为通用 I/O 端口使用,在输出数据时,必须外接上拉电阻的是_____。

　　　A. P0 口　　　　　B. P1 口　　　　　　C. P2 口　　　　　　D. P3 口

　（9）当单片机应用系统需要扩展外部存储器或其他接口芯片时,_____可作为低 8 位地址总线使用。

　　　A. P0 口　　　　　B. P1 口　　　　　　C. P2 口　　　　　　D. P0 口和 P2 口

　（10）当单片机应用系统需要扩展外部存储器或其他接口芯片时,_____可作为高 8 位地址总线使用。

　　　A. P0 口　　　　　B. P1 口　　　　　　C. P2 口　　　　　　D. P0 口和 P2 口

2.2　填空题

（1）单片机的存储器主要有 4 个物理存储空间,即_____、_____、_____、_____。

（2）单片机的应用程序一般存放在_____中。

（3）片内 RAM 低 128 单元,按其用途划分为_____、_____和_____3 个区域。

（4）当振荡脉冲频率为 12 MHz 时,一个机器周期为_____；当振荡脉冲频率为 6 MHz 时,一个机器周期为_____。

（5）单片机的复位电路有两种,即_____和_____。

（6）输入单片机的复位信号需延续_____个机器周期以上的_____电平时即为有效,用于完成单片机的复位初始化操作。

2.3　回答题

（1）P3 口的第二功能是什么？

（2）画出单片机的时钟电路,并指出石英晶体和电容的取值范围。

（3）什么是机器周期？机器周期和晶振频率有何关系？当晶振频率为 6 MHz 时,机器周期是多少？

（4）51 单片机常用的复位方法有几种？画出电路图并说明其工作原理。

（5）51 单片机片内 RAM 的组成是如何划分的？各有什么功能？

（6）51 单片机有多少个特殊功能寄存器？它们分布在什么地址范围？

（7）简述程序状态寄存器 PSW 各位的含义,单片机如何确定和改变当前的工作寄存器组？

（8）C51 编译器支持的存储器类型有哪些？

（9）当单片机外部扩展 RAM 和 ROM 时,P0 口和 P2 口各起什么作用？

（10）在单片机的 C 语言程序设计中,如何使用 SFR 和可寻址位？

2.4　上机操作题

（1）修改程序 ex2_1.c,使得蜂鸣器发出有变化的报警声。

（2）利用单片机控制蜂鸣器和发光二极管,设计一个声光报警系统。

（3）利用单片机控制按键和发光二极管,设计一个单键控制单灯亮灭的系统。

（4）利用单片机控制 4 个按键和 4 个发光二极管,设计一个 4 人抢答器,要求当有某一参赛者首先按下抢答开关时,相应的 LED 灯亮,此时抢答器不再接受其他输入信号,需按复位按键才能重新开始抢答。

项目 3
单片机并行 I/O 端口的应用

扫一扫
看本项
目教学
课件

本项目介绍了用 C 语言进行单片机结构化程序设计的方法，以及 C 语言的数据类型和运算符、结构化编程语句的应用，强调了对 51 单片机并行 I/O 端口的操作方法。

教学导航		
	知识重点	1. 单片机并行 I/O 端口的操作方法； 2. C 语言程序的结构及特点； 3. 数据类型、运算符和基本语句的使用； 4. C 语言结构化程序设计方法
	知识难点	1. C 语言数据类型、基本语句及其应用； 2. 函数以及结构化程序设计方法
	推荐教学方式	从工作任务入手，通过流水灯、霓虹灯、声光报警器、可调光台灯等控制系统的设计与制作，掌握对单片机并行 I/O 端口的操作方法、C51 结构化程序设计方法
	建议学时	18 学时
	推荐学习方法	动手实现单片机应用系统的设计，加深对端口操作、数据类型和结构化程序设计的理解。学习程序设计方法建议：理解例程→修改例程→动手编程
	必须掌握的理论知识	1. C 语言的程序结构、数据类型和基本语句； 2. 函数及其结构化程序设计方法
	必须掌握的技能	1. 对并行 I/O 端口操作的编程方法； 2. C 语言结构化程序设计方法

任务3-1 流水灯设计

1. 目的与要求

通过采用单片机控制8个LED发光二极管顺序点亮的流水灯系统设计与制作，让读者了解C语言的数据类型、常量与变量、运算符和表达式等基本概念及使用方法。

设计要求：首先点亮连接到P1.7引脚的发光二极管，延时一定时间后熄灭，再点亮连接到P1.6引脚的发光二极管，如此依次顺序点亮每个发光二极管，直至点亮最后一个连接到P1.0引脚的发光二极管，再从头开始，循环不止，产生一种动态显示的流水灯效果。

2. 电路设计

流水灯控制系统设计电路如图3.1所示。

图3.1 流水灯控制系统电路

3. 源程序设计

流水灯控制系统的源程序如下（第一列数据为行号）。

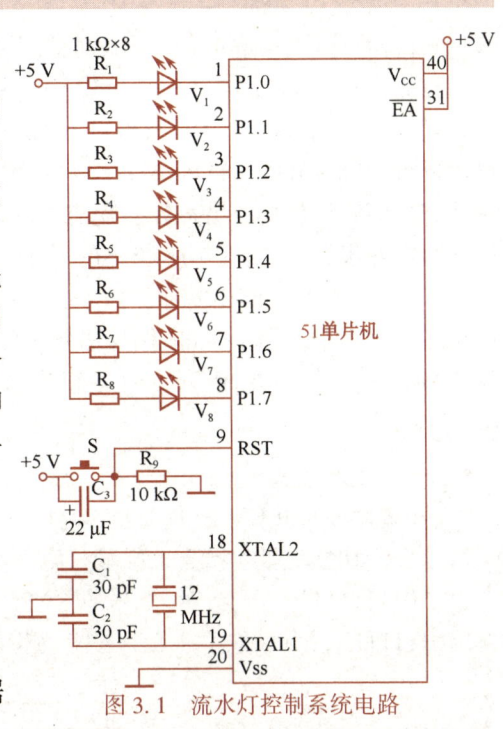

```
1    //程序：ex3_1.c
2    //功能：采用库函数实现的流水灯控制程序
3    #include<reg51.h>        //包含头文件 reg51.h，定义51单片机的专用寄存器
4    #include<intrins.h>      //包含内部函数库，提供移位和延时操作函数
5    //函数名：delay
6    //函数功能：实现软件延时
7    //形式参数：无符号整型变量i，控制空循环的循环次数
8    //返回值：无
9    void delay(unsigned int i)    //定义延时函数
10   {
       unsigned int k;
11     for(k=0;k<i;k++);
12   }
13   void main()               //主函数
14   {                         //主程序开始
15     P1=0x7F;                //P1端口输出0x7F，即01111111B，点亮P1.7连接
                               //的LED
16     while(1)                //无限循环
17     {                       //循环体语句组开始
18       P1=_cror_(P1,1);      //调用内部函数_cror_()，将P1的二进制数值循环右移
19       delay(5000);          //延时
20     }                       //循环体语句组结束
21   }                         //结束控制程序
```

通过向 P1 口写入一个 8 位二进制数来改变每个引脚的输出电平状态，从而控制 8 个发光二极管的亮灭。在 ex3_1.c 源程序中，语句"P1=0x7F;"将 P1 口 8 位引脚设置为按 8 位 01111111 输出，点亮 P1.7 引脚连接的发光二极管。将 P1 端口在 01111111、10111111、11011111、11101111、11110111、11111011、11111101、11111110 这 8 种状态之间顺序转换，就可以实现流水灯效果。

容易看出，P1 端口顺序变化的 8 个状态是最高位旁边的"0"依次右移，调用内部函数_cror_()可以实现循环右移功能。程序中使用了 while 循环语句不停地重复着"P1 端口状态循环右移→延时"的循环程序段，程序流程图如图 3.2 所示。

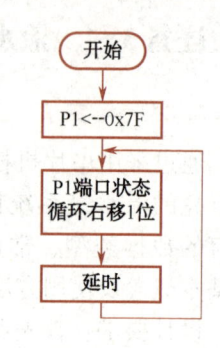

图 3.2 流水灯控制程序流程图

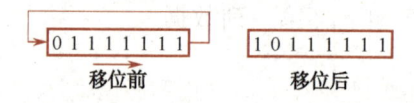

> **小提示** Keil C51 提供的_cror_()是循环右移函数，就是把低位移出去的部分补到高位去，移位过程如图 3.3 所示。例如：在 ex3_1.c 程序中，如果 P1 端口当前的状态为"01111111"，那么执行语句"P1=_cror_(P1,1);"后，P1 端口的状态为"10111111"，向右移了一位，并将被移出的最低位 1 补到最高位上。
>
> 01111111 移位前　　10111111 移位后
>
> 图 3.3 循环右移 1 位过程示意图
>
> 循环右移函数_cror_()需要两个参数。第 1 个参数存放被移位的数据，例如此例中的 P1 端口状态；第 2 个参数是常数，用来说明移位次数，此例中该常数为 1，表示要右移 1 位。

4. 任务小结

本任务通过用 51 单片机控制连接到 P1 口的 8 个发光二极管实现流水灯效果的软、硬件设计过程，使读者初步了解 C 语言程序的基本结构和特点，学习如何用 C 语言编程来控制单片机的并行 I/O 端口。

5. 举一反三

（1）Keil C51 还提供了一个循环左移函数_crol_()，请调用该函数实现左移流水灯效果。

（2）使用移位运算符和循环程序结构编程，实现流水灯控制程序。

C51 提供左移运算"<<"和右移运算">>"，运算的结果是把二进制操作数左移或右移若干位。对无符号数左移后，高位移出的数丢掉，对低位补 0。对无符号数右移后，低位移出的数丢掉，对高位补 0。例如：如果 aa=01111111，执行命令"aa>>1"后，aa=00111111。使用移位运算符实现流水灯的源程序如下。

```c
//程序：ex3_2.c
//功能：采用循环程序和移位操作实现的流水灯控制程序
#include<reg51.h>         //包含头文件reg51.h，定义51单片机专用寄存器
//函数名：delay
//函数功能：实现软件延时
//形式参数：无符号整型变量i，控制空循环的循环次数
//返回值：无
void delay ( unsigned int i )    //定义延时函数
{  unsigned int k;
   for ( k=0;k<i;k++ );
}
void main ( )                    //主函数
{  unsigned char aa,i;           //定义字符变量aa，i
   while ( 1 )                   //无限循环的执行循环程序段，直至电源关闭
     {                           //开始循环程序段
       aa=0x80;                  //给变量aa赋值0x80，即10000000
       for ( i=0;i<8;i++ )       //用for循环控制逐位移动8次
         {
           P1=~aa;               //将aa的值取反后经8位P1引脚输出，~为按位取反
                                 //运算符
           delay ( 5000 );       //延时
           aa>>=1;               //将aa的二进制数值右移一位
         }                       //结束循环
     }
}
```

> **小提示** 移位运算符<<、>>和按位取反运算符~的具体介绍参见第3.3.3节。

3.1　认识 C 语言

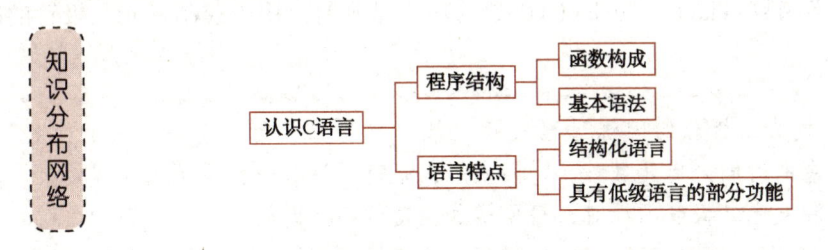

3.1.1　第一个 C 语言程序

我们一起来认识一下任务 3-1 中流水灯控制系统的 C 语言程序 ex3_1.c。

在 ex3_1.c 源程序中，**第 1、2 行**：对程序进行简要说明，包括程序名称和功能。"//"是单行注释符号，通常用从该符号开始直到一行结束的内容来说明相应语句的意义，或者对重要的代码行、段落进行提示，方便程序的编写、调试及维护工作，提高程序的可读性。程序在编译时，不对这些注释内容做任何处理。

> **小提示**　C语言的另一种注释符号是"/＊　＊/"。在程序中可以使用这种成对注释符进行多行注释，注释内容从"/＊"开始，到"＊/"结束，中间的注释文字可以是多行文字。

第3、4行：这两行是C语言的程序预处理部分：文件包含语句，表示把语句中指定文件的全部内容复制到此处，与当前的源程序文件链接成一个源文件。

"#include<reg51.h>"语句中指定包含的文件reg51.h是Keil C51编译器提供的头文件，保存在文件夹"keil\c51\inc"下，该文件包含了对51单片机专用寄存器SFR和部分位名称的定义。

在reg51.h文件中定义了下面语句：

```
sfr P1=0x90;
```

该语句定义了符号P1与51单片机内部P1口的地址0x90对应。ex3_1.c程序中包含头文件reg51.h的目的，是为了通知C51编译器，程序中所用的符号P1是指51单片机的P1口。

> **小经验**　在C51程序设计中，我们可以把reg51.h头文件包含在自己的程序中，直接使用已定义的SFR名称和位名称。例如符号P1表示并行端口P1；也可以直接在程序中自行利用关键字sfr和sbit来定义这些专用寄存器和位名称。
>
> 如果需要使用reg51.h文件中没有定义的SFR或位名称，可以自行在该文件中添加定义，也可以在源程序中定义。例如，在程序ex1_1.c中，我们自行定义了下面的位名称：
>
> ```
> sbit    P1_0=P1^0;        //定义位名称P1_0，对应P1口的第0位
> ```

"#include<intrins.h>"语句中指定包含的文件intrins.h是Keil C51编译器提供的内部标准函数库头文件，在这个文件里定义了一些常用的运算函数，如移位操作和空操作等函数。在ex3_1.c程序中，语句"P1=_cror_(P1,1);"调用了intrins.h中定义的循环右移函数来修改送到P1口的数据。

第5~12行：定义函数delay()。delay()函数的功能是延时，用于控制发光二极管的闪烁速度。

> **小提示**　(1) 发光二极管的闪烁过程实际上就是发光二极管交替亮、灭的过程，单片机运行一条指令的时间只有几微秒，时间太短，眼睛无法分辨，看不到闪烁效果。因此，用单片机控制发光二极管闪烁时，需要增加一定的延时时间，过程如下：
>
> 点亮→延时→熄灭→延时
>
> (2) 延时函数在很多程序设计中都会用到，这里的延时函数delay()使用了for循环，循环次数由形式参数i提供，循环体是空操作。

第13~21行：定义主函数main()。main()函数是C语言中必不可少的主函数，也是程序开始执行的函数。

> **小经验** 在C语言中，函数遵循**先定义、后调用**的原则。
> 如果源程序中包括很多函数，通常在主函数的前面集中声明这些函数，然后再在主函数后面——进行定义，这样编写的C语言源代码可读性好，条理清晰，易于理解。

3.1.2 C语言的基本结构

通过对ex3_1.c源程序的分析，我们可以了解到C语言的结构特点、基本组成和书写格式。

C语言程序以函数形式组织程序结构，C程序中的函数与其他语言中所描述的"子程序"或"过程"的概念是一样的。C程序的结构如图3.4所示。

一个C语言源程序是由一个或若干个函数组成的，每一个函数完成相对独立的功能。每个C程序都必须有（且仅有）一个主函数main()，

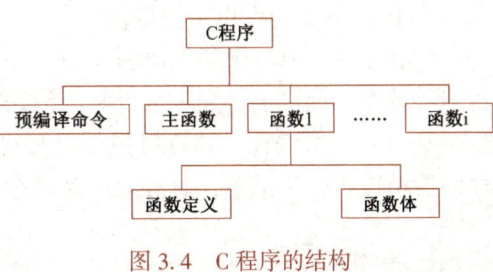

图3.4 C程序的结构

程序的执行总是从主函数开始，再调用其他函数后返回主函数main()，不管函数的排列顺序如何，最后在主函数中结束整个程序。

一个**函数**由两部分组成：函数定义和函数体。

函数定义部分包括函数类型、函数名、函数属性、函数参数（形式参数）名、参数类型等。对于main()函数来说，main是函数名，函数名前面的void说明函数的类型（空类型，表示没有返回值），函数名后面必须跟一对圆括号，圆括号里面是函数的形式参数定义，这里main()函数没有形式参数。

main()函数后面一对大括号内的部分称为函数体，函数体由定义数据类型的说明部分和实现函数功能的执行部分组成。

对于ex3_1.c源程序中的延时函数delay()，第9行是函数定义部分：

    void delay(unsigned int i)

定义该函数名称为delay，函数类型为void，形式参数为无符号整型变量i。

第10~12行是delay函数的函数体。

关于函数的详细介绍参见第3.4节。

> **小知识** （1）函数的类型是指函数返回值的类型。如果函数的类型是int型，可以不写int，int为默认的函数返回值类型；如果函数没有返回值，应该将函数类型定义为void型（空类型）。
> （2）由C语言编译器提供的函数一般称为标准函数，例如：_crol_()循环左移函数。用户根据自己的需要编写的函数称为自定义函数，如本例中的delay()函数。调用标准函数前，必须先在程序开始用文件包含命令"#include"将包含该标准函数说明的头文件包含进来，参见任务3-1中的源程序ex3_1.c。

C语言程序中可以有预处理命令,例如 ex3_1.c 中的 "#include <reg51.h>" 和 "#include<intrins.h>"。预处理命令必须放在源程序的最前面。

C语言程序使用";"作为语句的结束符,一条语句可以多行书写,也可以一行书写多条语句。

C语言区分大小写,例如:变量i和变量I表示两个不同的变量。

3.1.3　C语言的特点

C51交叉编译器提供了一种针对51单片机用C语言编程的方法,可将C语言源程序编译生成Intel格式的可再定位目标代码。

C语言是一种通用编程语言,符合C语言的ANSI标准,代码效率高,可结构化编程,在代码效率和速度上,完全可以和汇编语言相比拟,应用范围广。

利用C语言编程,具有极强的可移植性和可读性,同时,它只要求程序员对单片机的存储器结构有初步了解,而对处理器的指令集不要求了解,其主要特点如下。

1. 结构化语言

C语言由函数构成。函数包括标准函数和自定义函数,每个函数就是一个功能相对独立的模块。

C语言还提供了多种结构化的控制语句,如顺序、条件、循环结构语句,满足程序设计结构化的要求。

2. 丰富的数据类型

C语言具有丰富的数据类型,便于实现各类复杂的数据结构,它还有与地址密切相关的指针及其运算符,可直接访问内存地址,进行位(bit)一级的操作,能实现汇编语言的大部分功能,因此C语言被称为"高级语言中的低级语言"。

用C语言对51单片机开发应用程序,只要求开发者对单片机的存储器结构有初步了解,而不必十分熟悉处理器的指令集和运算过程,寄存器分配、存储器寻址及数据类型等细节问题则由编译器管理,不但减轻了开发者的负担,提高了编程效率,而且程序具有更好的可读性和可移植性。

3. 便于维护管理

用C语言开发单片机应用系统程序,便于模块化程序设计。可采用开发小组来规划和完成项目,分工合作,灵活管理。基本上杜绝了因开发人员变化所造成的对项目进度、后期维护及升级的影响,从而保证了整个系统的品质、可靠性及可升级性。

与汇编语言相比,C语言的优点如下:

(1) 不要求编程者详细了解单片机的指令系统,但需了解单片机的存储器结构。
(2) 寄存器分配、不同存储器的寻址及数据类型等细节可由编译器管理。
(3) 程序结构清晰,可读性强。
(4) 编译器提供了很多标准函数,具有较强的数据处理能力。

任务 3-2　按键控制多种花样霓虹灯设计

1. 目的与要求

通过按键控制发光二极管显示不同的内容，让读者了解单片机与按键的接口设计，以及按键控制程序的设计方法。

采用 8 个发光二极管模拟霓虹灯的显示，一个按键 S_1 控制 8 个发光二极管实现不同显示方式。当 S_1 没有按下时，8 个 LED 全亮，当 S_1 按下时 8 个 LED 显示流水灯效果。

2. 电路设计

根据任务要求，采用 51 单片机的 P1 口控制 8 个发光二极管，P0 口的 P0.0 引脚控制按键 S_1，硬件电路如图 3.5 所示。

P0.0 引脚通过上拉电阻 R_{10} 与 +5 V 电源连接，当 S_1 没有按下时，P0.0 引脚保持高电平，当 S_1 按下时，P0.0 引脚接地，因此通过读取 P0.0 引脚的状态，就可以得知按键 S_1 是否被按下。

> **小提示**　51 单片机在复位时，I/O 端口引脚为高电平，因此，可以省略上拉电阻，直接把按键 S_1 接地即可。

图 3.5　按键控制花样霓虹灯电路

在项目 2 的 2.2.2 节中介绍按键复位电路时，采用弹性按键作为复位键，在项目 1 的任务 1-2 中，介绍了开关器件与弹性按键的区别。这里的 S_1 是弹性按键。

3. 源程序设计

```
//程序：ex3_3.c
//功能：单个按键控制花样霓虹灯控制程序
#include<reg51.h>          //包含头文件 reg51.h，定义 51 单片机专用寄存器
sbit    S1=P0^0;           //定义位名称
//函数名：delay
//函数功能：实现软件延时
//形式参数：整型变量 i，控制循环次数
//返回值：无
void    delay(unsigned int i)
{
    unsigned int k;
    for(k=0;k<i;k++);
}
```

```
void  main ( )                        //主函数
{
    unsigned char i,w;                //定义无符号字符型变量 i 和 w
    P1=0xff;                          //LED 全灭
    while ( 1 )
    {
        if ( S1==0 )                  //第一次检测到按键 S1 按下
        {
            delay ( 1200 );           //延时 10 ms 左右去抖动
            if ( S1==0 )              //再次检测到按键 S1 按下
            {
                w=0x01;               //流水灯显示字初值为 0x01
                for ( i=0;i<8;i++ )
                {
                    P1=~w;            //显示字取反后，送 P1 口
                    delay ( 10000 );  //延时，一个灯显示时间
                    w<<=1;            //显示字左移一位
                }
            }
        }
        else   P1=0x00;               //没有按键按下，8 个灯全部点亮
    }
}
```

图 3.5 中，直接用单片机的 I/O 端口线控制按键，一个按键单独占用一根 I/O 端口线，按键的工作不会影响其他 I/O 端口线的状态，这种连接方式称为独立式按键硬件接口方式。

独立式按键的电路配置灵活，软件结构简单，但每个按键必须占用一根 I/O 端口线，因此，在按键较多时，I/O 端口线浪费较大，不宜采用。

小经验　机械式按键在按下或释放时，由于机械弹性作用的影响，通常伴随有一定时间的触点机械抖动，然后其触点才稳定下来，抖动时间一般为 5~10 ms，如图 3.6 所示。在触点抖动期间检测按键的通与断状态，可能导致判断出错。

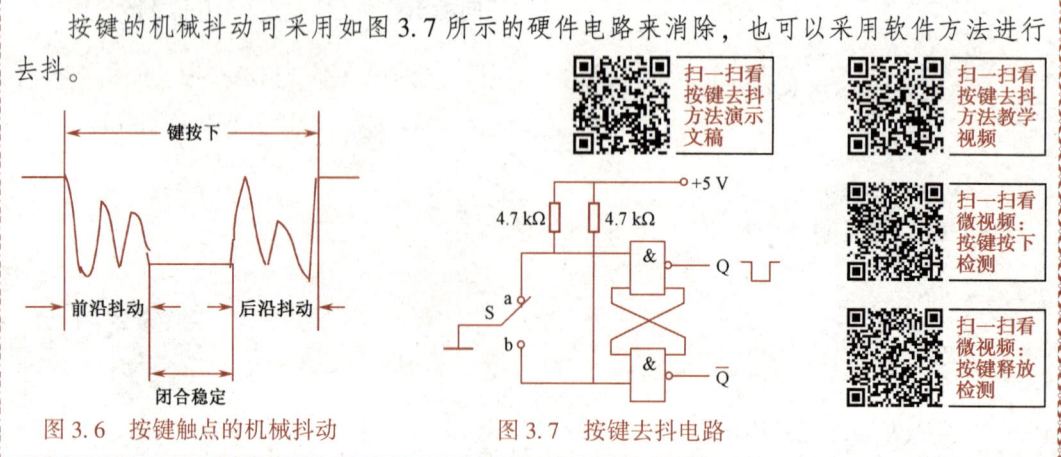

按键的机械抖动可采用如图 3.7 所示的硬件电路来消除，也可以采用软件方法进行去抖。

图 3.6　按键触点的机械抖动　　　　图 3.7　按键去抖电路

项目3 单片机并行I/O端口的应用

软件去抖编程思路:在检测到有键按下时,先执行 10 ms 左右的延时程序,然后再重新检测该键是否仍然按下,以确认该键按下不是因抖动引起的。同理,在检测到该键释放时,也采用先延时再判断的方法消除抖动的影响,软件去抖的流程如图 3.8 所示。

程序 ex3_3.c 中采用软件去抖方法,去抖程序段如下:

```
if(S1==0)               //第一次检测到 S1 按下
    {delay(1200);       //延时 10 ms 左右去抖动
     if(S1==0){         //再次检测到 S1 按下
     ……
```

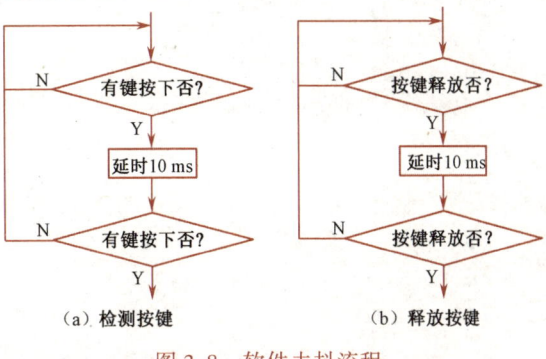

图 3.8 软件去抖流程
(a) 检测按键　　(b) 释放按键

if 语句是 C 语言的基本选择语句,具体使用方法参见第 3.2.2 节。

4. 任务小结

通过单片机控制多种花样霓虹灯系统的设计,加深读者对单片机并行 I/O 端口的输出和输入控制功能的认识,同时,读者还了解了按键的控制方法以及 if 语句的使用方法。

5. 举一反三

(1) 采用 8 个发光二极管模拟霓虹灯的显示,通过 4 个按键控制霓虹灯在四种显示模式之间切换。四种显示模式如下。

第一种显示模式:全亮;

第二种显示模式:交叉亮灭;

第三种显示模式:高四位亮,低四位灭;

第四种显示模式:低四位亮,高四位灭。

4 个按键假定为 $S_1 \sim S_4$,由 P0 口的 P0.0~P0.3 控制,当相应键按下时显示相应模式。参考程序如下。

```
//程序:ex3_4.c
//功能:多个按键控制多种花样霓虹灯控制程序
#include<reg51.h>    //包含头文件 reg51.h,定义 51 单片机专用寄存器
#define TIME 1200    //定义符号常量 TIME,代表常数 1200,符号常量的具体介绍见 3.3.2 节
sbit    S1=P0^0;     //定义位名称
sbit    S2=P0^1;
sbit    S3=P0^2;
sbit    S4=P0^3;
//函数名:delay
//函数功能:实现软件延时
//形式参数:整型变量 i,控制循环次数
//返回值:无
```

57

```c
void  delay(unsigned int i)
{
   unsigned int k;
   for(k=0;k<i;k++);
}
void   main()                          //主函数
{
   P1=0xff;                            //LED全灭
   while(1)
   {  if(S1==0)                        //第一次检测到S₁按下
      {  delay(TIME);                  //延时去抖动
         if(S1==0) P1=0x00;}           //再次检测到S₁按下,第一种模式,8个灯全亮
      else if(S2==0)                   //第一次检测到S₂按下
      {  delay(TIME);                  //延时去抖动
         if(S2==0) P1=0x55;}           //再次检测到S₂按下,第二种模式,8个灯交叉亮
      else if(S3==0)                   //第一次检测到S₃按下
      {  delay(TIME);                  //延时去抖动
         if(S3==0) P1=0x0f;}           //再次检测到S₃按下,第三种模式,高四位亮
      else if(S4==0)                   //第一次检测到S₄按下
      {  delay(TIME);                  //延时去抖动
         if(S4==0) P1=0xf0;}           //再次检测到S₄按下,第四种模式,低四位亮
   }
}
```

(2) 采用8个发光二极管模拟霓虹灯的显示,通过1个按键控制霓虹灯在四种显示模式之间切换。四种显示模式同上。

由P0口的P0.0引脚控制按键S_1,当S_1第一次按下,显示第一种模式;第二次按下,显示第二种模式;第三次按下,显示第三种模式;第四次按下,显示第四种模式,第五次按下,又显示第一种模式。参考程序如下。

```c
//程序: ex3_5.c
//功能: 单个按键控制多种花样霓虹灯控制程序
#include<reg51.h>                      //包含头文件reg51.h,定义51单片机专用寄存器
sbit    S1=P0^0;                       //定义位名称
//函数名: delay
//函数功能: 实现软件延时
//形式参数: 整型变量i,控制循环次数
//返回值: 无
void  delay(unsigned int i)
{  unsigned int k;
   for(k=0;k<i;k++);
}
void main()
{
   unsigned char i=0;                  //定义变量i,记录按下次数
   P1=0xff;                            //LED全灭
```

```
while(1)
{
    if(S1==0)                    //第一次判断有键按下
    { delay(1200);               //延时消除抖动
        if(S1==0)                //再次判断有键按下
        { if(++i==5)i=1; }       //i增1,且增加到5后,再重新赋值1
                                 //++为自增1运算符,参见第3.3.3节
    }
    switch(i)                    //根据i的值显示不同模式
    {
        case 1:P1=0x00;break;    //i=1 显示第一种模式
        case 2:P1=0x55;break;    //i=2 显示第二种模式
        case 3:P1=0x0f;break;    //i=3 显示第三种模式
        case 4:P1=0xf0;break;    //i=4 显示第四种模式
        default;break;
    }
    while(!S1);                  //等待S₁键释放,"!"为逻辑非操作,具体使用方法
                                 //参见第3.3.3节
    delay(1200);                 //延时消除抖动
}
}
```

switch case 语句是 C 语言中常用的多选择分支语句,具体使用方法参见 3.2.2 节。

> **小问答**
>
> 问:如果上面程序中没有检测按键释放,请问对程序功能有影响吗?
>
> 答:有影响,如果不检测按键是否释放,人手按一次键的时间是以秒来计的,而程序的执行是以微秒计的,按一次键的时间 i 的值会改变很多次,无法控制四种显示模式的顺序。
>
> 问:语句 "if(++i==5)i=1;" 和语句 "if(i++==5)i=1;" 的执行效果相同吗?
>
> 答:执行效果不同。++i 属于前置运算,先执行加 1 操作,再使用 i 的值;i++ 属于后置运算,先使用 i 的值,再执行加 1 操作。具体参见 3.3.3 节中有关算术运算符的介绍。

3.2 C 语言的基本语句

知识分布网络:

- C语言的基本语句
  - 顺序结构
    - 表达式语句
    - 复合语句
  - 选择结构
    - 基本if语句
    - if-else语句
    - if-else-if语句
    - switch语句
  - 循环结构
    - while语句
    - do-while语句
    - for语句
    - break/continue语句

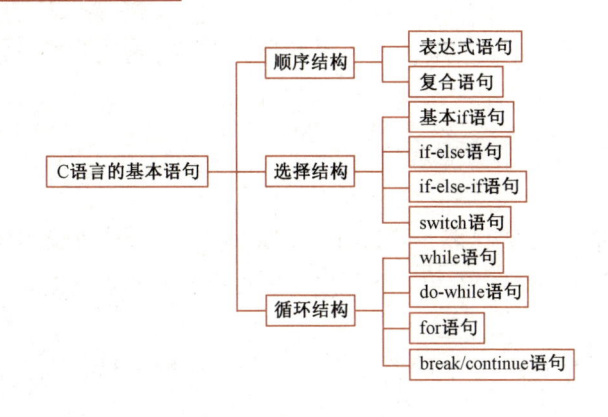

扫一扫看呀呀学语微视频:表达式

扫一扫看初试长句微视频:语句

C语言程序的执行部分由语句组成。C语言提供了丰富的程序控制语句，按照结构化程序设计的基本结构：顺序结构、选择结构和循环结构，组成各种复杂程序。这些语句主要包括表达式语句、复合语句、选择语句和循环语句等。本节介绍C语言基本控制语句的格式及应用，使读者对C语言中常见的控制语句有一个初步的认识。

3.2.1 表达式语句和复合语句

1. 表达式语句

表达式语句是最基本的C语言语句。表达式语句由表达式加上分号";"组成，其一般形式如下：

```
表达式；
```

执行表达式语句就是计算表达式的值。例如：

```
P1=0x00;     //赋值语句，将P1口的8位引脚清零
x=y+z;       //y和z进行加法运算后赋给变量x
i++;         //自增1语句，i增1后，再赋给变量i
```

在C语言中有一个特殊的表达式语句，称为空语句。空语句中只有一个分号";"，程序执行空语句时需要占用一条指令的执行时间，但是什么也不做。在C51程序中常常把空语句作为循环体，用于消耗CPU时间等待事件发生的场合。例如，在delay()延时函数中，有下面语句：

```
for(k=0;k<i;k++);
```

上面的for语句后面的";"是一条空语句，作为循环体出现。

> **小经验**　（1）表达式是由运算符及运算对象所组成的、具有特定含义的式子，例如"y+z"。C语言是一种表达式语言，表达式后面加上分号";"就构成了表达式语句，例如"y+z;"。C语言中的表达式与表达式语句的区别就是前者没有分号";"，而后者有";"。
>
> （2）在while或for构成的循环语句后面加一个分号，构成一个不执行其他操作的空循环体。例如：
>
> ```
>     while(1);
> ```
>
> 上面语句的循环条件永远为真，是无限循环；循环体为空，什么也不做。程序设计时，通常把该语句作为停机语句使用。

2. 复合语句

把多个语句用花括号{}括起来，组合在一起形成具有一定功能的模块，这种由若干条语句组合而成的语句块称为复合语句。在程序中应把复合语句看成是单条语句，而不是多条语句。

复合语句在程序运行时，{}中的各行单语句是依次顺序执行的。在C语言的函数中，

函数体就是一个复合语句,例如程序 ex3_1.c 的主函数中包含两个复合语句:

```
void   main()
{                          //函数体的复合语句开始
    P1=0x7F;
    while(1)
        {                  //while 循环体的复合语句开始
            P1==_cror_(P1,1);
            delay(5000);
        }                  //while 循环体的复合语句结束
}                          //函数体的复合语句结束
```

在上面的这段程序中,组成函数体的复合语句内还嵌套了组成 while( )循环体的复合语句。复合语句允许嵌套,也就是在{ }中的{ }也是复合语句。

复合语句内的各条语句都必须以分号";"结尾,复合语句之间用花括号{ }分隔,在括号"}"外,不能加分号。

> **小提示**　复合语句不仅可以由可执行语句组成,还可以由变量定义语句组成。在复合语句中所定义的变量,称为局部变量,它的有效范围只在本复合语句中。函数体是复合语句,所以函数体内定义的变量,其有效范围也只在函数内部。例如,前面的流水灯控制程序 ex3_2.c 中,main( )函数体内定义的变量 aa 和 i 的有效使用范围局限在 main( )函数内部,与其他函数无关。

3.2.2　选择语句

我们看到,在程序 ex3_3.c 中使用了如下 if 条件语句:

```
if(S1==0)                  //第一次检测到 S1 按下
    { delay(1200);         //延时 10 ms 左右去抖动
        if(S1==0)          //再次检测到 S1 按下,显示流水灯
            { w=0x01;      //流水灯显示字初值为 0x01
                for(i=0;i<8;i++)
                    { P1=~w;      //显示字取反后,送 P1 口
                        delay(10000);  //延时,一个灯显示的时间
                        w<<=1;}    //显示字左移一位
            }
    }
    else  P1=0x00;         //没有按键按下,8 个灯全部点亮
```

在这个复合语句里,使用了两次 if 判断语句检测按键 S_1 是否按下。第一次使用"if(S1==0)"来判断按键 S_1 按下,调用延时函数 delay( )让程序延时约 10 ms 后,再次执行"if(S1==0)"判断按键 S_1 是否被按下。如果按键 S_1 按下,关系表达式"S1==0"的值为"真",按照流水灯方式点亮发光二极管;如果没有按下按键 S_1,则关系表达式的值为"假",执行 else 语句,8 个发光二极管全部点亮。

程序流程图如图 3.9 所示。

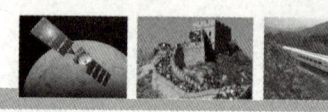

> 🔔 **小提示**　表达式"S1==0"中的运算符"=="为"相等"关系运算符,当"=="左右两边的值相等时,该关系表达式的值为"真",否则为"假",具体介绍参见第3.3.3节。

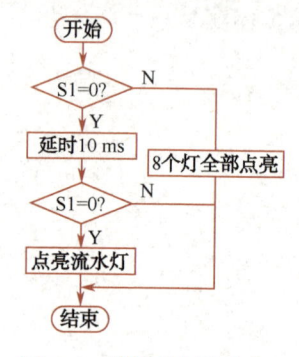

可以看出,处理实际问题时总是伴随着逻辑判断或条件选择,程序设计时就要根据给定的条件进行判断,从而选择不同的处理路径。对给定的条件进行判断,并根据判断结果选择应执行的操作的程序,称为**选择结构程序**。

图 3.9　按键控制流水灯流程图

在 C 语言中,选择结构程序设计一般用 if 语句或 switch 语句来实现。if 语句又有 if、if-else 和 if-else-if 三种不同的形式,下面分别进行介绍。

1. 基本 if 语句

基本 if 语句的格式如下:

```
if(表达式)
{
    语句组;
}
```

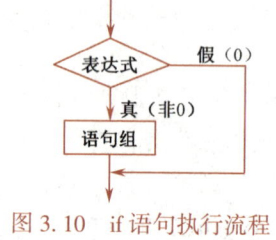

图 3.10　if 语句执行流程

if 语句的执行过程:当"表达式"的结果为"真"时,执行其后的"语句组",否则跳过该语句组,继续执行下面的语句,执行过程如图 3.10 所示。

> 🔔 **小提示**　(1) if 语句中的"表达式"通常为逻辑表达式或关系表达式,也可以是任何其他的表达式或类型数据,只要表达式的值非 0 即为"真"。以下语句都是合法的:
>
> ```
> if(3){……}
> if(x=8){……}
> if(P3_0){……}
> ```
>
> (2) 在 if 语句中,"表达式"必须用小括号括起来。
>
> (3) 在 if 语句中,花括号{}里面的语句组如果只有一条语句,可以省略花括号。如"if(P3_0==0)P1_0=0;"语句。但是为了提高程序的可读性和防止程序书写错误,建议读者在任何情况下,都加上花括号{}。

2. if-else 语句

if-else 语句的一般格式如下:

```
if(表达式)
{
    语句组1;
}
else
```

```
        {
            语句组 2；
        }
```

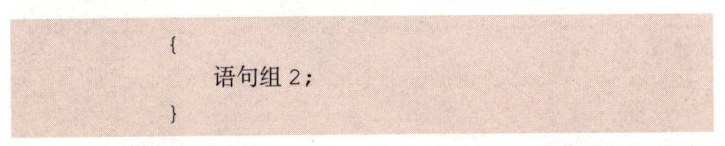

if-else 语句的执行过程：当"表达式"的结果为"真"时，执行其后的"语句组 1"，否则执行"语句组 2"，执行过程如图 3.11 所示。

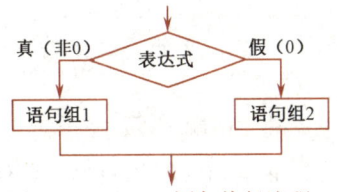

图 3.11　if-else 语句执行流程

3. if-else-if 语句

if-else-if 语句是由 if else 语句组成的嵌套，用于实现多个条件分支的选择，其一般格式如下：

```
if(表达式 1)
    {
        语句组 1；
    }
else if(表达式 2)
    {
        语句组 2；
    }
    ……
else if(表达式 n)
    {
        语句组 n；
    }
else
    {
        语句组 n+1；
    }
```

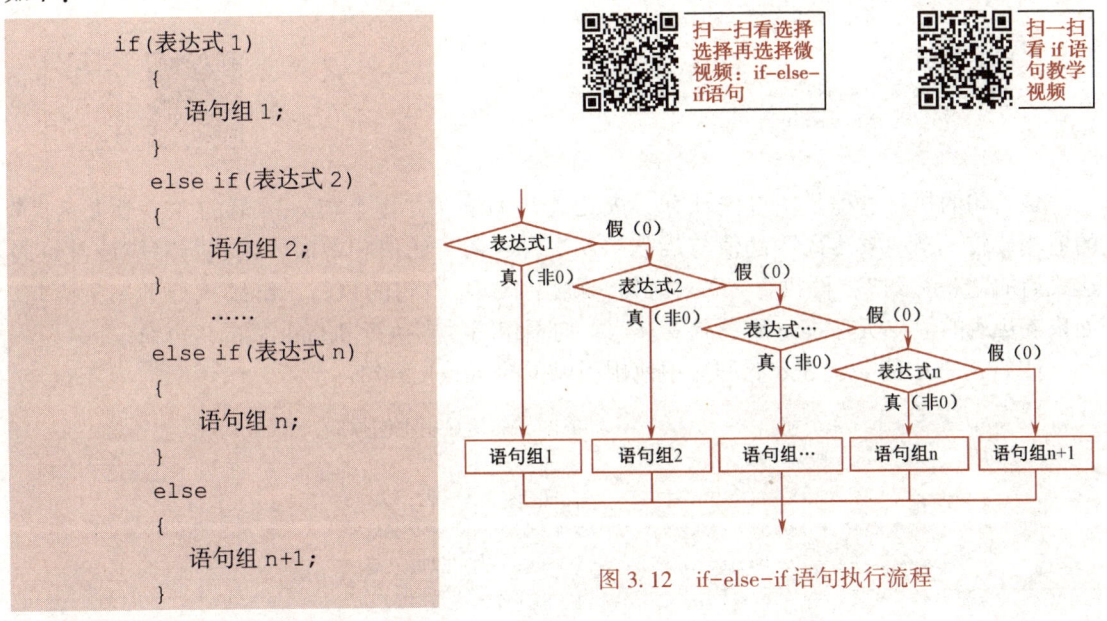

图 3.12　if-else-if 语句执行流程

执行该语句时，依次判断"表达式 i"的值，当"表达式 i"的值为"真"时，执行其对应的"语句组 i"，跳过剩余的 if 语句组，继续执行该语句下面的一个语句。如果所有表达式的值均为"假"，则执行最后一个 else 后的"语句组 n+1"，然后再继续执行其下面的一个语句，执行过程如图 3.12 所示。

任务 3-2 中的程序 ex3_4.c 就是采用 if-else-if 语句实现的 4 个按键控制多种花样霓虹灯的设计。

> **小提示**　（1）else 语句是 if 语句的子句，它是 if 语句的一部分，不能单独使用。
> （2）else 语句总是与在它上面跟它最近的 if 语句相配对。
> （3）如果表达式是由两个关系表达式组成的逻辑表达式，例如：表达式"P3_0==0 && P3_1==0"，其中符号"&&"是逻辑运算符，其运算规则是：当且仅当左右两边的值都为"真"时，运算结果为"真"，否则为"假"。
> 在上面的表达式中，当且仅当 P3_0 和 P3_1 都为 0 时，该表达式的值为"真"，否则为"假"。

> 关于逻辑表达式的介绍参见第3.3.3节。

4. switch 语句

if 语句一般用做单一条件或分支数目较少的场合，如果使用 if 语句来编写超过三个以上分支的程序，就会降低程序的可读性。C 语言提供了一种用于多分支选择的 switch 语句，其一般形式如下。

```
switch(表达式)
{
    case 常量表达式1: 语句组1; break;
    case 常量表达式2: 语句组2; break;
    ……
    case 常量表达式n: 语句组n; break;
    default: 语句组n+1;
}
```

> 扫一扫看对号请进微视频：switch-case语句修改

> 扫一扫看 switch 语句演示文稿

该语句的执行过程是：首先计算"表达式"的值，并逐个与 case 后的"常量表达式"的值相比较，当"表达式"的值与某个"常量表达式"的值相等时，则执行对应该常量表达式后的"语句组"，再执行 break 语句，跳出 switch 语句的执行，继续执行下一条语句。如果表达式的值与所有 case 后的常量表达式均不相同，则执行 default 后的语句组。

任务 3-2 中的 ex3_5.c 源程序中使用了以下的 switch 语句：

```
switch(i)                    //根据 i 的值显示不同模式
{
    case 1:P1=0x00;break;    //i=1 显示第一种模式
    case 2:P1=0x55;break;    //i=2 显示第二种模式
    case 3:P1=0x0f;break;    //i=3 显示第三种模式
    case 4:P1=0xf0;break;    //i=4 显示第四种模式
    default:break;
}
```

程序中先将按键 S_1 被按下的次数记录在变量 i 中，然后采用 switch(i) 语句，判断变量 i 的值与哪一个 case 语句中的常量表达式的值相等，再按照相应的模式点亮霓虹灯；如果都不相等，则执行 default 后面的 break 语句。

> **小提示** （1）在 case 后的各常量表达式的值不能相同，否则会出现同一个条件有多种执行方案的矛盾。
>
> （2）在 case 语句后，允许有多个语句，可以不用{}括起来。例如：
>
> ```
> case 0:P1_0=1;P1_1=0;break;
> ```
>
> （3）"case 常量表达式"只相当于一个语句标号，表达式的值和某个语句标号相等则转向该标号执行，但在执行完该标号后面的语句后，不会自动跳出整个 switch 语句，而是继续执行后面的 case 语句。因此，使用 switch 语句时，要在每一个 case 语句后面加 break 语句，使得执行完该 case 语句后可以跳出整个 switch 语句的执行。

(4) case 和 default 语句的先后顺序可以改变,不会影响程序的执行结果。

(5) default 语句是在不满足 case 语句情况下的一个默认执行语句。如果 default 语句后面是空语句,表示不做任何处理,可以省略。在程序 ex3_5.c 中,就可以省略 switch 语句中的 default 语句。

3.2.3 循环语句

在结构化程序设计中,循环程序结构是一种很重要的程序结构,几乎所有的应用程序都包含循环结构。

循环程序的作用是:对给定的条件进行判断,当给定的条件成立时,重复执行给定的程序段,直到条件不成立时为止。给定的条件称为循环条件,需要重复执行的程序段称为循环体。

前面介绍的 delay() 函数中使用了 for 循环,其循环体为空语句,用来消耗 CPU 时间来产生延时效果,这种延时方法称为软件延时。软件延时的缺点是占用 CPU 时间,使得 CPU 在延时过程中不能做其他事情。解决的方法是使用单片机中的硬件定时器实现延时功能。

在 C 语言中,可以用下面三个语句来实现循环程序结构:while 语句、do-while 语句和 for 语句,下面分别对它们加以介绍。

1. while 语句

while 语句用来实现"当型"循环结构,即当条件为"真"时,就执行循环体。while 语句的一般形式为:

```
while(表达式)
  {
    语句组;     //循环体
  }
```

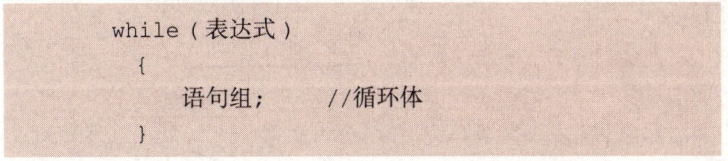

其中,"表达式"通常是逻辑表达式或关系表达式,为循环条件,"语句组"是循环体,即被重复执行的程序段。该语句的执行过程是:首先计算"表达式"的值,当值为"真"(非0)时,执行循环体"语句组",流程图如图 3.13 所示。

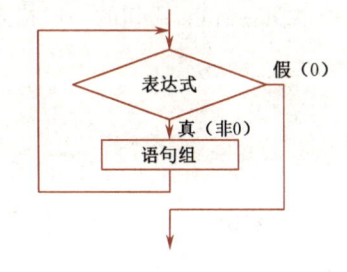

图 3.13 while 语句执行流程

> **小提示** (1) 使用 while 语句时要注意,当表达式的值为"真"时,执行循环体,循环体执行一次完成后,再次回到 while 语句进行循环条件判断,如果仍然为"真",则重复执行循环体,为"假"则退出整个 while 循环语句。
>
> (2) 如果循环条件一开始就为"假",那么 while 后面的循环体一次都不会被执行。
>
> (3) 如果循环条件总为"真",例如:while(1),表达式为常量"1",非 0 即为"真",循环条件永远成立,则为无限循环,即死循环。
>
> 在单片机 C 语言程序设计中,无限循环是一个非常有用的语句,在本项目所有程序示例中都使用了该语句。例如,在程序 ex3_1.c 中,只要系统上电,程序就开始永不停止地循环执行循环体的语句组(流水灯显示)。

(4) 除特殊应用的情况外，在使用 while 语句进行循环程序设计时，通常循环体内包含修改循环条件的语句，以使循环逐渐趋于结束，避免出现死循环。

　　在循环程序设计中，要特别注意循环的边界问题，即循环的初值和终值要非常明确。例如：下面的程序段是求整数 1~100 的累加和，变量 i 的取值范围为 1~100，所以，初值设为 1，while 语句的条件为"i<=100"，符号"<="为关系运算符"小于等于"。

```
void main ( )
{
    int i,sum;
    i=1;                //循环控制变量 i 初始值为 1
    sum=0;              //累加和变量 sum 初始值为 0
    while ( i<=100 )
    {
        sum=sum+i;      //累加和
        i++;            //i 增 1，修改循环控制变量
    }
}
```

2. do-while 语句

　　前面所述的 while 语句是在执行循环体之前判断循环条件，如果条件不成立，则该循环不会被执行。实际情况往往需要先执行一次循环体后，再进行循环条件的判断，"直到型" do-while 语句可以满足这种要求。

　　do-while 语句的一般格式如下：

```
do
{
    语句组;              //循环体
} while ( 表达式 );
```

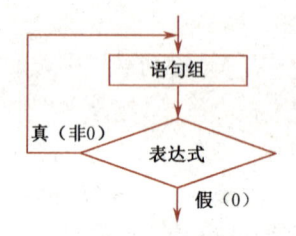

图 3.14　do-while 语句执行流程

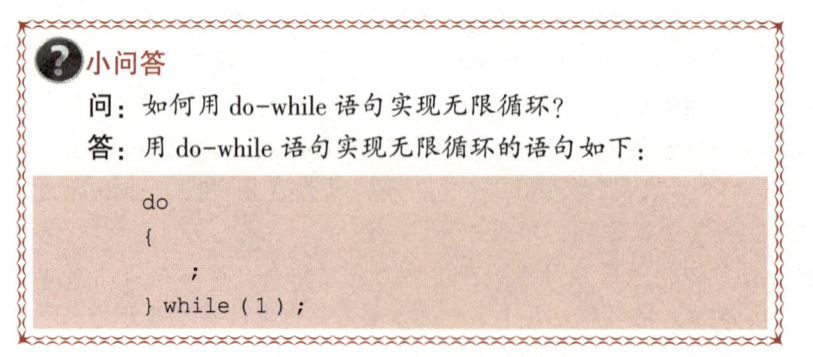

　　该语句的执行过程是：先执行循环体"语句组"一次，再计算"表达式"的值，如果"表达式"的值为"真"（非 0），继续执行循环体"语句组"，直到表达式为"假"（0）时为止。do while 语句流程如图 3.14 所示。

❓小问答

　　问：如何用 do-while 语句实现无限循环？
　　答：用 do-while 语句实现无限循环的语句如下：

```
do
{
    ;
} while ( 1 );
```

　　用 do-while 语句求 1~100 的累加和，程序如下：

```c
void main ( )
{
    int i=1;              //循环控制变量 i 初始值为1
    int sum=0;            //累加和变量 sum 初始值为 0
    do
    {
        sum=sum+i;        //累加和
        i++;              //i 增 1, 修改循环控制变量
    } while ( i<=100 ) ;
}
```

可以看到，同样一个问题，既可以用 while 语句，也可以用 do-while 语句来实现，二者的循环体"语句组"部分相同，运行结果也相同。区别在于：do-while 语句是先执行、后判断，而 while 语句是先判断、后执行。如果条件一开始就不满足，do-while 语句至少要执行一次循环体，而 while 语句的循环体则一次也不执行。

> **小提示**　（1）在使用 if 语句、while 语句时，表达式括号后面都不能加分号";"，但在 do-while 语句的表达式括号后面必须加分号。
> （2）do-while 语句与 while 语句相比，更适用于处理不论条件是否成立，都需先执行一次循环体的情况。

3. for 语句

在函数 delay( ) 和流水灯程序 ex3_2.c 中，我们使用 for 语句实现循环，重复执行若干次循环体。在 C 语言中，当循环次数明确的时候，使用 for 语句比 while 和 do-while 语句更为方便。for 语句的一般格式如下：

```
for ( 循环变量赋初值; 循环条件; 修改循环变量 )
{
    语句组;      //循环体
}
```

关键字 for 后面的圆括号内通常包括三个表达式：循环变量赋初值、循环条件和修改循环变量，三个表达式之间用";"隔开。花括号内是循环体"语句组"。

for 语句的执行过程如下：

（1）先执行第一个表达式，给循环变量赋初值，通常这里是一个赋值表达式。

（2）利用第二个表达式判断循环条件是否满足，通常是关系表达式或逻辑表达式，若其值为"真"（非 0），则执行循环体"语句组"一次，再执行下面第（3）步；若其值为"假"（0），则转到第（5）步循环结束。

（3）计算第三个表达式，修改循环控制变量，一般也是赋值语句。

（4）跳到上面第（2）步继续执行。

（5）循环结束，执行 for 语句下面的一个语句。

以上过程用流程图表示如图 3.15 所示。

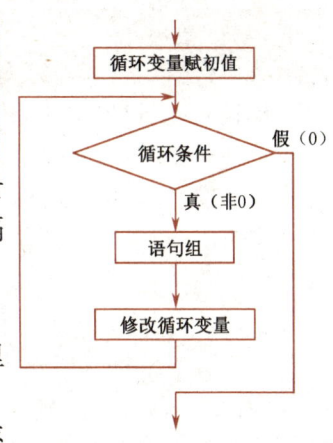

图 3.15　for 语句执行流程

用 for 语句求 1~100 累加和，程序如下：

```c
void main ( )
{
    int i;
    int sum=0;                    //累加和变量 sum 初始值为0
    for ( i=1;i<=100;i++ )
    {
        sum=sum+i;
    }
}
```

上面 for 语句的执行过程如下：先给 i 赋初值 1，判断 i 是否小于等于 100，若是，则执行循环体"sum=sum+i;"语句一次，然后 i 增 1，再重新判断，直到 i=101 时，条件 i<=100 不成立，循环结束。该语句相当于如下 while 语句：

```c
i=1;
while ( i<=100 )
{
    sum=sum+i;
    i++;
}
```

因此，for 语句的一般形式也可以改写为：

```
表达式1;                //循环变量赋值
while ( 表达式2 )        //循环条件判断
{
    语句组;              //循环体
    表达式3;             //修改循环控制变量
}
```

比较 for 语句和 while 语句，显然用 for 语句更加简捷方便。

> **小经验**　（1）进行 C51 单片机应用程序设计时，无限循环也可以采用如下的 for 语句实现：
>
> ```
> for ( ;; )
> {
>     语句组;            //循环体
> }
> ```
>
> 此时，for 语句的小括号内只有两个分号，三个表达式全部为空语句，意味着没有设初值，不判断循环的条件，循环变量不改变，其作用相当于 while(1)，构成一个无限循环过程。
>
> （2）以下两条语句：
>
> ```
> int sum=0;                         //累加和变量 sum 初始值为 0
> for ( i=1;i<=100;i++ ) {……}
> ```

可以合并为如下一个语句：

```
for ( sum=0,i=1;i<=100;i++) {……}
```

赋初值表达式可以由多个表达式组成，用逗号隔开。

（3）for 语句中的三个表达式都是可选项，即可以省略，但必须保留";"。

如果在 for 语句外已经给循环变量赋了初值，通常可以省去第一个表达式"循环变量赋初值"，例如：

```
int i=1,sum=0;
for ( ;i<=100;i++)
{
    sum=sum+i;
}
```

如果省略第二个表达式"循环条件"，则不进行循环结束条件的判断，循环将无休止执行下去而成为死循环，这时通常应在循环体中设法结束循环。例如：

```
int i,sum=0;
for ( i=1;;i++)
{
    if ( i>100 ) break;    //当 i>100 时，结束 for 循环
    sum=sum+i;
}
```

如果省略第三个表达式"修改循环变量"，可在循环体语句组中加入修改循环控制变量的语句，保证程序能够正常结束。例如：

```
int i,sum=0;
for ( i=1;i<=100; )
{
    sum=sum+i;
    i++;                   //循环变量 i=i+1
}
```

（4）while、do-while 和 for 语句都可以用来处理相同的问题，一般可以互相代替。

4. 循环的嵌套

循环嵌套是指一个循环（称为"外循环"）的循环体内包含另一个循环（称为"内循环"）。内循环的循环体内还可以包含循环，形成多层循环。while、do-while 和 for 三种循环结构可以互相嵌套。在程序 ex3_2.c 中使用了两层循环的嵌套，在 while 循环里面还包含了一层 for 循环。

5. 在循环体中使用 break 和 continue 语句

1) break 语句

break 语句通常用在循环语句和 switch 语句中。

在 switch 语句中使用 break 语句时，程序跳出 switch 语句，继续执行其后面的语句，参

见第3.2.2节。

当break语句用于while、do-while、for循环语句中时，不论循环条件是否满足，都可使程序立即终止整个循环而执行后面的语句。通常break语句总是与if语句一起使用，即满足if语句中给出的条件时便跳出循环。

例如，执行如下的程序段：

```
void main ( )
{
    int i=0,sum;
    sum=0;
    for ( i=1;;i++ )          //设置for循环
    {
        if ( i>10 ) break;    //判断条件是否满足，如果满足则退出循环
        sum=sum+i;
    }
}
```

> **小提示** （1）在循环结构程序中，既可以通过循环语句中的表达式来控制循环程序是否结束，还可以通过break语句强行退出循环结构。
> （2）break语句对if-else的条件语句不起作用。
> （3）在循环嵌套中，一个break语句只能向外跳出一层。

2）continue语句

continue语句的作用是跳过循环体中剩余的语句，结束本次循环，强行执行下一次循环。它与break语句的不同之处是：break语句是直接结束整个循环语句；而continue则是停止当前循环体的执行，跳过循环体中余下的语句，再次进入循环条件判断，准备继续开始下一次循环体的执行。

continue语句只能用在for、while、do-while等循环体中，通常与if条件语句一起使用，用来加速循环结束。

break语句与continue语句的区别如下，它们的执行过程如图3.16所示。

```
循环变量赋初值;
while ( 循环条件 )
    {……
    语句组1;
    修改循环变量;
    if ( 表达式 ) break;
    语句组2;
    }
```

```
循环变量赋初值;
while ( 循环条件 )
    {……
    语句组1;
    修改循环变量;
    if ( 表达式 ) continue;
    语句组2;
    }
```

下面的程序段将求出1~20之间所有不能被5整除的整数之和。

```
void main ( )
{
    int i,sum;
```

```
sum=0;
for(i=1;i<=20;i++)              //设置 for 循环
{
    if(i%5==0) continue;        //若 i 对 5 取余运算,且结果为 0,即 i 能被 5 整除,
                                //执行 continue 语句,跳过下面求和语句,程序继
                                //续执行 for 循环
    sum=sum+i;                  //如果 i 不能被 5 整除,则执行求和语句
}
```

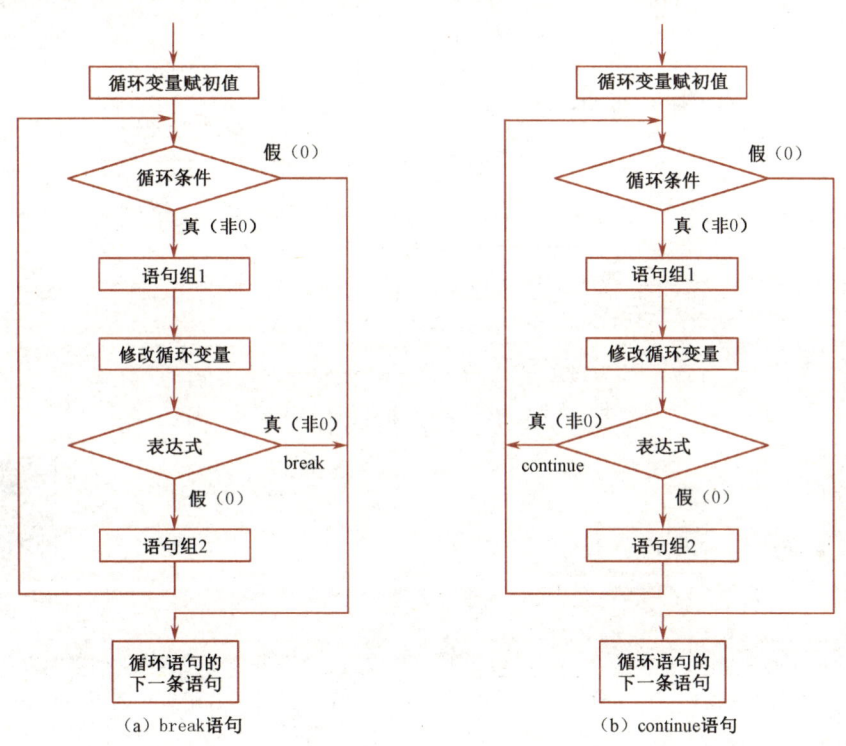

图 3.16 break 和 continue 语句的执行过程比较

> **小提示** 算术运算符"%"为取余运算符,要求参与运算的量均为整数,运算结果等于两数相除之后的余数,参见第 3.3.3 节。

任务 3-3 声光报警器设计

1. 目的与要求

声光报警器是一种用在需要进行安全防护或需要提醒危险状态的场所,通过声音和各种光来向人们发出示警信号的一种报警信号装置。

本任务采用一个弹性按键 S_1 模拟报警开关,S_1 按下时启动报警,S_1 放开时解除报警;一个绿色发光二极管 V_1 和一个红色发光二极管 V_2 模拟光报警,绿色 V_1 亮,表示正常状态,

红色 V_2 闪烁表示报警；采用蜂鸣器模拟声音报警，当报警启动时，蜂鸣器闹响。

2. 电路设计

声光报警器电路系统采用 51 单片机 P1 端口的 P1.0 引脚控制蜂鸣器进行声音报警，P1.1 和 P1.2 引脚控制发光二极管模拟的报警灯，P0 口的 P0.0 引脚连接按键 S_1，硬件电路如图 3.17 所示。

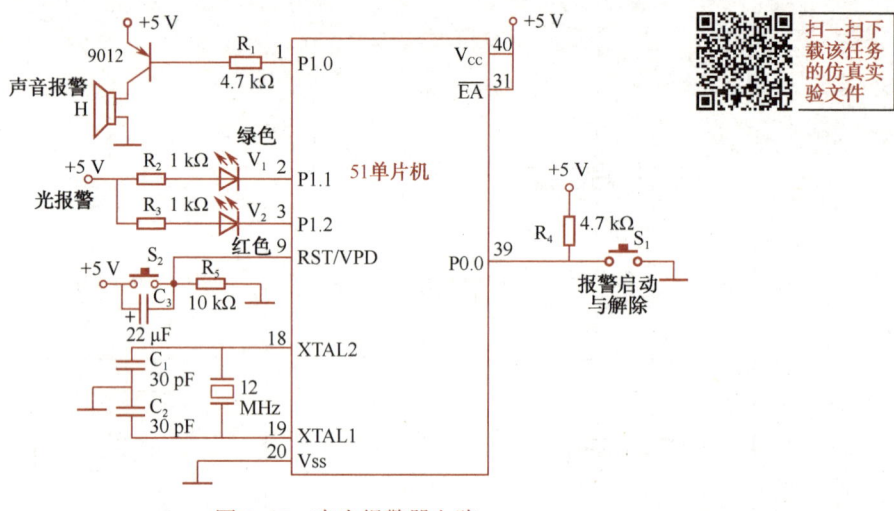

图 3.17 声光报警器电路

3. 源程序设计

声光报警器源程序如下。

```c
//程序：ex3_6.c
//功能：声光报警器
#include "reg51.h"          //包含头文件 reg51.h，定义 51 单片机的专用寄存器
void  delay(unsigned int i);    //延时函数声明，延时函数定义在调用它的 main()
                                //函数之后时，必须先声明
sbit    S1=P0^0;            //按键控制端
sbit    beep=P1^0;          //蜂鸣器控制端
sbit    green=P1^1;         //绿色发光二极管控制端
sbit    red=P1^2;           //红色发光二极管控制端
void    main()
{
    green=0;                //点亮绿灯，熄灭红灯，正常工作状态，无报警，无声音
    red=1;
    while(1)
    {
        if(S1==0)           //判断按键是否按下
        {
            delay(1200);    //延时去抖动
            if(S1==0)       //再次判断是否有键按下
            {
```

```
                green=1;               //启动报警，绿灯熄灭
                red=0;                 //红灯闪烁
                beep=0;                //启动发声
                delay(5000);           //调用延时函数
                red=1;
                beep=1;
            }
        }
        else green=0;                  //报警解除
    }
}
//函数名：delay
//函数功能：实现软件延时
//形式参数：无符号整型变量i，控制空循环的循环次数
//返回值：无
void  delay(unsigned int i)            //延时函数
{
    unsigned int k;
    for(k=0;k<i;k++);
}
```

4. 任务小结

通过声光报警器系统的设计，使读者对单片机并行I/O端口的控制功能得到进一步掌握和应用，并训练读者单片机控制程序的设计能力，掌握单片机应用系统开发的方法。

5. 举一反三

1) 人体感应声光报警器设计

把上面设计中的按键启动/解除警报，修改为采用热释电红外传感器模块，来设计一个实用的安防声光报警器。当有人体接近被安全保护的物体目标时，启动报警；当人体离开后，解除关闭报警。

测试人体接近某一物体的方法通常采用人体传感器。人体传感器是一种能够感应到人体接近并给出电信号的器件。这类传感器有接触式和非接触式两种形式。接触式测量方法可以使用触摸传感器、电容式传感器、指纹传感器等器件来实现；非接触式测量方法则可采用红外传感器、热释电红外传感器、微波传感器、超声传感器、电磁传感器等器件来实现。考虑到安防声光报警器的使用功能及特点，可以采用热释电红外传感器模块作为感应部件，该应用模块的实物图片如图3.18所示。

热释电红外传感器模块是热释电红外传感器信号处理芯片BISS0001配以热释电红外传感器和少量外接元器件构成的被动式红外开关，该模块有3个引脚，其中"+"端连接正电源、"-"端接地、"OUT"端是输出引脚。当有人靠近时，输出$U_{OUT}=3$ V；当无人靠近时输出$U_{OUT}=0$ V。电源工作电压为DC 4.5~20 V，感应角度为110°，静态电流小于40 μA，感应距离为1~5 m。

只要有人进入探测区域内，人体的红外辐射就会被探测出来。这种检测模块的优点是本身不发出任何类型的辐射，一般情况下手机辐射、照明不会引起误动作，器件功耗小、价格

低廉。缺点是只能测试运动的人体，且容易受较强热源、光源、射频辐射干扰，当环境温度和人体温度接近时灵敏度会下降。

人体感应声光报警器电路中的声光报警系统与图 3.17 相同，把按键电路修改成热释电红外模块即可，修改部分电路如图 3.19 所示。

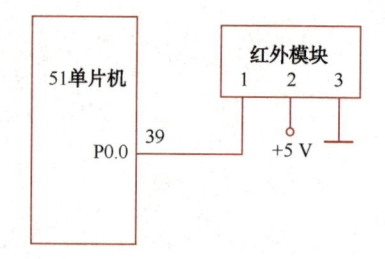

图 3.18　热释电红外传感器模块

图 3.19　单片机与热释电红外模块接口电路

人体感应声光报警器的控制程序请读者自行修改完成。

2）自动感应垃圾桶设计

前面介绍了用热释电红外传感器来测试人体接近目标的方法，下面介绍人走近垃圾桶时让桶盖能自动开合的自动感应垃圾桶设计。采用单片机来控制一个直流电机运转，实现垃圾桶盖的闭合控制。

直流电机的外形如图 3.20 所示。直流电机只需接上直流电源即可转动，连接在直流电机两个引脚上的直流电源极性决定了电机的转动方向。

按照这个规律，用单片机 I/O 端口驱动直流电机时，只要连接在对应的控制 I/O 端口输出高低电平，电机就能实现正转和反转。但是由于单片机的 I/O 端口能提供的输出电流只有几 mA，驱动能力有限，而直流电机的额定工作电流至少需要几百 mA，所以必须要外加驱动电路，用来提供足以保证直流电机转动的电流。

驱动直流电机的大功率器件有很多种，这里选用 L298 芯片，其外形如图 3.21 所示，其引脚功能如表 3.1 所示。

图 3.20　直流电机

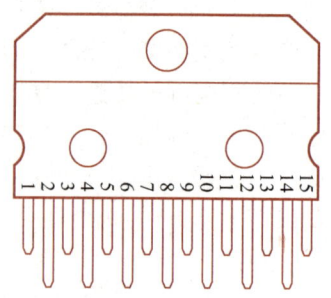

图 3.21　L298 的外形

项目3 单片机并行I/O端口的应用

表 3.1 L298 引脚功能

引脚	名称	引脚说明	连接方法
4	Vs	动力电源，2.5~4.6V	+12V，接电容滤波
9	Vss	逻辑电源，4.5~7V	+5V，接电容滤波
8	GND	地	地
5，7	IN1，IN2	A 桥输入引脚，TTL 兼容	连接单片机 I/O
2，3	OUT1，OUT2	A 桥输出引脚	直接连接电机
6	ENA	A 使能端，TTL 高电平有效	连接单片机 I/O
10，12	IN3，IN4	B 桥输入引脚，TTL 兼容	连接单片机 I/O
13，14	OUT3，OUT4	B 桥输出引脚	直接连接电机
11	ENB	B 桥使能端，高电平有效	连接单片机 I/O
1，15	ISENA，ISENB	A、B 桥输出电流反馈引脚	地

自动感应垃圾桶控制电路如图 3.22 所示。

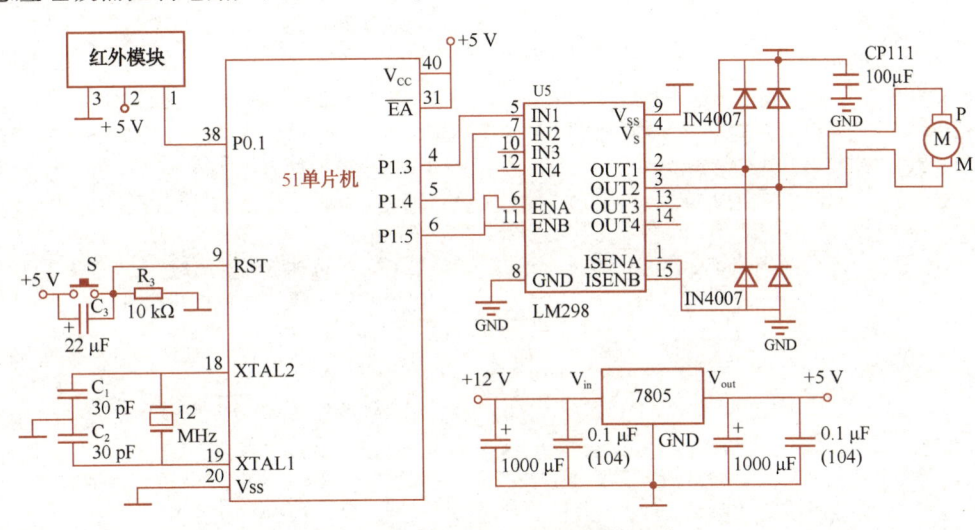

图 3.22 自动感应垃圾桶控制电路

图 3.22 中右下角为稳压电源电路，图中标示的 +12 V 电源提供给电机驱动功率模块驱动直流电机，经 7805 稳压模块稳压后的 +5 V 电源提供给单片机。也可以采用以 +5 V 电源驱动的 ULN2003 高耐压、大电流复合晶体管阵列作为直流电机驱动芯片。任务 3-4 中给出了采用 H 桥驱动电路的直流电机控制电路。

按照图 3.22 电路设计，感应垃圾桶系统应具有以下功能：
(1) 人体感应信号检测功能，检测 P0.1 引脚的电平状态。
(2) 电机正转功能：P1.5=1、P1.3=1、P1.4=0；若要电机停止，只需让 P1.3=0 即可。
(3) 电机反转功能：P1.5=1、P1.3=0、P1.4=1；若要电机停止，只需让 P1.4=0 即可。
自动感应垃圾桶控制参考程序如下。

```
//程序：ex3_7.c
//功能：自动感应垃圾桶（判断是否有人接近，有人接近时电机正转，离开时反转）
#include "reg51.h"          //包含头文件 reg51.h，定义 51 单片机的专用寄存器
    sbit hw=P0^1;           //红外控制端
    sbit P1_3=P1^3;         //电机驱动控制端
    sbit P1_4=P1^4;         //电机驱动控制端
```

```c
    sbit P1_5=P1^5;                //电机驱动控制端
    //函数名：delay
    //函数功能：实现软件延时
    //形式参数：无符号整型变量i，控制空循环的循环次数
    //返回值：无
    void delay(unsigned int i)     //延时函数
    {
        unsigned int k;
        for(k=0;k<i;k++);
    }
    void main()
    {
        bit flag;                  //桶盖打开标志位变量，为1表示桶盖打开，否则表示桶盖关闭
        flag=0;                    //桶盖关闭标志
        while(1)
        {
            if(hw==1 && flag==0)
                { P1_3=1;          //电机运转，控制打开桶盖
                  P1_4=0;
                  P1_5=1;
                  delay(20000);    //延时，等待桶盖打开完成
                  P1_3=0;          //电机停转，保持桶盖打开状态
                  flag=1; }        //设置桶盖打开标志
            else if(hw==0 && flag==1)
                { P1_3=0;          //电机反向运转，关闭桶盖
                  P1_4=1;
                  P1_5=1;
                  delay(20000);    //延时，等待桶盖关闭完成
                  P1_4=0;          //电机停转，保持桶盖关闭状态
                  flag=0; }        //设置桶盖关闭标志
        }
    }
```

3.3 C语言数据与运算

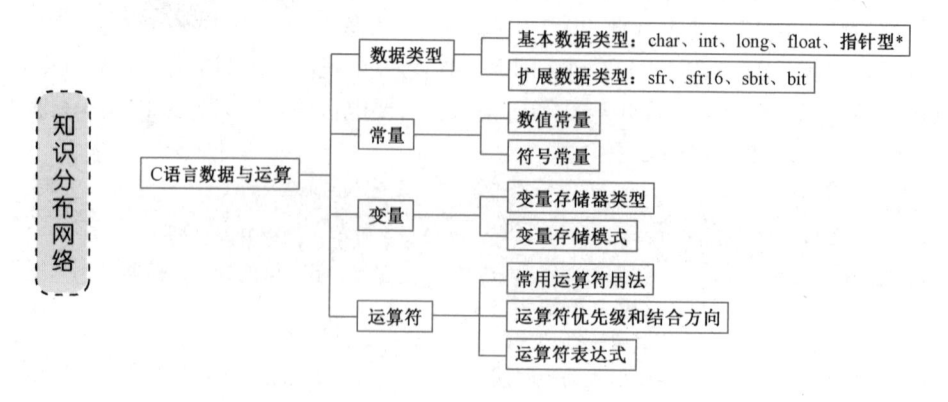

知识分布网络

C语言数据与运算
- 数据类型
  - 基本数据类型：char、int、long、float、指针型*
  - 扩展数据类型：sfr、sfr16、sbit、bit
- 常量
  - 数值常量
  - 符号常量
- 变量
  - 变量存储器类型
  - 变量存储模式
- 运算符
  - 常用运算符用法
  - 运算符优先级和结合方向
  - 运算符表达式

项目3 单片机并行I/O端口的应用

C51 是一种专门为 51 单片机设计的 C 语言编译器，支持 ANSI 标准的 C 语言程序设计，同时根据 51 单片机的特点做了一些特殊扩展。数据类型、运算符和表达式是 C51 单片机应用程序设计的基础。本节将对其基本数据类型、常量和变量、运算符及表达式进行详细介绍。

3.3.1 数据类型

数据是计算机操作的对象，任何程序设计都要进行数据处理。具有一定格式的数字或数值称为数据，数据的不同格式称为**数据类型**。

在 C 语言中，数据类型可分为：基本数据类型、构造数据类型、指针类型、空类型四大类，如图 3.23 所示。

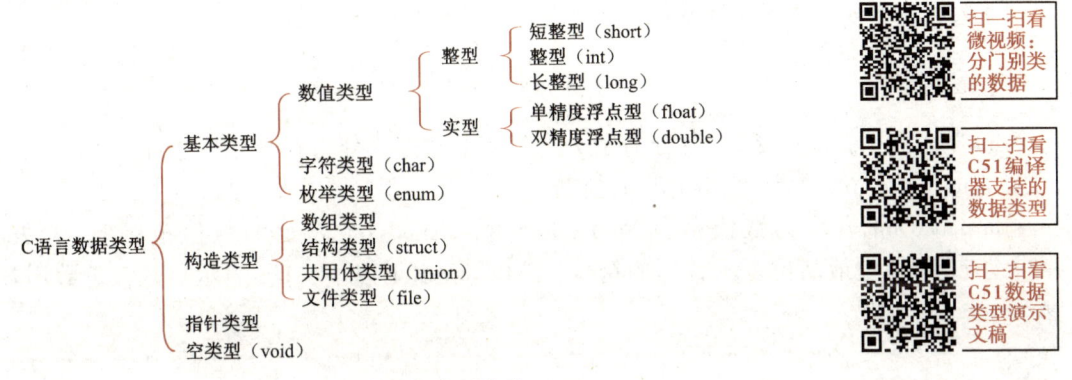

图 3.23　C 语言数据类型分类

在进行 C 语言程序设计时，可以使用的数据类型与编译器有关。在 C51 编译器中整型（int）和短整型（short）相同，单精度浮点型（float）和双精度浮点型（double）相同。表 3.2 列出了 Keil μVision3 C51 编译器所支持的数据类型。

表 3.2　Keil μVision3 C51 的编译器所支持的数据类型

数据类型	名　　称	长　　度	值　　域
unsigned char	无符号字符型	1 B	0~255
signed char	有符号字符型	1 B	−128~+127
unsigned int	无符号整型	2 B	0~65 535
signed int	有符号整型	2 B	−32 768~+32 767
unsigned long	无符号长整型	4 B	0~4 294 967 295
signed long	有符号长整型	4 B	−2 147 483 648~+2 147 483 647
float	浮点型	4 B	±1.175 494E −38~±3.402 823E+38
*	指针型	1~3 B	对象的地址
bit	位类型	1 b	0 或 1
sfr	专用寄存器	1 B	0~255
sfr16	16 位专用寄存器	2 B	0~65 535
sbit	可寻址位	1 b	0 或 1

注：数据类型中加底色的部分为 C51 扩充数据类型。B 代表 Byte，b 代表 bit。

1. 字符类型 char

char 类型的数据长度占 1 B（字节），通常用于定义处理字符数据的变量或常量，分为无符号字符类型 unsigned char 和有符号字符类型 signed char，默认为 signed char 类型。

unsigned char 类型为单字节数据，用字节中所有的位来表示数值，可以表达的数值范围是 0~255。signed char 类型用字节中最高位表示数据的符号，"0" 表示正数，"1" 表示负数，负数用补码表示，所能表示的数值范围是 –128~+127。

> **小提示** 在单片机的 C 语言程序设计中，unsigned char 经常用于处理 ASCII 字符或用于处理小于等于 255 的整型数，是使用最为广泛的数据类型。

2. 整型 int

int 整型数据长度占 2 B，用于存放一个双字节数据，分为有符号整型 signed int 和无符号整型 unsigned int，默认为 signed int 类型。

unsigned int 表示的数值范围是 0~65 535。signed int 表示的数值范围是 –32 768~+32 767，字节中最高位表示数据的符号，"0" 表示正数，"1" 表示负数，负数用补码表示。

> **小提示** 在程序中使用变量时，要注意不能使该变量的值超过其数据类型的值域。我们将延时函数 delay( ) 中的形式参数 i，变量 k、j，由 unsigned int 修改为 unsigned char。修改后，在主函数中调用 delay( ) 函数时，实际参数的取值范围为 0~255。如果调用时实际参数为 2 000，则超出了无符号字符型数据的范围，编译器不会给出语法错误，但是程序运行时，实际值不是 2 000，而是 208（2 000–256×7，256 是 8 位二进制数据的模），达不到预期的延时效果。

3. 长整型 long

long 长整型类型的数据长度为 4 B，用于存放一个 4 字节数据，分为有符号长整型 signed long 和无符号长整型 unsigned long 两种，默认为 signed long 类型。unsigned long 表示的数值范围是 0~4 294 967 295。signed long 表示的数值范围是–2 147 483 648~+2 147 483 647，字节中最高位表示数据的符号，"0" 表示正数，"1" 表示负数，负数用补码表示。

4. 浮点型 float

float 浮点型的数据长度为 32 b，占 4 B。许多复杂的数学表达式都采用浮点数据类型。它用符号位表示数的符号，用阶码与尾数表示数的大小。采用浮点型数据进行任何数学运算时，需要使用由编译器决定的各种不同效率等级的标准函数。C51 浮点变量数据类型的使用格式符合 IEEE–754 标准的单精度浮点型数据。

5. 指针型 *

指针型 * 本身就是一个变量，在这个变量中存放的内容是指向另一个数据的地址。指针变量占据一定的内存单元，对不同的处理器，其长度也不同。在 C51 中它的长度一般为 1~3 B。

6. 位类型 bit

位类型 bit 是 C51 编译器的一种扩充数据类型，利用它可定义一个位类型变量，但不能定义位指针，也不能定义位数组。它的值是一个二进制位，只有 0 或 1，与某些高级语言的 boolean 类型数据 True 和 False 类似。任务 2-2 中的程序 ex2_2.c 和任务 3-3 中的程序 ex3_7.c 都定义了位变量。

7. 专用寄存器 sfr

51 单片机内部定义了 21 个专用寄存器，它们不连续地分布在片内 RAM 的高 128 字节中，地址为 0x80~0xFF。

sfr 也是 C51 扩展的一种数据类型，占用 1 B，值域为 0~255。利用它可以访问单片机内部的所有 8 位专用寄存器。例如：

```
sfr P0=0x80;      //定义 P0 为 P0 端口在片内的寄存器，P0 端口地址为 0x80
sfr P1=0x90;      //定义 P1 为 P1 端口在片内的寄存器，P1 端口地址为 0x90
```

用 sfr 定义专用寄存器地址的格式为：

```
sfr 专用寄存器名=专用寄存器地址;
```

例如：

```
sfr PSW=0xd0;
```

8. 16 位专用寄存器 sfr16

在新一代的 51 单片机中，专用寄存器经常组合成 16 位来使用。采用 sfr16 可以定义这种 16 位的专用寄存器。sfr16 也是 C51 扩充的数据类型，占用 2 B，值域为 0~65 535。

sfr16 和 sfr 一样用于定义专用寄存器，所不同的是它用于定义占 2 字节的寄存器。如 8052 定时器 T2，使用地址 0xcc 和 0xcd 作为低字节和高字节，可以用如下方式定义：

```
sfr16 T2=0xcc;    //这里定义 8052 定时器 2，地址为 T2L: 0xcc, T2H: 0xcd
```

采用 sfr16 定义 16 位专用寄存器时，2 字节地址必须是连续的，并且低字节地址在前，定义时等号后面是它的低字节地址。使用时，把低字节地址作为整个 sfr16 地址。这里要注意的是，不能用于定时器 0 和 1 的定义。

9. 可寻址位 sbit

sbit 类型也是 C51 的一种扩充数据类型，利用它可以访问单片机内部 RAM 中的可寻址位或专用寄存器中的可寻址位。51 单片机中有 11 个专用寄存器具有位寻址功能，它们的字节地址都能被 8 整除，即以十六进制表示的字节地址以 8 或 0 为尾数。

例如，在前面的示例程序中我们定义了如下语句：

```
sbit P1_1=P1^1;      //P1_1 表示 P1 中的 P1.1 引脚
sbit P1_1=0x91;      //也可以用 P1.1 的位地址来定义
```

这样在后面的程序中就可以用 P1_1 来对 P1.1 引脚进行读写操作了。

sbit 定义的格式如下：

```
sbit 位名称=位地址;
```

例如，可定义如下语句：

```
sbit  CY=0xd7;
sbit  AC=0xd6;
```

也可以写成：

```
sbit  CY=0xd0^7;
sbit  AC=0xd0^6;
```

如果在前面已定义了专用寄存器 PSW，那么上面的语句也可以写成：

```
sbit  CY=PSW^7;
sbit  AC=PSW^6;
```

> **小提示** 在 C51 编译器提供的 "reg51.h" 头文件中已定义好专用寄存器的名字（通常与在汇编语言中使用的名字相同）。在 C51 程序设计中，编程员可以在 C 源程序开始的地方使用预处理命令把 "reg51.h" 头文件包含在自己的程序中，直接使用已定义好的寄存器名称和位名称；也可以在自己的程序中利用关键字 sfr 和 sbit 来自行定义这些专用寄存器和可寻址位名称。

3.3.2 常量和变量

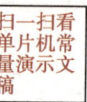

单片机程序中处理的数据有常量和变量两种形式，二者的区别在于：常量的值在程序执行期间是不能发生变化的，而变量的值在程序执行期间可以发生变化。

1. 常量

常量是指在程序执行期间其值固定、不能被改变的量。常量的数据类型有整型、浮点型、字符型、字符串型和位类型。

（1）整型常量可以表示为十进制数、十六进制数或八进制数等，例如：十进制数 12、-60 等；十六进制数以 0x 开头，如 0x14、-0x1B 等；八进制数以字母 o 开头，如 o14、o17 等。

若要表示长整型，就在数字后面加字母 L，如 104L、034L、0xF340L 等。

（2）浮点型常量可分为十进制表示形式和指数表示形式两种，如 0.888、3345.345、125e3、-3.0e-3。

（3）字符型常量是用英文单引号括起来的单一字符，如'a'、'9'等。

> **小提示** 单引号是字符常量的定界符，不是字符常量的一部分，且单引号中的字符不能是单引号本身或者反斜杠，即'''和'\'都是不可以的。要表示单引号字符或反斜杠字符，可以在该字符前面加一个反斜杠 \ ，组成专用转义字符，如'\''表示单引号字符，而'\\'表示反斜杠字符。

（4）字符串型常量是用英文双引号括起来的一串字符，如"test"、"OK"等。

字符串是由多个字符连接起来组成的。在 C 语言中存储字符串时系统会自动在字符串

尾部加上'\0'转义字符作为该字符串的结束符。因此，字符串常量"A"其实包含两个字符：字符'A'和字符'\0'，在存储时多占用1个字节，这是和字符常量'A'不同的。

> **小提示** 当双引号内没有字符时，如""，表示为空字符串。同样，双引号是字符串常量的定界符，不是字符串常量的一部分。如果要在字符串常量中表示双引号，同样要使用转义字符'\'。

（5）位类型的值是一个二进制数，如 1 或 0。

常量可以是数值型常量，也可以是符号常量。数值型常量就是常说的常数，如 14、26.5、o34、0x23、'A'、"Good!"等，数值型常量不用说明就可以直接使用。

符号常量是指在程序中用标识符来代表的常量。符号常量在使用之前必须用编译预处理命令"#define"先进行定义。例如：

```
#define  PI  3.1415        //用符号常量 PI 表示数值 3.1415
```

在此语句后面的程序代码中，凡是出现标识符 PI 的地方，均用 3.1415 来代替。任务 3-2 中的 ex3_4.c 程序中定义了符号常量 TIME。

2. 变量

变量是一种在程序执行过程中其值能不断变化的量。

一个变量由变量名和变量值组成，变量名是存储单元地址的符号表示，而变量的值就是该单元存放的内容。

变量必须先定义、后使用，用标识符作为变量名，并指出所用的数据类型和存储模式，这样编译系统才能为变量分配相应的存储空间。变量的定义格式如下：

```
[存储种类]  数据类型  [存储器类型]  变量名表；
```

其中，"数据类型"和"变量名表"是必要的，"存储种类"和"存储器类型"是可选项。

存储种类有四种：auto（自动变量）、extern（外部变量）、static（静态变量）和 register（寄存器变量），默认类型为 auto（自动变量）。存储器类型是指定该变量在 51 单片机硬件系统中所使用的存储区域，并在编译时准确地定位，下面分别对它们进行介绍。

3. 变量的存储种类

> **小提示** 变量的存储方式可分为静态存储和动态存储两大类，静态存储变量通常在变量定义时就分配存储单元并一直保持不变，直至整个程序结束。动态存储变量在程序执行过程中使用它时才分配存储单元，使用完毕立即释放。
>
> 因此，静态存储变量是一直存在的，而动态存储变量则时而存在、时而消失。

1) auto（自动变量）

auto（自动变量）是 C 语言中使用最广泛的一种类型。C 语言规定，在函数内，凡未加存储种类说明的变量均视为自动变量。前面的程序中所定义的变量，均未加存储种类说明符，所以都是自动变量。自动变量的作用域仅限于定义该变量的个体内，即在函数中定义的自动变量，只有在该函数内有效；在复合语句中定义的自动变量只在该复合语句中有效。

> **小提示** 自动变量属于动态存储方式，只有在定义该变量的函数被调用时，才给它分配存储单元，函数调用结束后，释放存储单元，自动变量的值不能保留。
> 因此，不同的函数内允许使用同名的变量而不会混淆。

2）extern（外部变量）

使用存储种类说明符 extern 定义的变量称为外部变量。凡是在所有函数之前，在函数外部定义的变量都是外部变量，可以默认有 extern 说明符。但是，在一个函数体内说明一个已在该函数体外或别的程序模块文件中定义过的外部变量时，则必须使用 extern 说明符。

> **小提示** C 语言允许将大型程序分解为若干个独立的程序模块文件，各个模块可以分别进行编译，然后将它们链接在一起。在这种情况下，如果某个变量需要在所有程序模块文件中使用，只要在一个程序模块文件中将该变量定义为外部变量，而在其他程序模块文件中用 extern 说明该变量是已被定义过的外部变量就可以了。
> 同样，函数也可以定义成一个外部函数供其他程序模块文件调用。将函数定义为外部函数的方法请参见任务 4-5 中的举一反三内容。

3）static（静态变量）

静态变量的种类说明符是 static。静态变量属于静态存储方式，但是属于静态存储方式的变量不一定就是静态变量。例如，外部变量虽属于静态存储方式，但不一定是静态变量，必须由 static 加以定义后才能成为静态外部变量，或称静态全局变量。在一个函数内定义的静态变量称为静态局部变量。

静态局部变量在函数内定义，它是始终存在的，但其作用域仍与自动变量相同，即只能在定义该变量的函数内使用该变量，退出该函数后，尽管该变量还继续存在，但不能使用它。

静态全局变量的作用域局限于一个源文件内，只能为该源文件内的函数公用，因此，可以避免在其他源文件中引起错误。

4）register（寄存器变量）

寄存器变量存放在 CPU 的寄存器中，使用它时不需要访问内存，而直接从寄存器中读写，这样可提高效率。

4. 变量的存储器类型

51 单片机将程序存储器（ROM）和数据存储器（RAM）分开，在物理上分为四个存储空间：片内程序存储器空间、片外程序存储器空间、片内数据存储器空间和片外数据存储器空间。

这四个存储空间有不同的寻址机构和寻址方式，常见 C51 编译器支持的存储器类型参见第 2.3 节的表 2.8。data、bdata 和 idata 型的变量存放在内部数据存储区；pdata 和 xdata 型的变量存放在外部数据存储区；code 型的变量固化在程序存储区。

项目3 单片机并行I/O端口的应用

> **小经验** 访问片内数据存储器（data、bdata 和 idata）比访问片外数据存储器（pdata 和 xdata）相对要快一些，因此，可以将经常使用的变量放到片内数据存储器中，而将规模较大的或不经常使用的数据存放到片外数据存储器中。对于在程序执行过程中不用改变的显示数据信息，一般使用 code 关键字定义，与程序代码一起固化到程序存储区。任务 4-1、4-3 和任务 8-2 中的所有显示数据都是这样定义的。

变量的存储器类型可以和变量的数据类型一起来使用，例如：

```
int data i;      //整型变量 i 定义在内部数据存储器中
int xdata j;     //整型变量 j 定义在外部数据存储器（64 KB）内
```

一般在定义变量时经常省略存储器类型的定义，采用默认的存储器类型，而默认的存储器类型与存储器模式有关。C51 编译器支持的存储器模式如表 3.3 所示。

表 3.3　C51 编译器支持的存储器模式

存储器模式	描述
small	参数及局部变量放入可直接寻址的内部数据存储器中（最大 128 B，默认存储器类型为 data）
compact	参数及局部变量放入外部数据存储器的前 256 B 中（最大 256 B，默认存储器类型为 pdata）
large	参数及局部变量直接放入外部数据存储器中（最大 64 KB，默认存储器类型为 xdata）

（1）small 模式：所有默认的变量参数均装入内部 RAM 中（与使用显式的 data 关键字定义的结果相同）。使用该模式的优点是访问速度快，缺点是空间有限，而且分配给堆栈的空间比较少，遇到函数嵌套调用和函数递归调用时必须小心，该模式适用于较小的程序。

（2）compact 模式：所有默认的变量均位于外部 RAM 区的一页（与使用显式的 pdata 关键字定义的结果相同），最多能够定义 256 B 的变量。使用该模式的优点是变量定义空间比 small 模式大，但运行速度比 small 模式慢。

（3）large 模式：所有默认的变量可存放在多达 64 KB 的外部 RAM 区（与使用显式的 xdata 关键字定义的结果相同）。该模式的优点是空间大，可定义变量多，缺点是速度较慢，一般用于较大的程序，或扩展了大容量外部 RAM 的系统中。

> **小知识** 存储器模式决定了变量的默认存储器类型、参数传递区和无明确存储种类的说明。例如：若定义变量 s 为 "char s;"，在 small 存储器模式下，s 被定位在 data 存储区；在 compact 存储模式下，s 被定位在 idata 存储区；在 large 存储模式下，s 被定位在 xdata 存储区。

存储器模式定义关键字 small、compact 和 large 属于 C51 编译器控制指令，可以在 Keil C51 编译环境中设置，也可以在源文件的开始直接使用预处理语句。

方法 1：参见任务 2-3 中的图 2.9 所示。

方法 2：在程序的第一行使用预处理命令 "#progma compact"。

除非特殊说明，本书中的 C51 程序均运行在 small 模式下。下面给出一些变量定义的例子。

```
data char var;                    //字符型变量 var 存储在片内数据存储区
char code MSG[]="Hello!";         //字符串变量 MSG 存储在程序存储区
float idata x;                    //实型变量 x 存储在片内间址访问的内部数据存储区
bit sw1;                          //位变量 sw1 存储在片内数据可位寻址存储区
unsigned int pdata sum;           //无符号整型变量存储在分页的外部数据存储区
sfr P0=0x80;                      //P0 口，地址为 0x80
sbit OV=PSW^2;                    //可位寻址变量 OV 为 PSW.2，地址为 0xD2
```

> **小经验** （1）初学者容易混淆符号常量与变量，区别它们的方法是观察它们的值在程序运行过程中能否变化。符号常量的值在其作用域中不能改变。在编写程序时习惯上将符号常量的标识符用大写字母来表示，而变量标识符用小写字母来表示，以示二者的区别。
>
> （2）在编程时如果不进行负数运算，应尽可能使用无符号字符变量或者位变量，因为它们能被 C51 直接接受，可以提高程序的运算速度。有符号字符变量虽然也只占用 1 B，但需要进行额外的操作来测试代码的符号位，这将会降低代码的执行效率。

3.3.3 运算符和表达式

C 语言提供了丰富的运算符，它们能构成多种表达式，处理不同的问题，从而使 C 语言的运算功能十分强大。C 语言的运算符可以分为 12 类，如表 3.4 所示。

表达式是由运算符及运算对象组成的、具有特定含义的式子。C 语言是一种表达式语言，表达式后面加上分号";"就构成了表达式语句。这里我们主要介绍在 C51 编程中经常用到的算术运算、赋值运算、关系运算、逻辑运算、位运算、逗号运算及其表达式。

1. 算术运算符与算术表达式

C51 中的算术运算符如表 3.5 所示。

表 3.4 C 语言的运算符

运算符名	运 算 符
算术运算符	+ - * / % ++ --
关系运算符	> < == >= <= !=
逻辑运算符	! && ||
位运算符	<< >> ~ & |
赋值运算符	=
条件运算符	? :
逗号运算符	,
指针运算符	* &
求字节数运算符	sizeof
强制类型转换运算符	(类型)
下标运算符	[ ]
函数调用运算符	( )

表 3.5 算术运算符

运算符	名称	功 能
+	加法	求两个数的和，例如 8+9=17
-	减法	求两个数的差，例如 20-9=11
*	乘法	求两个数的积，例如 20 * 5=100
/	除法	求两个数的商，例如 20/5=4
%	取余	求两个数的余数，例如 20%9=2
++	自增 1	变量自动加 1
--	自减 1	变量自动减 1

> **小提示** （1）要注意除法运算符在进行浮点数相除时，其结果为浮点数，如20.0/5所得值为4.0；而进行两个整数相除时，所得值是整数，如7/3，值为2。
>
> （2）取余运算符（模运算符）"%"要求参与运算的量均为整型，其结果等于两数相除后的余数。
>
> （3）C51提供的自增运算符"++"和自减运算符"--"，作用是使变量值自动加1或减1。自增运算和自减运算只能用于变量而不能用于常量表达式。运算符放在变量前和变量后是不同的。
>
> 后置运算：i++（或i--）是先使用i的值，再执行i+1（或i-1）。
> 前置运算：++i（或--i）是先执行i+1（或i-1），再使用i的值。
>
> 对自增、自减运算的理解和使用是比较容易出错的，应仔细地分析，例如：
>
> ```
> int i=100,j;
> j=++i;        // j=101, i=101
> j=i++;        // j=101, i=102
> ```
>
> 编程时常将"++"、"--"这两个运算符用于循环语句中，使循环变量自动加1；也常用于指针变量，使指针自动加1指向下一个地址。

2. 赋值运算符与赋值表达式

赋值运算符"="的作用就是给变量赋值，如"x=10;"。用赋值运算符将一个变量与一个表达式连接起来的式子称为赋值表达式，在表达式后面加";"便构成了**赋值语句**。赋值语句的格式如下。

变量=表达式；

例如：

```
k=0xff;        //将十六进制数 0xff 赋予变量 k
b=c=33;        //将 33 同时赋予变量 b 和 c
d=e;           //将变量 e 的值赋予变量 d
f=a+b;         //将表达式 a+b 的值赋予变量 f
```

由此可见，赋值表达式的功能是计算表达式的值再赋予左边的变量。赋值运算符具有右结合性，因此有下面的语句：

a=b=c=5;

可理解为：

a=(b=(c=5));

按照C语言的规定，任何表达式在其末尾加上分号就构成语句。因此"x=8;"和"a=b=c=5;"都是赋值语句。

如果赋值运算符两边的数据类型不相同，系统将自动进行类型转换，即把赋值号右边的类型换成左边的类型。具体规定如下：

（1）实型赋给整型，舍去小数部分。

（2）整型赋给实型，数值不变，但将以浮点形式存放，即增加小数部分（小数部分的

值为0)。

(3) 字符型赋给整型,由于字符型占 1 B,而整型占 2 B,故将字符的 ASCII 码值放到整型量的低 8 位中,高 8 位为 0。

(4) 整型赋给字符型,只把低 8 位赋给字符型变量。

在 C 语言程序设计中,经常使用复合赋值运算符对变量进行赋值。

复合赋值运算符就是在赋值符"="之前加上其他运算符。表 3.6 给出了 C 语言中的复合赋值运算符。

构成复合赋值表达式的一般形式为:

| 变量 | 复合赋值运算符 | 表达式 |

它等效于:

| 变量=变量 | 运算符 | 表达式 |

例如:

a+=5	//相当于 a=a+5
x*=y+7	//相当于 x=x*(y+7)
r%=p	//相当于 r=r%p

在程序中使用复合赋值运算符,可以简化程序,有利于编译处理,提高编译效率并产生质量较高的目标代码。

表 3.6 复合赋值运算符

运算符	功能
+=	加法赋值
-=	减法赋值
*=	乘法赋值
/=	除法赋值
%=	取余赋值
<<=	左移位赋值
>>=	右移位赋值
&=	逻辑与赋值
|=	逻辑或赋值
^=	逻辑异或赋值
~=	逻辑非赋值

3. 关系运算符与关系表达式

在前面介绍过的选择程序结构中,经常需要比较两个变量的大小关系,以决定程序下一步的操作。比较两个数据量的运算符称为关系运算符。

C 语言提供了 6 种关系运算符,如表 3.7 所示。

在关系运算符中,<、<=、>、>= 的优先级相同,==和!=优先级相同;前者优先级高于后者。

例如:"a==b>c;"应理解为"a==(b>c);"。

关系运算符优先级低于算术运算符,高于赋值运算符。

例如:"a+b>c+d;"应理解为"(a+b)>(c+d);"。

表 3.7 关系运算符

运算符	功能
>	大于
>=	大于等于
<	小于
<=	小于等于
==	等于
!=	不等于

关系表达式是用关系运算符连接的两个表达式。它的一般形式为:

| 表达式 | 关系运算符 | 表达式 |

关系表达式的值只有 0 和 1 两种,即逻辑的"真"与"假"。当指定的条件满足时,结果为 1,不满足时结果为 0。例如,表达式"5>0"的值为"真",即为 1,而表达式"(a=3)>(b=5)"由于 3>5 不成立,故其值为"假",即为 0。

a+b>c	//若 a=1, b=2, c=3, 则表达式的值为 0 (假)
x>3/2	//若 x=2, 则表达式的值为 1 (真)
c==5	//若 c=1, 则表达式的值为 0 (假)

4. 逻辑运算符与逻辑表达式

C 语言中提供了三种逻辑运算符，如表 3.8 所示。

逻辑表达式的一般形式有以下三种。

```
逻辑与：条件式1    &&   条件式2
逻辑或：条件式1    ||   条件式2
逻辑非：!条件式
```

"&&"和"||"是双目运算符，要求有两个运算对象，结合方向是从左至右。"!"是单目运算符，只要求一个运算对象，结合方向是从右至左。

逻辑表达式的运算规则如下。

（1）逻辑与：a && b，当且仅当两个运算量的值都为"真"时，运算结果为"真"，否则为"假"。

（2）逻辑或：a || b，当且仅当两个运算量的值都为"假"时，运算结果为"假"，否则为"真"。

（3）逻辑非：!a，当运算量的值为"真"时，运算结果为"假"；当运算量的值为"假"时，运算结果为"真"。

表 3.9 给出了执行逻辑运算的结果。

表 3.8 逻辑运算符

运算符	功　能
&&	逻辑与（AND）
||	逻辑或（OR）
!	逻辑非（NOT）

表 3.9　执行逻辑运算的结果

条件式1	条件式2	逻辑运算		
a	b	!a	a && b	a || b
真	真	假	真	真
真	假	假	假	真
假	真	真	假	真
假	假	真	假	假

例如：设 x = 3，则(x>0) && (x<6)的值为"真"，而(x<0) && (x>6)的值为"假"，!x 的值为"假"。

逻辑运算符"!"的优先级最高，其次为"&&"，最低为"||"。和其他运算符比较，优先级从高到低的排列顺序为：

!→算术运算符→关系运算符→&&→||→赋值运算符

例如："a>b && x>y" 可以理解为 "(a>b) && (x>y)"，"a==b || x==y" 可以理解为 "(a==b) || (x==y)"，"!a || a>b" 可以理解为 "(!a) || (a>b)"。

5. 位运算符与位运算表达式

在 51 单片机应用系统设计中，对 I/O 端口的操作是非常频繁的，因此往往要求程序在位（bit）一级进行运算或处理，因此，编程语言要具有强大灵活的位处理能力。C51 语言直接面对 51 单片机硬件，提供了强大灵活的位运算功能，使得 C 语言也能像汇编语言一样对硬件直接进行操作。

C51 提供了 6 种位运算符，如表 3.10 所示。

位运算符的作用是按二进制位对变量进行运算，表 3.11 是位运算符的真值表。

表 3.10 位运算符

运算符	功能
&	按位与
|	按位或
^	按位异或
~	按位取反
>>	右移
<<	左移

表 3.11 位运算符的真值表

位变量1	位变量2	位 运 算				
a	b	~a	~b	a & b	a | b	a ^ b
0	0	1	1	0	0	0
0	1	1	0	0	1	1
1	0	0	1	0	1	1
1	1	0	0	1	1	0

> **小经验** 按位与运算通常用来对某些位清零或保留某些位。例如，要保留从 P3 端口的 P3.0 和 P3.1 读入的两位数据，可以执行"control=P3 & 0x03；"操作（0x03 写成二进制数为 00000011B）；而要清除 P1 端口的 P1.4～P1.7 为 0，可以执行"P1& = 0x0f；"操作（0x0f 写成二进制数为 00001111B）。
>
> 同样，按位或运算经常用于把指定位置 1、其余位不变的操作。

左移运算符"<<"的功能，是把"<<"左边的操作数的各二进制位全部左移若干位，移动的位数由"<<"右边的常数指定，高位丢弃，低位补 0。例如"a<<4"是指把 a 的各二进制位向左移动 4 位。如 a = 00000011B（十进制数 3），左移 4 位后为 00110000B（十进制数 48）。

右移运算符">>"的功能，是把">>"左边的操作数的各二进制位全部右移若干位，移动的位数由">>"右边的常数指定。进行右移运算时，如果是无符号数，则总是在其左端补"0"；对于有符号数，在右移时，符号位将随同移动。当为正数时，最高位补 0，而为负数时，符号位为 1，最高位是补 0 还是补 1 取决于编译系统的规定。例如：设 a=0x98，如果 a 为无符号数，则"a>>2"表示把 10011000B 右移为 00100110B；如果 a 为有符号数，则"a>>2"表示把 10011000B 右移为 11100110B。

任务 3-1 中流水灯控制程序 ex3_2.c 就是采用移位运算来实现的。

6. 逗号运算符与逗号运算表达式

在 C 语言中逗号","也是一种运算符，称为逗号运算符，其功能是把两个表达式连接起来组成一个表达式，称为**逗号表达式**，其一般形式为：

> 表达式1,表达式2,…,表达式n

逗号表达式的求值过程是：从左至右分别求出各个表达式的值，并以最右边的表达式 n 的值作为整个逗号表达式的值。

程序中使用逗号表达式的目的，通常是要分别求逗号表达式内各表达式的值，并不一定要求整个逗号表达式的值。例如：

> x =（y=10,y+5）；

上面括号内的逗号表达式，逗号左边的表达式是将 10 赋给 y，逗号右边的表达式进行 y+5 的计算，逗号表达式的结果是最右边的表达式"y+5"的结果 15 赋给 x。

并不是在所有出现逗号的地方都组成逗号表达式，如在变量说明、函数参数表中的逗号只是用做各变量之间的间隔符，例如：

unsigned int i,j;

任务3-4 基于PWM的可调光台灯设计

1. 目的与要求

通过采用51单片机进行可调光台灯控制系统的设计，使读者了解使用单片机并行I/O端口输出可控制的PMW（Pulse Width Modulation）信号的方法。

任务要求用两个按键控制灯的亮度。系统上电时，灯在最暗状态，按住其中一个键，灯的亮度逐渐增强，增到最亮时，再回到最暗；按住另外一个键，灯的亮度逐渐减弱，减到最暗时，再回到最亮。

2. 电路设计

可调光台灯控制系统的硬件电路如图3.24所示。其中，在单片机的P0.0和P0.1引脚各连接了一个弹性按键：L_up和L_down，分别用来控制台灯的亮度加强与减弱；在P1.0引脚连接一个发光二极管模拟台灯的灯泡（采用8个发光二极管时亮度变化效果更明显）。

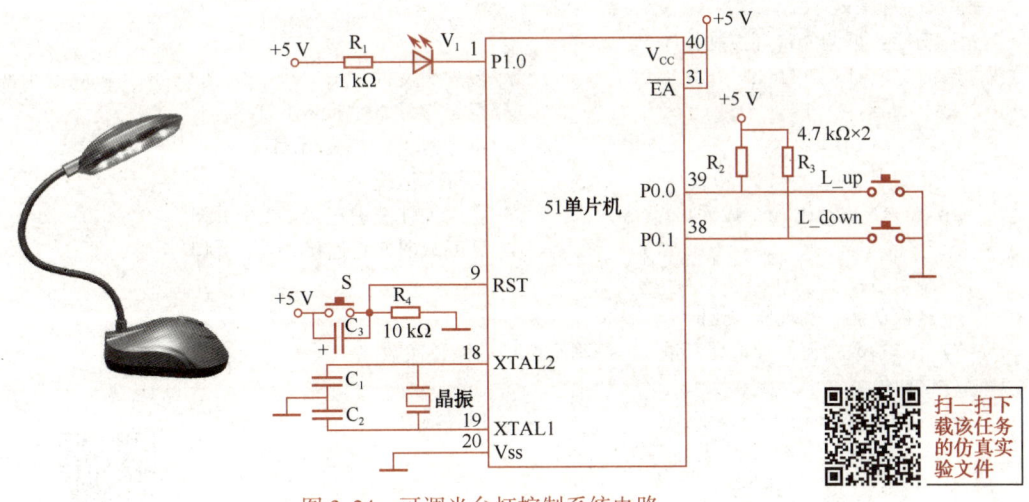

图 3.24 可调光台灯控制系统电路

3. 源程序设计

本设计采用PWM技术，通过控制51单片机的I/O端口引脚不断输出高低电平来实现PWM信号输出，控制输送到灯泡的电压变化，从而实现控制灯泡亮度的效果。

> **小知识** PWM技术，是一种周期一定而高低电平可调的方波信号。当输出脉冲的频率一定时，输出脉冲的占空比越大，其高电平持续的时间越长，如图3.25所示。
>
> 如图3.25所示，在一个信号周期中，高电平持续的时间为T_1，低电平持续的时间为T_2，高电平持续的时间与信号周期的比值，称为占空比。例如，若信号周期$T = 4\ \mu s$，高电平持续的时间$T_1 = 1\ \mu s$，则占空比为$\frac{T_1}{T} = \frac{1}{4} = 0.25$。

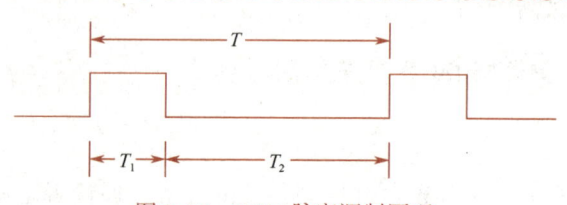

图 3.25 PWM 脉宽调制原理

只要改变 T_1 和 T_2 的值，即改变波形的占空比，则高低电平持续的时间就改变了，达到 PWM 脉宽调制的目的。

随着大规模集成电路技术的不断发展，很多单片机都有内置 PWM 模块。有些 51 单片机内部没有 PWM 模块，因此本设计采用软件模拟法，这种方法简单实用，缺点是占用 CPU 的大量时间。

可调光台灯控制系统程序设计参考如下。

```c
//程序：ex3_8.c
//功能：可调光台灯控制程序
#include<reg51.h>              //包含头文件 reg51.h，定义 51 单片机的专用寄存器
#define OFF 1                  //符号常量 OFF，表示灯灭
#define ON  0                  //符号常量 ON，表示灯亮
sbit    light=P1^0;            //台灯灯泡连接 P1.0 引脚
sbit    light_up=P0^0;         //亮度加强按键连接 P0.0 引脚
sbit    light_down=P0^1;       //亮度减弱按键连接 P0.1 引脚
//函数名：delay
//函数功能：实现软件延时
//形式参数：无符号整型变量 i，控制空循环的循环次数
//返回值：无
void delay(unsigned int i)     //延时函数
{
    unsigned int k;
    for(k=0;k<i;k++);
}
void    main()                 //主函数
{
    int i,j;
    i=0;
    j=500;                     //i=0，j=500 是灯最暗时的延时参数初值
    while(1)
    {
        light=ON;
        delay(i);              //灯亮的延时时间
        light=OFF;
        delay(j);              //灯灭的延时时间
        if(light_up==0)        //判断亮度加强按键是否按下
```

```
            {
                delay(100);                  //延时去抖动
                if(light_up==0)              //再次判断按键是否按下
                {
                    j--;i++;                 //调整延时参数
                    if(j==0){j=500;i=0;}     //调到最亮,再返回最暗
                }
            }
            if(light_down==0)                //判断亮度减弱按键是否按下
            {
                delay(100);                  //延时去抖动
                if(light_down==0)            //再次判断按键是否按下
                {
                    j++;  i--;               //调整延时参数
                    if(i==0){i=500;j=0;}     //调到最暗,再返回最亮
                }
            }
        }
    }
}
```

4. 任务小结

本任务是采用 51 单片机输出一个 PMW 脉宽调制信号来控制发光二极管的亮度，模拟台灯的调光控制。单片机读取连接到 P0 口上的亮度调节按键 L_up 和 L_down 的状态，判断是请求调亮还是调暗，来调整 PMW 电平信号的占空比，以达到调节台灯亮度的目的。

通过本项目的设计制作，使读者进一步加强 51 单片机并行 I/O 端口应用的能力，并掌握 PWM 脉宽调制技术原理及编程技术，加深在 C 语言的结构化程序设计中函数的基本概念与使用方法。

5. 举一反三

1) 采用直流电机的风扇控制系统设计

设计要求该控制电路可以调整风扇的转动速度和方向。风扇的转动使用直流电机来驱动，通过单片机输出不同方向的电平来改变直流电机的运转，从而改变风扇的转动方向；风扇的转速可通过单片机提供的 PWM 电压来控制。在风扇控制电路中需要使用一个弹性按键 S_1 来调整风扇的转动方向，第一次按下该按键，电机正转，第二次按下该按键，电机则反转，第三次按下时回到第一次的电机正转，依次反复。还需使用另一个弹性按键 S_2 来调整风扇的转速，风扇的转速分为三挡：1 挡（弱风）、2 挡（正常风）、3 挡（强风），根据风速按键被按下的次数来循环选择风速挡位，风扇控制电路如图 3.26 所示。

图 3.26 所示为一个典型的直流电机控制电路——H 桥驱动电路。电路中包括 4 个三极管和一个电机。要使电机运转，必须导通对角线上的一对三极管。根据不同三极管对的导通情况，电流可能会从左至右或从右至左流过电机，从而控制电机的转向。

风扇控制系统源程序参考如下。

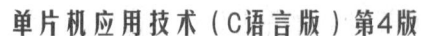

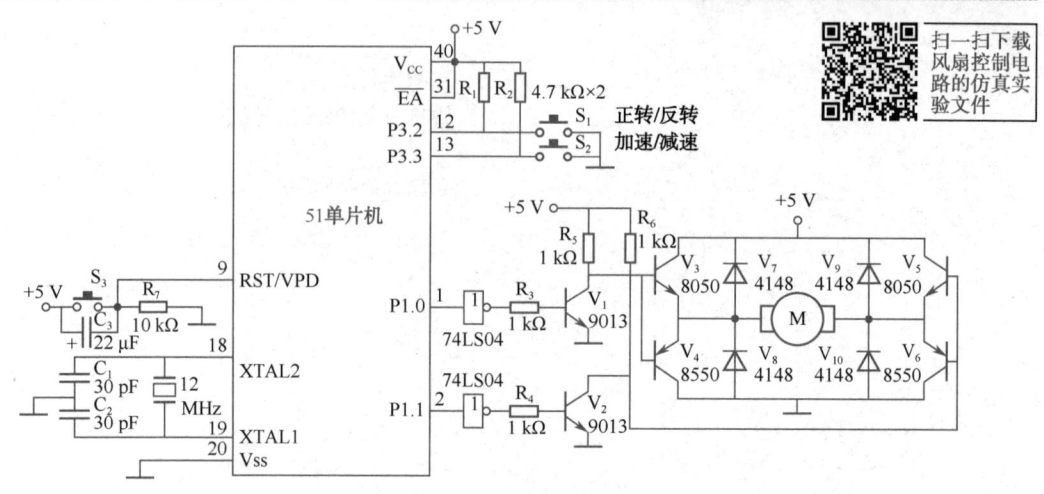

图 3.26 风扇控制电路

```c
//程序：ex3_9.c
//功能：风扇控制程序（实现三挡风速、正转/反转）
#include<reg51.h>              //包含头文件reg51.h,定义51单片机的专用寄存器
#include<stdio.h>
sbit DJA=P1^0;                 //电机控制A端
sbit DJB=P1^1;                 //电机控制B端
sbit S1=P3^2;                  //转向按键连接P3.2引脚
sbit S2=P3^3;                  //风速按键连接P3.3引脚
bit flag;                      //转向标志位,flag=0表示正转,flag=1表示反转
unsigned char number;          //按下风速按键的次数
//函数名：delay
//函数功能：实现软件延时
//形式参数：整型变量i,控制循环次数
//返回值：无
void delay(unsigned int i)
{
  unsigned int k;
  for(k=0;k<i;k++);
}
//函数名：pwm
//函数功能：输出一定占空比的脉宽调制信号及方向
//形式参数：无
//返回值：无
void pwm(bit a,bit b,unsigned int d1,unsigned int d2)
{
    DJB=a;
    DJA=b;                     //电机转动
    delay(d1);                 //延时,调整电机转动时长
    DJA=0;
    DJB=0;                     //电机停转
    delay(d2);                 //延时,调整电机停转的时长
```

```c
}
void main ( )                                    //主函数
{
    flag=0;                                      //设置正转标志位
    number=0x00;                                 //风速挡置0，无风
    DJA=0;                                       //电机停转
    DJB=0;
    while(1)
    {
      if(S1==0)                                  //第一次检测到转向开关 S₁ 按下
      { delay(1200);                             //延时 10 ms 左右去抖动
        if(S1==0)                                //再次检测到 S₁ 按下
          { while(!S1);                          //等待 S₁ 键释放
            flag=~flag; }                        //改变转向标志位，反转
      }
      if(S2==0)                                  //第一次检测到风速开关 S₂ 按下
      { delay(1200);                             //延时 10 ms 左右去抖动
        if(S2==0)                                //再次检测到 S₂ 按下
          { while(!S2);                          //等待 S₂ 键释放
            if(number<=3)                        //判断风速挡位是否强风档
              number++;                          //没到强风挡位则风速加速
              else number=0x01; }                //已经是强风挡位则风速回到弱风挡位
      }
      if(!flag)                                  //正转
      {
         switch(number)
         {
           case 0x01:pwm(0,1,720,1680);break;    //风速1挡，弱风
           case 0x02:pwm(0,1,1250,1250);break;   //风速2挡，舒适风
           case 0x03:pwm(0,1,1680,720);break;    //风速3挡，强风
           default:;
         }
      }
      else                                       //反转
       {
          switch(number)
          {
            case 0x01:pwm(0,1,720,1680);break;   //风速1挡，弱风
            case 0x02:pwm(0,1,1250,1250);break;  //风速2挡，舒适风
            case 0x03:pwm(0,1,1680,720);break;   //风速3挡，强风
            default:;
          }
       }
    }
}
```

2) 采用步进电机的风扇控制系统设计

设计要求将风扇控制系统中的直流电机改为步进电机。步进电机是一种将电脉冲转化为角位移或直线位移的执行机构。通俗一点讲,当步进驱动器接收到一个脉冲信号,它就驱动步进电机按设定的方向转动一个固定的角度(称为步距角)。在非超载的情况下,电机的转速、停止的位置只取决于脉冲的频率和脉冲数,可以通过控制脉冲个数来控制角位移量,从而达到准确定位的目的;同时,可以通过控制脉冲频率来控制电机转动的速度和加速度,从而达到调速的目的。

> **小知识** 步进电机按工作原理可分为:磁电式和反应式两大类,其中反应式步进电机应用较为普遍。按输出转矩可分为:快速步进电机和功率步进电机。快速步进电机工作频率高而输出转矩较小,可驱动较小的移动部件;功率步进电机的输出转矩较大,可直接驱动较大的移动部件。按励磁相数可分为:二相、三相、四相、五相、六相甚至八相步进电机。其中二相步进电机应用较多。步进电机的外形如图3.27所示。

图 3.27 步进电机

本设计选用四相反应式步进电机来带动风扇运行。四相反应式步进电机内部有4组线圈,其内部结构示意图如图3.28所示。步进电机的转动与内部绕组线圈的通电顺序和通电方式有关,必须使所产生的脉冲序列按照一定的时序送到绕组线圈上,步进电机才能运行。四相步进电机的工作方式按照通电顺序的不同,可以分为单四拍、双四拍、单双八拍三种,其中以单双八拍方式工作的通电顺序为:A—AB—B—BC—C—CD—D—DA—A,如果要让步进电机反转,只需按相反方向顺序通电。

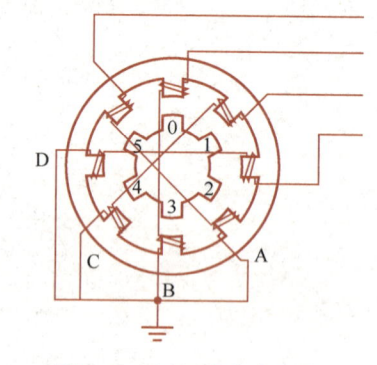

图 3.28 四相反应式步进电机内部结构示意图

步进电机驱动风扇的控制电路如图3.29所示。通常需要采用驱动芯片来对步进电机的运转进行控制,驱动芯片采用L298N,其IN1~IN4分别与单片机P1.0~P1.3相连,单片机的P0.0~P0.3分别与四个按键相连,实现反转、正转、加速和减速功能。通过单片机控制步进电机的加/减速,实际上就是控制发送脉冲的频率,升速时,使脉冲频率增高,减速时相反。

步进电机风扇控制系统参考源程序如下。

```c
//程序: ex3_10.c
//功能:采用步进电机实现的风扇控制程序
#include<reg51.h>              //包含头文件reg51.h,定义51单片机的专用寄存器
sbit S1=P0^0;                  //反转按键
sbit S2=P0^1;                  //正转按键
sbit S3=P0^2;                  //加速按键
sbit S4=P0^3;                  //减速按键
unsigned char COUNT;           //全局变量COUNT
```

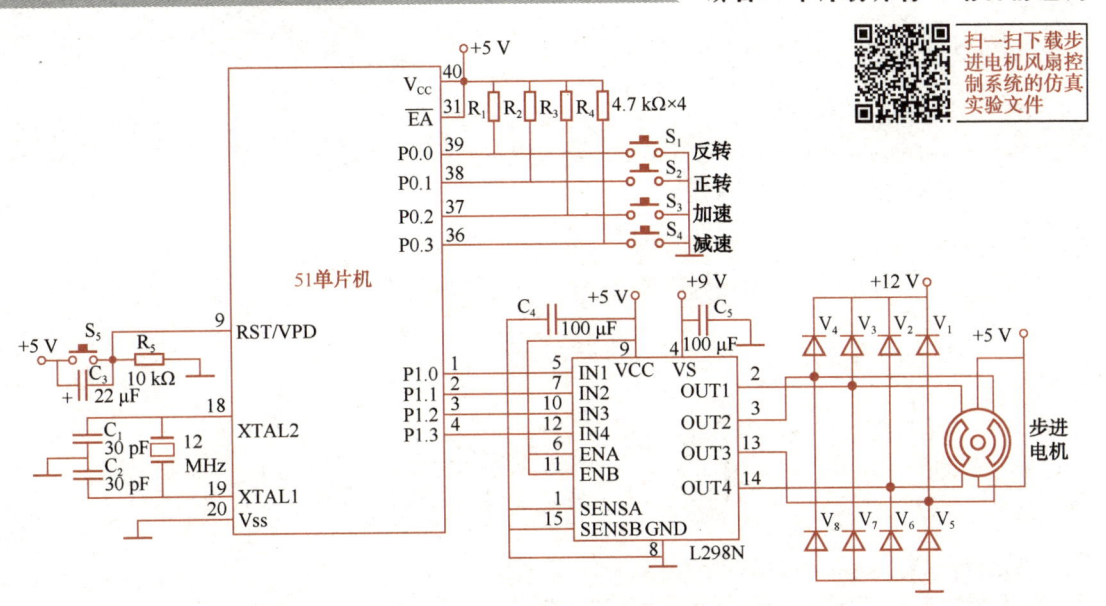

图 3.29 步进电机驱动风扇控制电路

```c
//函数名：delay
//函数功能：实现软件延时
//形式参数：整型变量 i，控制循环次数
//返回值：无
void  delay ( unsigned int i )
{
  unsigned int k;
  for ( k=0;k<i;k++ ) ;
}
//函数名：forward
//函数功能：控制电机正转，采用单双八拍方式
//形式参数：无
//返回值：无
void forward ( )
{
    do
    {
        P1=0x08;                //A
        delay ( COUNT ) ;
        P1=0x09;                //AD
        delay ( COUNT ) ;
        P1=0x01;                //D
        delay ( COUNT ) ;
        P1=0x03;                //DC
        delay ( COUNT ) ;
        P1=0x02;                //C
        delay ( COUNT ) ;
        P1=0x06;                //CB
```

```c
        delay(COUNT);
        P1=0x04;                    //B
        delay(COUNT);
        P1=0x0C;                    //BA
        delay(COUNT);
        if(S3==0)
        {
            if(COUNT>2) COUNT--;
        }
        if(S4==0)
        {
            if(COUNT<50) COUNT++;
        }
    }while(S1==1);                  //当S₁键没有按下时,做以上循环
}
//函数名:reverse
//函数功能:控制电机反转,采用单双八拍方式
//形式参数:无
//返回值:无
void reverse()
{
    do
    {
        P1=0x08;                    //A
        delay(COUNT);
        P1=0x0C;                    //AB
        delay(COUNT);
        P1=0x04;                    //B
        delay(COUNT);
        P1=0x06;                    //BC
        delay(COUNT);
        P1=0x02;                    //C
        delay(COUNT);
        P1=0x03;                    //CD
        delay(COUNT);
        P1=0x01;                    //D
        delay(COUNT);
        P1=0x09;                    //DA
        delay(COUNT);
        if(S3==0)
        {
            if(COUNT>2) COUNT--;
        }
        if(S4==0)
        {
            if(COUNT<50) COUNT++;
        }
```

```
        }while(S2==1);          //当S₂键没有按下时,做以上循环
void main()                     //主函数
{
    COUNT=20;
    while(1)
    {
        if(S1==0)               //反转
            reverse();
        if(S2==0)               //正转
            forward();
    }
}
```

3.4 C语言的函数

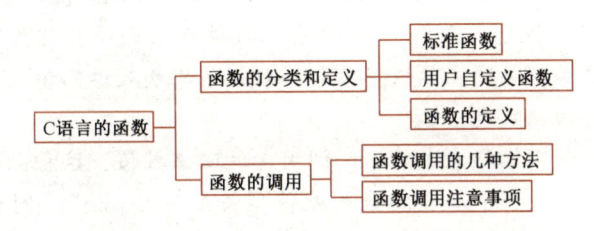

函数是C语言程序的基本组成模块。一个C语言程序就是由一个主函数main()和若干个模块化的子函数构成的,所以也把C语言称为函数式语言。例如,任务3-1中的ex3_1.c程序包含两个函数delay()和main()。

> **小经验**　由于C语言采用函数作为子程序模块,因此易于实现结构化程序设计,使程序的层次结构清晰、直观,便于程序的编写、阅读、调试及维护,将程序设计中经常用到的一些计算或操作编成通用的函数,以供随时调用,还能够大大减轻程序员的代码编写工作量。

C语言程序中有且只有一个主函数main()。程序总是由主函数开始执行,由主函数根据需要来调用其他函数,其他函数可以有多个。

3.4.1 函数的分类和定义

从用户使用的角度来看,函数有两种类型:标准函数和用户自定义函数。

1. 标准函数

标准函数也称为标准库函数,是由C51的编译器提供的,以头文件的形式给出。

Keil C51编译器提供了100多个标准库函数供我们使用。常用的C51标准库函数包括一般I/O端口函数、访问SFR地址函数等,常用的C51标准库函数请参考附录B。

用户可以直接调用标准函数。使用标准库函数时,必须在源程序的开始处使用预处理命令"#include"将有关的头文件包含进来。例如,任务3-1中的流水灯控制程序ex3_1.c就

是调用内部库函数中的循环右移标准函数进行编程的。

2. 用户自定义函数

用户自定义函数是用户根据需要自行编写的函数，它必须先定义之后才能被调用。函数定义的一般形式如下：

```
函数类型  函数名（形式参数表）
    形式参数说明;
{
    局部变量定义;
    函数体语句;
    return 语句;
}
```

其中，函数类型"说明自定义函数返回值的类型。

> **小知识** 如果一个函数被调用执行完成后，需要向调用者返回一个执行结果，我们就将这个结果称为"函数返回值"，而将具有函数返回值的函数称为有返回值函数。这种需要返回函数值的函数必须在函数定义和函数说明中明确返回值的类型，即将函数返回值的数据类型定义为函数类型。
>
> 如果一个函数被调用执行完成后不向调用者返回函数值，这种函数称为无返回值函数。定义无返回值函数时，函数类型采用无值型关键字"void"。例如，前面介绍的无返回值 delay( ) 函数，其定义格式为："void delay(unsigned int i)"。

函数名是自定义函数的名字。

形式参数表给出函数被调用时传递数据的形式参数，形式参数的类型必须加以说明，ANSI C 标准允许在形式参数表中对形式参数的类型进行说明。如果定义的是无参数函数，可以没有形式参数表，但是圆括号不能省略。

局部变量定义是对在函数内部需要使用的局部变量进行定义，也称为内部变量。

函数体语句是为完成函数的特定功能而设置的语句。

return 语句用于返回函数执行的结果。对于无返回值函数，该语句可以省略。

因此，一个函数由下面两部分组成：

（1）函数定义，即函数的第一行，包括函数类型、函数名、函数参数（形式参数）名、参数类型等。

（2）函数体，即花括号{ }内的部分。函数体由定义局部变量数据类型的说明部分和实现函数功能的执行部分组成。

> **小经验** （1）下面的程序是任务 1-2 中程序 ex1_1.c 中用到的软件延时函数，该函数完成 i 次空循环操作，其中次数 i 作为一个形式参数出现在子函数中。
>
> ```
> //函数名：delay
> //函数功能：实现软件延时
> //形式参数：i 控制空循环的次数，共循环 i 次
> ```

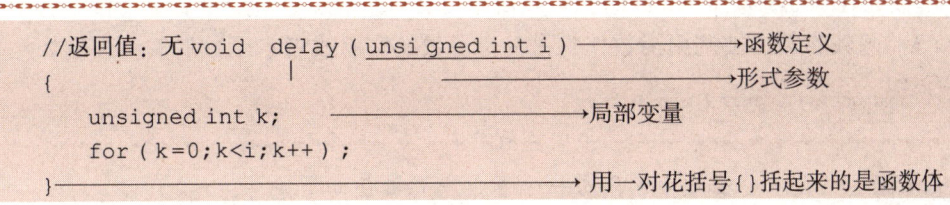

```
//返回值：无 void  delay（unsigned int i）        →函数定义
{                         |                      →形式参数
    unsigned int k;                               →局部变量
    for（k=0;k<i;k++）;
}                                                 →用一对花括号{}括起来的是函数体
```

(2) 定义函数时通常加上函数头部注释，主要用来说明函数名称、函数功能、形式参数、返回值等内容，如有必要还可增加作者、创建日期、修改记录（备注）等相关项目。函数头部注释放在每个函数的顶端，用注释符"//"或"/*……*/"进行标注。

3.4.2 函数调用

在 C 语言程序中，不管是调用标准函数还是调用用户自定义函数，都必须遵循"**先定义或声明、后调用**"的原则。调用标准函数时，必须在源程序的开始处使用预处理命令"#include"将有关的头文件包含进来；调用用户自定义函数时，必须在调用前先定义或声明该函数。

调用函数的一般格式为：

```
函数名（实际参数列表）
```

对于有参数类型的函数，若实际参数列表中有多个实参，则各参数之间用逗号隔开。实参与形参要顺序对应，个数应相等，类型应一致。

> **小经验** 在任务 1-2 中的程序 ex1_1.c 中，在主函数中调用软件延时函数是这样实现的：
>
> ```
> void  main()                //主函数
> {
>     while(1)
>     { P1_0=0;               //点亮 LED
>       delay(10000);         //调用延时函数，实际参数为 10000
>       P1_0=1;               //熄灭 LED
>       delay(10000); }       //调用延时函数，实际参数为 10000
> }
> ```

按照函数调用在主调用函数中出现的位置，函数可以有以下三种调用方式。

(1) 函数语句。把被调用函数作为主调用函数的一个语句。例如，任务 1-2 中的延时函数调用语句：

```
delay(10000);
```

此时不要求被调用函数返回值，只要求函数完成一定的操作，实现特定的功能。

(2) 函数表达式。被调用函数以一个运算对象的形式出现在一个表达式中，这种表达式称为函数表达式。这时要求被调用函数返回一定的数值，并以该数值参加表达式的运算。例如：

```
c=2*max(a,b);
```

函数 max(a,b)返回一个数值,将该值乘以 2,乘积赋值给变量 c。

(3) 函数参数。被调用函数作为另一个函数的实参或者本函数的实参,例如:

m=max（a,max（b,c））；

> **小提示** 在一个函数中调用另一个函数需要具备如下条件:
> (1) 被调用函数必须是已经存在的函数(标准库函数或者用户自己已经定义的函数),例如在任务 1-2 程序 ex1_1.c 中,先定义延时函数 delay(),再在主函数中调用。
> 如果函数定义在调用之后,那么必须在调用之前(一般在程序头部)对函数进行声明。例如在任务 3-3 程序 ex3_6.c 中,对延时函数先声明。
> (2) 如果程序中使用的自定义函数不是在本源程序文件中定义的,那么在程序开始要用 extern 修饰符进行函数原型说明,参见任务 4-5 的有关介绍。

知识梳理与总结

本项目介绍了 C51 的程序结构、基本语句、数据类型、运算符和表达式以及函数,通过一系列的项目任务,训练 C51 结构化程序设计方法以及单片机应用系统设计方法。

本项目要掌握的重点内容包括:

(1) C 语言是结构化程序设计语言,有三种基本程序结构:顺序结构、选择结构和循环结构,且具有丰富的运算符和面向单片机硬件结构的数据类型,处理能力极强。

(2) C 语言的基本语句包括表达式语句、赋值语句、if 语句、switch 语句、while 语句、do-while 语句和 for 语句等。

(3) C51 除了具有 ANSI C 的所有标准数据类型外,为更加有效地利用 51 单片机的硬件资源,还扩展了一些特殊的数据类型:bit、sbit、sfr 和 sfr16,用于访问单片机的专用寄存器和可寻址位。

(4) 函数是 C 语句程序的基本组成单位,一个 C 源程序中至少包括一个函数,一个 C 源程序中有且仅有一个主函数 main()。C 程序总是从 main()函数开始执行的。

(5) C51 函数分为内部标准函数和用户自定义函数。任何函数都与变量一样在使用之前必须先定义。调用内部函数需要在 C 程序之前用预处理命令 "#include" 包含声明了此函数原型的头文件名;自定义函数可以采用在调用函数前先定义此函数的方法,也可以采用先声明、使用此函数,然后再在主调用函数后面定义此函数的方法进行函数使用声明。

思考与练习题 3

3.1 单项选择题

(1) 下面叙述不正确的是_____。
  A. 一个 C 源程序可以由一个或多个函数组成
  B. 一个 C 源程序必须包含一个函数 main()
  C. 在 C 程序中,注释说明只能位于一条语句的后面
  D. C 程序的基本组成单位是函数

(2) C 程序总是从_____开始执行的。
　　A. 主函数　　　　B. 主程序　　　　C. 子程序　　　　D. 主过程
(3) 最基本的 C 语言语句是_____。
　　A. 赋值语句　　　B. 表达式语句　　C. 循环语句　　　D. 复合语句
(4) 在 C51 程序中常常把_____作为循环体，用于消耗 CPU 运行时间，产生延时效果。
　　A. 赋值语句　　　B. 表达式语句　　C. 循环语句　　　D. 空语句
(5) 在 C 语言的 if 语句中，用做判断的表达式为_____。
　　A. 关系表达式　　B. 逻辑表达式　　C. 算术表达式　　D. 任意表达式
(6) 在 C 语言中，当 do-while 语句中的条件为_____时，结束循环。
　　A. 0　　　　　　B. false　　　　　C. true　　　　　D. 非 0
(7) 下面的 while 循环执行了_____次空语句。

```
while ( i=3 ) ;
```
　　A. 无限次　　　　B. 0 次　　　　　C. 1 次　　　　　D. 2 次
(8) 以下描述正确的是_____。
　　A. continue 语句的作用是结束整个循环的执行
　　B. 只能在循环体内和 switch 语句体内使用 break 语句
　　C. 在循环体内使用 break 语句或 continue 语句的作用相同
　　D. 以上三种描述都不正确
(9) 在 C51 的数据类型中，unsigned char 型的数据长度和值域为_____。
　　A. 单字节，-128~127　　　　　　　B. 双字节，-32 768~+32 767
　　C. 单字节，0~255　　　　　　　　D. 双字节，0~65 535
(10) 在 C 语言中，函数类型是由_____决定。
　　A. return 语句中表达式值的数据类型所决定　　B. 调用该函数时的主调用函数类型所决定
　　C. 调用该函数时系统临时决定　　　　　　　　D. 在定义该函数时所指定的类型所决定
(11) 填空，参考本项目中的示例程序完成下面的程序。

```
#include<reg51.h>
_____;
void main ( )
{
   while (1)
   {
      P1=0xFF;
      _____(1200);
      P1=0x00;
      _____(1200);
   }
}
//函数名：delay
//函数功能：实现软件延时
//形式参数：整型变量 i，控制循环次数
//返回值：无
void  delay (unsigned int i)
{
```

```
    unsigned int k;
    for(k=0;k<i;k++);
}
```

3.2 填空题

(1) 一个 C 源程序有且仅有一个＿＿＿＿＿＿函数。

(2) C51 程序中定义一个可位寻址的变量 FLAG 访问 P3 口的 P3.1 引脚的方法是＿＿＿＿＿＿＿＿＿＿。

(3) C51 扩充的数据类型＿＿＿＿＿＿＿＿用来访问 51 单片机内部的所有专用寄存器。

(4) 结构化程序设计的三种基本结构是＿＿＿＿＿＿＿＿＿＿＿＿＿＿＿＿＿＿＿＿＿＿＿＿＿。

(5) 表达式语句由＿＿＿＿＿＿＿＿组成。

(6) ＿＿＿＿＿＿＿＿＿＿语句一般用做单一条件或分支数目较少的场合，如果编写超过 3 个以上分支的程序，可用多分支选择的＿＿＿＿＿＿＿＿＿语句。

(7) while 语句和 do-while 语句的区别在于：＿＿＿＿＿＿＿语句是先执行、后判断，而＿＿＿＿＿＿＿语句是先判断、后执行。

(8) 下面的 while 循环执行了＿＿＿＿＿＿次空语句。

```
i=3;
while(i!=0);
```

(9) 下面的延时函数 delay() 执行了＿＿＿＿＿次空语句。

```
void delay(void)
{
    int i;
    for(i=0;i<10000;i++);
}
```

(10) 在单片机的 C 语言程序设计中，＿＿＿＿＿＿＿类型数据经常用于处理 ASCII 字符或用于处理小于等于 255 的整型数。

(11) C51 的变量存储器类型是指＿＿＿＿＿＿＿＿＿＿＿＿＿＿＿＿＿＿＿＿＿＿＿＿＿＿＿＿。

(12) C51 中的字符串总是以＿＿＿＿＿＿＿＿作为串的结束符。

3.3 上机操作题

(1) 感应灯控制系统设计。实现当照明灯感应到有人接近时自动开灯，当人离开后自动关灯的功能。

(2) 自动滑动门开关控制系统设计。实现当滑动玻璃门感应到有人接近时自动开门，当人离开后自动关门的功能。

项目 4 显示和键盘接口技术应用

单片机应用系统经常需要连接一些外部设备,其中显示器和键盘是构成人机对话的一种基本方式,使用最为频繁。本项目将介绍常用的显示器件、键盘工作原理以及它们如何与单片机接口,如何相互传送信息等技术。

教学导航

知识重点	1. LED 数码管显示和接口; 2. LED 大屏幕显示和接口; 3. LCD 液晶显示和接口; 4. 独立式按键接口; 5. 矩阵式按键接口
知识难点	1. LED 动态显示接口; 2. LED 点阵大屏幕显示接口; 3. LCD 液晶显示和接口; 4. 矩阵式按键接口
推荐教学方式	从工作任务入手,让学生逐步熟悉各种显示器件和键盘的工作原理、接口及编程方法
建议学时	12 学时
推荐学习方法	1. 从简单任务入手,以发光二极管的发光控制为起点,再扩展到 8 个连在一起的发光二极管即数码管。学习数码管时可以先回忆发光二极管的控制,学习数码管接口控制时可以先接 1 个数码管再扩展到多个数码管。 2. 类比法,LED 数码管的动态显示和 LED 大屏幕显示的原理相似,可以比较学习
必须掌握的理论知识	1. LED 数码管显示接口; 2. LED 点阵大屏幕显示接口; 3. 独立式按键接口与矩阵式按键接口
必须掌握的技能	1. LED 数码管显示控制; 2. LED 大屏幕显示器的制作与调试; 3. 独立式按键接口和矩阵式按键接口

任务 4-1 8 路抢答器设计

1. 目的与要求

通过对具有 8 个按键输入和 1 个数码管显示的抢答器的设计与制作，让读者理解 C 语言中数组的基本概念和应用技术，初步了解单片机与 LED 数码管的接口电路设计及编程控制方法。

系统要求用 8 个独立式按键作为抢答输入按键，序号分别为 0~7，当某一参赛者首先按下抢答按钮时，在数码管上显示抢答成功的参赛者的序号，此时抢答器不再接受其他输入信号，直到按下系统复位按钮，系统再次接受下一轮的抢答输入。

2. 电路设计

根据任务要求，用一位共阳极 LED 数码管作为显示器件，显示抢答器的状态信息，数码管采用静态连接方式与单片机的 P1 口连接；8 个按键连接到 P0 口，将与 P0.0 引脚连接的按键 S_0 作为"0"号抢答输入，与 P0.1 引脚连接的按键 S_1 为"1"号抢答输入，依次类推。抢答器电路如图 4.1 所示。

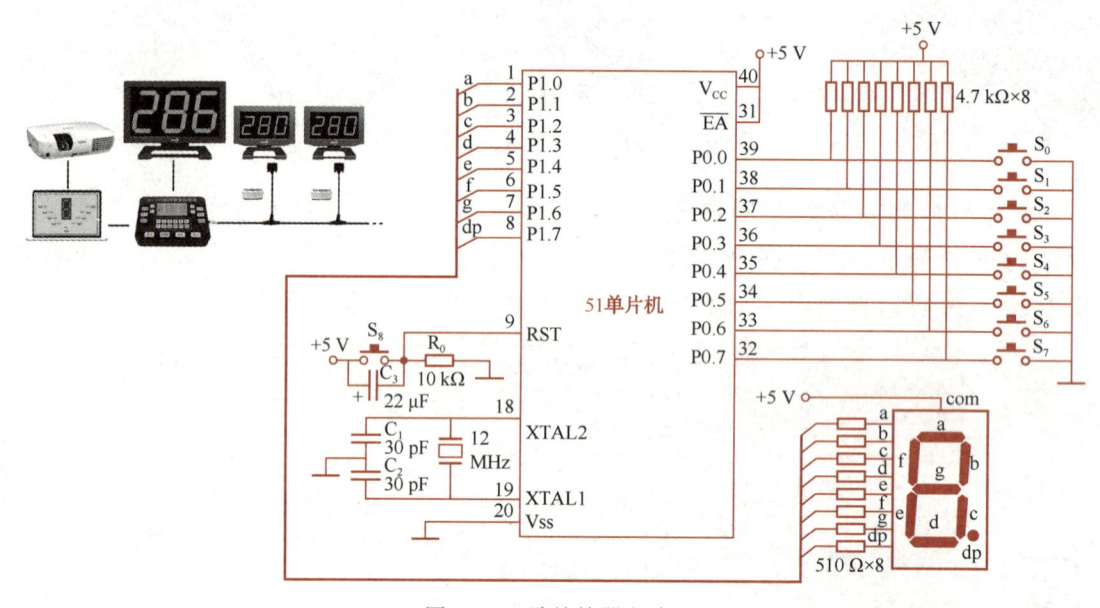

图 4.1 8 路抢答器电路

> **小知识** （1）在单片机系统中，经常采用 LED 数码管来显示单片机系统的工作状态、运算结果等信息，LED 数码管是单片机人机对话的一种重要输出设备。
>
> （2）LED 数码管由 8 个发光二极管（以下简称段）构成，通过不同的发光字段组合可用来显示数字 0~9、字符 A~F、H、L、P、R、U、Y、符号"-"及小数点"."等。
>
> （3）因为只控制一个数码管，选择一直点亮各段的静态显示方式。这种显示方式可在较小的电流驱动下获得较高的显示亮度，且占用 CPU 时间少，编程简单，便于显示和控制。

(4) 按键采用独立式按键接法，每个按键都单独占用一根 I/O 端口线，适用于按键数目比较少的应用场合，优点是软件结构简单。

(5) 电路中 P0 口外接的上拉电阻是保证按键断开时，I/O 端口为高电平；按键按下时相应端口为低电平。

3. 源程序设计

程序设计思路：系统上电时，数码管显示"-"，表示开始抢答，当记录到最先按下的按键序号后，数码管将显示该参赛者的序号，同时无法再接受其他按键的输入；当系统按下复位按钮 S_8 时，系统显示"-"，表示可以接受新一轮的抢答。

```
//程序：ex4_1.c
//功能：8路抢答器控制程序
#include<reg51.h>              //包含头文件 reg51.h，定义51单片机的专用寄存器
void delay(unsigned int i);    //延时函数声明
void main()                    //主函数
{
  unsigned char button;        //保存按键信息
  unsigned char code disp[]={0xc0,0xf9,0xa4,0xb0,0x99,0x92,0x82,0xf8,0xbf};
           //定义数组 disp，依次存储包括0~7和"-"的共阳极数码管显示码
  P0=0xff;                     //读引脚状态，需先置1
  P1=disp[8];                  //显示"-"
  while(1)
    {
      button=P0;               //第一次读按键状态
      delay(1200);             //延时消抖
      button=P0;               //第二次读按键状态
      switch(button)           //根据按键的值进行多分支跳转
        {
          case 0xfe:P1=disp[0];delay(10000);while(1);break;
                  //0按下，显示0，待机
          case 0xfd:P1=disp[1];delay(10000);while(1);break;
                  //1按下，显示1，待机
          case 0xfb:P1=disp[2];delay(10000);while(1);break;
                  //2按下，显示2，待机
          case 0xf7:P1=disp[3];delay(10000);while(1);break;
                  //3按下，显示3，待机
          case 0xef:P1=disp[4];delay(10000);while(1);break;
                  //4按下，显示4，待机
          case 0xdf:P1=disp[5];delay(10000);while(1);break;
                  //5按下，显示5，待机
          case 0xbf:P1=disp[6];delay(10000);while(1);break;
                  //6按下，显示6，待机
          case 0x7f:P1=disp[7];delay(10000);while(1);break;
                  //7按下，显示7，待机
```

```
            default: break;
        }
    }
}
void delay(unsigned int i)          //延时函数参见任务1-2的ex1_1.c程序
```

> **小知识** 在程序设计中，为了处理方便，把具有相同类型的若干数据项按有序的形式组织起来。这些按序排列的同类数据元素的集合称为数组。在上面的程序中，定义了数组 disp[ ]。
>
> unsigned char code disp[]={0xc0,0xf9,0xa4,0xb0,0x99,0x92,0x82,0xf8,0xbf};
>
> 数组中的元素有固定数目和相同类型，数组元素的数据类型就是该数组的基本类型。上面数组的类型是无符号字符型，数组名为 disp，数组元素个数为 9 个。
>
> 数组元素也是一种变量，其标志方法为数组名后跟一个下标，例如：disp[0]、disp[1]……disp[8]。
>
> 在这个数组定义语句中，关键字 code 是为了把 disp[ ] 数组存储在片内程序存储器 ROM 中，该数组与程序代码一起固化在程序存储器中，关于关键字 code 的具体说明参见第 3.3.2 节。

4. 任务小结

通过 8 路抢答器的设计和制作，让读者理解 C 语言中数组的应用，并初步了解单片机与 LED 数码管的接口电路设计及编程控制方法。

5. 举一反三

设计具有 4 个按键输入和 1 个数码管显示的简易密码锁。

在一些智能门控管理系统中，需要输入正确的密码才可以开锁。基于单片机控制的密码锁硬件电路包括三部分：按键输入、数码显示和电控开锁驱动电路，三者状态的对应关系如表 4.1 所示。

密码锁硬件电路设计：4 个按键，由 P0 端口的 P0.0~P0.3 控制；一个数码管，由 P1 口静态控制；一个发光二极管，由 P3.0 引脚控制，发光二极管的亮灭分别模拟开锁电路的打开和锁定。请读者自行画出简易密码锁硬件电路图。

简易密码锁的基本功能如下：(1) 4 个按键，分别代表数字 0、1、2、3；(2) 密码在程序中事先设定，为 0~3 之间的数字；(3) 数码管显示 "-"，表示等待密码输入；(4) 密码输入正确时显示字符 "P" 约 3 s，并通过 P3.0 端口将锁打开；否则显示字符 "E" 约 3 s，继续保持锁定状态。

程序设计时，设初始密码锁关闭，显示符号为 "-"。当按下数字键后，若与预先设定的密码相同则显示 "P"，打开锁，过 3 s 后恢复锁定状态，等待下一次密码输入；否则显示 "E" 持续 3 s，保持锁定状态并等待下一次密码输入。采用共阳极 LED 数码管静态显示方式，密码设定为 "2"。简易密码锁控制程序的流程如图 4.2 (b) 所示，其参考源程序如下。

项目4 显示和键盘接口技术应用

表 4.1 简易密码锁状态

按键输入状态	数码管显示信息	锁驱动状态
无密码输入	-	锁定
输入与设定密码相同	P	打开
输入与设定密码不同	E	锁定

（a）常见密码锁 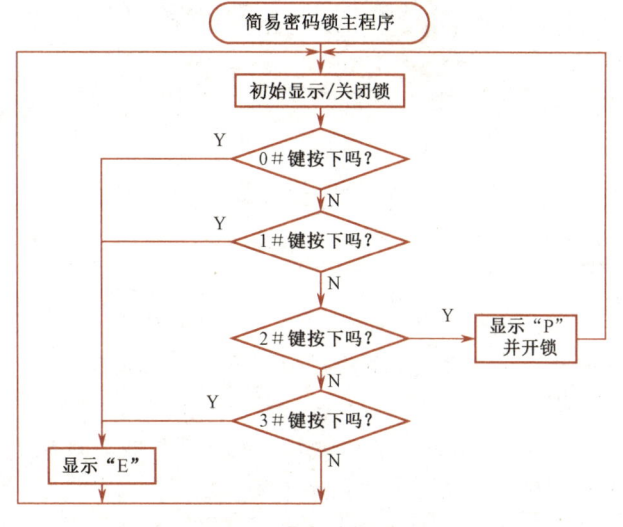　　　　　　　　（b）控制程序流程

图 4.2　密码锁示例和简易密码锁控制程序流程

```
//程序：ex4_2.c
//功能：简易密码锁控制程序
#include<reg51.h>              //包含头文件 reg51.h，定义 51 单片机的专用寄存器
sbit P3_0=P3^0;                //控制开锁，用发光二极管代替
void delay(unsigned char i);   //延时函数声明
void main()                    //主函数
{
    unsigned char button;      //保存按键信息
    unsigned char code tab[7]={0xc0,0xf9,0xa4,0xb0,0xbf,0x86,0x8c};
                               //定义显示段码表，分别对应显示字符：0、1、2、3、-、E、P
    P0=0xff;                   //读 P0 口引脚状态，需先置全 1
    while(1)
    {P1=tab[4];                //密码锁的初始显示状态"-"
     P3_0=1;                   //设置密码锁初始状态为"锁定"，发光二极管熄灭
     button=P0;                //读取 P0 口上的按键状态并赋值到变量 button
     delay(1200);              //延时去抖
     button=P0;                //再次读入按键状态
     button &=0x0f;            //采用与操作保留低 4 位的按键状态，其他位清零
     switch(button)            //判断按键的键值
     {
         case 0x0e:P1=tab[0];delay(10000);P1=tab[5];delay(50000);break;
                  //0#键按下，密码输入错误，显示"E"
         case 0x0d:P1=tab[1];delay(10000);P1=tab[5];delay(50000);break;
                  //1#键按下，密码输入错误，显示"E"
         case 0x0b:P1=tab[2];delay(10000);P1=tab[6];P3_0=0;delay(50000);
         break;
                  //2#键按下，密码正确，开锁并显示"P"
```

```
                case 0x07:P1=tab[3];delay(10000);P1=tab[5];delay(50000);break;
                                //3#键按下，密码输入错误，显示"E"
            }
        }
    }
    void delay(unsigned char i)    //延时函数参见任务1-2的ex1_1.c程序
```

> **小问答**
>
> 问：在程序中用4个独立式按键分别代表0、1、2、3，只有4种密码选择，显然不够安全，是否可以用4个按键组成更多的密码选择呢？
>
> 答：能。若用4个按键的输入状态分别代表4位二进制数，可组成16种密码，范围为0 000~1 111；若再增加对按键输入顺序的判断还能组成更多种密码选择，但需要修改密码的设置与识别程序才能实现。

4.1 认识 LED 数码管

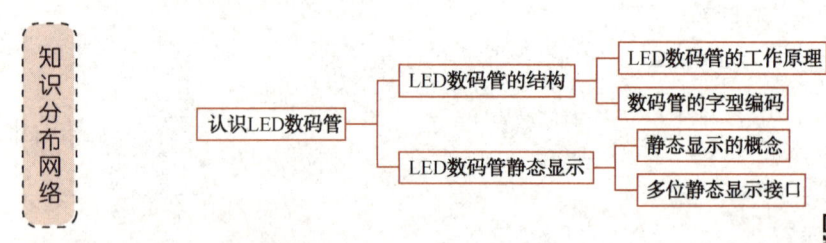

知识分布网络：
- 认识LED数码管
  - LED数码管的结构
    - LED数码管的工作原理
    - 数码管的字型编码
  - LED数码管静态显示
    - 静态显示的概念
    - 多位静态显示接口

扫一扫看直观的数字显示微视频：数码管及其类型

4.1.1 LED 数码管的结构

在单片机应用系统中，LED 数码管是单片机人机对话的一种重要输出设备，经常用来显示单片机应用系统的工作状态、运算结果等信息。

单个 LED 数码管的外形和外部引脚如图 4.3 所示。LED 数码管由 8 个发光二极管（以下简称段）构成，通过不同的发光段组合可显示数字 0~9、字符 A~F、H、L、P、R、U、Y、符号"-"及小数点"."等信息。

1. LED 数码管的工作原理

扫一扫看LED数码管结构演示文稿　扫一扫看LED数码管结构教学视频

LED 数码管可分为共阳极和共阴极两种结构。

（1）共阳极数码管的内部结构如图 4.4（a）所示，8 个发光二极管的阳极连接在一起，作为公共控制端（com），接高电平。阴极作为"段"控制端，当某段控制端为低电平时，该段对应的发光二极管导通并点亮。通过点亮不同的段，显示出不同的字符。如显示数字 1 时，b、c 两端接低电平，其他各端接高电平。

（2）共阴极数码管的内部结构如图 4.4（b）所示。8 个发光二极管的阴极连接在一起，作为公共控制端（com），接低电平。阳极作为"段"控制端，当某段控制端为高电平时，该段对应的发光二极管导通并点亮。

项目4 显示和键盘接口技术应用

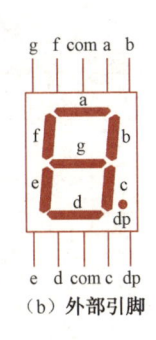

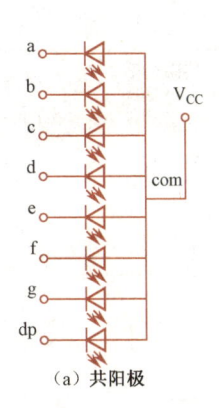

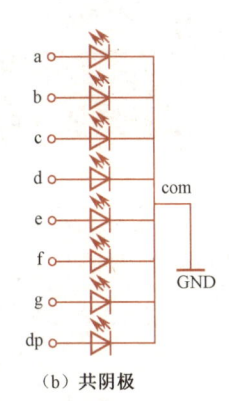

(a) 外形　　(b) 外部引脚

图4.3　LED 数码管

(a) 共阳极　　(b) 共阴极

图4.4　数码管内部结构

扫一扫看数码管要亮起来微视频：显示原理

> **小问答**
>
> **问**：如何判断数码管的结构是共阳极还是共阴极？如何用指针式万用表测试数码管的极性及好坏？
>
> **答**：根据图4.4，通过判断任意段与公共端连接的二极管的极性就可以判断出是共阳极还是共阴极数码管。
>
> 首先将指针式万用表放置在电阻测量方式上，假设数码管是共阳极的，那么将指针式万用表的表内电源正极（黑表笔）与数码管的com端相接，然后用指针式万用表的表内电源负极（红表笔）逐个接触数码管的各段，数码管的各段将逐个点亮，则数码管是共阳极的；如果数码管的段均不亮，则说明数码管是共阴极的。也可将指针式万用表的红黑表笔交换连接后测试。如果数码管只有部分段点亮，而另一部分不亮，说明数码管已经损坏。

2. LED 数码管字型编码

从任务4-1中我们知道，若将数值0送至单片机的P1口，数码管上不会显示数字"0"。要使数码管显示出数字或字符，直接将相应的数字或字符送至数码管的段控制端是不行的，必须使段控制端输出相应的字型编码。

将单片机P1口的P1.0、P1.1、⋯、P1.7八个引脚依次与数码管的a、b、⋯、g、dp八个段控制引脚相连接。如果使用的是共阳极数码管，com端接+5 V。要在共阳极数码管上显示数字"0"，则需要将数码管的a、b、c、d、e、f六个段点亮，其他段熄灭，需要向P1口传送数据11000000B（0xC0），该数据就是与字符0相对应的共阳极字型编码。如果使用的是共阴极数码管，com端接地。要用共阴极数码管显示数字1，就要把数码管的b、c两段点亮，其他段熄灭，因此，要向P1口传送数据00000110B（0x06），这就是字符1的共阴极字型编码了。

表4.2中分别列出共阳、共阴极数码管的显示字型编码。

表4.2　数码管字型编码

显示字符	共阳极数码管								共阴极数码管							
	dp	g	f	e	d	c	b	a	字型码	dp	g	f	e	d	c	b	a	字型码
0	1	1	0	0	0	0	0	0	0xC0	0	0	1	1	1	1	1	1	0x3F
1	1	1	1	1	1	0	0	1	0xF9	0	0	0	0	0	1	1	0	0x06

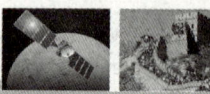

续表

显示字符	共阳极数码管								字型码	共阴极数码管								字型码
	dp	g	f	e	d	c	b	a		dp	g	f	e	d	c	b	a	
2	1	0	1	0	0	1	0	0	0xA4	0	1	0	1	1	0	1	1	0x5B
3	1	0	1	1	0	0	0	0	0xB0	0	1	0	0	1	1	1	1	0x4F
4	1	0	0	1	1	0	0	1	0x99	0	1	1	0	0	1	1	0	0x66
5	1	0	0	1	0	0	1	0	0x92	0	1	1	0	1	1	0	1	0x6D
6	1	0	0	0	0	0	1	0	0x82	0	1	1	1	1	1	0	1	0x7D
7	1	1	1	1	1	0	0	0	0xF8	0	0	0	0	0	1	1	1	0x07
8	1	0	0	0	0	0	0	0	0x80	0	1	1	1	1	1	1	1	0x7F
9	1	0	0	1	0	0	0	0	0x90	0	1	1	0	1	1	1	1	0x6F
A	1	0	0	0	1	0	0	0	0x88	0	1	1	1	0	1	1	1	0x77
B	1	0	0	0	0	0	1	1	0x83	0	1	1	1	1	1	0	0	0x7C
C	1	1	0	0	0	1	1	0	0xC6	0	0	1	1	1	0	0	1	0x39
D	1	0	1	0	0	0	0	1	0xA1	0	1	0	1	1	1	1	0	0x5E
E	1	0	0	0	0	1	1	0	0x86	0	1	1	1	1	0	0	1	0x79
F	1	0	0	0	1	1	1	0	0x8E	0	1	1	1	0	0	0	1	0x71
H	1	0	0	0	1	0	0	1	0x89	0	1	1	1	0	1	1	0	0x76
L	1	1	0	0	0	1	1	1	0xC7	0	0	1	1	1	0	0	0	0x38
P	1	0	0	0	1	1	0	0	0x8C	0	1	1	1	0	0	1	1	0x73
R	1	1	0	0	1	1	1	0	0xCE	0	0	1	1	0	0	0	1	0x31
U	1	1	0	0	0	0	0	1	0xC1	0	0	1	1	1	1	1	0	0x3E
Y	1	0	0	1	0	0	0	1	0x91	0	1	1	0	1	1	1	0	0x6E
-	1	0	1	1	1	1	1	1	0xBF	0	1	0	0	0	0	0	0	0x40
-	0	1	1	1	1	1	1	1	0x7F	1	0	0	0	0	0	0	0	0x80
熄灭	1	1	1	1	1	1	1	1	0xFF	0	0	0	0	0	0	0	0	0x00

? 小问答

问：对于同一个字符，共阳极和共阴极的字型编码之间有什么关系？

答：从表4.2中可以看出，当显示字符"1"时，共阳极的字型码为0xF9，而共阴极的字型码为0x06，所以对于同一个字符，共阴和共阳码的关系为取反。

4.1.2 LED 数码管静态显示

图4.5给出了两位共阳极数码管静态显示的接口电路，两个共阳极数码管的段码分别由 P1、P2 口来控制，com 端都接在+5 V 电源上。

静态显示是指使用数码管显示字符时，数码管的公共端恒定接地（共阴极）或+5 V 电源（共阳极）。将每个数码管的 8 个段控制引脚分别与单片机的一个 8 位 I/O 端口相连接。只要 I/O 端口有显示字型码输出，数码管就显示给定字符，并保持不变，直到 I/O 端口输出新的段码。任务 4-1 采用的就是一位数码管的静态显示方法。

> **小经验** 采用静态显示方式，较小的电流就可获得较高的亮度，且占用 CPU 时间少，编程简单，便于监测和控制。但占用单片机的 I/O 端口线多，n 位数码管的静态显示需占用 $8 \times n$ 个 I/O 端口，所以限制了单片机连接数码管的个数。同时，硬件电路复杂，成本高，因此，数码管静态显示方式适合显示位数较少的场合。

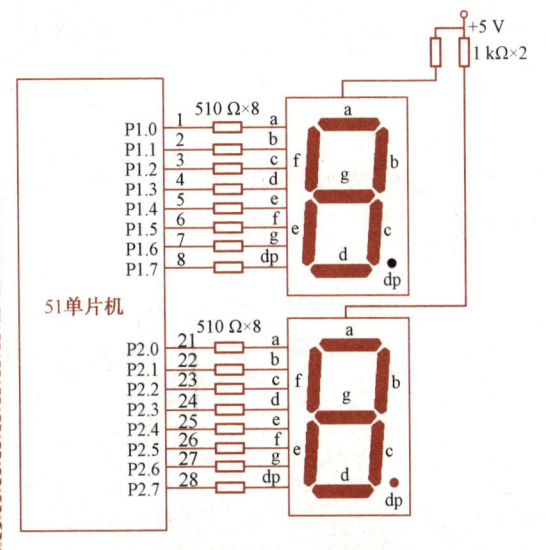

图 4.5 两位数码管静态显示接口电路

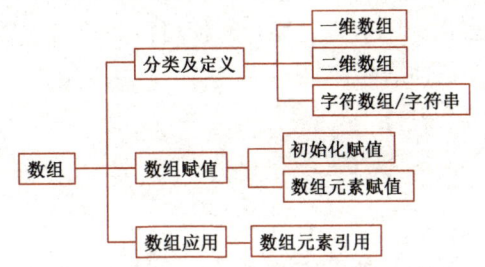

4.2 数组的概念

在程序设计中，为了处理方便，把具有相同类型的若干数据项按有序的形式组织起来。这些按序排列的同类数据元素的集合称为**数组**。组成数组的各个数据分项称为数组元素。

数组属于常用的数据类型，数组中的元素有固定数目和相同类型，数组元素的数据类型就是该数组的数据类型。例如，整型数据的有序集合称为整型数组，字符型数据的有序集合称为字符数组。

数组还分为一维、二维、三维和多维数组等，常用的是一维、二维和字符数组。

4.2.1 一维数组

1. 一维数组的定义

在 C 语言中，数组必须先定义、后使用。一维数组的定义格式如下：

类型说明符　数组名[常量表达式]；

类型说明符是指数组中的各个数组元素的数据类型；数组名是用户定义的数组标识符；

方括号中的常量表达式表示数组元素的个数，也称为数组的长度。

例如：

```
int a[10];              //定义整型数组a，有10个元素，a[0]、a[1]、…、a[9]
float b[10],c[20];      //定义实型数组b，有10个元素，实型数组c，有20个元素
char ch[20];            //定义字符型数组ch，有20个元素
```

定义数组时，应注意以下几点：

（1）数组的类型实际上是指数组元素的取值类型。对于同一个数组，所有元素的数据类型都是相同的。

（2）数组名的书写规则应符合标识符的书写规定。

（3）数组名不能与其他变量名相同。

例如，在下面的程序段中，因为变量num和数组num同名，程序编译时会出现错误，无法通过：

```
void main ( )
{
    int num;
    float num[100];
    ……
}
```

（4）方括号中常量表达式表示数组元素的个数，如a[5]表示数组a有5个元素。数组元素的下标从0开始计算，5个元素分别为a[0]、a[1]、a[2]、a[3]、a[4]。

（5）方括号中的常量表达式不可以是变量，但可以是符号常数或常量表达式。

例如，下面的数组定义是合法的：

```
#define NUM 5      //定义符号常数
main ( )
{
  int a[NUM],b[7+8];
  …
}
```

但是，下述定义方式是错误的：

```
main ( )
{
  int num=10;     //定义变量num
  int a[num];
  …
}
```

（6）允许在同一个类型说明中，说明多个数组和多个变量，例如：

```
int a,b,c,d,k1[10],k2[20];
```

2. 数组元素

数组元素也是一种变量，其标志方法为数组名后跟一个下标。下标表示该数组元素在数

组中的顺序号，只能为整型常量或整型表达式。如为小数时，C 编译器将自动取整。定义数组元素的一般形式为：

　　数组名[下标]

例如：tab[5]、num[i+j]、a[i++]都是合法的数组元素。

在程序中不能一次引用整个数组，只能逐个使用数组元素。例如，数组 a 包括 10 个数组元素，累加 10 个数组元素之和，必须使用下面的循环语句逐个累加各数组元素：

```
int  a[10],sum,i;
sum=0;
for (i=0;i<10;i++) sum=sum+a[i];
```

不能用一个语句累加整个数组，下面的写法是错误的：

```
sum=sum+a;
```

3. 数组赋值

给数组赋值的方法有赋值语句和初始化赋值两种。

在程序执行过程中，可以用赋值语句对数组元素逐个赋值，例如：

```
for (i=0;i<10;i++)
    num[i]=i;
```

数组初始化赋值是指在数组定义时给数组元素赋予初值，这种赋值方法是在编译阶段进行的，可以减少程序运行时间，提高程序执行效率。初始化赋值的一般形式为：

　　类型说明符　数组名[常量表达式]={值,值,…,值};

其中在{ }中的各数据值即为相应数组元素的初值，各值之间用逗号间隔，例如：

```
int num[10]={0,1,2,3,4,5,6,7,8,9 };
```

相当于：

```
num[0]=0;num[1]=1;…;num[9]=9;
```

在简易密码锁程序 ex4_2.c 中对数组 tab 的说明也可以修改如下：

```
unsigned char code tab[]={0xc0,0xf9,0xa4,0xb0,0xbf,0x8b,0x8c};
```

这里没有指定数组的元素个数，在{ }中说明的各数据值的个数就是数组中的元素个数，因此数组 tab 的元素个数是 7 个。

> **小提示**　数组长度和数组元素下标在形式上有些相似，但这两者具有完全不同的含义。数组说明的方括号中给出的是长度，即可取下标的最大值加 1；而数组元素的下标是该元素在数组中的位置标识。前者只能是常量，后者可以是常量、变量或表达式。

采用数组实现任务 3-1 中的流水灯控制程序如下。

> 扫一扫看程序简洁高效微视频：数组应用

```
//程序：ex4_3.c
//功能：采用数组实现的流水灯控制程序
#include<reg51.h>            //包含头文件 reg51.h，定义 51 单片机的专用寄存器
void delay (unsigned int i); //延时函数声明
```

```
void main ( )                    //主函数
{
  unsigned char i;
  unsigned char display[]={0xfe,0xfd,0xfb,0xf7,0xef,0xdf,0xbf,0x7f};
  while (1)
    { for ( i=0;i<8;i++)
      { P1=display[i];           //显示字送 P1 口
        delay (10000 );          //延时
      }
    }
}
void delay ( unsigned int i )    //延时函数参见任务1-2的 ex1_1.c 程序
```

4.2.2 二维数组

定义二维数组的一般形式是：

类型说明符　数组名[常量表达式1][常量表达式2];

其中"常量表达式1"表示第一维下标的长度，"常量表达式2"表示第二维下标的长度，例如：

int num[3][4];

说明了一个 3 行 4 列的数组，数组名为 num，该数组共包括 3×4 个数组元素，即：

num[0][0],num[0][1],num[0][2],num[0][3]
num[1][0],num[1][1],num[1][2],num[1][3]
num[2][0],num[2][1],num[2][2],num[2][3]

二维数组的存放方式是按行排列，放完一行后顺次放入第二行。对于上面定义的二维数组，先存放 num[0]行，再存放 num[1]行，最后存放 num[2]行；每行中的 4 个元素也是依次存放的。由于数组 num 说明为 int 类型，该类型数据占 2 字节的内存空间，所以每个元素均占有 2 字节。

二维数组的初始化赋值可按行分段赋值，也可按行连续赋值。

例如，对数组 a[3][4]可按下列方式进行赋值。

（1）按行分段赋值可写为：

int a[3][4]={{80,75,92,61},{65,71,59,63},{70,85,87,90}};

（2）按行连续赋值可写为：

int a[3][4]={80,75,92,61,65,71,59,63,70,85,87,90};

以上两种赋初值的结果是完全相同的。

二维数组的应用参见任务 4-2 中的 ex4_5.c 及任务 4-3 中的 ex4_8.c。

4.2.3 字符数组

用来存放字符量的数组称为字符数组，每一个数组元素就是一个字符。

字符数组的使用说明与整型数组相同，例如"char ch[10];"语句，说明 ch 为字符数

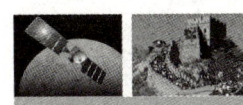

组，包含 10 个字符元素。

字符数组的初始化赋值是直接将各字符赋给数组中的各个元素。例如：

```
char ch[10]={'c','h','i','n','e','s','e','\0'};
```

以上定义说明了一个包含 10 个数组元素的字符数组 ch，并且将 8 个字符分别赋值到 ch[0]~ch[7]，而 ch[8]和 ch[9]系统将自动赋予空格字符。

当对全体数组元素赋初值时也可以省去长度说明，例如：

```
char ch[]={'c','h','i','n','e','s','e','\0'};
```

这时 ch 数组的长度自动定义为 8。

通常用字符数组来存放一个字符串，字符串总是以 '\0' 来作为串的结束符。因此，当把一个字符串存入一个数组时，也要把结束符 '\0' 存入数组，并以此作为字符串的结束标志。

C 语言允许用字符串的方式对数组做初始化赋值，例如：

```
char ch[]={'c','h','i','n','e','s','e','\0'};
```

可写为：

```
char ch[]={"chinese"};
```

或去掉 {}，写为：

```
char ch[]="chinese";
```

一个字符串可以用一维数组来装入，但数组的元素数目一定要比字符多一个，即字符串结束符 '\0'，由 C 编译器自动加上。

字符串数组的应用参见任务 4-4 中的程序 ex4_10.c。

任务 4-2 小型 LED 数码管字符显示屏控制

1. 目的和要求

利用单片机控制 6 个共阳极数码管，采用动态显示方式稳定显示小王的生日 1990 年 12 月 25 日，显示效果为 "901225"，让读者理解 LED 数码管动态显示程序的设计方法。

2. 电路设计

采用静态显示方式控制 6 个数码管，则需要单片机提供 6 组 8 位并行 I/O 端口，必须对单片机并行 I/O 端口进行扩展，这将大大增加硬件电路的复杂性及成本。本任务采用动态显示方式控制 6 个共阳极数码管，电路连接方式如图 4.6 所示。将各位共阳极数码管相应的段选控制端并联在一起，仅用一个 P1 口控制，用八同相三态缓冲器/线驱动器 74LS245 驱动。将各位数码管的公共端也称为 "位选端"，由 P2 口控制，用六反相驱动器 74LS04 驱动。

3. 源程序设计

动态显示方式就是按位顺序地轮流点亮各位数码管，即在某一时段，只让其中一位数码管的 "位选端" 有效，并送出相应的字型显示编码。例如，首先让左边第一个数码管显示字符 9，单片机的 P2 口送出位选码，即语句 "P2=0xfe;"，经反相驱动后，控制 P2.0 连接的数码管位选端为高电平，点亮该数码管，同时单片机的 P1 口送出 "9" 的字型编码，即语句"P1=0x90;",数码管显示字符9。然后,采用同样的方法编程,依次顺序显示第2到第6个数码管。表4.3列出了6个显示字符在P2、P1口依次输出的数据。

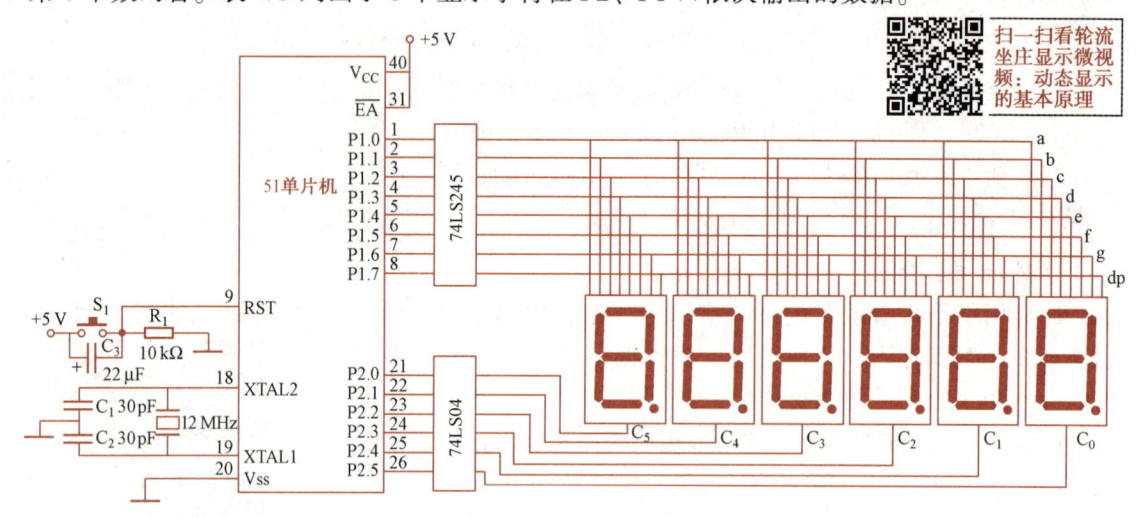

图4.6 6位数码管动态显示电路

表4.3 901225 字符在 P2、P1 口依次输出的数据

显示字符	9	0	1	2	2	5
P2(位选码)	11111110B	11111101B	11111011B	11110111B	11101111B	11011111B
P1(字型码或段选码)	0x90	0xc0	0xf9	0xa4	0xa4	0x92

> **小提示** 了解了数码管的动态显示过程,可以采用顺序程序结构实现该显示程序。主要程序段如下:
>
> ```
> while(1){
>     P1=0xff;        //关显示,共阳极数码管 0xff 熄灭
>     P2=0xfe;        //送位码,选中 P2.0 连接的数码管
>     P1=0x90;        //送9的字型码
>     delay(200);     //延时
>     ...
>     P1=0xff;        //关显示
>     P2=0xdf;        //送位码,选中 P2.5 连接的数码管
>     P1=0x92;        //送5的字型码
>     delay(200);     //延时
> }
> ```

由表4.3可以看出,位选码有一定的变化规律,依次左移一位,字型码没有规律,为此定义一个一维数组来存储这6个字符的字型码。6位数码管动态显示生日"901225"的程序如下。

```
//程序:ex4_4.c
//功能:6位数码管动态显示生日"901225"
#include<reg51.h>          //包含头文件 reg51.h,定义 51 单片机的专用寄存器
```

项目4 显示和键盘接口技术应用

```c
#include<intrins.h>          //包含头文件intrins.h,使用了内部函数_crol_()
void delay(unsigned int i); //延时函数声明
void main()                 //主函数
{
    unsigned char led[]={0x90,0xc0,0xf9,0xa4,0xa4,0x92};
                            //设置数字901225共阳极字型码
    unsigned char i,w;
    while(1)
    {
        w=0xfe;             //位选码初值为0xfe
        for(i=0;i<6;i++)
        {
            P1=0xff;        //关显示,共阳极数码管0xff熄灭
            P2=w;           //位选码送位选端P2口
            w=_crol_(w,1);  //位选码左移一位,选中下一位LED
            P1=led[i];      //显示字型码送P1口
            delay(100);     //延时
        }
    }
}
void delay(unsigned int i)  //延时函数参见任务1-2的ex1_1.c程序
```

> **小问答**
>
> **问**：在LED数码管动态显示程序中,如果把延时函数的实际参数100修改为10 000,LED数码管显示会有什么变化?为什么?
>
> **答**：6个数码管上轮流显示"901225",不能同时稳定显示。
>
> 由于人的眼睛存在"视觉驻留效应",必须保证每位数码管显示间断的时间间隔小于眼睛的驻留时间,才可以给人一种稳定显示的视觉效果。如果延时时间太长,每位数码管闪动频率太慢,就不能产生稳定显示效果。
>
> **问**：如果去掉关显示语句"P1=0xff;"显示效果会有什么影响?
>
> **答**：会有拖影现象,影响显示效果。如果在字符交替显示时,不关掉显示的话,会将上一个字符显示在下一个字符位置上很短的时间,形成拖影,导致显示效果不美观。

4. 任务小结

本任务采用单片机并行I/O端口P1口、P2口控制6个共阳极数码管显示,进一步训练应用单片机并行I/O端口的能力,熟练掌握数码管动态显示接口技术以及使用数组和循环程序结构进行程序设计与调试的能力。

5. 举一反三

(1)采用6个数码管以多屏方式交替显示小王的生日"901225"和学号"125315"。实现分屏交替显示不同字符信息的参考程序如下。

```c
//程序：ex4_5.c
//功能：6位数码管交替稳定显示"901225"和"125315"两屏内容
#include<reg51.h>          //包含头文件reg51.h，定义51单片机的专用寄存器
void delay(unsigned int i);    //延时函数声明
//函数名：disp3
//函数功能：实现6个数码管交替显示"901225"和"125315"两屏内容
//形式参数：无
//返回值：无
void disp3()
{ unsigned char lednum[2][6]={{0x90,0xc0,0xf9,0xa4,0xa4,0x92},
                              {0xf9,0xa4,0x92,0xb0,0xf9,0x92}};
                              //二维数组存储901225、125315的共阳极字型码
  unsigned char com[]={0xfe,0xfd,0xfb,0xf7,0xef,0xdf};
                              //一维数组存储位选码
  unsigned char i,j,num;
  for(num=0;num<2;num++)     //显示两屏字符
   for(j=0;j<100;j++)        //一屏字符扫描显示100遍，达到稳定显示效果
    for(i=0;i<6;i++)
     {
       P1=0xff;              //关显示
       P2=com[i];            //位选码送位选端P2口
       P1=lednum[num][i];    //显示字型码送P1口
       delay(100);           //延时
     }
}
void main()                  //主函数
{
  while(1) disp3();
}
void delay(unsigned int i)   //延时函数参见任务1-2的ex1_1.c程序
```

(2) 实用移动显示广告屏设计。采用单片机控制6个数码管以移动显示方式显示"HELLO"字样，由右往左移动显示的过程如图4.7所示。

本任务只要能依次显示出6屏不同的内容，就可以达到移动显示的效果。值得注意的是本任务每屏显示数据之间对应一定的排列顺序，将所有在显示屏上要出现的显示字符按顺序排列为"×××××ＨＥＬＬＯ×"，其中×表示无显示。

可见，第1屏显示的6位数据为"×××××H"，第2屏显示的6位数据为"××××HE"，依次类推，第6屏显示数据为"ＨＥＬＬＯ×"。参考程序如下。

图4.7 移动显示过程

```c
//程序：ex4_6.c
//功能：6个数码管移动显示"HELLO"
#include<reg51.h>       //包含头文件reg51.h，定义51单片机的专用寄存器
```

```
void delay ( unsigned int i ) ;                      //延时函数声明
//函数名: disp3
//函数功能: 实现6个数码管移动显示"HELLO"
//形式参数: 无
//返回值: 无
void disp3 ( )
{   unsigned char ledmove[ ]=
       { 0xff,0xff,0xff,0xff,0xff,0x89,0x86,0xc7,0xc7,0xc0,0xff };
                                              //存储移动字符×××××HELLO×的共阳极字型码
    unsigned char com[]={0xfe,0xfd,0xfb,0xf7,0xef,0xdf};    //存储位选码
    unsigned char i,j,num;
    for ( num=0;num<6;num++ )                 //显示六屏字符
      for ( j=0;j<100;j++ )                   //一屏字符扫描显示100遍, 达到稳定显示效果
       for ( i=0;i<6;i++ )
          {
             P1=0xff;                         //关显示
             P2=com[i];                       //位选码送位选端P2口
             P1=ledmove[num+i];               //显示字型码送P1口
             delay ( 100 ) ;                  //延时
          }
}
void main ( )                                 //主函数
{
    while ( 1 ) disp3 ( ) ;
}
void delay ( unsigned int i )                 //延时函数参见任务1-2的ex1_1.c程序
```

4.3 LED 数码管动态显示

知识分布网络

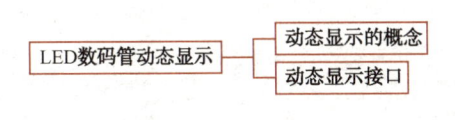

LED数码管动态显示 ── 动态显示的概念
                  └─ 动态显示接口

在单片机应用系统设计中,往往需要采用各种显示器件来显示控制信息和处理结果。当采用数码管显示,且位数较多时,一般采用数码管动态显示控制方式。

动态显示是一种按位轮流点亮各位数码管,高速交替地进行显示,利用人的视觉暂留作用,使人感觉看到多个数码管同时显示的控制方式。

数码管动态显示电路通常是将所有数码管的8个显示段分别并联起来,仅用一个并行I/O端口控制,称为"段选端"。各位数码管的公共端,称为"位选端",由另一个I/O端口控制。6个数码管动态显示硬件连接电路参见图4.6。

动态显示是指按位轮流点亮各位数码管,即在某一时段,只让其中一位数码管的"位选端"有效,并送出相应的字型显示编码。此时,其他位的数码管因"位选端"无效而处

于熄灭状态；下一时段按顺序选通另外一位数码管，并送出相应的字型显示编码，按此规律循环下去，即可使各位数码管分别间断地显示出相应的字符。这一过程称为动态扫描显示。

> **小经验**　与静态显示方式相比，当显示位数较多时，动态显示方式可节省 I/O 端口资源，硬件电路简单，但其显示的亮度低于静态显示方式。由于 CPU 要不断地依次运行扫描显示程序，将占用 CPU 更多的时间。若显示位数较少，采用静态显示方式更加简便。
>
> 动态显示方式在实际应用中，由于需要不断地扫描数码管才能得到稳定显示效果，因此在程序中不能有比较长时间地停止数码管扫描的语句，否则会影响显示效果，甚至无法显示。
>
> 通常，在程序设计中，把数码管扫描过程编成一个相对独立的扫描函数，在程序中需要延时或等待查询的地方调用该函数，代替空操作延时，就可以保证扫描过程不会间隔时间太长。

任务 4-3　LED 点阵式电子广告牌控制

1. 目的和要求

利用单片机控制一块 8×8 LED 点阵式电子广告牌，将一些特定的文字或图形以特定的方式显示出来。

任务要求在 8×8 LED 点阵广告牌上稳定显示"0"。

2. 电路设计

用单片机控制一块 8×8 LED 点阵式电子广告牌的硬件电路如图 4.8 所示。每一块 8×8 LED 点阵式电子广告牌有 8 行 8 列共 16 个引脚，采用单片机的 P1 口控制 8 条行线，P0 口控制 8 条列线。

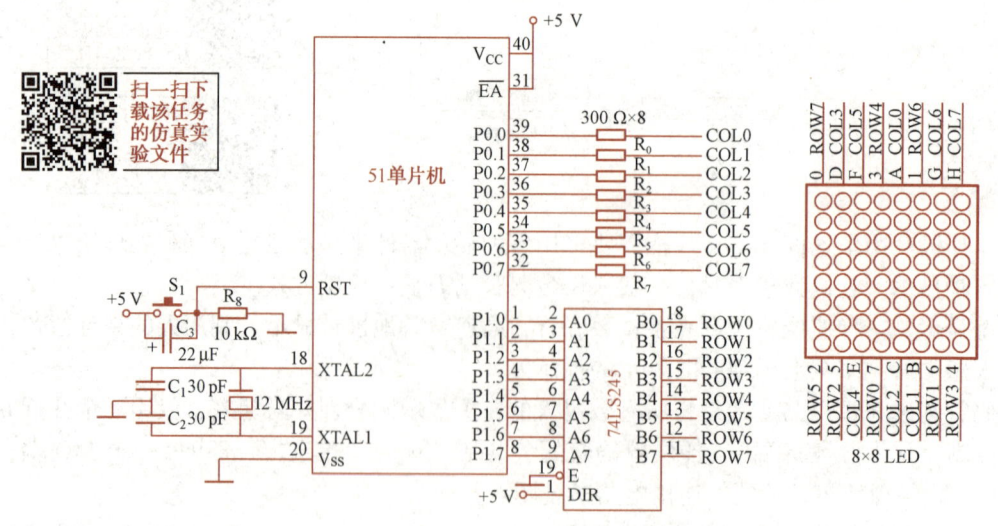

图 4.8　8×8 LED 点阵式电子广告牌控制电路

小经验 为提高单片机端口带负载的能力，通常在端口和外接负载之间增加一个缓冲驱动器。在图4.8中，P1口通过74LS245与LED连接，提高了P1口输出的电流值，既保证了LED的亮度，又保护了单片机端口引脚。

3. 源程序设计

在8×8 LED点阵上稳定显示一个字符的程序设计思路如下：首先选中8×8 LED的第一行，然后将该行要点亮状态所对应的字型码，送到列控制端口，延时约1 ms后，选中第二行，并传送该行对应的显示状态字型码，延时后再选中第三行，重复上述过程，直至8行均显示一遍，时间约为8 ms，即完成一遍扫描显示。然后再次从第一行开始循环扫描显示，利用视觉驻留现象，就可以看到一个稳定的图形。在8×8点阵上稳定显示"0"的程序如下。

```
//程序：ex4_7.c
//功能：在8×8 LED点阵式电子广告牌上稳定显示数字0
#include "reg51.h"         //包含头文件reg51.h，定义51单片机的专用寄存器
void delay(unsigned int i);  //延时函数声明
void main()                //主函数
{
    unsigned char code led[]={0x18,0x24,0x24,0x24,0x24,0x24,0x24,0x18};
                           //"0"的字型显示码，该显示码中的1表示点亮LED
    unsigned char w,i;
    while(1)
    {
        w=0x01;            //行初值为0x01
        for(i=0;i<8;i++)
        { P1=w;             //行数据送P1口
          P0=~led[i];       //列数据送P0口
          delay(100);
          w<<=1;            //行变量左移指向下一行
        }
    }
}
void delay(unsigned int i)   //延时函数参见任务1-2的ex1_1.c程序
```

4. 任务小结

本任务介绍了LED点阵式电子广告牌动态显示的基本原理和应用，训练读者对单片机并行I/O端口和数组的应用能力，并加深读者对动态显示工作原理的理解。

5. 举一反三

1) 在8×8点阵LED上循环显示数字0~9

多个字符的显示程序可以在一个字符显示程序的基础上再外嵌套一个循环即可。采用二维数组实现的8×8 LED点阵式电子广告牌控制程序如下。

```c
//程序：ex4_8.c
//功能：采用二维数组实现在8×8 LED点阵式电子广告牌上循环显示数字0~9
#include "reg51.h"              //包含头文件reg51.h，定义51单片机的专用寄存器
void delay(unsigned int i);     //延时函数声明
void main()                     //主函数
{
  unsigned char code led[10][8]={
                        {0x18,0x24,0x24,0x24,0x24,0x24,0x24,0x18},//0
                        {0x00,0x18,0x1c,0x18,0x18,0x18,0x18,0x18},//1
                        {0x00,0x1e,0x30,0x30,0x1c,0x06,0x06,0x3e},//2
                        {0x00,0x1e,0x30,0x30,0x1c,0x30,0x30,0x1e},//3
                        {0x00,0x30,0x38,0x34,0x32,0x3e,0x30,0x30},//4
                        {0x00,0x1e,0x02,0x1e,0x30,0x30,0x30,0x1e},//5
                        {0x00,0x1c,0x06,0x1e,0x36,0x36,0x36,0x1c},//6
                        {0x00,0x3f,0x30,0x18,0x18,0x0c,0x0c,0x0c},//7
                        {0x00,0x1c,0x36,0x36,0x1c,0x36,0x36,0x1c},//8
                        {0x00,0x1c,0x36,0x36,0x36,0x3c,0x30,0x1c}
                        };      //9
                                //定义二维数组，0~9的显示码
  unsigned char w;
  unsigned int j,k,m;
  while(1)
    {
    for(k=0;k<10;k++)           //第一维下标取值范围为0~9,10个字符
      {for(m=0;m<200;m++)       //每个字符扫描显示200次，控制每个字符显示时间
        { w=0x01;
          for(j=0;j<8;j++)      //第二维下标取值范围为0~7,控制8行
            {P1=w;              //行控制
             P0=~led[k][j];     //将指定数组元素取反后赋值给P0口,显示码
             delay(100);
             w<<=1;P0=0xff;  }
        }
      }
    }
}
void delay(unsigned int i)      //延时函数参见任务1-2的ex1_1.c程序
```

2）扩展16×16点阵显示屏

使用4个8×8点阵LED显示屏设计一个16×16的LED点阵式电子广告屏，循环显示"单片机"字样。

由4个8×8 LED点阵组成的16×16 LED点阵显示屏如图4.9所示。将上面两片8×8 LED点阵模块的行并联在一起组成ROW0~ROW7，下面两片点阵模块的行并联在一起组成ROW8~ROW15，由此组成16根行扫描线；将左边上、下两片点阵模块的列并联在一起组成COL0~COL7，右边上、下两片点阵模块的列并联在一起组成

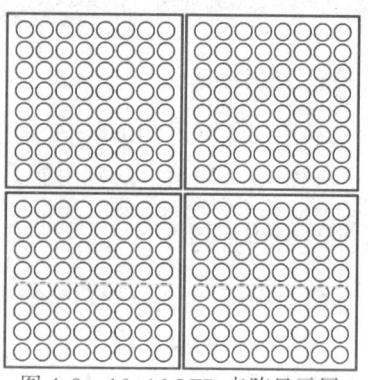

图4.9 16×16 LED点阵显示屏

项目4 显示和键盘接口技术应用

COL8～COL15，由此组成16根列选线。

16×16 LED点阵显示电子广告屏连接电路如图4.10所示。单片机的P2.0和P2.1与由两片74HC595移位寄存器芯片构成的列驱动电路相连，分别用来传送时钟信号和列显示数据；P1口的低4位与一片4/16线译码器74LS154相连，送出16位行选信号；P1口的P1.5和P1.6作为74HC595的控制信号，P1.7作为74LS154的控制信号。

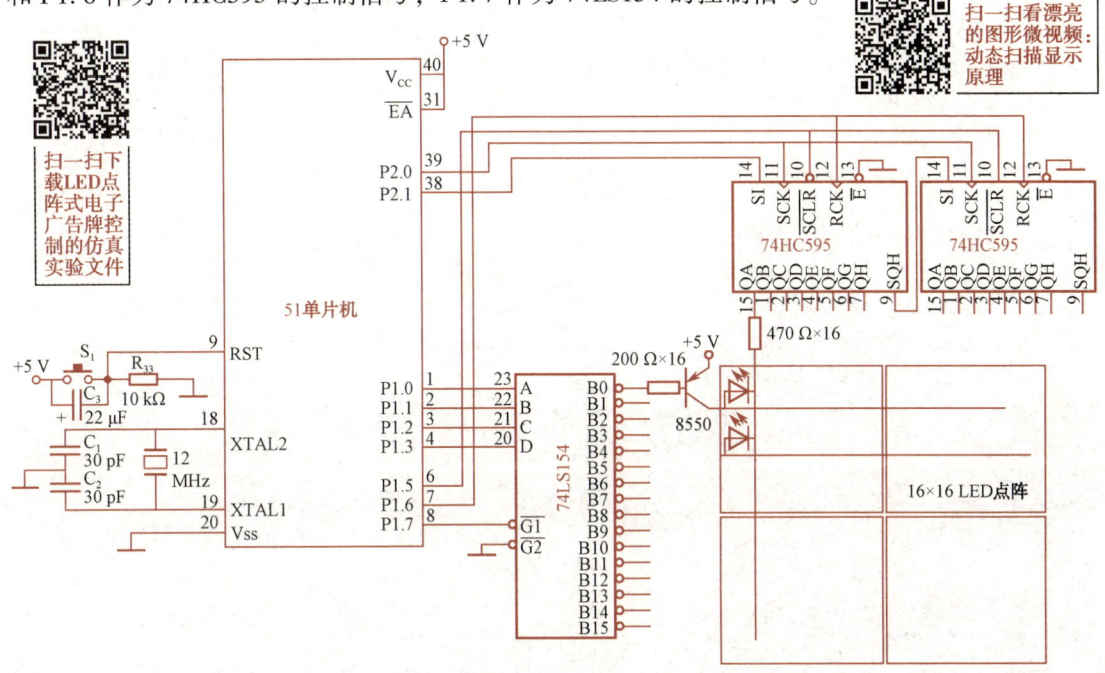

图4.10 16×16 LED点阵显示电子广告屏连接电路

通过单片机控制74LS154进行译码输出来选通行，通过单片机对移位寄存器74HC595编程控制16列，这样就完成了一次LED的扫描操作，具体工作原理参见第4.4.2节。参考源程序如下。

```c
//程序：ex4_9.c
//功能：在16×16 LED点阵式电子广告屏上循环显示文字"单片机"
#include<reg51.h>              //包含头文件reg51.h，定义51单片机的专用寄存器
#include<intrins.h>            //包含头文件intrins.h，代码中引用了_nop_( )函数
#define NUM 3                  //换屏数
#define ROW_SEL P1             //行选译码器输入端口连接P1的低4位
sbit SI=P2^1;                  //列驱动移位寄存器串行输入数据端口连接P2.1
sbit SCK=P2^0;                 //列驱动移位寄存器串行输入数据时钟端口连接P2.0
sbit RCK=P1^6;                 //列驱动输出锁存器时钟信号端口连接P1.6
sbit SCLR=P1^5;                //列驱动移位寄存器清0端口连接P1.5
sbit G=P1^7;                   //行选译码器控制端口连接P1.7
unsigned char code screen[3][32]={   //字模表，文字点阵：宽×高=16×16
    {0xF7,0xDF,0xF9,0xCF,0xFB,0xBF,0xC0,0x07,0xDE,0xF7,0xC0,
     0x07,0xDE,0xF7,0xDE,0xF7,0xC0,0x07,0xDE,0xF7,0xFE,0xFF,
     0x00,0x01,0xFE,0xFF,0xFE,0xFF,0xFE,0xFF,0xFE,0xFF},         //单
    {0xFF,0xBF,0xEF,0xBF,0xEF,0xBF,0xEF,0xBB,0xE0,0x01,0xEF,
```

123

```
        0xFF,0xEF,0xFF,0xEF,0xFF,0xE0,0x0F,0xEF,0xEF,0xEF,0xEF,
        0xEF,0xEF,0xDF,0xEF,0xDF,0xEF,0xBF,0xEF,0x7F,0xEF},           //片
       {0xEF,0xFF,0xEF,0x07,0xEF,0x77,0x01,0x77,0xEF,0x77,0xEF,
        0x77,0xC7,0x77,0xCB,0x77,0xAB,0x77,0xAF,0x77,0x6E,0xF7,
        0xEE,0xF5,0xED,0xF5,0xED,0xF5,0xEB,0xF9,0xEF,0xFF}           //机
    };                                       //用二维数组存储每屏要显示的点阵图案
//函数名：col_data
//函数功能：串入并出16位的列线数据
//形式参数：屏号s、行号r
//返回值：无
void col_data ( unsigned int s, unsigned int r )
{
    unsigned char i,data1;
    data1 = screen[s][2*r];                  //取第一个列数据
    for ( i=0;i<8;i++)                       //串入第一个字节
      {   SCK=0;                             //给串行移位时钟送低电平
          if ( ( data1 & 0x80 ) ==0x80 )     //最高位为1，则向SDATA_595发送1
             SI=1;                           //发出数据的最高位
          else
             SI=0;
          data1<<=1;                         //下一位串行数据移位到最高位
          SCK=1;   }                         //给串行移位时钟送高电平，产生上升沿
    data1=screen[s][2*r+1];                  //取第二个列数据
    for ( i=0;i<8;i++)                       //串入第二个字节
      {   SCK=0;                             //给串行移位时钟送低电平
          if ( ( data1 & 0x80 ) ==0x80 )     //最高位为1，则向SDATA_595发送1
             SI=1;                           //发出数据的最高位
          else
             SI=0;
          data1<<=1;                         //下一位串行数据移位到最高位
          SCK=1;   }                         //给串行移位时钟送高电平，产生上升沿
}
//函数名:out_data
//函数功能：16位的列线数据并行输出到输出锁存器
//形式参数：无
//返回值：无
void out_data ( )
{
    RCK=0;                                   //输出锁存器时钟置低电平
    _nop_ ( );
    _nop_ ( );
    RCK=1;                                   //输出锁存器时钟置高电平，产生上升沿锁存数据
}
void main ( )                                //主函数
{
    unsigned int i,j,k;
    unsigned char r_sel;                     //定义行选码变量
```

```
while(1)
{ for(i=0;i<NUM;i++)                    //循环换屏
    { for(j=0;j<10000;j++)              //每屏显示刷新10 000次,控制每屏显示时间
        { for(k=0;k<16;k++)             //循环扫描16行
            { col_data(i,k);            //串入第i屏的第k行的列数据
              G=1;                      //关闭行选译码器
              out_data();               //第k行16位列数据送输出锁存器
              r_sel=ROW_SEL & 0xF0+k;   //扫描选择第k行;
              G=0;                      //启动行选
            }
        }
    }
}
```

> **小经验** 16×16 汉字字模可以通过字模软件自动生成,应用方法参见项目8中的任务8-2。

4.4 LED 大屏幕显示器及接口

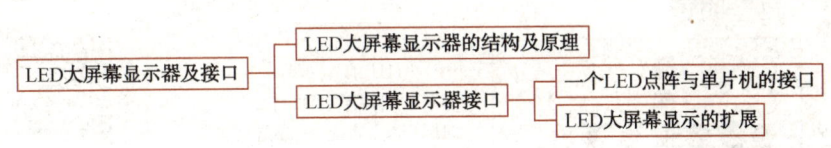

知识分布网络：LED大屏幕显示器及接口
- LED大屏幕显示器的结构及原理
- LED大屏幕显示器接口
  - 一个LED点阵与单片机的接口
  - LED大屏幕显示的扩展

4.4.1 LED 大屏幕显示器的结构及原理

LED 大屏幕显示器不仅能显示文字,还可以显示图形、图像,并且能产生各种动画效果,是广告宣传、新闻传播的有力工具。LED 大屏幕显示器不仅有单色显示,还有彩色显示,其应用越来越广泛,已渗透到人们的日常生活之中。

LED 点阵显示器是把很多 LED 发光二极管按矩阵方式排列在一起,通过对每个 LED 进行发光控制,来完成各种字符或图形显示的。最常见的 LED 点阵显示模块有 5×7（5列7行）、7×9（7列9行）、8×8（8列8行）结构。

LED 点阵由一个一个的点（LED 发光二极管）组成,总点数为行数与列数的积,引脚数为行数与列数的和。

我们将一块 8×8 的 LED 点阵剖开来看,其内部等效电路如图 4.11 所示。它由8行8列 LED 构成,对外共有 16 个引脚,其中 8 根行线（Y0~Y7）用数字 0~7 表示,8 根列线（X0~X7）用字母 A~H 表示。

从图 4.11 中可以看出,点亮跨接在某行某列的 LED 发光二极管的条件是：对应的行输出高电平,对应的列输出低电平。例如 Y7=1、X7=0 时,对应于右下角的 LED 发光。如果在很短的时间内依次点亮多个发光二极管,我们就可以看到多个发光二极管稳定点亮,即看

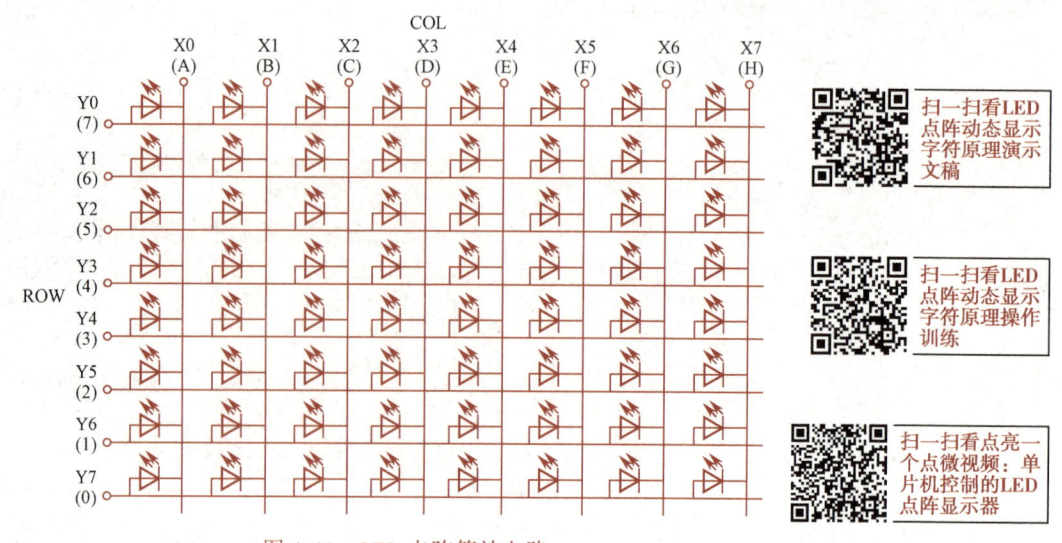

图 4.11 LED 点阵等效电路

到要显示的数字、字母或其他图形符号，这就是动态显示原理。

下面介绍如何用 LED 大屏幕稳定显示一个字符。

假设需要显示"大"字，则 8×8 点阵需要点亮的位置如图 4.12 所示。

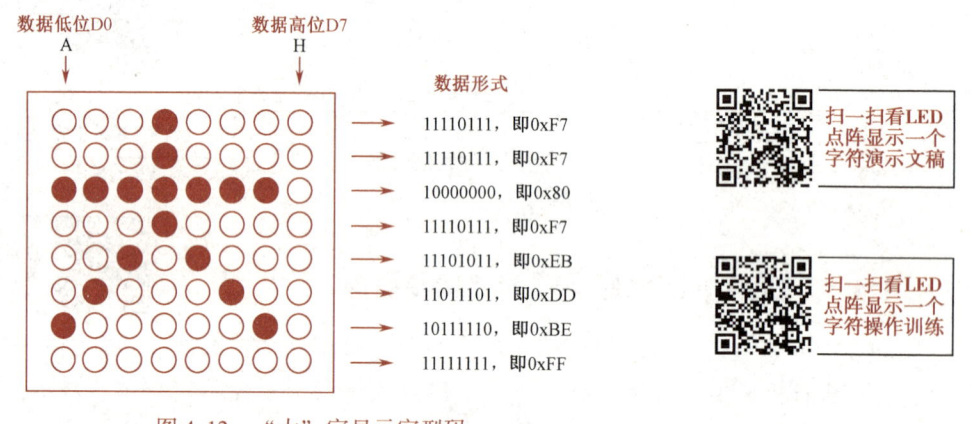

图 4.12 "大"字显示字型码

数据形式：
11110111，即 0xF7
11110111，即 0xF7
10000000，即 0x80
11110111，即 0xF7
11101011，即 0xEB
11011101，即 0xDD
10111110，即 0xBE
11111111，即 0xFF

显示"大"字的过程如下：先给第 1 行送高电平（行高电平有效），同时给 8 列送 11110111（列低电平有效）；然后给第 2 行送高电平，同时给 8 列送 11110111，……最后给第 8 行送高电平，同时给 8 列送 11111111。每行点亮延时时间约为 1 ms，第 8 行结束后再从第 1 行开始循环显示。利用视觉驻留现象，人们看到的就是一个稳定的"大"字。

4.4.2 LED 大屏幕显示器接口

1. 一个 8×8 LED 点阵与单片机的接口

用单片机控制一个 8×8 LED 点阵需要使用两个并行端口，一个端口控制行线，另一个端口控制列线。具体应用电路参考任务 4-3 的图 4.8。

2. LED 大屏幕显示的扩展

将若干个 8×8 LED 点阵显示模块进行简单的拼装，可以构成各种尺寸的大屏幕显示屏，如 16×16、32×32、64×16、128×32 等点阵尺寸，来满足用户的要求。

LED 点阵大屏幕显示仍然采用动态扫描显示来实现。由于单片机不能提供足够的电流来驱动 LED 点阵大屏幕中急剧增多的发光二极管，我们需要为大尺寸的 LED 点阵显示屏设计行选驱动电路和列输出驱动电路，以 16×16 LED 点阵显示屏为例介绍如下。

1) 行驱动电路

由于 LED 点阵大屏幕的尺寸增加，行数也随之增加，而单片机往往不能提供足够多的 I/O 端口来控制每行 LED 的扫描。因此，在行驱动电路设计中考虑采用译码器芯片来减少 I/O 端口的使用。在如图 4.10 所示的 16×16 LED 点阵式电子广告屏控制电路中，行驱动电路选用一片 4/16 线译码器 74LS154，生成 16 条行选通信号线，并在这 16 条行线上分别添加一个 8550 三极管进行反相驱动。

2) 列驱动电路

在图 4.10 所示的 16×16 LED 点阵显示电子广告屏控制电路中，列驱动电路采用两片 74HC595 移位寄存器进行"级联"，用串行移入、并行输出的方式为 16×16 LED 点阵显示电子广告屏提供 16 位列线数据。

3) 74HC595 移位寄存器

74HC595 常被用来作为 LED 点阵大屏幕的行或列驱动，其外部引脚和内部逻辑结构如图 4.13 所示。芯片内部具有一个 8 位串行移位寄存器，移位寄存器的输出连接了一个输出锁存器，输出端口为可控的三态输出端，引脚功能如表 4.4 所示，真值表如表 4.5 所示，正常工作的时序关系如图 4.14 所示。

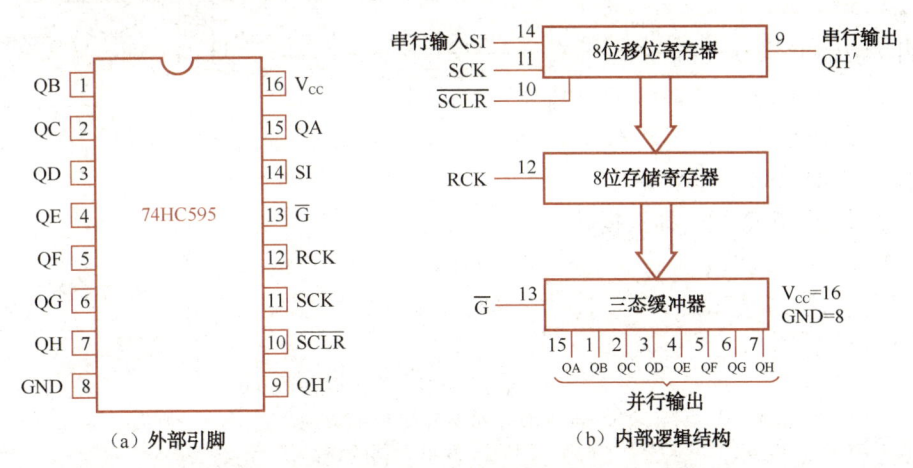

（a）外部引脚　　　　　　　　（b）内部逻辑结构

图 4.13　74HC595 外部引脚及内部逻辑结构

显而易见，当引脚 SCK（11 脚）处于上升沿时移位寄存器的数据移位，QA→QB→QC →……→QH；处于下降沿时移位寄存器的数据不变。当引脚 RCK（12 脚）处于上升沿时移位寄存器的数据进入寄存器存储，处于下降沿时寄存器存储的数据不变。

表 4.4 74HC595 引脚功能

引脚编号	引脚名	引脚定义功能
1、2、3、4、5、6、7、15	QA~QH	并行三态输出
8	GND	电源地
9	QH′	串行数据输出
10	$\overline{SCLR}$	移位寄存器清零端
11	SCK	数据输入时钟线
12	RCK	输出存储器锁存时钟线
13	$\overline{G}$	输出使能
14	SI	串行数据输入端
16	V_{CC}	电源端

表 4.5 74HC595 真值表

输入引脚					输出引脚
SI	SCK	$\overline{SCLR}$	RCK	$\overline{G}$	
×	×	×	×	H	QA~QH 输出高阻
×	×	×	×	L	QA~QH 输出有效值
×	×	L	×	×	移位寄存器清零
L	上升沿	H	×	×	移位寄存器存储 L
H	上升沿	H	×	×	移位寄存器存储 H
×	下降沿	H	×	×	移位寄存器状态保持
×	×	×	上升沿	×	输出存储器锁存移位寄存器中的状态值
×	×	×	下降沿	×	输出存储器状态保持

注：×——任意

> **小提示** 74HC595 最大的优点就是 SCK 和 RCK 两个信号互相独立，能够做到输入串行移位与输出锁存的控制互不干扰，可以实现在显示本行各列数据的同时，传送下一行的列数据，即达到并行处理的目的。

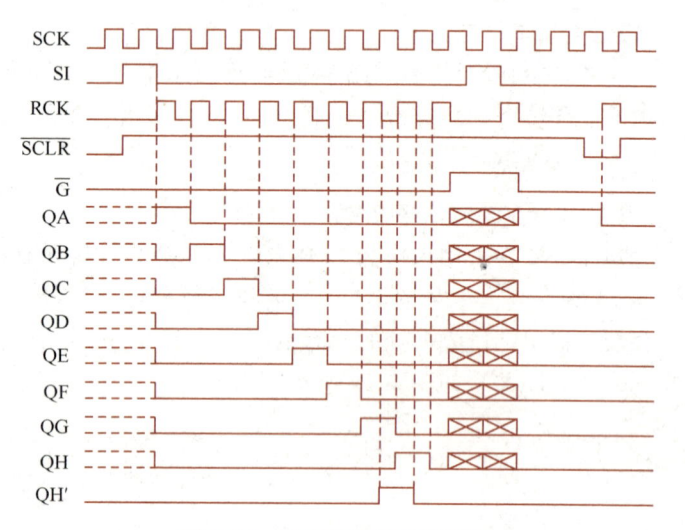

图 4.14 74HC595 的工作时序

采用 74HC595 作为 LED 点阵大屏幕的行、列驱动电路时，应用程序设计有两个步骤：①将数据逐位移入 74HC595，即数据串行输入；②并行输出数据，即数据并出。

在任务 4-3 中，将数据 data1 逐位移入 74HC595 的程序段如下。

```
for(i=0;i<8;i++)                      //8位控制
   {
      SCK=0;                          //给串行移位时钟送低电平
      if((data1 & 0x80)==0x80)        //数据data1的最高位为1，则向SDATA_595发送1
         SI=1;                        //发出数据的最高位
      else                            //数据data1的最高位为0，则向SDATA_595发送0
         SI=0;
      data1<<=1;                      //下一位串行数据移位到最高位
      SCK=1;                          //给串行移位时钟送高电平，产生上升沿
   }
```

任务 4-3 中将 2 片 74HC595 进行"级联"，共用一个移位时钟 SCK 及数据锁存信号

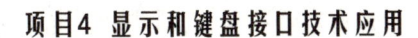

RCK。当第一行需要显示的 16 位列线数据经过 16 个 SCK 时钟后便可将其全部移入 74HC595 中，然后还要产生一个数据锁存信号 RCK 将数据锁存在 74HC595 中，并在使能信号 $\overline{G}$ 的作用下，使串入数据并行输出。

任务 4-4　字符型 LCD 液晶显示广告牌控制

1. 目的与要求

通过对字符型 LCD 液晶显示广告牌的制作，让读者了解 LCD 显示器与单片机的接口方法，理解 LCD 显示控制程序的设计思路。

任务要求用单片机控制 LCD1602 液晶模块，在第一行正中间显示"SHEN ZHEN"字符串。

2. 电路设计

单片机控制 LCD1602 字符液晶显示器的实用接口电路如图 4.15 所示。单片机的 P1 口与液晶模块的 8 条数据线相连，P3 口的 P3.0、P3.1、P3.2 分别与液晶模块的三个控制端 RS、R/$\overline{W}$、E 连接，电位器 R_1 为 VO 提供可调的液晶驱动电压，用于调节显示对比度。

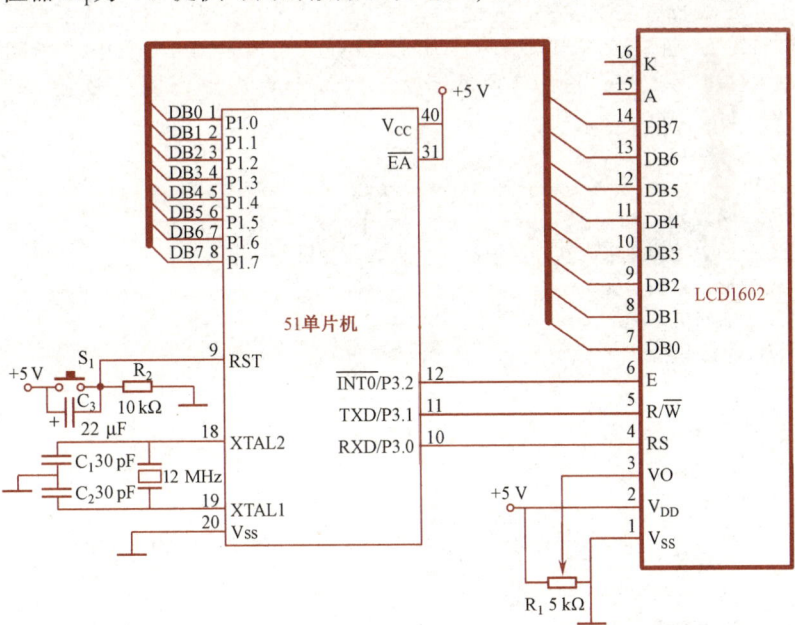

> **小提示**　如果需要背光控制，可以采用单片机的 I/O 端口控制 A、K 端来实现，控制方法与控制发光二极管的方法完全相同。

图 4.15　单片机与 LCD1602 液晶显示器连接电路

3. 源程序设计

LCD1602 的显示控制程序介绍如下。

```
//程序：ex4_10.c
//功能：LCD 液晶显示程序，采用 8 位数据接口
#include<reg51.h>      //包含头文件 reg51.h，定义 51 单片机的专用寄存器
#include<intrins.h>    //包含头文件 intrins.h，代码中引用了_nop_( )函数
//定义控制信号端口
```

```c
sbit RS=0xb0;                                  //P3.0
sbit RW=0xb1;                                  //P3.1
sbit E=0xb2;                                   //P3.2
//声明函数
void lcd_w_cmd(unsigned char com);             //写命令字函数
void lcd_w_dat(unsigned char dat);             //写数据函数
unsigned char lcd_r_start();                   //读状态字函数
void lcd_int();                                //LCD初始化函数
void delay(unsigned int i);                    //可控延时函数
void delay1();                                 //软件延时函数,大约几个机器周期
void main()                                    //主函数
{
    unsigned char lcd[]="SHEN ZHEN";
    unsigned char i;
    P1=0xff;                                   //送全1到P0口
    lcd_int();                                 //初始化LCD
    delay(255);
    lcd_w_cmd(0x83);                           //设置显示位置
    delay(255);
    for(i=0;lcd[i]!='\0';i++)                  //显示字符串,字符串结束符为'\0'
    {   lcd_w_dat(lcd[i]);
        delay(200);   }
    while(1);                                  //原地踏步,待机命令
}
//函数名: delay1
//函数功能: 采用软件实现延时,大约几个机器周期
//形式参数: 无
//返回值: 无
void delay1()
{
  _nop_();
  _nop_();
  _nop_();
}
//函数名: lcd_int
//函数功能: lcd初始化
//形式参数: 无
//返回值: 无
void lcd_int()
{
    lcd_w_cmd(0x3c);                           //设置工作方式
    lcd_w_cmd(0x0e);                           //设置光标
    lcd_w_cmd(0x01);                           //清屏
    lcd_w_cmd(0x06);                           //设置输入方式
    lcd_w_cmd(0x80);                           //设置初始显示位置
}
//函数名:lcd_r_start
```

```c
//函数功能：读状态字
//形式参数：无
//返回值：返回状态字，最高位D7=0，LCD控制器空闲；D7=1，LCD控制器忙
unsigned char lcd_r_start ( )
{
    unsigned char s;
    RW=1;                          //RW=1，RS=0，读LCD状态
    delay1 ( );
    RS=0;
    delay1 ( );
    E=1;                           //E端时序 ⊓
    delay1 ( );
    s=P1;                          //从LCD的数据口读状态
    delay1 ( );
    E=0;
    delay1 ( );
    RW=0;
    delay1 ( );
    return ( s );                  //返回读取的LCD状态字
}
//函数名：lcd_w_cmd
//函数功能：写命令字
//形式参数：命令字已存入com单元中
//返回值：无
void lcd_w_cmd ( unsigned char com )
{
    unsigned char i;
    do{                            //查LCD忙操作
        i=lcd_r_start ( );         //调用读状态字函数
        i &=0x80;                  //"与"操作屏蔽掉低7位
        delay ( 2 );
    }while ( i!=0 );               //LCD忙，继续查询，否则退出循环
    RW=0;
    delay1 ( );
    RS=0;                          //RW=0，RS=0，写LCD命令字
    delay1 ( );
    E=1;                           //E端时序 ⊓
    delay1 ( );
    P1=com;                        //将com中的命令字写入LCD数据口
    delay1 ( );
    E=0;
    delay1 ( );
    RW=1;
    delay ( 255 );
}
//函数名：lcd_w_dat
//函数功能：写数据
```

```
//形式参数：数据已存入 dat 单元中
//返回值：无
void lcd_w_dat(unsigned char dat)
{
  unsigned char i;
  do{                              //查忙操作
      i=lcd_r_start();             //调用读状态字函数
      i&=0x80;                     //"与"操作屏蔽掉低 7 位
      delay(2);
    }while(i!=0);                  //LCD 忙，继续查询，否则退出循环
  RW=0;
  delay1();
  RS=1;                            //RW=0，RS=1，写 LCD 命令字
  delay1();
  E=1;                             //E 端时序 ⊓
  delay1();
  P1=dat;                          //将 dat 中的显示数据写入 LCD 数据口
  delay1();
  E=0;
  delay1();
  RW=1;
  delay(255);
}
void delay(unsigned int i)         //延时函数参见任务1-2的 ex1_1.c 程序
```

4. 任务小结

本任务通过对字符型 LCD 的显示控制，让读者熟悉字符型 LCD 液晶显示原理，训练单片机并行 I/O 端口和字符串的应用能力。

5. 举一反三

在 LCD 的第 1 行第 2 列显示"工人"。工人这两个汉字是字符型液晶字库中没有的字符，必须自编字型。

修改 ex4_10.c 程序，添加如下两个字模函数，并修改主函数即可。

```
//程序：ex4_11.c
//功能：显示"工人"
//函数名：GONG_ZI
//函数功能：在 CGRAM 中建立"工"字字模，参见第 4.5.3 节
//形式参数：无
//返回值：无
void GONG_ZI()
{
  lcd_w_cmd(0x40);                 //写入第1行 CGRAM 地址
  lcd_w_dat(0x1f);                 //写入第1行 CGRAM 数据
  lcd_w_cmd(0x41);                 //写入第2行 CGRAM 地址
  lcd_w_dat(0x1f);                 //写入第2行 CGRAM 数据
  lcd_w_cmd(0x42);                 //写入第3行 CGRAM 地址
```

```c
    lcd_w_dat(0x04);            //写入第3行CGRAM数据
    lcd_w_cmd(0x43);            //写入第4行CGRAM地址
    lcd_w_dat(0x04);            //写入第4行CGRAM数据
    lcd_w_cmd(0x44);            //写入第5行CGRAM地址
    lcd_w_dat(0x04);            //写入第5行CGRAM数据
    lcd_w_cmd(0x45);            //写入第6行CGRAM地址
    lcd_w_dat(0x1f);            //写入第6行CGRAM数据
    lcd_w_cmd(0x46);            //写入第7行CGRAM地址
    lcd_w_dat(0x1f);            //写入第7行CGRAM数据
    lcd_w_cmd(0x47);            //写入第8行CGRAM地址
    lcd_w_dat(0x00);            //写入第8行CGRAM数据
}
//函数名：REN_ZI
//函数功能：在CGRAM中建立"人"字字模
//形式参数：无
//返回值：无
void REN_ZI()
{
    lcd_w_cmd(0x48);            //写入第1行CGRAM地址
    lcd_w_dat(0x00);            //写入第1行CGRAM数据
    lcd_w_cmd(0x49);            //写入第2行CGRAM地址
    lcd_w_dat(0x04);            //写入第2行CGRAM数据
    lcd_w_cmd(0x4A);            //写入第3行CGRAM地址
    lcd_w_dat(0x04);            //写入第3行CGRAM数据
    lcd_w_cmd(0x4B);            //写入第4行CGRAM地址
    lcd_w_dat(0x0A);            //写入第4行CGRAM数据
    lcd_w_cmd(0x4C);            //写入第5行CGRAM地址
    lcd_w_dat(0x0A);            //写入第5行CGRAM数据
    lcd_w_cmd(0x4D);            //写入第6行CGRAM地址
    lcd_w_dat(0x11);            //写入第6行CGRAM数据
    lcd_w_cmd(0x4E);            //写入第7行CGRAM地址
    lcd_w_dat(0x11);            //写入第7行CGRAM数据
    lcd_w_cmd(0x4F);            //写入第8行CGRAM地址
    lcd_w_dat(0x00);            //写入第8行CGRAM数据
}
void main()                     //主函数
{
    P1=0xff;                    //送全1到P0口
    lcd_int();                  //初始化LCD
    delay(255);
    GONG_ZI();                  //调用"工"字建模函数
    REN_ZI();                   //调用"人"字建模函数
    lcd_w_cmd(0x81);            //设置显示位置
    lcd_w_dat(0x00);            //显示"工"
    lcd_w_dat(0x01);            //显示"人"
    while(1);                   //待机
}
```

4.5 字符型 LCD 液晶显示及接口

知识分布网络：
- 字符型LCD液晶显示及接口
  - LCD液晶显示器的功能与特点
  - 单片机与LCD的接口
  - LCD液晶显示器的应用
    - 字符型LCD1602基本操作
    - 字符型LCD1602自编字库

扫一扫看LCD1602显示整数任务导入微视频

扫一扫看LCD1602显示字符串任务导入微视频

4.5.1 LCD 液晶显示器的功能与特点

LCD 液晶显示器是一种功耗极低的显示器件，它广泛应用于便携式电子产品中。它不仅省电，而且能够显示文字、曲线、图形等大量的信息，其显示界面与数码管相比较有了质的提高。

> **小资料**　液晶显示器的特点如下：（1）低压微功耗。工作电压 3~5 V，工作电流为几 μA，因此它成为便携式和手持仪器仪表首选的显示屏幕。（2）平板型结构。安装时占用体积小，减小了设备体积。（3）被动显示。液晶本身不发光，而是靠调制外界光进行显示，因此适合人的视觉习惯，不会使人眼睛疲劳。（4）显示信息量大。像素小，在相同面积上可容纳更多信息。（5）易于彩色化。（6）没有电磁辐射。在显示期间不会产生电磁辐射，有利于人体健康。（7）寿命长。LCD 器件本身无老化问题，因此寿命极长。
>
> 液晶显示器可分为下面的笔段型、字符型和点阵图形型三类。
>
> （1）笔段液晶显示器由长条状显示像素组成一位显示。主要用于数字、西文字母或某些字符显示，显示效果与数码管类似。
>
> （2）字符液晶显示器为专门用来显示字母、数字、符号等的点阵型液晶显示模块，在项目任务中使用的就是这种液晶模块。
>
> （3）图形液晶显示器在一平板上排列多行和多列，形成矩阵形式的晶格点，点的大小可根据显示的清晰度来设计，可广泛用于图形显示，如游戏机、笔记本电脑和彩色电视等设备中。单片机与图形液晶显示器的接口参见项目 8 中的任务 8-2。

LCD1602 字符点阵液晶显示模块的外形和外部引脚如图 4.16 所示。该模块有 16 个引脚，各引脚功能如表 4.6 所示。

（a）外形　　　　　　　　　（b）外部引脚

图 4.16　LCD1602 液晶显示模块

扫一扫看LCD1602模块引脚介绍演示文稿

扫一扫看LCD模块引脚微视频

表 4.6 LCD1602 液晶显示模块引脚的功能含义

引脚号	引脚名称	引脚功能含义
1	V_{SS}	地引脚（GND）
2	V_{DD}	+5 V 电源引脚（Vcc）
3	VO	液晶显示驱动电源（0~5 V），可接电位器
4	RS	数据和指令选择控制端，RS=0：命令/状态；RS=1：数据
5	R/$\overline{W}$	读写控制线，R/$\overline{W}$=0：写操作；R/$\overline{W}$=1：读操作
6	E	数据读写操作控制位，E 线向 LCD 模块发送一个脉冲，LCD 模块与单片机之间将进行一次数据交换
7~14	DB0~DB7	数据线，可以用 8 位连接，也可以只用高 4 位连接，节约单片机资源
15	A	背光控制正电源
16	K	背光控制地

4.5.2 字符型 LCD 液晶显示器与单片机的接口

单片机与字符型 LCD 显示模块的数据传输形式可分为 8 位和 4 位两种，任务 4-4 中采用的是 8 位连接方法。

任务 4-4 中，把字符型液晶显示模块作为终端与单片机的并行接口连接，通过单片机对并行接口操作，实现 LCD 读写时序控制，从而间接实现对字符型液晶显示模块的控制。

> **小经验**　字符型液晶显示模块比较通用，接口格式也比较统一，主要是因为各制造商所采用的模块控制器都是 HD44780 及其兼容产品，不管显示屏的尺寸如何，操作指令及其形成的模块接口信号定义都是兼容的。所以学会使用一种字符型液晶显示模块，就会通晓所有的字符型液晶显示模块。

4.5.3 字符型 LCD 液晶显示器的应用

1. 字符型 LCD1602 的基本操作

单片机对 LCD 模块有四种基本操作：写命令、写数据、读状态和读数据，具体操作由 LCD1602 模块的三个控制引脚 RS、R/$\overline{W}$ 和 E 的不同组合状态确定，如表 4.7 所示。

表 4.7 LCD 模块三个控制引脚状态对应的基本操作

LCD 模块控制端			LCD 基本操作
RS	R/$\overline{W}$	E	
0	0	⎍	写命令操作：用于初始化、清屏、光标定位等
0	1	⎍	读状态操作：读忙标志，当忙标志为"1"时，表明 LCD 正在进行内部操作，此时不能进行其他三类操作；当忙标志为"0"时，表明 LCD 内部操作已经结束，可以进行其他三类操作，一般采用查询方式
1	0	⎍	写数据操作：写入要显示的内容
1	1	⎍	读数据操作：将显示存储区中的数据反读出来，一般比较少用

> **小提示** 在进行写命令、写数据和读数据三种操作前，必须先进行读状态操作，查询忙标志。当忙标志为 0 时，才能进行这三种操作。

1) 读状态操作

读 LCD 内部状态函数 lcd_r_start( ) 参见程序 ex4_10.c。该函数返回的状态字格式如下，最高位的 BF 为忙标志位，为 1 时表示 LCD 正在忙，为 0 时表示不忙。

| BF | AC6 | AC5 | AC4 | AC3 | AC2 | AC1 | AC0 |

通过判断最高位 BF 的 0、1 状态，就可以知道 LCD 当前是否处于忙状态，如果 LCD 一直处于忙状态，则继续查询等待，否则进行后续的操作。查询忙状态的程序段如下。

```
do {
    i=lcd_r_start ( );         //调用读状态函数，读取 LCD 状态字
    i &=0x80;                  //采用"与"操作屏蔽掉低 7 位
    delay (2);                 //延时
} while (i != 0);              //LCD 忙，继续查询，否则退出循环
```

小问答

问：在 lcd_r_start( ) 函数中，对 LCD 控制端 RS、R/$\overline{W}$ 和 E 的操作语句后，为什么都必须调用延时函数？

答：对 LCD 的读写操作必须符合 LCD 的读写操作时序。由于单片机程序执行速度比 LCD 的操作速度快，因此在很多 LCD 操作语句后都加上延时函数。

在读操作时，使能信号 E 的高电平有效，所以在软件设置顺序上，先设置 RS 和 R/$\overline{W}$ 状态，再设置 E 信号为高电平，这时从数据口读取数据，然后将 E 信号置为低电平，最后复位 RS 和 R/$\overline{W}$ 状态。

在写操作时，使能信号 E 的下降沿有效，在软件设置顺序上，先设置 RS 和 R/$\overline{W}$ 状态，再设置数据，然后产生 E 信号的脉冲，最后复位 RS 和 R/$\overline{W}$ 状态。

LCD 操作时序如图 4.17 所示。

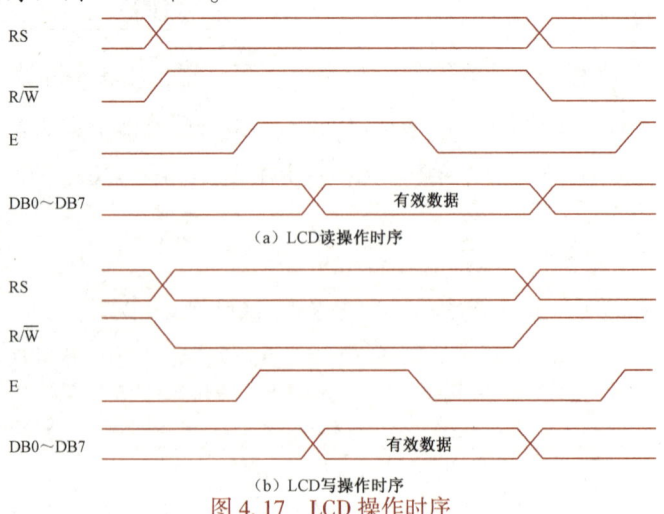

(a) LCD 读操作时序

(b) LCD 写操作时序

图 4.17　LCD 操作时序

2) 写命令操作

写命令函数 lcd_w_cmd( )参见程序 ex4_10.c。字符型 LCD 的命令字如表 4.8 所示。当 RS 和 R/$\overline{W}$ 都为低电平时,可以进行清屏、光标定位等写命令操作。

表 4.8 字符型 LCD 的命令字

编号	指令名称	控制信号		命令字							
		RS	R/$\overline{W}$	D7	D6	D5	D4	D3	D2	D1	D0
1	清屏	0	0	0	0	0	0	0	0	0	1
2	归位 home	0	0	0	0	0	0	0	0	1	×
3	输入方式设置	0	0	0	0	0	0	0	1	I/D	S
4	显示状态设置	0	0	0	0	0	0	1	D	C	B
5	光标画面滚动	0	0	0	0	0	1	S/C	R/L	×	×
6	工作方式设置	0	0	0	0	1	DL	N	F	×	×
7	CGRAM 地址设置	0	0	0	1	A5	A4	A3	A2	A1	A0
8	DDRAM 地址设置	0	0	1	A6	A5	A4	A3	A2	A1	A0
9	读 BF 和 AC	0	1	BF	AC6	AC5	AC4	AC3	AC2	AC1	AC0

3) LCD 初始化操作

LCD 上电时,必须按照一定的时序对 LCD 进行初始化操作,主要任务是设置 LCD 的工作方式、显示状态、清屏、输入方式、光标位置等。使用命令字对 LCD 进行初始化的流程如图 4.18 所示。

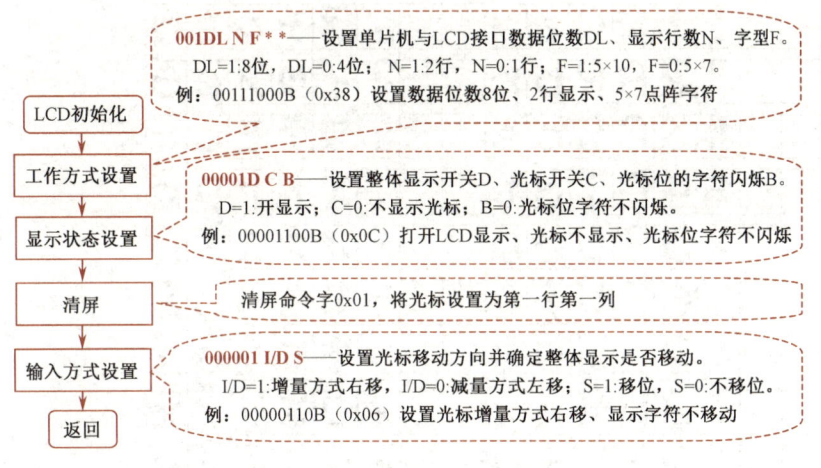

001DL N F * * ——设置单片机与LCD接口数据位数DL、显示行数N、字型F。
DL=1:8位, DL=0:4位; N=1:2行, N=0:1行; F=1:5×10, F=0:5×7。
例: 00111000B(0x38)设置数据位数8位、2行显示、5×7点阵字符

00001D C B ——设置整体显示开关D、光标开关C、光标位的字符闪烁B。
D=1:开显示; C=0:不显示光标; B=0:光标位字符不闪烁。
例: 00001100B(0x0C)打开LCD显示、光标不显示、光标位字符不闪烁

清屏命令字0x01,将光标设置为第一行第一列

000001 I/D S ——设置光标移动方向并确定整体显示是否移动。
I/D=1:增量方式右移, I/D=0:减量方式左移; S=1:移位, S=0:不移位。
例: 00000110B(0x06)设置光标增量方式右移、显示字符不移动

图 4.18 LCD 初始化流程

LCD 初始化函数 lcd_int( )参见程序 ex4_10.c。

4) 写数据操作

要想把显示字符显示在某一指定位置,就必须先将显示数据写在相应的 DDRAM 地址中。LCD1602 是 2 行 16 列字符型液晶显示器,它的定位命令字如表 4.9 所示。

因此,在指定位置显示一个字符,需要两个步骤:①进行光标定位,写入光标位置命令字(写命令操作);②写入要显示字符的 ASCII 码(写数据操作)。写数据函数 lcd_w_dat( )与写命令字函数 lcd_w_cmd( )的不同之处就是 RS 引脚的状态不同,参见程序 ex4_10.c。

表 4.9 光标位置与相应命令字

列\行	1	2	3	4	5	6	7	8	9	10	11	12	13	14	15	16
1	80	81	82	83	84	85	86	87	88	89	8A	8B	8C	8D	8E	8F
2	C0	C1	C2	C3	C4	C5	C6	C7	C8	C9	CA	CB	CC	CD	CE	CF

注：表中命令字以十六进制形式给出，该命令字就是与 LCD 显示位置相对应的 DDRAM 地址。

例如：在 LCD 的第 2 行第 7 列显示字符"A"，可以使用以下语句。

```
lcd_w_cmd(0xc6);        //第2行第7列 DDRAM 地址为0xC6
lcd_w_dat(0x41);        //该语句也可以写成lcd_w_dat('A');
```

> **小提示** 当写入一个显示字符后，如果没有再给光标重新定位，则 DDRAM 地址会自动加 1 或减 1，加或减由输入方式字设置。这里需要注意的是第 1 行 DDRAM 地址与第 2 行 DDRAM 地址并不连续。

LCD1602 可以显示的标准字库如表 4.10 所示。

表 4.10 LCD1602 标准字库

2. 字符型 LCD1602 的自编字库

可以看出字符型 LCD1602 模块的标准字库表中，并没有可显示的中文字符。如何用 LCD1602 显示出中文字符呢？

我们可以利用字符发生存储器 CGRAM 编制并显示标准字库表中没有的字符。一般 LCD 模块所提供的 CGRAM 能够自编 8 个 5×8 字符。

对 LCD1602 模块设置 CGRAM 地址以显示自编字符的命令字格式如下。

A7	A6	A5	A4	A3	A2	A1	A0
0	1	AC5	AC4	AC3	AC2	AC1	AC0

命令字中各位的具体含义如下。

（1）A7 A6＝01：CGRAM 地址设置的命令字。

（2）A5 A4 A3：与自编字符的 DDRAM 数据相对应的字符代码。若 A5 A4 A3＝000，则该字符写入 DDRAM 的代码为 00，若 A5 A4 A3＝001，则该字符写入 DDRAM 的代码为 01，依次类推。

（3）A2 A1 A0：与 CGRAM 字模的 8 行相对应。当 A2 A1 A0＝000时，写入第 1 行的字模码，当 A2 A1 A0＝001时，写入第 2 行的字模码，依次类推。

例如，"工""人"的字模与 CGRAM 地址、CGRAM 字模（数据）和 DDRAM 字符代码的对应关系如表 4.11 所示。建立"工""人"字模的参考函数参见任务 4-4 中的举一反三。

表 4.11 "工""人"的字模及 CGRAM 地址、CGRAM 字模和 DDRAM 字符代码的关系

DDRAM 字符代码	A7	A6	A5	A4	A3	A2	A1	A0	CGRAM 地址	P7	P6	P5	P4	P3	P2	P1	P0	CGRAM 字模
0x00	0	1	0	0	0	0	0	0	0x40	×	×	×	●	●	●	●	●	0x1F
	0	1	0	0	0	0	0	1	0x41	×	×	×	●	●	●	●	●	0x1F
	0	1	0	0	0	0	1	0	0x42	×	×	×	○	○	●	○	○	0x04
	0	1	0	0	0	0	1	1	0x43	×	×	×	○	○	●	○	○	0x04
	0	1	0	0	0	1	0	0	0x44	×	×	×	○	○	●	○	○	0x04
	0	1	0	0	0	1	0	1	0x45	×	×	×	●	●	●	●	●	0x1F
	0	1	0	0	0	1	1	0	0x46	×	×	×	●	●	●	●	●	0x1F
	0	1	0	0	0	1	1	1	0x47	×	×	×	○	○	○	○	○	0x00
0x01	0	1	0	0	1	0	0	0	0x48	×	×	×	○	○	○	○	○	0x00
	0	1	0	0	1	0	0	1	0x49	×	×	×	○	○	●	○	○	0x04
	0	1	0	0	1	0	1	0	0x4A	×	×	×	○	○	●	○	○	0x04
	0	1	0	0	1	0	1	1	0x4B	×	×	×	○	●	○	●	○	0x0A
	0	1	0	0	1	1	0	0	0x4C	×	×	×	○	●	○	●	○	0x0A
	0	1	0	0	1	1	0	1	0x4D	×	×	×	●	○	○	○	●	0x11
	0	1	0	0	1	1	1	0	0x4E	×	×	×	●	○	○	○	●	0x11
	0	1	0	0	1	1	1	1	0x4F	×	×	×	○	○	○	○	○	0x00

任务 4-5 密码锁设计

1. 目的与要求

通过对具有 16 个按键和 1 个数码管显示的密码锁设计，让读者掌握矩阵键盘的接口电路设计和控制程序设计方法。

任务要求完成一位简易密码锁设计：输入一位密码（为 0~9，A~F 之间的字符），密码输入正确显示"P"并将锁打开；否则显示"E"，继续保持锁定状态，密码锁具体功能请参考任务 4-1 中的表 4.1。

2. 电路设计

根据任务要求，用一位共阳极 LED 数码管作为显示器件，显示密码锁的状态信息，数码管采用静态连接方式，16 个按键采用 4×4 矩阵键盘连接方式，P3.0 连接一个发光二极管，其亮灭表示开锁或关锁状态，电路如图 4.19 所示。

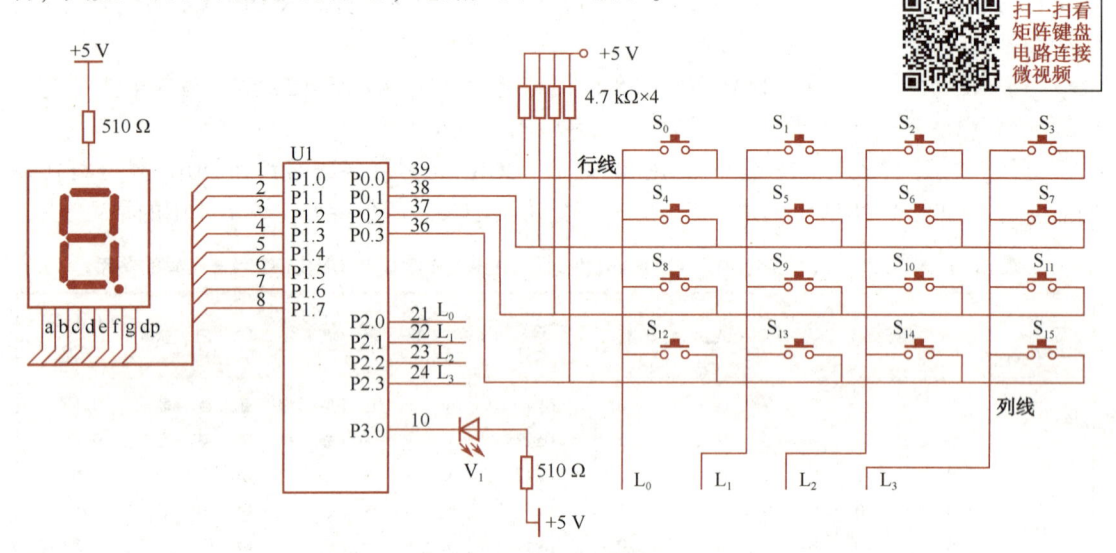

图 4.19 一位密码锁电路

> **小知识** （1）在单片机应用系统中，如果系统需要按键数量较少，一般采用独立式按键接口，例如在任务 3-2 和任务 4-1 中，每个按键单独占用一根 I/O 端口线，按键的工作不会影响其他 I/O 端口线的状态。独立式按键的电路配置灵活，软件结构简单，但每个按键必须占用一根 I/O 端口线，因此，在按键较多时，I/O 端口线浪费较大，不宜采用。
>
> （2）为了节约单片机硬件接口资源，当系统需要按键数量较多时，一般采用矩阵键盘接口方式。如图 4.19 所示的键盘电路，由 4 根行线和 4 根列线组成，P0.0~P0.3 控制行线，P2.0~P2.3 控制列线，按键位于行、列线的交叉点上，且行线通过上拉电阻接到 +5 V 电源上，构成了一个 4×4（16 个按键）的矩阵式键盘。

3. 源程序设计

密码锁的基本功能如下：16 个按键，分别代表数字 0、1、2……9 和英文字符 A～F；密码在程序中事先设定为 "8"；系统上电时，数码管显示 "-"，表示等待密码输入；密码输入正确时显示字符 "P" 约 3 s，并通过 P3.0 端口将锁打开；否则显示字符 "E" 约 3 s，继续保持锁定状态。

```
//程序：ex4_12.c
//功能：一位数码管显示的密码锁，假定密码为8，可以输入的字符有0~9和A~F
#include<reg51.h>            //包含头文件 reg51.h，定义 51 单片机的专用寄存器
char scan_key(void);         //键盘扫描函数
void delay(unsigned int i);  //延时函数声明
sbit P30=P3^0;               //位定义，控制发光二极管，其亮灭表示锁的打开和锁定状态
void main()                  //主函数
{
unsigned char led[]={0xc0,0xf9,0xa4,0xb0,0x99,0x92,0x82,0xf8,0x80,0x90,0x88,
                    0x83,0xc6,0xa1,0x86,0x8e};  //0~9、A~F 的共阳极显示码
unsigned char led1[]={0xbf,0x8c,0x86};  //"-"、"P"和"E"的共阳极显示码
char i;
P1=led1[0];                             //数码管显示 "-"
P30=1;                                  //开锁指示灯关闭
P0=0xff;                                //P0 口低四位做输入口，先输出全 1
while(1)
  {
  i=scan_key();                         //调用键盘扫描函数
  if(i==-1) continue;                   //没有键按下，继续循环
   else if(i!=8)                        //按键不是密码8
       { P1=led[i];                     //显示按下键的数字号
         delay(10000);                  //延时
         P1=led1[2];                    //显示 E
         delay(50000);                  //延时
         P1=led1[0]; }                  //显示 "-"
   else                                 //按键是密码8
       { P1=led[i];                     //显示按下键的数字号
         delay(10000);                  //延时
         P1=led1[1];                    //显示 P
         P30=0;                         //开锁
         delay(50000);                  //延时
         P1=led1[0];                    //数码管显示 "-"
         P30=1; }                       //开锁指示灯关闭
  }
}
//函数名：scan_key
//函数功能：判断是否有键按下，如果有键按下，逐列扫描后得到键值
//形式参数：无
//返回值：键值 0~15，-1 表示无键按下
char scan_key()
```

```c
{
    char i,temp,m,n;
    bit find=0;                           //有键按下标志位
    P2=0xf0;                              //向所有的列线上输出低电平
    i=P0;                                 //读入行值
    i &= 0x0f;                            //屏蔽掉高四位
    if ( i != 0x0f )                      //行值不为全1,有键按下
    {   delay(1200);                      //延时消抖
        i=P0;                             //再次读入行值
        i &= 0x0f;                        //屏蔽掉高四位
        if ( i != 0x0f )
        { for ( i=0;i<4;i++)              //第二次判断有键按下
            { P2=0xfe<<i;                 //逐列送出低电平
              temp=~P0;                   //读行值,并取反,全1→全0
              temp=temp & 0x0f;           //屏蔽掉行值高4位
              if ( temp != 0x00 )         //判断有无键按下,为0则无键按下,否则有键按下
                {   m=i;                  //保存列号至m变量
                    find=1;               //置找到按键标志
                    switch ( temp )       //判断哪一行有键按下,记录行号到n变量
                    { case 0x01:n=0;break;    //第0行有键按下
                      case 0x02:n=1;break;    //第1行有键按下
                      case 0x04:n=2;break;    //第2行有键按下
                      case 0x08:n=3;break;    //第3行有键按下
                      default:break; }
                    break; }              //有键按下,退出for循环
            }
        }
    }
    if ( find==0 ) return -1;             //无键按下则返回-1
    else return ( n*4+m );                //否则返回键值,键值=行号*4+列号
}
void delay ( unsigned int i )             //延时函数参见任务1-2的ex1_1.c程序
```

4. 任务小结

通过密码锁的设计和制作,让读者理解矩阵键盘的应用,并初步了解矩阵键盘的程序设计方法,程序 ex4_12.c 中的键盘扫描方法采用的是逐列扫描法,也可以采用行列反转法得到相同的结果,行列反转法参见程序 ex4_13.c。

5. 举一反三

下面设计一个具有16个按键输入、用LCD1602模块显示的实用6位密码锁。假定矩阵键盘电路由P2口低四位控制4行,P2口高四位控制4列,液晶显示模块的8条数据线与P1口相连,3条控制线RS、R/$\overline{W}$、E分别与P3.0、P3.1和P3.2连接,模拟锁状态的发光二极管由P3.3控制,请读者自行画出电路图。

密码锁功能如下:

(1) 系统上电,液晶显示"password:",此时可以输入6位数字密码,然后以10号键

项目4 显示和键盘接口技术应用

作为输入结束键，如果输入密码位数错误，或位数正确但密码错误，在液晶第二行显示"error"，并自动重新进入密码输入状态；当输入密码正确，在液晶第二行显示"pass"，密码锁解锁。

（2）在密码锁已经解锁的状态下，如果按下 11 号键（密码设置按键），则进入密码重置状态，按其他任意键则返回密码输入状态。

（3）进入密码重置状态时，液晶第一行显示"password setup:"，等待输入 6 位 0~9 的新数字密码，6 位数字密码输入完毕，则自动进入密码输入状态。

> **小经验**　由于实用密码锁系统中包含液晶模块、矩阵键盘模块等，液晶模块相对独立，且包含很多子函数，因此在开发环境中最好先建立一个项目工程，在项目工程下再包含若干模块文件，这样避免大量的函数代码都堆积在主程序文件中，使得程序结构清晰、模块性强，提高可读性和可移植性。

假设初始密码为 000000。下面分步骤设计实用密码锁。

首先把任务 4-4 中的 lcd.c 源程序添加到工程中，把该程序中的主函数 main() 删除，保留其余子函数。

然后新建文件 lcd.h 头文件，对 lcd.c 中的子函数进行外部函数声明，并添加到工程中。lcd.h 头文件内容如下：

```c
extern void lcd_w_cmd(unsigned char com);
extern void lcd_w_dat(unsigned char dat);
extern unsigned char lcd_r_start();
extern void lcd_int();
```

在 Keil C51 软件中建立密码锁设计工程，如图 4.20 所示。

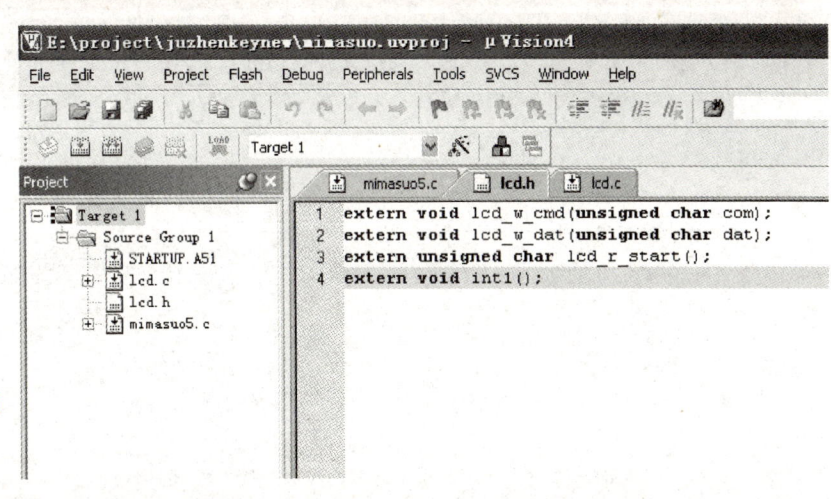

图 4.20　建立的密码锁工程文件

最后再进行密码锁程序设计，参考程序如下。

```c
//程序：ex4_13.c
//功能：具有6位密码设置的实用密码锁程序
#include<reg51.h>         //包含头文件reg51.h，定义51单片机的专用寄存器
#include<lcd.h>           //包含lcd子函数头文件
void delay(unsigned int i);   //延时函数声明，函数定义参见任务1-2中的ex1_1.c
```

```c
char keyscan();                          //采用行列反转法实现的矩阵键盘扫描函数
void puts(unsigned char ch[]);           //显示字符串函数
void set_pw();                           //密码设置函数,设置6位密码,存放到pw数组中
unsigned char code keycode[]={0xee,0xde,0xbe,0x7e,0xed,0xdd,0xbd,0x7d,0xeb,
    0xdb,0xbb,0x7b,0xe7,0xd7,0xb7,0x77};  //键盘按键对应的扫描码表
unsigned char pw[6]={0,0,0,0,0,0};       //存放原始密码
unsigned char pwnew[10]={0,0,0,0,0,0,0,0,0,0};  //pwnew存放输入的密码
sbit P33=P3^3;                           //控制发光二极管的亮灭,表示锁的打开和锁定状态
//函数名:puts
//函数功能:在lcd上显示字符串函数
//形式参数:待显示字符串的首地址
//返回值:无
void puts(unsigned char ch[])
{
  unsigned char i;
  i=0;
  while(ch[i]!='\0')
  { lcd_w_dat(ch[i]);
    i++; }
}
//函数名:set_pw
//函数功能:密码设置函数,设置6位密码,存放到pw数组中
//形式参数:无
//返回值:无
void set_pw()
{
  unsigned char key,count;
  lcd_w_cmd(0x01);                       //清屏,并光标定位,第1行第1列
  puts("password setup:");               //显示字符串"password setup:"
  lcd_w_cmd(0xc0);                       //光标定位,第2行第1列
  while(1)
  {
    key=keyscan();
    if(key>=0 && key<=9)                 //key是0~9之间的数字
    { lcd_w_dat('*');                    //显示"*"
      pw[count]=key;                     //输入数字存入pwnew数组
      count++;                           //输入字符个数增1
      if(count==6) break;                //输入6个字符,自动结束
      P2=0xf0;
      while(P2!=0xf0); }                 //判断按键释放
  }
}
//主函数:完成密码锁密码设置和输入等功能
void main()
{
  char i,count;
  bit pw_flag;                           //密码标志,1表示输入密码正确,0表示输入密码错误
```

```c
P0=0xff;
lcd_int();                              //lcd 初始化
delay(255);
lcd_w_cmd(0x80);                        //光标定位，第1行第1列
puts("password:");                      //显示字符串"password:"
count=0;                                //输入字符个数清0
while(1)                                //等待按键输入
  { i=keyscan();                        //调用键盘扫描函数
    if(i!=-1)                           //判断按键为有效键
      {
        if(i>=0 && i<=9)                //i 是 0~9 之间的数字
          { pwnew[count]=i;             //输入数字存入 pwnew 数组
            lcd_w_dat(i+0x30);          //显示输入密码
            count++;                    //不是结束键,则输入字符个数增1
            P2=0xf0;
            while(P2!=0xf0); }          //判断按键释放
        else if(i==10)                  //判断是否 10 号键,如果是,则结束密码输入
          { pw_flag=1;                  //原始状态,设置密码标志为1
            if(count!=6)                //先判断输入字符个数是否正确
              pw_flag=0;                //不正确,则修改密码标志为0
            else
              {for(i=0;i<6;i++)         //比较输入字符与原密码是否相同
                { if(pw[i]!=pwnew[i])   //有不相同字符,则修改密码标志为0
                    { pw_flag=0;break; }
                }
              }
            if(pw_flag==1)              //密码标志为1,密码输入正确
            {
              lcd_w_cmd(0xc0);          //光标定位,第2行第1列
              puts("pass");             //显示字符串"pass"
              P33=0;                    //开锁指示灯点亮
              delay(20000);
              while(1)                  //等待按键按下
                { i=keyscan();
                  if(i!=-1) break; }    //有键按下则退出等待按键状态
              P2=0xf0;
              while(P2!=0xf0);          //判断按键释放
              if(i==11) set_pw();       //判断是否 11 号键,如果是,则进入密码设置
                                        //调用密码设置函数
            }
            else                        //密码输入错误
              { lcd_w_cmd(0xc0);        //光标定位,第2行第1列
                P33=1;                  //开锁指示灯熄灭
                puts("error"); }        //显示字符串"error"
            count=0;
            delay(50000);               //延时
            lcd_w_cmd(0x01);            //清屏
```

```c
            puts("password:");//显示字符串"password:"
        }
    }
}
//函数名：keyscan
//函数功能：判断是否有键按下，如果有键按下，用行列反转法得到键值
//形式参数：无
//返回值：键值0~15，-1表示无键按下
char keyscan()
{
    char scan1,scan2,keycode,j,key;
    key=-1;                          //键值初值为-1，如果没有扫描到按键，函数返回-1
    P2=0xf0;                         //写：行为全1，列为全0
    scan1=P2;                        //读：行列值
    if(scan1 != 0xf0)                //如果读入的值不为0xf0，则表示有键按下
    {
        delay(1200);                 //延时去抖
        scan1=P2;                    //再次读入行列值
        if(scan1 != 0xf0)            //再次判断是否有键按下
        {
            P2=0x0f;                 //行列反转，写：行为全0，列为全1
            scan2=P2;                //读入行列值
            keycode=scan1|scan2;     //两次读入值按位或操作，合并在一起，得到扫描码
            for(j=0;j<16;j++)        //由扫描码表得到键值
            {   if(keycode==key_code[j])
                    { key=j;break; }
            }
        }
    }
    return(key);                     //返回键值
}
void delay(unsigned int i)           //延时函数参见任务1-2中的ex1_1.c程序
```

4.6 单片机与矩阵键盘接口

知识分布网络

单片机与矩阵键盘接口 ── 矩阵式键盘结构
　　　　　　　　　　├── 逐列扫描法识别按键
　　　　　　　　　　└── 行列反转法识别按键

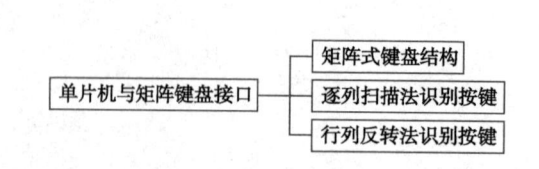

扫一扫看单片机与矩阵键盘接口设计微视频

扫一扫看单片机与矩阵键盘接口电路演示文稿

4.6.1 矩阵式键盘结构

如图4.21所示为矩阵式键盘的结构，由4根行线和4根列线组成，按键位于行、列线

项目4 显示和键盘接口技术应用

的交叉点上,行线和列线分别连接到按键的两端,且行线通过上拉电阻接到+5 V电源上,构成了一个4×4(16个按键)的矩阵式键盘。

通常,矩阵式键盘的列线由单片机输出口控制,行线连接单片机的输入口。

> **小经验**　单片机应用系统设计中,若使用按键较多时(一般多于8个按键),通常采用矩阵式键盘,较之独立式按键键盘要节省很多I/O端口,但是程序设计相对复杂一些。

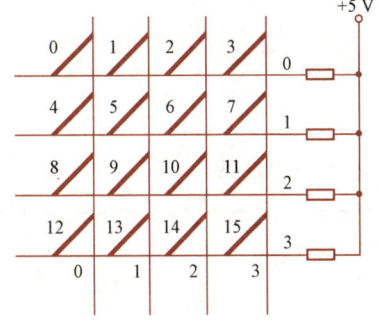

图4.21　矩阵式键盘的结构

最常用的矩阵式键盘识别按键方法包括逐列扫描法、行列反转法等。

4.6.2　矩阵式键盘按键的识别

1. 逐列扫描法

采用逐列扫描法识别矩阵式键盘按键的方法如下。

首先判断键盘是否有键按下,方法是向所有的列线上输出低电平,再读入所有的行信号。如果16个按键中任意一个被按下,那么读入的行电平则不全为高;如果16个按键中无键按下,则读入的行电平全为高。如图4.22所示,如果S_{10}键被按下,则S_{10}键所在的行线2与列线2导通,行线2的电平被拉低,读入的行信号为低电平,表示有键按下。

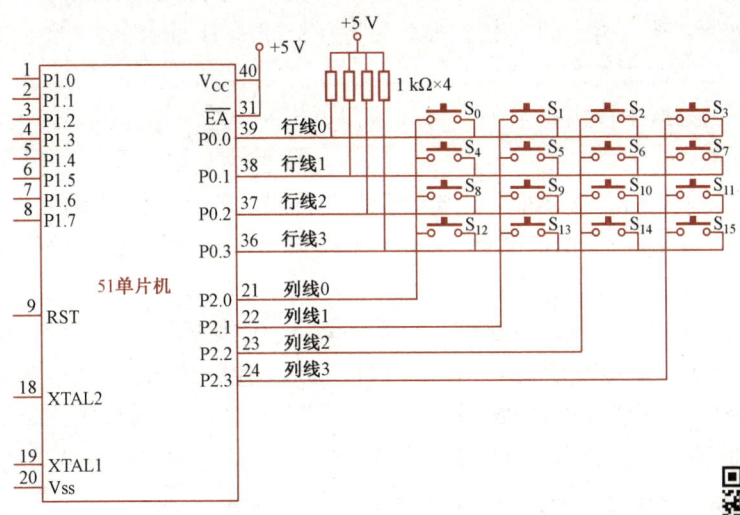

图4.22　矩阵式键盘连接电路

> **小提示**　读到行线2为低电平时是否就能判断一定是S_{10}键被按下呢?很显然,不能。还有可能是S_8、S_9或S_{11}键被按下,所以要判断具体的按键还要进行按键识别。

第二步,逐列扫描判断具体的按键。方法是往列线上逐列送低电平。先送列线0为低电

147

平,列线1、2、3为高电平,读入的行电平的状态就显示了位于列线0的S_0、S_4、S_8、S_{12}四个按键的状态,若读入的行值为全高,则表示无键按下;再送列线1为低电平,列线0、2、3为高电平,读入的行电平的状态则显示了S_1、S_5、S_9、S_{13}四个按键的状态,依次类推,直至4列全部扫描完,再重新从列线0开始。

4×4矩阵式键盘逐列扫描法实现的按键扫描函数参见任务4-5的ex4_12.c程序中的scan_key()函数。

> **小提示** 在上面的程序中,按键的行号、列号和键值如图4.23所示,键值与列号、行号之间的关系为:
> 键值=行号×4+列号。

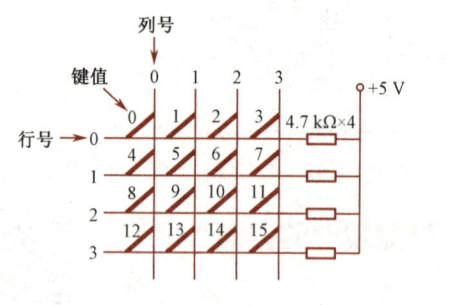

图4.23 矩阵式按键行号、列号与键值

2. 行列反转法

行列反转法的基本原理是通过给行、列端口输出两次相反的值,再将分别读入的行值和列值进行求和或按位"或"运算,得到每个键的扫描码。

首先向所有的列线上输出低电平,行线输出高电平,然后读入行信号。如果16个按键中任意一个被按下,那么读入的行电平则不全为高;如果16个按键中无键按下,则读入的行电平全为高,记录此时的行值。

其次向所有的列线上输出高电平,行线输出低电平(行列反转),读入所有的列信号,并记录此时的列值。

最后将行值和列值合并成扫描码,通过查找扫描码表的方法得出键值。

例如,在如图4.24所示的电路中,P2.0~P2.3连接矩阵键盘的4根行线,P2.4~P2.7连接矩阵键盘的4根列线。

首先,给P2口输出0x0f,即00001111,假设S_0键按下了,此时读入的P2口的值为00001110;再给P2口赋相反的值0xf0,即11110000,此时读入的P2口的值为11100000;再把两次读入的P2口的值进行相加或按位"或"操作,得到11101110,即0xee,这个值就是按键S_0的扫描码,依次类推,可以得到其余15个按键的扫描码,如图4.25所示。

行列反转法完整的函数参见程序ex4_13.c中的keyscan()函数。

由此可见,用扫描法识别键盘按键的编程一般应包括以下内容:
(1) 判别有无键按下。
(2) 键盘扫描取得闭合键的行、列号。
(3) 用计算法或查表法得到键值。
(4) 判断闭合键是否释放,如没释放则继续等待。
(5) 将闭合键的键值保存,同时转去执行该闭合键的功能。

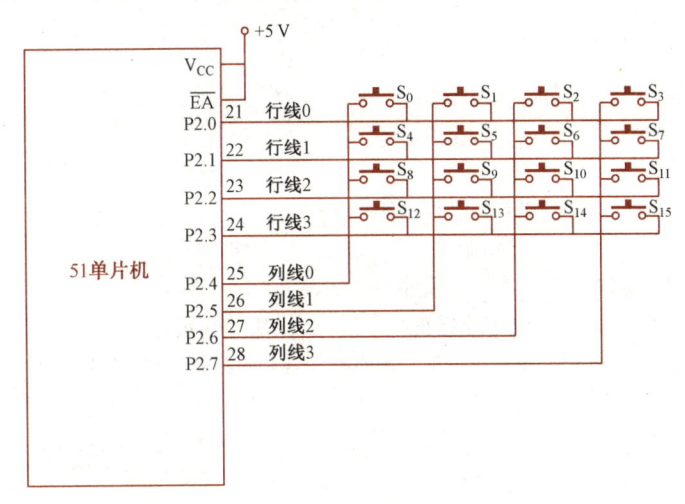

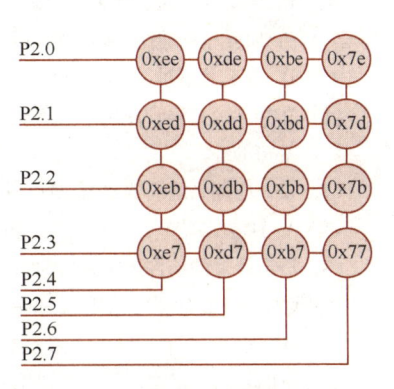

图 4.24　采用 P2 口控制矩阵键盘电路

图 4.25　行列反转法中按键与扫描码对应关系

知识梳理与总结

本项目通过 5 个任务的设计与制作，介绍了单片机与 LED 数码管、LED 大屏幕点阵、LCD 液晶模块等常见的显示输出器件以及键盘输入器件之间的接口及编程应用。

本项目要掌握的重点内容如下：

（1）LED 数码管静态显示；

（2）LED 数码管动态显示；

（3）LED 大屏幕动态显示；

（4）LCD 字符液晶显示；

（5）矩阵式键盘的接口；

（6）C 程序中的数组及其编程应用。

思考与练习题 4

4.1　单项选择题

（1）在单片机应用系统中，LED 数码管显示电路通常有_____显示方式。

　　A. 静态　　　　　　B. 动态　　　　　　C. 静态和动态　　　　D. 查询

（2）_____显示方式编程较简单，但占用 I/O 口线多，其一般适用显示位数较少的场合。

　　A. 静态　　　　　　B. 动态　　　　　　C. 静态和动态　　　　D. 查询

（3）LED 数码管若采用动态显示方式，下列说法错误的是_____。

　　A. 将各位数码管的段选线并联

　　B. 将段选线用一个 8 位 I/O 口控制

　　C. 将各位数码管的公共端直接连在 +5 V 或者 GND 上

　　D. 将各位数码管的位选线用各自独立的 I/O 控制

（4）共阳极 LED 数码管加反相器驱动时显示字符"6"的段码是_____。

　　A. 0x06　　　　　　B. 0x7D　　　　　　C. 0x82　　　　　　D. 0xFA

（5）一个单片机应用系统用 LED 数码管显示字符"8"的段码是 0x80，可以断定该显示系统用的是_____。

　　A. 不加反相驱动的共阴极数码管

　　B. 加反相驱动的共阴极数码管或不加反相驱动的共阳极数码管

　　C. 加反相驱动的共阳极数码管

　　D. 以上都不对

(6) 在共阳极数码管使用中，若要是仅显示小数点，则其相应的字型码是_____。

　　A. 0x80　　　　B. 0x10　　　　C. 0x40　　　　D. 0x7F

(7) 某一应用系统需要扩展10个功能键，通常采用_____方式更好。

　　A. 独立式按键　　B. 矩阵式键盘　　C. 动态键盘　　D. 静态键盘

(8) 按键开关的结构通常是机械弹性元件，在按键按下和断开时，触点在闭合和断开瞬间会产生接触不稳定，为消除抖动不良后果常采用的方法有_____。

　　A. 硬件去抖动　　B. 软件去抖动　　C. 硬、软件两种方法　　D. 单稳态电路去抖方法

(9) 下面是对一维数组s的初始化，其中不正确的是_____。

　　A. char s[5]={"abc"};　　　　　　B. char s[5]={'a','b','c'};

　　C. char s[5]="";　　　　　　　　D. char s[5]="abcdef";

(10) 对两个数组a和b进行如下初始化：

```
char a[ ]="ABCDEF";
char b[ ]={'A','B','C','D','E','F'};
```

则以下叙述正确的是_____。

　　A. a与b数组完全相同　　　　　　B. a与b长度相同

　　C. a和b中都存放字符串　　　　　D. a数组比b数组长度长

(11) 在C语言中，引用数组元素时，其数组下标的数据类型允许是_____。

　　A. 整型常量　　　　　　　　　　B. 整型表达式

　　C. 整型常量或整型表达式　　　　D. 任何类型的表达式

4.2 填空题

(1) 请补充完整下列程序：如图4.26所示，上电复位后P1口所连接的一个共阳极数码管循环显示数字0~9。

```
#include<reg51.h>
void delay()
{
    unsigned int i;
    for(i=0;i<10000;i++);
}
void main()
{
    unsigned char led[]={0xc0,0xf9,0xa4,
        0xb0,0x99,0x92,0x82,0xf8,0x80,0x90};
    unsigned char k;
    while(1)
    {
        for(k=0;k<10;k++)
        {  P1=_____;      //点亮数码管
           k++;
           _____; }        //调用延时
    }
}
```

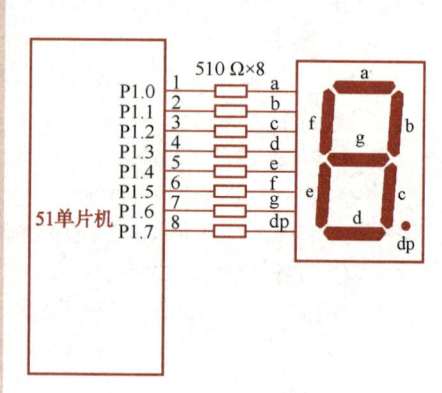

图 4.26

（2）C51 中的字符串总是以 _____ 作为串的结束符，通常用字符数组来存放。

（3）下面的数组定义中，关键字 code 是为了把数组 tab 存储在 _____。

```
unsigned char code b[]={'A','B','C','D','E','F'};
```

4.3　在任务 4-1 的图 4.1 中，如果直接将共阳极数码管换成共阴极数码管，能否正常显示？为什么？应采取什么措施？

4.4　七段 LED 静态显示和动态显示在硬件连接上分别具有什么特点？实际设计时应如何选择使用？

4.5　LED 大屏幕显示一次能点亮多少行？显示的原理是怎样的？

4.6　机械式按键组成的键盘，应如何消除按键抖动？

4.7　独立式按键和矩阵式按键分别具有什么特点？各适用于什么场合？

项目 5
定时与中断系统设计

本项目以秒表控制系统设计入手,让读者初步了解51单片机内部定时/计数器和中断系统的应用。通过完成秒表和交通灯模拟控制系统设计,深入学习定时/计数器、中断系统的结构和编程技巧,为以后学习单片机检测、控制技术及智能仪器设计等打下良好基础。

教学导航		
知识重点	1. 定时器的结构; 2. 定时器的工作方式; 3. 定时器的应用; 4. 中断的基本概念; 5. 中断系统; 6. 中断程序的编写	
知识难点	中断的概念以及中断程序的编写	
推荐教学方式	从工作任务入手,通过秒表系统设计逐渐认识定时器和中断的作用,以交通灯控制系统为载体,深化对定时器和中断概念的理解	
建议学时	9学时	
推荐学习方法	通过完成具体的工作任务,注意寻找定时器程序和中断程序的编写技巧。理解相关控制寄存器的作用,对使用定时器和中断非常有用	
必须掌握的理论知识	1. 定时器的结构和应用; 2. 中断的概念和中断系统的组成; 3. 定时器和中断程序的设计方法	
必须掌握的技能	定时和中断程序的应用编程	

任务 5-1 简易秒表设计

1. 目的与要求

通过由两个 LED 数码管显示的简易秒表控制系统的设计制作，熟悉单片机定时/计数器及中断的编程控制方法，包括定时器工作方式设定、初始值设置、中断编程、中断函数的应用等。

用单片机控制两个 LED 数码管，采用静态连接方式，要求两个数码管显示 00~99 计数，时间间隔为 1 s。

2. 电路设计

单片机与两个共阳极数码管采用静态连接方式，数码管的段码分别由 P1 口和 P2 口控制，公共端接高电平，简易秒表控制电路参考项目 4 的图 4.5 进行设计。

3. 源程序设计

用单片机定时器 T1 的工作方式 1 编制 1 s 延时程序，假定系统采用 12 MHz 晶振，T1 的工作方式 1 定时时间为 50 ms，再循环 20 次即可定时到 1 s。0~99 秒秒表的控制程序如下。

```c
//程序：ex5_1.c
//功能：00~99秒的简易秒表设计，两个静态数码管，定时器采用中断方式
#include "reg51.h"              //包含头文件reg51.h，定义51单片机的专用寄存器
//全局变量定义
unsigned char count=0;          //对50 ms定时时间进行计数
unsigned char miao=0;           //秒计数器
//函数名：timer_1()
//函数功能：定时器T1的中断函数，T1在工作方式1下每50 ms产生中断，执行该中断函数
//形式参数：无
//返回值：无
void timer_1() interrupt 3      //T1的中断类型号为3
  {
     TH1=(65536-50000)/256;     //重新设置T1计数初值高8位
     TL1=(65536-50000)%256;     //重新设置T1计数初值低8位
     count++;                   //50 ms计数器加1
     if(count==20)              //1 s时间到
       {
          count=0;              //50 ms计数器清0
          miao++;               //秒计数器加1
          if(miao==100) miao=0; //miao计数到100，则从0开始计数
       }
  }
//函数名：disp
//函数功能：将i的值显示在两个静态连接的数码管上
//形式参数：i，取值范围0~99
//返回值：无
void disp(unsigned char i)
  {
```

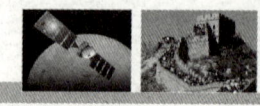

```
    unsigned char led[]={0xc0,0xf9,0xa4,0xb0,0x99,0x92,0x82,0xf8,0x80,0x90};
                                        //定义 0~9 显示码，共阳极数码管
    P1=led[i/10];                       //显示 i 高位
    P2=led[i%10];                       //显示 i 低位
    }
    void main ( )                       //主函数
    {
        TMOD=0x10;                      //设置 T1 为工作方式 1
        TH1 = ( 65536-50000 ) /256;     //设置 T1 计数初值高 8 位，定时时间 50 ms
        TL1 = ( 65536-50000 ) %256;     //设置 T1 计数初值低 8 位
        ET1=1;                          //开放 T1 中断允许
        EA=1;                           //开放总中断允许
        TR1=1;                          //启动 T1 开始计数
        while ( 1 )
        { disp ( miao ) ; }             //显示秒计数器值
    }
```

> **小提示** （1）全局变量是相对于局部变量而言的，凡是在函数外部定义的变量都是全局变量，可以默认有 extern 说明符，因此也称为外部变量。外部变量定义后，其后面的所有函数均可以使用。
>
> 例如秒计数器变量 miao 在中断函数 timer_1( ) 和主函数 main( ) 中都有使用。
>
> 定义全局变量时需要注意，全局变量中的值可以被多个函数修改，其中保留的是最新的修改值。
>
> （2）对定时器编程需要的步骤：定时器初始化（设置工作方式）、初值计算和设置、启动定时器计数、计数溢出处理（程序中采用中断处理），详细介绍参见第 5.1 节。
>
> （3）对中断编程需要的步骤：开放中断源允许、开放总中断允许、中断函数编程，详细介绍参见第 5.2 节。
>
> （4）只有当定时器 T1 定时 50 ms 时间到时，T1 申请中断，在中断允许的情况下，程序才自动跳转到 T1 中断函数 timer_1( ) 执行。中断函数执行完毕，返回到跳转处继续执行主程序。所以中断函数与之前编写的函数不同之处在于：该函数无需事先在程序中安排函数调用语句，当事件发生（T1 定时 50 ms 时间到）时，硬件自动跳转到中断函数执行。

4. 任务小结

在本任务中，我们采用 51 单片机控制两个数码管，实现了一个 0~99 的秒表。1 s 定时采用定时器 T1 实现，计数溢出采用中断方式。让读者初步了解定时/计数器和中断的应用。

5. 举一反三

（1）定时/计数器的计数溢出处理可以采用中断和查询两种方式，请采用查询方式编写秒表程序，参考程序如下。

项目5 定时与中断系统设计

```c
//程序：ex5_2.c
//功能：00~99秒的简易秒表设计，两个静态数码管，定时器采用查询方式
#include  "reg51.h"              //包含头文件reg51.h，定义51单片机的专用寄存器
//函数名：delay1s
//函数功能：T1在工作方式1下的1 s延时函数，采用查询方式实现
//形式参数：无
//返回值：无
void delay1s ( )
{
  unsigned char i;
  for ( i=0;i<20;i++) {          //设置20次循环次数
    TH1 = ( 65536-50000 ) /256;  //重新设置T1计数初值高8位，定时时间50 ms
    TL1 = ( 65536-50000 ) %256;  //重新设置T1计数初值低8位
    TR1 =1;                      //启动T1
    while ( !TF1 ) ;             //查询计数是否溢出，即定时50 ms时间到，TF1=1
    TF1 =0;                      //50 ms定时时间到，将T1溢出标志位TF1清零
    }
}
//函数名：disp
//函数功能：将i的值显示在两个静态连接的数码管上
//形式参数：i,取值范围0~99
//返回值：无
void disp ( unsigned char i )
{
unsigned char led[ ]={0xc0,0xf9,0xa4,0xb0,0x99,0x92,0x82,0xf8,0x80,0x90};
                                 //定义0~9显示码，共阳极数码管
P1=led[i/10];                    //显示i高位
P2=led[i%10];                    //显示i低位
}
void main ( )                    //主函数
{
    unsigned char miao=0;        //秒计数器定义
    TMOD=0x10;                   //设置T1为工作方式1
    TH1 = ( 65536-50000 ) /256;  //设置T1计数初值高8位，定时时间50 ms
    TL1 = ( 65536-50000 ) %256;  //设置T1计数初值低8位
    TR1 =1;                      //启动定时器开始计数
    while ( 1 )
      { disp ( miao );           //显示秒计数器值
        delay1s ( ) ;            //调用1 s延时函数
        miao++;                  //秒计数器加1
        if ( miao==100 ) miao=0; }//秒计数计满，则从0开始计数
}
```

> 小提示　请比较ex5_1.c和ex5_2.c两个程序的异同，感受中断处理方式和查询处理方式的异同。

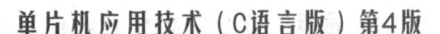

(2) 如果采用两个共阴极数码管动态连接方式，P1 口为八段控制口，P2.0 和 P2.1 分别控制高位和低位的位码，请画出电路图，并编写控制程序。

> **小提示** 控制程序只要修改程序 ex5_1.c 中的显示函数 disp(unsigned char i)即可，请参考如下修改后的显示函数。

```c
//函数名：disp
//函数功能：将i的值显示在两个动态连接的数码管上
//形式参数：i,取值范围 0~99
//返回值：无
void disp (unsigned char i)
{
    unsigned char j;
    unsigned char led[]={0x3f,0x06,0x5b,0x4f,0x66,0x6d,0x7d,0x07,0x7f,0x6f};
                            //定义 0~9 显示码，共阴极数码管
    P2=0xff;                //关闭数码管显示
    P1=led[i/10];           //i的高位显示码送到段控制口
    P2=0xfe;                //高位数码管位选有效
    for (j=0;j<100;j++);    //延时
    P2=0xff;                //关闭数码管显示
    P1=led[i%10];           //i的低位显示码送到段控制口
    P2=0xfd;                //低位数码管位选有效
    for (j=0;j<100;j++);    //延时
}
```

(3) 采用 6 个数码管动态连接方式，实现 24 小时实时时钟显示，请画出电路图并编写程序。

> **小提示** 修改程序 ex5_1.c，在 miao 计数器基础上，增加定义分钟变量 min 和小时变量 hour，修改中断函数实现时分秒的逻辑关系，同时修改显示函数，增加显示分钟和小时即可。请参考如下修改后的中断函数。

```c
unsigned char miao=0,min=0,hour=0;       //秒、分钟、小时计数器
//函数名：timer_1()
//函数功能：定时器 T1 的中断函数，工作方式 1 下的 1 s 延时函数，采用中断方式实现
//形式参数：无
//返回值：无
void timer_1() interrupt 3               //T1定时器的中断类型号为3
{
    TH1=(65536-50000)/256;               //重新设置 T1计数初值高8位
    TL1=(65536-50000)%256;               //重新设置 T1计数初值低8位
    count++;                             //50 ms 计数器加1
    if (count==20)                       //1 s 时间到
    { count=0;                           //50 ms 计数器清0
      miao++;                            //秒计数器加1
```

```
                if(miao==60)                    //miao 计数到60,则从0开始计数
                   { miao=0;
                     min++;                     //分计数器加1
                     if(min==60)                //min 计数到60,则从0开始计数
                        { min=0;
                          hour++;               //小时计数器加1
                          if(hour==24) hour=0; } //小时计数到24,则从0开始计数
                   }
                }
```

(4) 在 P3.2 和 P3.3 引脚增加两个弹性按键 S₁ 和 S₂,实现如下功能的秒表:

① 两个数码管显示 00~99 计数,时间间隔为 1 s。(定时器 T1 中断编程,数码管可以采用动态或静态连接方式)

② 在计数过程中,当 S₁ 按下时,暂停计数,再次按下时,继续计数。(外部中断 0)

③ 在任何时候按下 S₂,则从 0 开始计数。(外部中断 1)

> **小提示**　在前面的秒表程序中做如下修改:
>
> ① 在主函数 main() 中的 "EA=1;" 语句前增加下面语句:
>
> ```
>     EX0=1;         //开放外部中断0允许
>     IT0=1;         //下降沿触发中断
>     EX1=1;         //开放外部中断1允许
>     IT1=1;         //下降沿触发中断
> ```
>
> ② 编写外部中断 0 的中断函数如下:
>
> ```
> bit b=0;                       //外部位变量b,暂停/继续标志位,b=0暂停,b=1继续
> void int_0 ( )   interrupt 0   //外部中断0的中断函数,中断类型号为0
> {
>   if(b==0){TR1=0;b=1; }        //暂停计数
>     else {b=0;TR1=1; }         //继续计数
> }
> ```
>
> ③ 编写外部中断 1 的中断函数如下:
>
> ```
> void int_1 ( )   interrupt 2   //外部中断1的中断函数,中断类型号为2
> {
>     miao=0;
>     count=0;                   //清零并开始计数
>     TH1=(65536-50000)/256;     //设置T1计数初值高8位,定时时间50 ms
>     TL1=(65536-50000)%256;     //设置T1计数初值低8位
>     TR1=1;
> }
> ```

5.1 定时/计数器

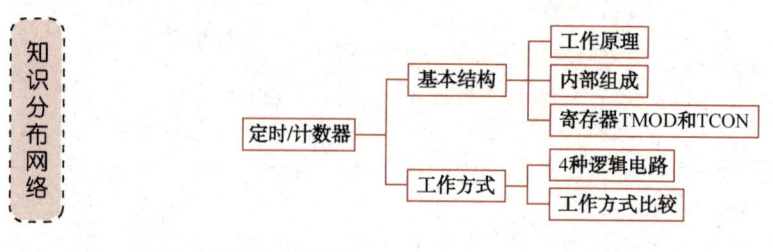

知识分布网络

```
定时/计数器 ┬─ 基本结构 ┬─ 工作原理
           │          ├─ 内部组成
           │          └─ 寄存器TMOD和TCON
           └─ 工作方式 ┬─ 4种逻辑电路
                      └─ 工作方式比较
```

5.1.1 定时/计数器的结构

1. 定时/计数器的工作原理

定时/计数器的工作原理如图 5.1 所示。

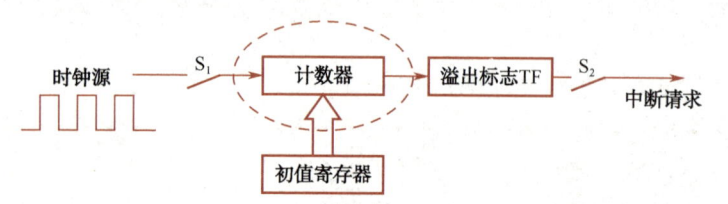

时钟源 — S_1 → 计数器 → 溢出标志TF — S_2 → 中断请求

S_1：启动或停止计数器工作
S_2：允许或禁止溢出中断

初值寄存器

图 5.1 定时/计数器的工作原理

关于定时/计数器的几个相关概念介绍如表 5.1 所示。

表 5.1 定时/计数器相关概念

概念	说明
计数器分类	计数器分为加法计数器和减法计数器，前者每来一个计数脉冲，计数值加 1；后者每来一个计数脉冲，计数值减 1
计数器位数	计数器的位数确定了计数器的最大计数个数 M 和计数范围，n 位计数器的最大计数个数 $M=2^n$，计数范围是 $0\sim 2^n-1$。例如 8 位计数器的最大计数个数 $M=256$，计数范围是 $0\sim 255$
计数/定时功能	作为计数器使用时，计数时钟源来自外部信号引脚，记录该外部信号的脉冲个数；作为定时器使用时，计数时钟源来自内部时钟信号。对设定好的内部时钟脉冲个数进行计数所需要的时间就是定时时间
计数器溢出	当 S_1 闭合时，计数器从计数初值开始，对计数脉冲进行加 1 或减 1 计数，当加法计数器计到最大值，或减法计数器计到最小值时，计数器产生溢出，将相应的溢出标志位 TF 置 1。计数器溢出也称为计数器翻转
计数器溢出处理	计数器溢出时，溢出标志位 TF=1，在程序中可以通过查询该位状态的方法获取计数器状态，查询方式编程参见程序 ex5_2.c；如果 S_2 闭合，TF 还可以向 CPU 申请中断，采用中断方式进行计数溢出处理，中断方式编程参见程序 ex5_1.c
初值计算	假定计数器为 8 位加法计数器，计数脉冲来自内部时钟信号，$f_{计数}=1$ MHz，若要定时 250 μs，计算计数初值的过程如下。 ① 计算计数周期：$T_{计数周期}=1/f_{计数}=1/(1\ \text{MHz})=1\ \mu s$； ② 计算计数个数：$count_{计数}=T_{定时时间}/T_{计数周期}=250/1=250$；

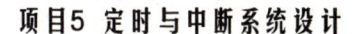

续表

概　念	说　明
初值计算	③ 8位加法计数器最大计数个数：M=256； ④ 加法计数器初值计算：$X_{初值} = M - count_{计数} = 256 - 250 = 6$
定时/计数器编程	定时/计数器编程包括以下4个步骤： ① 初始化，确定计数/定时方式、工作方式等； ② 计算并设置计数初值； ③ 启动定时/计数器，闭合 S_1； ④ 计数溢出处理（查询和中断两种方式）

> **小问答**
>
> **问**：假定计数器为减法计数器，计数初值计算有什么不同呢？
>
> **答**：对于减法计数器，计数个数就是计数初值，即 $X_{初值} = count_{计数}$。

2. 定时/计数器的组成

51单片机内部有两个16位的可编程定时/计数器，称为T0和T1，其逻辑结构如图5.2所示。51单片机的定时/计数器由T0、T1、工作方式寄存器TMOD和控制寄存器TCON四部分组成，T0和T1均为加法计数器。下面我们从定时/计数器的工作过程来理解各部分的作用。

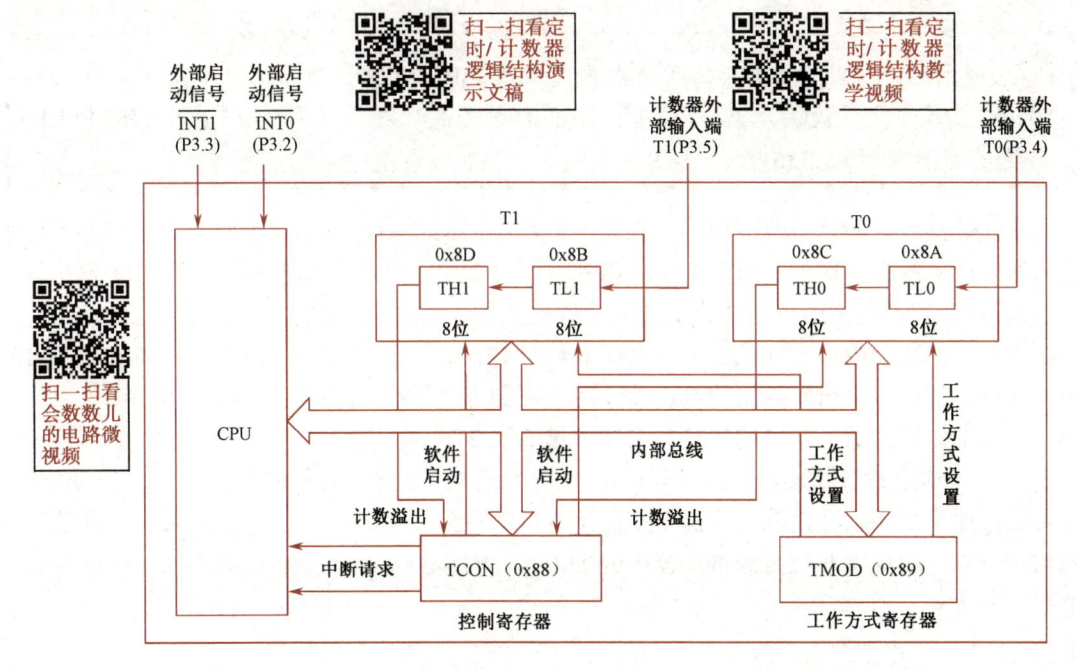

图 5.2　51单片机定时/计数器逻辑结构

定时/计数器的工作过程如下：

（1）设置定时/计数器的工作方式。通过对工作方式寄存器TMOD的设置，确定相应的定时/计数器是定时功能还是计数功能，确定工作方式及启动方法。

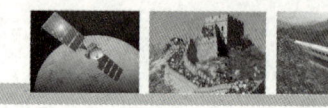

> **小问答**
>
> **问**：T0 和 T1 可编程选择为定时功能与计数功能，二者有什么不同？
>
> **答**：T0 或 T1 用做计数器时，分别对从芯片引脚 T0（P3.4）或 T1（P3.5）上输入的脉冲进行计数，外部脉冲的下降沿将触发计数，每输入一个脉冲，加法计数器加 1。计数器对外部输入信号的占空比没有特别的限制，但必须保证输入信号的高电平与低电平的持续时间都在一个机器周期以上。
>
> 用做定时器时，对内部机器周期脉冲进行计数，由于机器周期是固定值，故计数值确定时，定时时间也随之确定。如果 51 单片机系统采用 12 MHz 晶振，则计数周期为：$T_{机器周期} = 1/(12 \times 10^6/12) = 1~\mu s$，这是最短的定时周期。适当选择定时器的初值可获取各种定时时间。

定时/计数器的工作方式有四种：方式 0、方式 1、方式 2 和方式 3，参见 5.1.2 节。

定时/计数器的启动方式有两种：软件启动和硬软件共同启动。从图 5.2 中可以看到，除了从控制寄存器 TCON 发出的软件启动信号外，还有两个外部启动信号引脚，这两个引脚也是单片机的外部中断输入引脚。

（2）设置计数初值。T0、T1 都是 16 位加法计数器，分别由两个 8 位专用寄存器组成，T0 由 TH0 和 TL0 组成，T1 由 TH1 和 TL1 组成。TL0、TL1、TH0、TH1 的访问地址依次为 0x8A~0x8D，每个寄存器均可被单独访问，因此可以被设置为 8 位、13 位或 16 位的计数器来使用。

> **小提示**　计数器的位数确定了计数器的计数范围。8 位计数器的计数范围是 0~255（0xFF），其最大计数值为 256。同理，16 位计数器的计数范围是 0~65 535（0xFFFF），其最大计数值为 65 536。

在计数器允许的计数范围内，计数器可以从任何值开始计数，对于加 1 计数器，当计到最大值时产生溢出。例如，对于 8 位计数器，当计数值从 255 再加 1 时，计数值变为 0。

定时/计数器允许用户编程设定开始计数的数值，称为赋初值。初值不同，则计数器产生溢出时，计数个数也不同。例如，对于 8 位计数器，当初值设为 100 时，再加 1 计数 156 个，计数器就产生溢出；当初值设为 200 时，再加 1 计数 56 个，计数器产生溢出。

不同工作方式下，初值的计算和设置参见 5.1.2 节。

（3）启动定时/计数器。根据第（1）步中设置的定时/计数器的启动方式，启动定时/计数器。如果采用软件启动，则需要把控制寄存器中的 TR0 或 TR1 置 1；如果采用硬软件共同启动方式，不仅需要把控制寄存器中的 TR0 或 TR1 置 1，还需要相应的外部启动信号为高电平。

> **小提示**　当设置了定时器的工作方式并启动定时器工作后，定时器就按被设定的工作方式独立工作，不再占用 CPU 的操作时间，只有在计数器计满溢出时才可能中断 CPU 当前的操作。

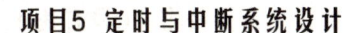

（4）计数溢出。计数溢出标志位在控制寄存器 TCON 中，用于通知用户定时/计数器已经计满，用户可以采用查询方式或中断方式进行操作。

3. 定时/计数器工作方式寄存器 TMOD

TMOD 为定时/计数器的工作方式寄存器，其格式如下：

	D7	D6	D5	D4	D3	D2	D1	D0
TMOD (0x89)	GATE	C/$\overline{T}$	M1	M0	GATE	C/$\overline{T}$	M1	M0
			T1				T0	

TMOD 的低 4 位为 T0 的工作方式字段，高 4 位为 T1 的工作方式字段，它们的含义完全相同。

（1）M1 和 M0：工作方式选择位。其含义如表 5.2 所示。

表 5.2 工作方式选择位的含义

M1	M0	工作方式	功能说明
0	0	方式 0	13 位计数器
0	1	方式 1	16 位计数器
1	0	方式 2	初值自动重载 8 位计数器
1	1	方式 3	T0：分成两个 8 位计数器 T1：停止计数

（2）C/$\overline{T}$：功能选择位。C/$\overline{T}$ = 0 时，设置为定时器工作方式；C/$\overline{T}$ = 1 时，设置为计数器工作方式。

（3）GATE：门控位。当 GATE = 0 时，软件启动方式，将 TCON 寄存器中的 TR0 或 TR1 置 1 即可启动相应定时器；当 GATE = 1 时，硬软件共同启动方式，软件控制位 TR0 或 TR1 需置 1，同时还需 $\overline{INT0}$（P3.2）或 $\overline{INT1}$（P3.3）为高电平才可启动相应定时器，即允许外中断 $\overline{INT0}$、$\overline{INT1}$ 启动定时器。

> **小提示** TMOD 不能位寻址，只能用字节操作来设置定时器的工作方式，高 4 位定义 T1，低 4 位定义 T0。复位时，TMOD 所有位均清零。
>
> 任务 5-1 中设置 T1 为软件启动方式、定时功能、工作方式 1，则 GATE = 0、C/$\overline{T}$ = 0、M1 M0 = 01，因此，高 4 位应为 0001；T0 未用，低 4 位可随意置数，但低两位不可为 11（因在工作方式 3 时，T1 将停止计数），一般将其设为 0000。因此，采用下面语句设置定时/计数器的工作方式：
>
> ```
> TMOD=0x10;        //设置 T1 为工作方式 1
> ```

4. 定时/计数器控制寄存器 TCON

定时/计数器控制寄存器 TCON 的作用是控制定时器的启动、停止，标识定时器的溢出和中断情况。TCON 的格式如下：

TCON	0x8F	0x8E	0x8D	0x8C	0x8B	0x8A	0x89	0x88
(0x88)	TF1	TR1	TF0	TR0	IE1	IT1	IE0	IT0

各位的含义如表 5.3 所示。

表 5.3 控制寄存器 TCON 各位的含义

控制位	位名称	说　明
TF1	T1 溢出中断标志	TCON.7	当 T1 计数满产生溢出时，由硬件自动置 TF1＝1。在中断允许时，该位向 CPU 发出 T1 的中断请求，进入中断服务程序后，该位由硬件自动清零。在中断屏蔽时，TF1 可做查询测试用，此时只能由软件清零
TR1	T1 运行控制位	TCON.6	由软件置 1 或清零来启动或关闭 T1。当 GATE＝1，且 $\overline{INT1}$ 为高电平时，TR1 置 1 启动 T1；当 GATE＝0 时，TR1 置 1 即可启动 T1
TF0	T0 溢出中断标志	TCON.5	与 TF1 相同
TR0	T0 运行控制位	TCON.4	与 TR1 相同
IE1	外部中断 1（$\overline{INT1}$）请求标志位	TCON.3	控制外部中断，与定时/计数器无关
IT1	外部中断 1 触发方式选择位	TCON.2	
IE0	外部中断 0（$\overline{INT0}$）请求标志位	TCON.1	
IT0	外部中断 0 触发方式选择位	TCON.0	

TCON 中的低 4 位用于控制外部中断，与定时/计数器无关，将在第 5.2 节中介绍。当系统复位时，TCON 的所有位均清零。

TCON 可以进行位操作，溢出标志位清零或启动定时器都可以用位操作语句，例如：

```
TR1=1;          //启动 T1
TF1=0;          //T1溢出标志位清零
```

> **小提示**　任务 5-1 中程序 ex5_2.c 采用查询溢出标志位 TF1 方式确认 50 ms 定时时间到，查询语句如下：
>
> ```
> while(!TF1);    //TF1 由 0 变 1，定时时间到
> TF1=0;          //查询方式下，TF1 必须由软件清零
> ```

5.1.2　定时/计数器的工作方式

如表 5.2 所示，工作方式寄存器 TMOD 中的 M1 和 M0 位用于选择四种工作方式，逻辑电路如图 5.3 所示。

项目5 定时与中断系统设计

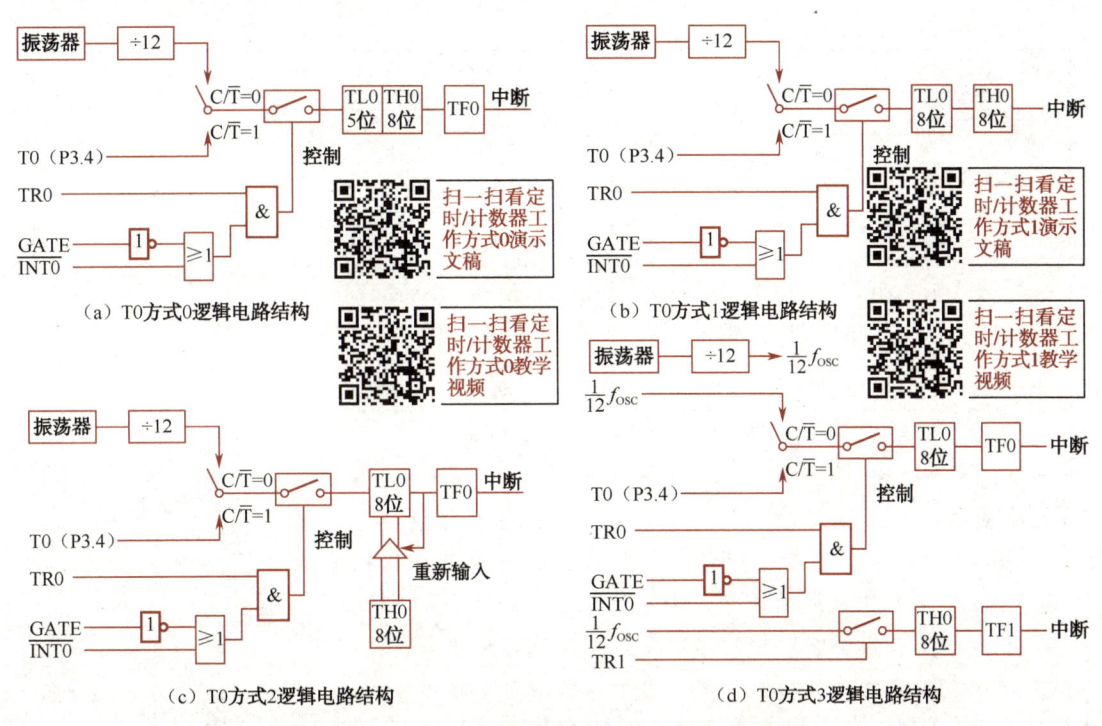

(a) T0方式0逻辑电路结构

(b) T0方式1逻辑电路结构

(c) T0方式2逻辑电路结构

(d) T0方式3逻辑电路结构

图 5.3 定时/计数器四种工作方式的逻辑电路

小问答

问：在图5.3的四种工作方式中，$C/\overline{T}$ 和 GATE 的作用分别是什么？

答：当 $C/\overline{T}=0$ 时，多路开关连接12分频器输出，T0为定时功能，对机器周期计数。

当 $C/\overline{T}=1$ 时，多路开关与T0（P3.4引脚）相连，外部计数脉冲由T0脚输入，当外部信号电平发生由1到0的负跳变时，计数器加1，T0为计数功能。

当 GATE=0 时，或门被封锁，$\overline{INT0}$ 信号无效。或门输出常1，打开与门，TR0直接控制T0的启动和关闭。TR0=1，接通控制开关，T0从初值开始计数直至溢出。TR0=0，则与门被封锁，控制开关被关断，停止计数。

当 GATE=1 时，与门的输出由 $\overline{INT0}$ 的输入电平和TR0位的状态来确定。若TR0=1则与门打开，外部信号电平通过 $\overline{INT0}$ 引脚直接开启或关闭T0，当 $\overline{INT0}$ 为高电平时，允许计数，否则停止计数；若TR0=0，则与门被封锁，控制开关被关断，停止计数。

定时器T0和T1都可以设置为工作方式0、1和2，可以用做定时/计数功能，主要用法如表5.4所示。

表 5.4 定时器工作方式比较

工作方式	工作方式 0	工作方式 1	工作方式 2
计数位数	13 位定时/计数器	16 位定时/计数器	8 位定时/计数器
计数寄存器	THi 高 8 位，TLi 低 5 位	THi 高 8 位，TLi 低 8 位	TLi

续表

最大计数值 M	8 192	65 536	256
初值计算公式		$X_{初值} = M - T_{定时时间}/T_{机器周期}$	
初值设置	$THi = X_{初值}/32$; $TLi = X_{初值}\%32$;	$THi = X_{初值}/256$; $TLi = X_{初值}\%256$;	$THi = X_{初值}$; $TLi = X_{初值}$;
初值设置举例	假定定时时间为 5 ms，初值设置： $THi = (8\ 192 - 5\ 000/1)/32$; $TLi = (8\ 192 - 5\ 000/1)\%32$;	假定定时时间为 50 ms，初值设置： $THi = (65\ 536 - 50\ 000/1)/256$; $TLi = (65\ 536 - 50\ 000/1)\%256$;	假定定时时间为 250 μs，初值设置： $THi = 256 - 250/1$; $TLi = 256 - 250/1$;
特点	初值不可自动重载	初值不可自动重载	初值可以自动重载

注：表中 i 表示 0 或 1，晶振频率假定为 12 MHz，$T_{机器周期} = 1$ μs。

> **小提示** 在工作方式 0 和工作方式 1 下，每次计数溢出后，计数器自动复位为 0，要进行新一轮计数，必须重置计数初值，在程序 ex5_1.c 和 ex5_2.c 中，计数溢出后都重新设置了初值。
>
> 重新设置初值影响定时时间精度，又导致编程麻烦。工作方式 2 具有初值自动装载功能，适合用于较精确的定时场合。
>
> 以 T0 为例，在工作方式 2 下，TL0 用做 8 位计数器，TH0 用来保持初值。编程时，TL0 和 TH0 必须由软件赋予相同的初值。一旦 TL0 计数溢出，TF0 将被置位，同时，TH0 中保存的初值自动装入 TL0，进入新一轮计数，如此重复循环不止。

只有 T0 可以设置为工作方式 3，T1 设置为工作方式 3 后不工作。T0 在工作方式 3 时的工作情况如下：

T0 被分解成两个独立的 8 位计数器 TL0 和 TH0。

TL0 占用 T0 的控制位、引脚和中断源，包括 C/$\overline{T}$、GATE、TR0、TF0 和 T0（P3.4）引脚、$\overline{INT0}$（P3.2）引脚。可定时也可计数，除计数位数不同于工作方式 0 外，其功能、操作与工作方式 0 完全相同。

TH0 占用 T1 的控制位 TF1 和 TR1，同时还占用了 T1 的中断源，其启动和关闭仅受 TR1 控制。TH0 只能对机器周期进行计数，可以用做简单的内部定时，不能用做对外部脉冲进行计数，是 T0 附加的一个 8 位定时器。

> **小提示** 当 T0 在工作方式 3 时，T1 仍可设置为方式 0、方式 1 或方式 2。但由于 TR1、TF1 和 T1 的中断源已被 T0 占用，因此，定时器 T1 仅由控制位 C/$\overline{T}$ 切换其定时或计数功能。当计数器计满溢出时，只能将输出送往串行口。在这种情况下，T1 一般用做串行口波特率发生器或不需要中断的场合。因 T1 的 TR1 被占用，当设置好工作方式后，T1 自动开始计数；当送入一个设置 T1 为工作方式 3 的方式字后，T1 停止计数。

5.2 中断系统

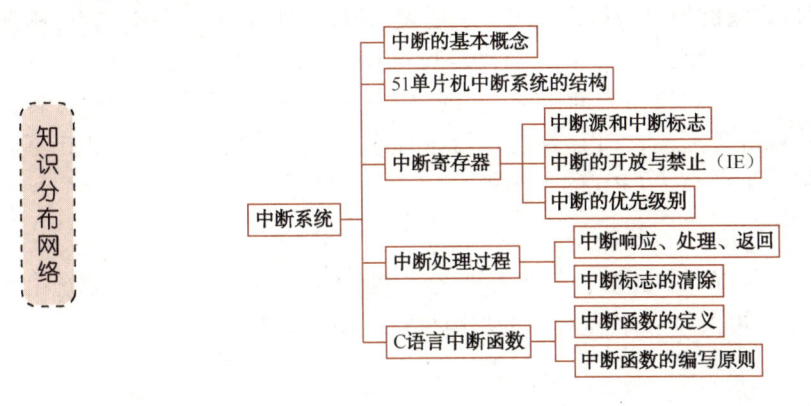

知识分布网络：
- 中断系统
  - 中断的基本概念
  - 51单片机中断系统的结构
  - 中断寄存器
    - 中断源和中断标志
    - 中断的开放与禁止（IE）
    - 中断的优先级别
  - 中断处理过程
    - 中断响应、处理、返回
    - 中断标志的清除
  - C语言中断函数
    - 中断函数的定义
    - 中断函数的编写原则

扫一扫看何为中断微视频：中断基本概念

扫一扫看什么是中断的演示文稿

5.2.1 什么是中断

1. 中断及相关概念

中断指通过硬件来改变 CPU 的运行方向。计算机在执行程序的过程中，外部设备向 CPU 发出中断请求信号，要求 CPU 暂时中断当前程序的执行而转去执行相应的处理程序，待处理程序执行完毕后，再继续执行原来被中断的程序。这种程序在执行过程中由于外界的原因而被中间打断的情况称为"中断"。

在任务 5-1 中，当定时器 T1 计数溢出后，TF1 由硬件置位，向 CPU 申请中断，CPU 暂时中止当前显示工作，转去执行定时器 T1 中断服务函数 timer_1()，然后再返回主程序中止处继续执行数码管显示操作。

下面给出几个与中断相关的概念，如表 5.5 所示。

表 5.5　中断相关概念

概念	说明
中断服务程序	CPU 响应中断后，转去执行相应的处理程序，该处理程序通常称为中断服务程序，任务 5-1 的程序 ex5_1.c 中的中断函数 timer_1() 就是定时器 T1 的中断服务程序
主程序	原来正常运行的程序称为主程序，任务 5-1 的程序 ex5_1.c 中的 main() 函数就是主程序
断点	主程序被断开的位置（或地址）称为断点
中断源	引起中断的原因，或能发出中断申请的来源，称为中断源，任务 5-1 中的中断源是定时器 T1，计数溢出向 CPU 申请中断
中断请求	中断源要求服务的请求称为中断请求（或中断申请），任务 5-1 中，当定时器 T1 计数溢出，向 CPU 申请中断

> **小提示**　中断函数的调用过程类似于一般函数调用，区别在于何时调用一般函数在程序中是事先安排好的；而何时调用中断函数事先却无法确定，因为中断的发生是由外部因素决定的，程序中无法事先安排调用语句。因此，调用中断函数的过程是由硬件自动完成的。

2. 中断的特点

1) 同步工作

中断是 CPU 与接口之间的信息传送方式之一，它使 CPU 与外设同步工作，较好地解决了 CPU 与慢速外设之间的配合问题。CPU 在启动外设工作后继续执行主程序，同时外设也在工作。每当外设做完一件事就发出中断申请，请求 CPU 中断它正在执行的程序，转去执行中断服务程序。当中断处理完后，CPU 恢复执行主程序，外设也继续工作。CPU 可启动多个外设同时工作，极大地提高了 CPU 的工作效率。

2) 异常处理

针对难以预料的异常情况，如掉电、存储出错、运算溢出等，可以通过中断系统由故障源向 CPU 发出中断请求，再由 CPU 转到相应的故障处理程序进行处理。

3) 实时处理

在实时控制中，现场的各种参数、信息的变化是随机的。这些外界变量可根据要求随时向 CPU 发出中断申请，请求 CPU 及时处理，如果中断条件满足，CPU 马上就会响应，转去执行相应的处理程序，从而实现实时控制。任务 5-1 中，CPU 通过中断系统实时响应定时器 T1 的计数溢出操作。

5.2.2 51 单片机中断系统的结构

51 单片机中断系统的结构如图 5.4 所示。

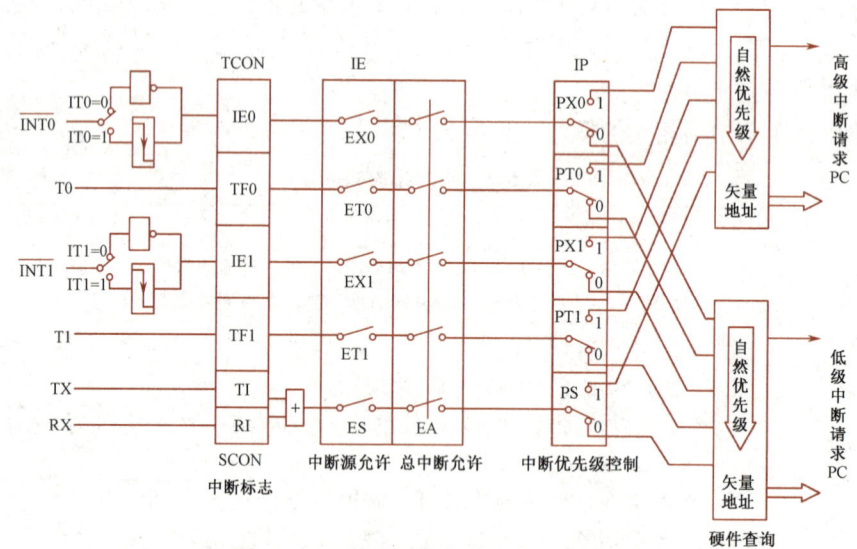

图 5.4 51 单片机中断系统的内部结构

由图 5.4 可知，中断系统主要包括以下各功能部件：

（1）与中断有关的寄存器有 4 个，分别为中断标志寄存器 TCON 和串行口控制寄存器 SCON、中断允许控制寄存器 IE 和中断优先级控制寄存器 IP。

（2）中断源有 5 个，分别为外部中断 0 请求 $\overline{INT0}$、外部中断 1 请求 $\overline{INT1}$、T0 溢出中断请求 TF0、T1 溢出中断请求 TF1 和串行口中断请求 RI 或 TI。

（3）中断标志位分布在 TCON 和 SCON 两个寄存器中，当中断源向 CPU 申请中断时，相应中断标志由硬件置位。例如，当 T0 产生溢出时，T0 中断请求标志位 TF0 由硬件自动置位，向 CPU 请求中断处理。

（4）中断允许控制位分为中断允许总控制位 EA 与中断源控制位，它们集中在 IE 寄存器中，用于控制中断的开放和屏蔽。

（5）5 个中断源的排列顺序由中断优先级控制寄存器 IP 和自然优先级共同确定。

5.2.3 中断有关寄存器

1. 中断源

51 单片机中断系统有 5 个中断源，如表 5.6 所示。

表 5.6　51 单片机中断源

序号	中断源		说明
1	$\overline{INT0}$	外部中断 0 请求	由 P3.2 引脚输入，通过 IT0 位（TCON.0）来决定是低电平有效还是下降沿有效。一旦输入信号有效，即向 CPU 申请中断，并建立 IE0（TCON.1）中断标志
2	$\overline{INT1}$	外部中断 1 请求	由 P3.3 引脚输入，通过 IT1 位（TCON.2）来决定是低电平有效还是下降沿有效。一旦输入信号有效，即向 CPU 申请中断，并建立 IE1（TCON.3）中断标志
3	TF0	T0 溢出中断请求	当 T0 产生溢出时，T0 溢出中断标志位 TF0（TCON.5）置位（由硬件自动执行），请求中断处理
4	TF1	T1 溢出中断请求	当 T1 产生溢出时，T1 溢出中断标志位 TF1（TCON.7）置位（由硬件自动执行），请求中断处理
5	RI 或 TI	串行口中断请求	当接收或发送完一个串行帧时，内部串行口中断请求标志位 RI（SCON.0）或 TI（SCON.1）置位（由硬件自动执行），请求中断

2. 中断标志

对应每个中断源有一个中断标志位，分别分布在定时器控制寄存器 TCON 和串行口控制寄存器 SCON 中。中断标志如表 5.7 所示。

表 5.7　51 单片机中断系统中的中断标志位

中断标志位		位名称	说　明
TF1	T1 溢出中断标志	TCON.7	T1 被启动计数后，从初值开始加 1 计数，计满溢出后由硬件置位 TF1，同时向 CPU 发出中断请求，此标志一直保持到 CPU 响应中断后才由硬件自动清零。也可由软件查询该标志，并由软件清零
TF0	T0 溢出中断标志	TCON.5	T0 被启动计数后，从初值开始加 1 计数，计满溢出后由硬件置位 TF0，同时向 CPU 发出中断请求，此标志一直保持到 CPU 响应中断后才由硬件自动清零。也可由软件查询该标志，并由软件清零
IE1	$\overline{INT1}$中断标志	TCON.3	IE1＝1，外部中断 1 向 CPU 申请中断
IT1	$\overline{INT1}$中断触发方式控制位	TCON.2	当 IT1＝0 时，外部中断 1 控制为电平触发方式；当 IT1＝1 时，外部中断 1 控制为边沿（下降沿）触发方式

续表

中断标志位	位名称	说 明
IE0	$\overline{INT0}$中断标志	TCON.1	IE0=1，外部中断0向CPU申请中断
IT0	$\overline{INT0}$中断触发方式控制位	TCON.0	当IT0=0时，外部中断0控制为电平触发方式；当IT0=1时，外部中断0控制为边沿（下降沿）触发方式
TI	串行发送中断标志	SCON.1	CPU将数据写入发送缓冲器SBUF时，启动发送，每发送完一个串行帧，硬件都使TI置位；但CPU响应中断时并不自动清除TI，必须由软件清除
RI	串行接收中断标志	SCON.0	当串行口允许接收时，每接收完一个串行帧，硬件都使RI置位；同样，CPU在响应中断时不会自动清除RI，必须由软件清除

> **小提示** （1）在表5.7中，IT1和IT0为带背景字，它们不是中断标志位，而是外部中断的中断触发方式控制位。
> （2）51单片机系统复位后，TCON和SCON均清零，应用时要注意各位的初始状态。

当中断源需要向CPU申请中断时，相应中断标志位由硬件自动置1。下面我们来讨论当CPU响应中断请求后，如何撤除这些中断标志请求。

对于T0、T1溢出中断和边沿触发的外部中断，CPU在响应中断后即由硬件自动清除其中断标志位TF0、TF1或IE0、IE1，无须采取其他措施。

对于串行口中断，CPU在响应中断后，硬件不能自动清除中断请求标志位TI或RI，必须在中断服务程序中用软件将其清除。

对于电平触发的外部中断，其中断请求撤除方法较复杂，一般采用硬件和软件相结合的方式，这里不再赘述。

3. 中断的开放和禁止

51单片机的5个中断源都是可屏蔽中断，中断系统内部设有一个专用寄存器IE，用于控制CPU对各中断源的开放或屏蔽。IE寄存器的格式如下：

IE	D7	D6	D5	D4	D3	D2	D1	D0
(0xA8)	EA	×	×	ES	ET1	EX1	ET0	EX0

各中断允许位的含义如表5.8所示。

表5.8 51单片机中断系统中断允许位的含义

中断允许位	位名称	说 明
EA	总中断允许控制位	IE.7	EA=1，开放所有中断，各中断源的允许和禁止可通过相应的中断允许位单独加以控制；EA=0，禁止所有中断
ES	串行口中断允许位	IE.4	ES=1，允许串行口中断；ES=0，禁止串行口中断
ET1	T1中断允许位	IE.3	ET1=1，允许T1中断；ET1=0，禁止T1中断
EX1	外部中断1（$\overline{INT1}$）中断允许位	IE.2	EX1=1，允许外部中断1中断；EX1=0，禁止外部中断1中断
ET0	T0中断允许位	IE.1	ET0=1，允许T0中断；ET0=0，禁止T0中断
EX0	外部中断0（$\overline{INT0}$）中断允许位	IE.0	EX0=1，允许外部中断0中断；EX0=0，禁止外部中断0中断

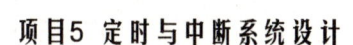

在任务 5-1 程序 ex5_1.c 的主函数中，开放中断源采用了以下语句：

```
ET1=1;          //开放定时器 T1 允许位
EA=1;           //开放中断总允许位
```

> **小经验**　开放中断也可以用下面一条语句实现：
>
> 　　　　IE=0x88;   //寄存器 IE=10001000B，同时开放中断总允许位和定时器 T1 允许位
>
> 若要在执行当前中断程序时禁止其他更高优先级中断，需先用软件关闭 CPU 中断，或用软件禁止相应高优先级的中断，在中断返回前再开放中断。

4. 中断的优先级别

51 单片机有两个中断优先级：高优先级和低优先级。

每个中断源都可以通过设置中断优先级寄存器 IP 确定为高优先级中断或低优先级中断，实现二级嵌套。同一优先级别的中断源可能不止一个，因此，也需要进行优先权排队。同一优先级别的中断源采用自然优先级。

中断优先级寄存器 IP，用于锁存各中断源优先级控制位。IP 中的每一位均可由软件来置 1 或清零，1 表示高优先级，0 表示低优先级。其格式如下：

IP (0xB8)	D7	D6	D5	D4	D3	D2	D1	D0
	×	×	×	PS	PT1	PX1	PT0	PX0

各中断优先级控制位的含义如表 5.9 所示。

表 5.9　51 单片机中断系统中断优先级控制位的含义

中断优先级控制位	位名称	说　明
PS	串行口中断优先控制位	IP.4	PS=1，设定串行口为高优先级中断； PS=0，设定串行口为低优先级中断
PT1	定时器 T1 中断优先控制位	IP.3	PT1=1，设定定时器 T1 为高优先级中断； PT1=0，设定定时器 T1 为低优先级中断
PX1	外部中断 1 中断优先控制位	IP.2	PX1=1，设定外部中断 1 为高优先级中断； PX1=0，设定外部中断 1 为低优先级中断
PT0	T0 中断优先控制位	IP.1	PT0=1，设定定时器 T0 为高优先级中断； PT0=0，设定定时器 T0 为低优先级中断
PX0	外部中断 0 中断优先控制位	IP.0	PX0=1，设定外部中断 0 为高优先级中断； PX0=0，设定外部中断 0 为低优先级中断

当系统复位后，IP 低 5 位全部清零，所有中断源均设定为低优先级中断。

同一优先级的中断源将通过内部硬件查询逻辑，按自然优先级顺序确定其优先级别。自然优先级由硬件形成，排列如下：

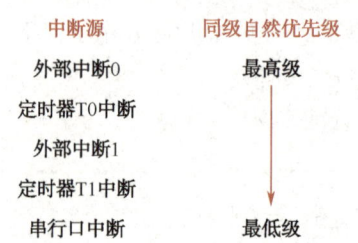

中断源	同级自然优先级
外部中断0	最高级
定时器T0中断	↓
外部中断1	
定时器T1中断	
串行口中断	最低级

> **小提示** 任务5-1未用到中断优先级设定，因为只开放一个中断源，没有必要设置优先级。如果程序中没有中断优先级设置语句，则中断源按自然优先级进行排列。实际应用中常把 IP 寄存器和自然优先级相结合，使中断的使用更加方便、灵活。

5.2.4 中断处理过程

中断处理过程包括中断响应和中断处理两个阶段。这里介绍 51 单片机的中断过程并对中断响应时间加以讨论。

1. 中断响应

中断响应是指 CPU 对中断源中断请求的响应。CPU 并非任何时刻都能响应中断请求，而是在满足所有中断响应条件且不存在任何一种中断阻断情况时才会响应。

CPU 响应中断的条件是：①有中断源发出中断请求；②中断总允许位 EA 置 1；③申请中断的中断源允许位置 1。

CPU 响应中断的阻断情况有：①CPU 正在响应同级或更高优先级的中断；②当前指令未执行完；③正在执行中断返回或访问寄存器 IE 和 IP。

> **小提示** 若存在任何一种阻断情况，中断查询结果即被取消，CPU 不响应中断请求而在下一机器周期继续查询；否则，CPU 在下一机器周期响应中断。

2. 中断响应过程

中断响应过程就是自动调用并执行中断函数的过程。

C51 编译器支持在 C 源程序中直接以函数形式编写中断服务程序。中断函数的定义形式如下：

```
void 函数名()    interrupt n
```

其中 n 为中断类型号，C51 编译器允许 0~31 个中断，n 的取值范围为 0~31。下面给出了 8051 控制器所提供的 5 个中断源所对应的中断类型号和中断服务程序的入口地址。

中断源	n	入口地址
外部中断 0	0	0x0003
定时/计数器 0	1	0x000B
外部中断 1	2	0x0013
定时/计数器 1	3	0x001B
串行口	4	0x0023

项目5 定时与中断系统设计

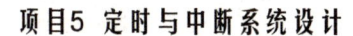

在任务 5-1 中用到了定时器 T1 溢出中断,中断类型号为 3,该中断函数的结构如下。

```
void timer_1 ( )    interrupt 3        //interrupt 3表示该函数为中断类型号3的中断函数
{
   ⋮
}
```

小提示 编写中断函数时应遵循下列规则:

(1) 不能进行参数传递。如果中断过程包括任何参数声明,编译器将产生一个错误信息。

(2) 无返回值。如果想定义一个返回值将产生错误,但是,如果返回整型值编译器将不产生错误信息,因为整型值是默认值,编译器不能清楚识别。

(3) 在任何情况下不能直接调用中断函数,否则编译器会产生错误。直接调用中断函数时硬件上没有中断请求存在,因而这个指令的结果是不确定的并且通常是致命的。

(4) 可以在中断函数定义中使用 using 指令指定当前使用的寄存器组,格式如下:

```
void 函数名([形式参数]) interrupt n [using m]
```

51 单片机有 4 组寄存器 R0~R7,程序具体使用哪一组寄存器由程序状态字 PSW 中的两位 RS1 和 RS0 来确定。在中断函数定义时可以用 using 指令指定该函数具体使用哪一组寄存器,m 的取值范围为 0、1、2、3,对应 4 组寄存器组。

不同的中断函数使用不同的寄存器组,可以避免中断嵌套调用时的资源冲突。

(5) 在中断函数中调用的函数所使用的寄存器组必须与中断函数相同,当没有使用 using 指令时,编译器会选择一个寄存器组做绝对寄存器访问,程序员必须保证按要求使用相应的寄存器组,C 编译器不会对此进行检查。

3. 中断响应时间

中断响应时间是指从中断请求标志位置位到 CPU 开始执行中断服务程序的第一条语句所需要的时间。中断响应时间形成的过程比较复杂,下面分两种情况加以讨论。

1) 中断请求不被阻断的情况

以外部中断为例,CPU 在每个机器周期期间采样其输入引脚 $\overline{INT0}$ 或 $\overline{INT1}$ 端的电平,如果中断请求有效,则自动置位中断请求标志位 IE0 或 IE1,然后在下一个机器周期再对这些值进行查询。如果满足中断响应条件,则 CPU 响应中断请求,在下一个机器周期执行一条硬件长调用指令,使程序转入中断函数执行。该调用指令的执行时间是两个机器周期,因此,外部中断响应时间至少需要 3 个机器周期,这是最短的中断响应时间。一般来说,若系统中只有一个中断源,则中断响应时间为 3~8 个机器周期。

2) 中断请求被阻断的情况

如果系统不满足所有中断响应条件或者存在任何一种中断阻断情况,那么中断请求将被阻断,中断响应时间将会延长。

例如,一个同级或更高级的中断正在进行,则附加的等待时间取决于正在进行的中断服务程序的长度。如果正在执行的一条指令还没有进行到最后一个机器周期，则附加的等待时间为 1~3 个机器周期（因为一条指令的最长执行时间为 4 个机器周期）。如果正在执行的指令是返回指令或访问 IE 或 IP 的指令，则附加的等待时间在 5 个机器周期之内（最多用 1 个机器周期完成当前指令，再加上最多 4 个机器周期完成下一条指令）。

任务 5-2　模拟交通灯控制系统设计

1. 目的与要求

通过对模拟交通灯控制系统的制作，让读者掌握定时器和中断系统的综合应用，进一步熟练软、硬件联调方法。

设计并实现单片机交通灯控制系统，实现以下三种情况下的交通灯控制。
（1）正常情况下双方向轮流点亮交通灯，交通灯的状态如表 5.10 所示。
（2）特殊情况时，A 方向放行。
（3）有紧急车辆通过时，A、B 方向均为红灯。紧急情况优先级高于特殊情况。

表 5.10　交通灯显示状态

东西方向（简称 A 方向）			南北方向（简称 B 方向）			状态说明
红灯	黄灯	绿灯	红灯	黄灯	绿灯	
灭	灭	亮	亮	灭	灭	A 方向通行，B 方向禁行
灭	灭	闪烁	亮	灭	灭	A 方向提醒，B 方向禁行
灭	亮	灭	亮	灭	灭	A 方向警告，B 方向禁行
亮	灭	灭	灭	灭	亮	A 方向禁行，B 方向通行
亮	灭	灭	灭	灭	闪烁	A 方向禁行，B 方向提醒
亮	灭	灭	灭	亮	灭	A 方向禁行，B 方向警告

2. 电路设计

本任务涉及定时控制东、南、西、北四个方向上的 12 盏交通信号灯，且出现特殊和紧急情况时，能及时调整交通灯的指示状态。

采用 12 个 LED 发光二极管模拟红、黄、绿交通灯，用单片机的 P1 口控制发光二极管的亮灭状态；而单片机的 P1 口只有 8 个控制端，如何控制 12 个二极管的亮灭呢？

观察表 5.10 不难发现，在不考虑左转弯行驶车辆的情况下，东、西两个方向的信号灯显示状态是一样的，所以，对应两个方向上的 6 个发光二极管只用 P1 口的 3 根 I/O 端口线控制即可。同样道理，南、北方向上的 6 个发光二极管可用 P1 口的另外 3 根 I/O 端口线控制。当 I/O 端口线输出高电平时，对应的交通灯熄灭；反之，当 I/O 端口线输出低电平时，对应的交通灯点亮。各控制端口线的分配及控制状态如表 5.11 所示。

表 5.11　交通灯控制端口线分配及控制状态

P1.5	P1.4	P1.3	P1.2	P1.1	P1.0	P1 端口数据	状态说明
A 红灯	A 黄灯	A 绿灯	B 红灯	B 黄灯	B 绿灯		
1	1	0	0	1	1	0xF3	状态 1：A 通行，B 禁行
1	1	0、1 交替变换	0	1	1		状态 2：A 提醒，B 禁行

项目5 定时与中断系统设计

续表

P1.5	P1.4	P1.3	P1.2	P1.1	P1.0	P1端口数据	状态说明
A红灯	A黄灯	A绿灯	B红灯	B黄灯	B绿灯		
1	0	1	0	1	1	0xEB	状态3：A警告，B禁行
0	1	1	1	1	0	0xDE	状态4：A禁行，B通行
0	1	1	1	1	1	0、1交替变换	状态5：A禁行，B提醒
0	1	1	1	0	1	0xDD	状态6：A禁行，B警告

按键 S_1、S_2 模拟紧急情况和特殊情况的发生，当 S_1、S_2 为高电平（不按按键）时，表示正常情况。当 S_1 为低电平（按下按键）时，表示紧急情况，将 S_1 信号接至 $\overline{INT0}$ 脚（P3.2）即可实现外部中断0中断申请。当 S_2 为低电平（按下按键）时，表示特殊情况，将 S_2 信号接至 $\overline{INT1}$ 脚（P3.3）即可实现外部中断1中断申请。

> **小经验** 也可以分别采用3个发光二极管模拟东西、南北方向的交通灯，系统只需要连接6个发光二极管，大大简化了电路设计。

根据以上分析，我们采用如图5.5所示的电路连接方法。

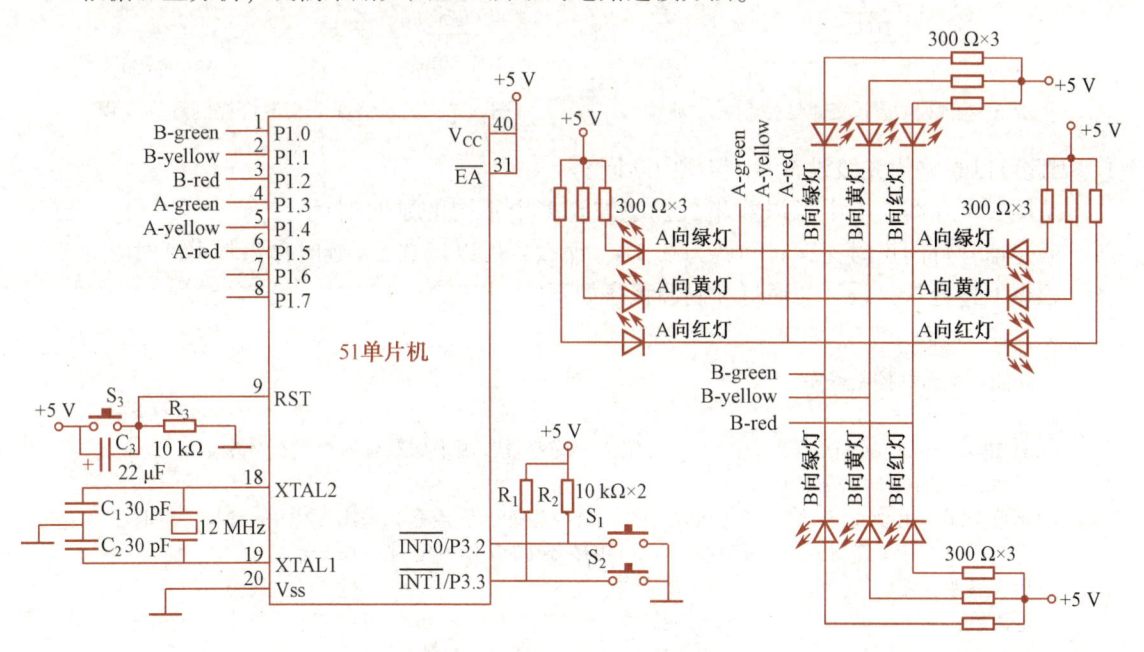

图 5.5 交通灯控制系统电路

3. 源程序设计

在正常情况下，交通灯控制程序的流程图如图5.6所示。在中断情况下，中断服务程序的流程图如图5.7所示。特殊情况时，采用外部中断1方式进入与其相应的中断服务程序，并设置该中断为低优先级中断；有紧急车辆通过时，采用外部中断0方式进入与其相应的中断服务程序，并设置该中断为高优先级中断（在自然优先级中，外部中断0高于外部中断

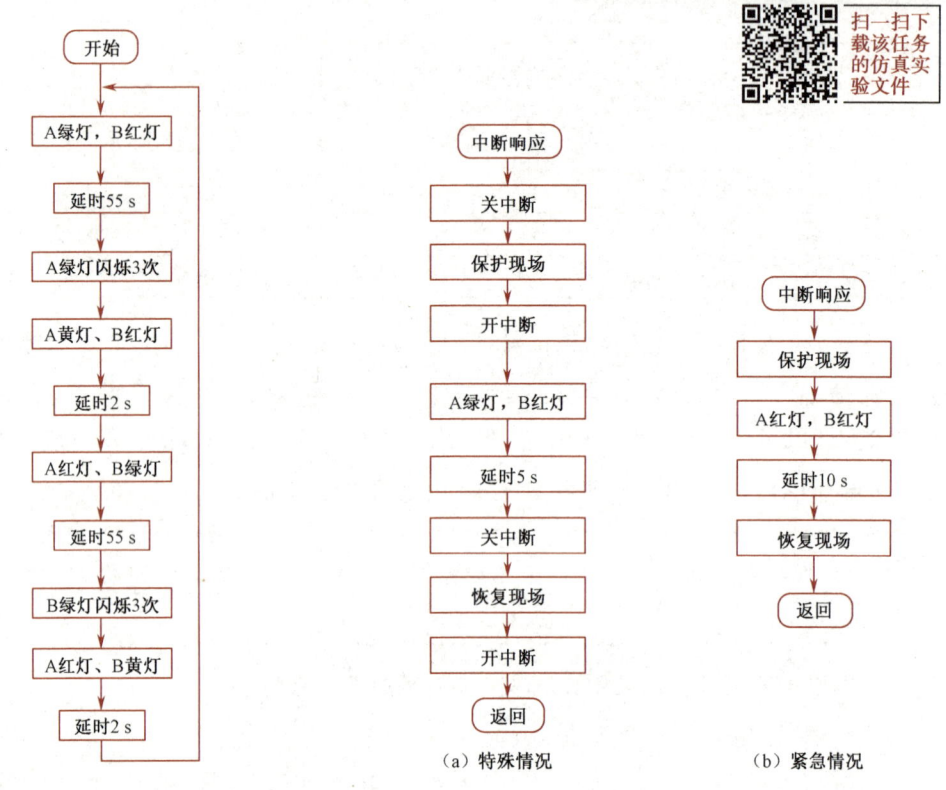

图 5.6 正常情况下交通灯控制程序流程

图 5.7 中断情况下交通灯控制程序流程

(a) 特殊情况　　(b) 紧急情况

1，因此可以省略优先级设置），实现中断嵌套。

从图 5.6 和图 5.7 中可以看出，程序需要多个不同的延时时间：2 s、5 s、10 s、55 s 等，假定信号灯闪烁时亮灭时间各为 0.5 s，那么，可以把 0.5 s 延时作为基本延时时间。

根据上述分析，设计交通灯控制源程序如下。

```c
//程序：ex5_3.c
//功能：交通灯控制程序
#include<reg51.h>              //包含头文件 reg51.h，定义 51 单片机的专用寄存器
unsigned char t0,t1;           //定义全局变量，用来保存延时时间循环次数
//函数名：delay0_5s1
//函数功能：用 T1 的工作方式 1 编制 0.5 s 延时程序，假定系统采用 12 MHz 晶振，定时器 T1
//         在工作方式 1 下定时 50 ms，再循环 10 次即可定时到 0.5 s
//形式参数：无
//返回值：无
void delay0_5s1()
{
    for(t0=0;t0<10;t0++)        //采用全局变量 t0 作为循环控制变量
    {   TH1=(65536-50000)/256;  //设置定时器初值
        TL1=(65536-50000)%256;
        TR1=1;                  //启动 T1
        while(!TF1);            //查询计数是否溢出，即 50ms 定时时间到，TF1=1
        TF1=0; }                //50 ms 定时时间到，将定时器溢出标志位 TF1 清零
```

```c
}
//函数名：delay_t1
//函数功能：实现0.5~128 s延时
//形式参数：unsigned char t;
//         延时时间为0.5 s×t
//返回值：无
void delay_t1（unsigned char t）
{
    for（t1=0;t1<t;t1++）          //采用全局变量t1作为循环控制变量
    delay0_5s1（）;
}
//函数名：int_0
//函数功能：外部中断0中断函数，紧急情况处理，当CPU响应外部中断0的中断请求时，
//         自动执行该函数，实现两个方向红灯同时亮10 s
//形式参数：无
//返回值：无
void int_0（） interrupt 0       //紧急情况中断
{
    unsigned char i,j,k,l,m;
    i=P1;                         //保护现场，暂存P1口、t0、t1、TH1、TL1
    j=t0;
    k=t1;
    l=TH1;
    m=TL1;
    P1=0xdb;                      //两个方向都是红灯
    delay_t1（20）;                //延时10 s
    P1=i;                         //恢复现场，恢复进入中断前P1口、t0、t1、TH1、TL1
    t0=j;
    t1=k;
    TH1=l;
    TL1=m;
}
//函数名：int_1
//函数功能：外部中断1中断函数，特殊情况处理，当CPU响应外部中断1的中断请求时，
//         自动执行该函数，实现A方向放行5 s
//形式参数：无
//返回值：无
void int_1（） interrupt 2       //特殊情况中断
{
    unsigned char i,j,k,l,m;
    EA=0;                         //关中断
    i=P1;                         //保护现场，暂存P1口、t0、t1、TH1、TL1
    j=t0;
    k=t1;
    l=TH1;
    m=TL1;
    EA=1;                         //开中断
```

```c
    P1=0xf3;                    //A方向放行
    delay_t1(10);               //延时5 s
    EA=0;                       //关中断
    P1=i;                       //恢复现场,恢复进入中断前P1口、t0、t1、TH1、TL1
    t0=j;
    t1=k;
    TH1=l;
    TL1=m;
    EA=1;                       //开中断
}
void main()                     //主函数
{
    unsigned char k;
    TMOD=0x10;                  //T1设置为工作方式1
    EA=1;                       //开总中断允许位
    EX0=1;                      //开外部中断0中断允许位
    IT0=1;                      //设置外部中断0为下降沿触发
    EX1=1;                      //开外部中断1中断允许位
    IT1=1;                      //设置外部中断1为下降沿触发
    while(1)
    {P1=0xf3;                   //A绿灯,B红灯,延时55 s
     delay_t1(110);
     for(k=0;k<3;k++)           //A绿灯闪烁3次
      {P1=0xf3;
       delay0_5s1();            //延时0.5 s
       P1=0xfb;
       delay0_5s1();}           //延时0.5 s
     P1=0xeb;                   //A黄灯,B红灯,延时2 s
     delay_t1(4);
     P1=0xde;                   //A红灯,B绿灯,延时55 s
     delay_t1(110);
     for(k=0;k<3;k++)           //B绿灯闪烁3次
      { P1=0xde;
        delay0_5s1();           //延时0.5 s
        P1=0xdf;
        delay0_5s1();}          //延时0.5 s
     P1=0xdd;                   //A红灯,B黄灯,延时2 s
     delay_t1(4);
    }
}
```

> **小经验** 在中断服务程序中,通常首先需要保护现场,然后才是真正的中断处理程序。中断返回时需要恢复现场。在保护和恢复现场时,为了不使现场数据遭到破坏或造成混乱,一般规定此时CPU不再响应新的中断请求。因此,在编写中断服务程序时,要注意在保护现场前关中断,在保护现场后若允许高优先级中断,则应开中断。同样,

项目5 定时与中断系统设计

在恢复现场前也应先关中断，恢复之后再开中断。

在程序 ex5_3.c 中，对于特殊情况的中断服务程序，首先保护现场。因需用到延时函数和 P1 口，故需保护的变量有 P1、全局延时控制变量 t0、t1、TH1 和 TL1。保护现场时还需关中断，以防止高优先级中断申请（紧急车辆通过所产生的中断）出现导致程序混乱。然后开中断，执行相应的服务，A 方向放行 5 s。再关中断，恢复现场，中断函数返回前再开中断，返回主程序。

紧急车辆出现时的中断服务程序也需保护现场，但无须关中断（因其为高优先级中断）。然后执行相应的服务，两个方向红灯显示 10 s，确保紧急车辆通过交叉路口。最后恢复现场，返回主程序。

4. 程序下载调试

扫一扫看设计经验微视频：单片机内部控制器的应用技巧

（1）首先观察正常情况下交通灯的状态，体会定时器的作用。

按键 S_1、S_2 均不按下，使用全速运行的方法调试程序，观察 A、B 方向交通灯是否按照项目设计的要求进行轮流放行。如果有误，仔细分析故障现象确定故障点，采用断点运行和单步运行相结合的方法查找程序错误，修改程序直至结果正常；对延时函数可以采用跟踪的方法来调试。

（2）观察特殊情况时交通灯的状态，掌握中断程序的调试方法。

首先连续运行程序，使交通灯正常轮流放行。按键 S_1 保持打开的状态，按下 S_2，观察 S_2 所对应的 A 方向绿灯是否点亮。

如果有误，可采用断点运行的方法进行调试，在中断函数 int_1( ) 开始处设定一个断点，连续运行程序，按下按键 S_2 后程序应暂时停止在设定的断点处。如果程序不能停止在设定的断点处，说明中断条件没有产生，可检查硬件，用万用表测量 P3.3 的电平是否正常，从而排除硬件故障。在断点之后，可以单步调试程序排除软件问题。

（3）观察紧急情况下交通灯的状态，理解中断优先级的概念。

连续运行程序，使交通灯正常轮流放行。按下 S_1，模拟出现紧急情况，观察 A、B 方向是否均为红灯。

采用断点运行的方法进行调试，在中断函数 int_0( ) 开始处设定一个断点，连续运行程序，按下按键 S_1 后程序应暂时停止在设定的断点处。程序不能停止在设定的断点处，同样用万用表测量 P3.2 的电平是否正常，从而排除硬件故障。在断点之后，可以单步调试程序排除软件问题使程序运行正常。

在按下 S_1 的同时，再按下 S_2，观察交通灯的显示情况，体会中断优先级的概念。

5. 任务小结

本任务程序主要包括三部分：主函数、延时函数和中断函数，让读者掌握定时器和中断系统的综合应用方法。

6. 举一反三

在每个方向上增加两个数码管，实现带有倒计时功能的交通灯控制系统。

知识梳理与总结

本项目从秒表控制系统设计,到十字交叉路口交通灯控制系统,涉及单片机定时/计数器和中断技术的综合运用,重点训练了定时/计数器和中断的应用与编程方法;依托程序设计,循序渐进地训练了程序综合分析与调试能力。

本项目要掌握的重点内容如下:

(1) 单片机定时器的概念;
(2) 单片机定时器的工作方式;
(3) 单片机中断的概念和结构;
(4) 单片机中断程序的编写。

思考与练习题 5

5.1 单项选择题

(1) 51 单片机的定时器 T1 用做定时方式时是_____。
　　A. 对内部时钟频率计数,一个时钟周期加 1
　　B. 对内部时钟频率计数,一个机器周期减 1
　　C. 对外部时钟频率计数,一个时钟周期加 1
　　D. 对外部时钟频率计数,一个机器周期减 1

(2) 51 单片机的定时器 T1 用做计数方式时计数脉冲是_____。
　　A. 外部计数脉冲由 T1(P3.5)输入
　　B. 外部计数脉冲由内部时钟频率提供
　　C. 外部计数脉冲由 T0(P3.4)输入
　　D. 由外部计数脉冲计数

(3) 51 单片机的定时器 T1 用做定时方式时,采用工作方式 1,则工作方式控制字为_____。
　　A. 0x01　　　　B. 0x05　　　　C. 0x10　　　　D. 0x50

(4) 51 单片机的定时器 T1 用做计数方式时,采用工作方式 2,则工作方式控制字为_____。
　　A. 0x60　　　　B. 0x02　　　　C. 0x06　　　　D. 0x20

(5) 51 单片机的定时器 T0 用做定时方式时,采用工作方式 1,则初始化编程为_____。
　　A. TMOD = 0x01　　　　　　　　B. TMOD = 0x50
　　C. TMOD = 0x10　　　　　　　　D. TCON = 0x02

(6) 启动 T0 开始计数是使 TCON 的_____。
　　A. TF0 位置 1　　B. TR0 位置 1　　C. TR0 位清 0　　D. TR1 位清 0

(7) 使 51 单片机的定时器 T0 停止计数的语句是_____。
　　A. TR0 = 0;　　B. TR1 = 0;　　C. TR0 = 1;　　D. TR1 = 1;

(8) 51 单片机串行口发送/接收中断源的工作过程是:当串行口接收或发送完一帧数据时,将 SCON 中的_____,向 CPU 申请中断。
　　A. RI 或 TI 置 1　　　　　　　　B. RI 或 TI 清 0
　　C. RI 置 1 或 TI 清 0　　　　　　D. RI 置 0 或 TI 置 1

(9) 当 CPU 响应定时器 T1 的中断请求后,程序计数器 PC 的内容是_____。
　　A. 0x0003　　B. 0x000B　　C. 0x0013　　D. 0x001B

(10) 当 CPU 响应外部中断 0 的中断请求后,程序计数器 PC 的内容是_____。
　　A. 0x0003　　B. 0x000B　　C. 0x0013　　D. 0x001B

(11) 51 单片机在同一级别里除串行口外，级别最低的中断源是_____。

　　A. 外部中断 1　　B. 定时器 T0　　C. 定时器 T1　　D. 串行口

(12) 当外部中断 0 发出中断请求后，中断响应的条件是_____。

　　A. ET0 = 1　　B. EX0 = 1　　C. IE = 0x81　　D. IE = 0x61

(13) 51 单片机 CPU 关中断语句是_____。

　　A. EA = 1;　　B. ES = 1;　　C. EA = 0;　　D. EX0 = 1;

(14) 在定时/计数器的计数初值计算中，若设最大计数值为 M，对于工作方式 1 下的 M 值为_____。

　　A. $M = 2^{13} = 8\ 192$　　　　　　　　B. $M = 2^8 = 256$

　　C. $M = 2^4 = 16$　　　　　　　　　　D. $M = 2^{16} = 65\ 536$

5.2 填空题

(1) 51 单片机定时器的内部结构由以下四部分组成：

　　①_____，②_____，③_____，④_____。

(2) 51 单片机的定时/计数器，若只用软件启动，与外部中断无关，应使 TMOD 中的_____。

(3) 51 单片机的 T0 用做计数方式时，用工作方式 1（16 位），则工作方式控制字为_____。

(4) 定时器方式寄存器 TMOD 的作用是_____。

(5) 定时器控制寄存器 TCON 的作用是_____。

(6) 51 单片机的中断系统由_____、_____、_____、_____等寄存器组成。

(7) 51 单片机的中断源有_____、_____、_____、_____、_____。

(8) 如果定时器控制寄存器 TCON 中的 IT1 和 IT0 位为 0，则外部中断请求信号方式为_____。

(9) 中断源中断请求撤销包括_____、_____、_____等三种形式。

(10) 外部中断 0 的中断类型号为_____。

5.3 问答题

(1) 51 单片机定时/计数器的定时功能和计数功能有什么不同？分别应用在什么场合？

(2) 软件定时与硬件定时的原理有何异同？

(3) 51 单片机的定时/计数器是增 1 计数器还是减 1 计数器？增 1 和减 1 计数器在计数和计算计数初值时有什么不同？

(4) 当定时/计数器在工作方式 1 下，晶振频率为 6 MHz，请计算最短定时时间和最长定时时间各是多少？

(5) 51 单片机定时/计数器四种工作方式的特点有哪些？如何进行选择和设定？

(6) 什么叫中断？中断有什么特点？

(7) 51 单片机有哪几个中断源？如何设定它们的优先级？

(8) 外部中断有哪两种触发方式？如何选择和设定？

(9) 中断函数的定义形式是怎样的？

5.4 操作题

(1) 设计时间间隔为 1 s 的流水灯控制程序。

(2) 用单片机控制 8 个 LED 发光二极管，要求 8 个发光二极管按照 BCD 码格式循环显示 00～59，时间间隔为 1 s。

提示：

BCD（Binary Coded Decimal）码是用二进制数形式表示十进制数，例如十进制数 45，其 BCD 码形式为 0x45。BCD 码只是一种表示形式，与其数值没有关系。

BCD 码用 4 位二进制数表示一位十进制数，这 4 位二进制数的权为 8421，所以 BCD 码又称为 8421 码。

用4位二进制数表示一个十进制数,例如十进制数56、87和143的BCD码表示形式如下:

```
0101 0110 (56)
1000 0111 (87)
0001 0100 0011 (143)
```

(3) 可控霓虹灯设计。系统有8个发光二极管,在P3.2引脚连接一个按键,通过按键改变霓虹灯的显示方式。要求正常情况下8个霓虹灯依次顺序点亮,循环显示,时间间隔为1 s。当按键按下后8个霓虹灯同时亮灭一次,时间间隔为0.5 s。(按键动作采用外部中断0实现)。

项目 6 串行通信技术应用

扫一扫看本项目教学课件

本项目从单片机双机通信任务——银行动态密码获取系统设计入手,让读者对串行通信有一个初步的认识和了解;在串行通信基本概念的基础上,重点介绍 51 单片机的串行通信接口,以及单片机串行口与 PC 机之间的通信方法。

<table>
<tr><td rowspan="7">教学导航</td><td>知识重点</td><td>1. 串行通信基础知识;
2. 单片机串行口的结构、工作方式、波特率设置;
3. 单片机串行通信过程;
4. 查询方式与中断方式串行通信程序设计;
5. 采用串口扩展并行端口的方法</td></tr>
<tr><td>知识难点</td><td>串行通信程序设计</td></tr>
<tr><td>推荐教学方式</td><td>从工作任务入手,通过银行动态密码获取系统的设计与调试,让学生了解单片机串行通信接口的使用方法及串行通信的过程;通过手持终端数据上传项目的设计与调试,使学生进一步掌握基于单片机的终端设备与 PC 机通信的方法</td></tr>
<tr><td>建议学时</td><td>8 学时</td></tr>
<tr><td>推荐学习方法</td><td>首先动手完成工作任务,在任务中了解单片机串行通信接口与通信过程,并通过仿真调试掌握串行通信编程与调试方法</td></tr>
<tr><td>必须掌握的理论知识</td><td>单片机的串行通信、波特率、帧格式、通信过程</td></tr>
<tr><td>必须掌握的技能</td><td>单片机的串行通信的软硬件调试方法</td></tr>
</table>

任务 6-1 银行动态密码获取系统设计

1. 目的与要求

在银行业务系统中，为了提高柜员的登录安全和授权操作中的安全性，应采用动态口令系统。本任务通过单片机的双机通信实现动态密码的获取。假设甲机中存放的动态口令是 935467，甲机发送动态口令给乙机，乙机接收到动态口令后，在 6 个数码管上显示出来。

通过本任务的设计与制作，让读者理解串行通信与并行通信两种通信方式的异同，掌握串行通信的重要指标：字符帧和波特率，初步了解 51 单片机串行通信接口的使用方法。

2. 电路设计

银行动态密码获取系统的硬件电路如图 6.1 所示。甲机的 RXD（P3.0，串行数据接收端）引脚连接乙机的 TXD（P3.1，串行数据发送端）引脚，甲机的 TXD 引脚连接乙机的 RXD 引脚。值得注意的是，两个系统必须共地。

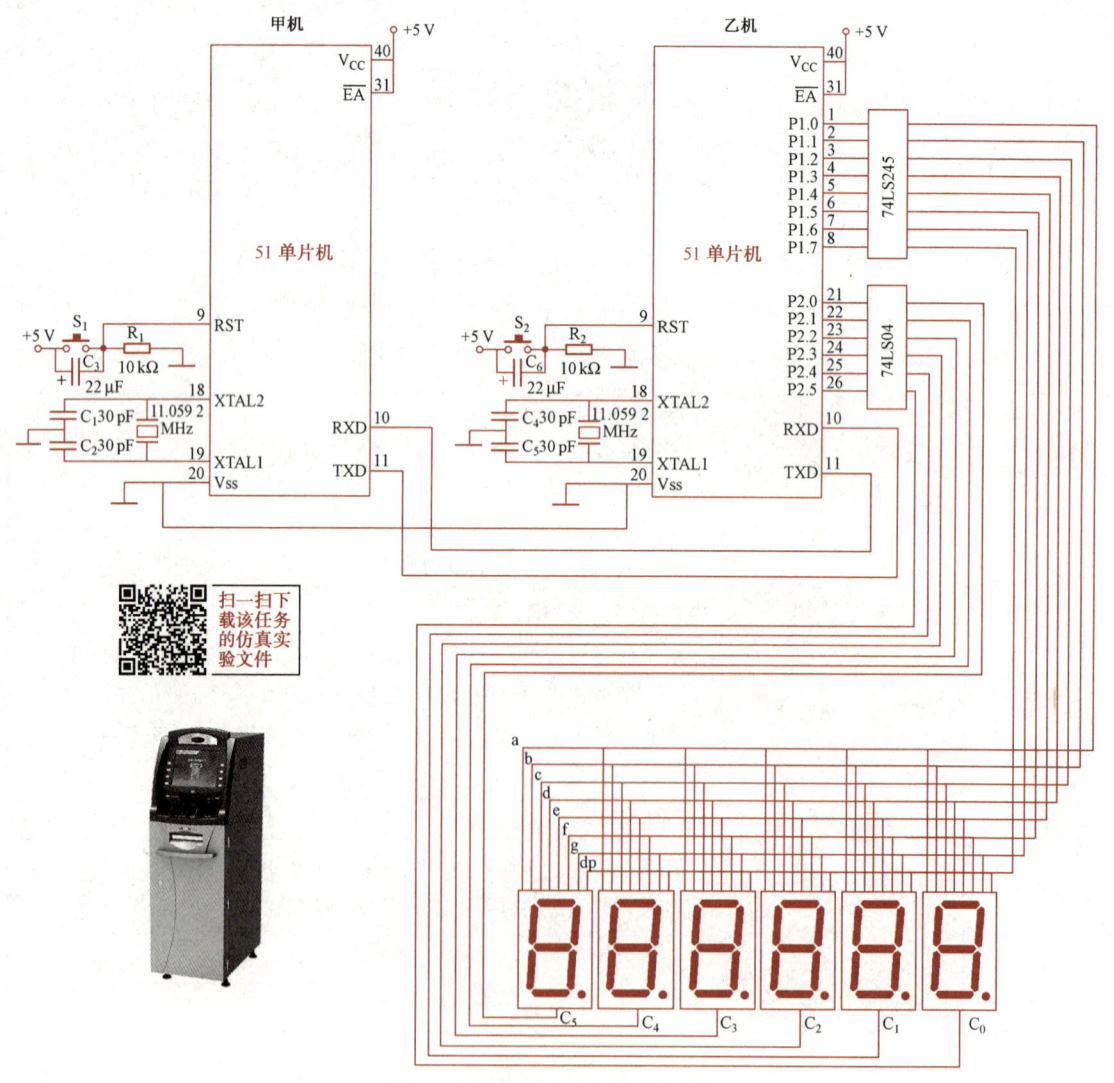

图 6.1 银行动态密码获取电路

乙机的 6 个数码管采用动态连接方式，各位共阳极数码管相应的段选控制端并联在一起，由 P1 口控制，用八同相三态缓冲器/线驱动器 74LS245 驱动。各位数码管的公共端，也称为"位选端"，由 P2 口控制，用六反相驱动器 74LS04 驱动。

> **小经验** 在单片机串行通信接口设计中，建议使用振荡频率为 11.0592 MHz 的晶振，可以计算出比较精确的波特率。尤其在单片机与 PC 机的通信中，必须使用 11.0592 MHz 的晶振。

3. 源程序设计

编制程序，单片机甲机中存放的动态口令是 935467，甲机发送动态口令给单片机乙机，乙机接收到数据以后在 6 个数码管上显示接收数据。

甲机发送数据程序如下：

```c
//程序：ex6_1.c
//功能：甲机发送数据程序，采用查询方式实现
#include<reg51.h>                //包含头文件 reg51.h，定义 51 单片机的专用寄存器
void main ( )                    //主函数
{
    unsigned char i;
    unsigned char send[]={9,3,5,4,6,7};  //定义要发送的动态密码数据
    TMOD=0x20;                   //定时器 T1 工作于方式 2
    TL1=0xf4;                    //波特率为 2 400 bps
    TH1=0xf4;
    TR1=1;
    SCON=0x40;                   //定义串行口工作于方式 1
    for ( i=0;i<6;i++)
    {
        SBUF=send[i];            //发送第 i 个数据
        while ( TI==0 );         //查询等待发送是否完成
        TI=0;                    //发送完成，TI 由软件清 0
    }
    while (1);
}
```

乙机接收及显示程序如下：

```c
//程序：ex6_2.c
//功能：乙机接收及显示程序，采用查询方式实现，采用中断方式实现的程序参见 6.3 节中的 ex6_5.c 程序
#include<reg51.h>                //包含头文件 reg51.h，定义 51 单片机的专用寄存器
unsigned char code tab[]={0xc0,0xf9,0xa4,0xb0,0x99,0x92,0x82,0xf8,0x80,
                          0x90};          //定义 0~9 共阳极显示字型码
unsigned char buffer[]={0x00,0x00,0x00,0x00,0x00,0x00};  //定义接收数据缓冲区
void disp ( void );              //显示函数声明
void main ( )                    //主函数
{
```

```c
    unsigned char i;
    TMOD=0x20;              //定时器T1工作于方式2
    TL1=0xf4;               //波特率定义
    TH1=0xf4;
    TR1=1;
    SCON=0x40;              //定义串行口工作于方式1
    REN=1;                  //接收允许
    for(i=0;i<6;i++)
      {
        while(RI==0);       //查询等待,RI为1时,表示接收到数据
        buffer[i]=SBUF;     //接收数据
        RI=0;               //RI由软件清0
      }
    for(;;) disp();         //显示接收数据
}
//函数名:disp
//函数功能:在6个LED上显示buffer中的6个数
//入口参数:无
//出口参数:无
void disp()
{
  unsigned char w,i,j;
  w=0x01;                   //位码赋初值
  for(i=0;i<6;i++)
  {
    P1=tab[buffer[i]];      //送共阳极显示字型段码,buffer[i]作为数组分量的下标
    P2=~w;                  //送反相后的位码
    for(j=0;j<100;j++);     //显示延时
    w<<=1;                  //w左移一位
  }
}
```

> 🔔 **小提示** （1）在双机通信程序设计中，甲机和乙机的通信波特率和工作方式设置必须一致。
>
> （2）发送和接收缓冲器的名字都是SBUF，二者具有相同的名字、相同的地址，但在物理上是两个寄存器，互相独立。当把数据写入SBUF时，写入的数据进入到发送缓冲器中；当从SBUF中读出数据时，操作的是接收数据缓冲器，例如下面的语句：
>
> ```
>     SBUF=send[i];          //发送第i个数据
>     buffer[i]=SBUF;        //接收数据
> ```
>
> （3）在上面的程序中，发送和接收都采用查询方式实现，发送数据时，查询TI标志位，接收数据时，查询RI标志位。查询完毕后，均由软件清零。
>
> （4）接收数据时，需要先设置接收允许位REN为1，表示允许接收。
>
> （5）程序调试运行时，首先运行乙机接收程序，再运行甲机发送程序。

4. 任务小结

从图 6.1 中可以看到，甲、乙双方单片机只连接了 3 根线，一根用于接收，一根用于发送，第三根为共地线，因此，单片机内部的数据向外传送（例如从甲机传送给乙机）时，不可能 8 位数据同时进行，在一个时刻只可能传送一位数据（例如，从甲机的发送端 TXD 传送一位数据到乙机的接收端 RXD），8 位数据依次在一根数据线上传送，这种通信方式称为**串行通信**。它与前面介绍的数据传送方式不同，单片机向外传送其内部的数据时，采用 8 位数据同时传送，这种通信方式称为**并行通信**。

通过分析程序还可以看出，通信双方都必须在通信之前设置工作方式和波特率，波特率用于定义串行通信的数据传输速度，而工作方式用于确定串行通信的帧格式。有关串行通信波特率、帧格式的设置方法及串行通信编程在 6.2 节和 6.3 节中介绍。

5. 举一反三

在很多应用中，串行通信的发送端和接收端需要约定发送和接收开始和结束的信号，称为握手信号。

编制程序处理双机串行通信中的握手信号，实现当单片机甲机先发送 0x01 给乙机，乙机接收到 0x01 后，向甲机发送应答信号 0x02，甲机收到 0x02 后（甲乙双方握手，准备发送和接收串行数据），甲机发送动态口令 935467 给单片机乙机，乙机接收到数据以后在 6 个数码管上显示接收数据，甲机发送完动态口令后，发送结束符 0xaa，乙机接收到结束符 0xaa 后，同时向甲机返回应答结束符 0xaa，甲机收到结束符 0xaa 后（甲乙双方再次握手），停止发送。采用这种方式的程序主函数参考如下。

```c
//程序：ex6_3.c
//功能：甲机发送程序，晶振频率 11.059 2 MHz，串行口工作于方式 1，波特率为 9 600 bps
#include<reg51.h>              //包含头文件 reg51.h，定义 51 单片机的专用寄存器
unsigned char send[]={9,3,5,4,6,7};   //定义要发送的数据
void main ( )                  //主函数
{
    unsigned char i;
    TMOD=0x20;                 //设置定时器 T1 的工作方式为方式 2
    TH1=0xfd;                  //设置串行口波特率为 9 600 bps
    TL1=0xfd;
    TR1=1;
    SCON=0x50;                 //设置串行口的工作方式为方式 1，允许接收
    do{
        SBUF=0x01;             //甲机先发送 0x01 给乙机
        while ( !TI );         //查询发送是否完毕
        TI=0;                  //发送完毕，TI 由软件清零
        while ( !RI );         //查询等待接收
        RI=0;                  //接收完毕，RI 由软件清零
    }while ( (SBUF^0x02) != 0 ); //判断是否收到 0x02，^为异或操作符，不是，则继
                                 //续循环
    for (i=0;i<6;i++)
    {
        SBUF=send[i];          //发送第 i 个数据
```

```c
            while(TI==0);              //查询等待发送是否完成
            TI=0;                      //发送完成,TI由软件清0
        }
        do{
            SBUF=0xaa;                 //发送结束符
            while(!TI);                //查询发送是否完毕
            TI=0;                      //发送完毕,TI由软件清零
            while(!RI);                //查询等待接收
            RI=0;                      //接收完毕,RI由软件清零
        }while(SBUF != 0xaa);          //判断是否收到应答结束符0xaa
    while(1);                          //待机状态
}
```

```c
//程序：ex6_4.c
//功能：乙机接收程序,晶振频率11.0592MHz,串行口工作于方式1,波特率为9 600 bps
#include<reg51.h>                      //包含头文件reg51.h,定义51单片机的专用寄存器
code unsigned char tab[]={0xc0,0xf9,0xa4,0xb0,0x99,0x92,0x82,0xf8,0x80,0x90};
                                       //定义0~9共阳极显示字型码
unsigned char buffer[]={0x00,0x00,0x00,0x00,0x00,0x00,0x00};
                                       //定义接收数据缓冲区
void main()                            //主函数
{
  unsigned char i;
    TMOD=0x20;                         //设置定时器T1的工作方式为方式2
    TH1=0xfd;                          //设置串行口波特率为9 600 bps
    TL1=0xfd;
    SCON=0x50;                         //设置串行口的工作方式为方式1,允许接收
    TR1=1;                             //启动定时器
    while(1)
    {
    do{ while(!RI) disp();             //查询等待接收,显示函数disp参见ex6_2.c
          RI=0;                        //接收完毕,RI由软件清零
      }while((SBUF^0x01) != 0);        //判断是否接收到0x01
    SBUF=0x02;                         //向甲机发送应答0x02
    while(!TI) disp();                 //查询发送是否完毕
    TI=0;                              //发送完毕,TI由软件清零
    i=0;
    do{
        while(!RI) disp();             //查询等待接收
        RI=0;                          //接收完毕,RI由软件清零
        buffer[i]=SBUF;                //接收数据
        i++;
      }while(SBUF != 0xaa);            //判断是否接收到结束符0xaa
    SBUF=0xaa;                         //发送应答结束符0xaa
    while(!TI) disp();                 //查询发送是否完毕
    TI=0;                              //发送完毕,TI由软件清零
    }
}
```

6.1 串行通信基础

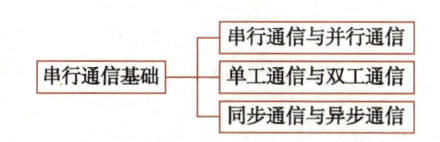

知识分布网络

串行通信基础 ── 串行通信与并行通信
　　　　　　 ── 单工通信与双工通信
　　　　　　 ── 同步通信与异步通信

6.1.1 串行通信与并行通信

在计算机系统中，通信是指部件之间的数字信号传输，通常有两种方式：并行通信和串行通信。**并行通信**，即数据的各位同时传送；**串行通信**，即数据一位一位地顺序传送。图 6.2 为这两种通信方式的电路连接示意图。表 6.1 对两种通信方式进行了比较。

（a）并行通信　　　　　　（b）串行通信

图 6.2　两种通信方式的电路连接形式

表 6.1　并行通信与串行通信的比较

比较项	并行通信	串行通信
数据传送特点	数据的各位同时传送	数据一位一位地顺序传送
传输速度	快	慢
通信成本	高，传输线多	低，传输线少
适用场合	不支持远距离通信，主要用于近距离通信，如计算机内部的总线结构，即 CPU 与内部寄存器及接口之间就采用并行传输	支持长距离传输，计算机网络中所使用的传输方式均为串行传输，单片机与外设之间大多使用各类串行接口，包括 UART、USB、I^2C、SPI 等

6.1.2 单工通信与双工通信

按照数据传送方向，串行通信可分为单工（simplex）、半双工（half duplex）和全双工（full duplex）三种制式，图 6.3 为三种制式的示意图。

在单工制式下，通信一方只具备发送器，另一方则只具备接收器，数据只能按照一个固定的方向传送，如图 6.3（a）所示。

在半双工制式下，通信双方都备有发送器和接收器，但同一时刻只能有一方发送，另一方接收；两个方向上的数据传送不能同时进行，其收发开关一般是由软件控制的电子开关，如图 6.3（b）所示。

在全双工通信制式下，通信双方都备有发送器和接收器，可以同时发送和接收，即数据

可以在两个方向上同时传送，如图 6.3（c）所示。

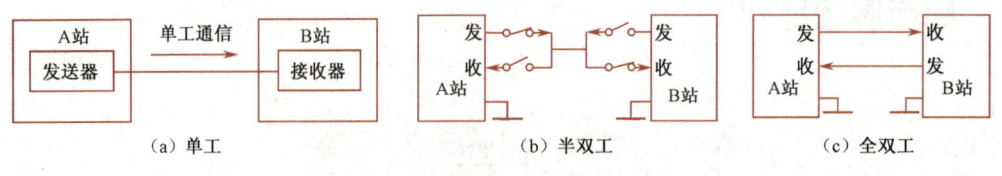

(a) 单工　　(b) 半双工　　(c) 全双工

图 6.3　单工、半双工和全双工三种制式

在实际应用中，尽管多数串行通信接口电路具有全双工功能，但一般情况下，只工作于半双工制式下，这种用法简单、实用。

6.1.3　异步通信与同步通信

按照串行数据的时钟控制方式，串行通信可分为异步通信和同步通信两类。

1. 异步通信（Asynchronous Communication）

在异步通信中，数据通常是以字符为单位组成字符帧传送的。字符帧由发送端一帧一帧地发送，每一帧数据是低位在前、高位在后，通过传输线由接收端一帧一帧地接收。发送端和接收端分别使用各自独立的时钟来控制数据的发送和接收，这两个时钟彼此独立，互不同步。

异步通信的好处是通信设备简单、便宜，但由于要传输其字符帧中的开始位和停止位，因此异步通信的开销所占比例较大，传输效率较低。

异步通信有两个比较重要的指标：字符帧格式和波特率。

1) 字符帧（Character Frame）

字符帧也称数据帧，由起始位、数据位、奇偶校验位和停止位四部分组成，如图 6.4 所示。

（1）起始位：位于字符帧开头，只占一位，为逻辑 0 低电平，用于向接收设备表示发送端开始发送一帧信息。

（2）数据位：紧跟起始位之后，根据情况可取 5 位、6 位、7 位或 8 位，低位在前，高位在后。

（3）奇偶校验位：位于数据位之后，仅占一位，用来表示串行通信中采用奇校验还是偶校验，由用户编程决定。

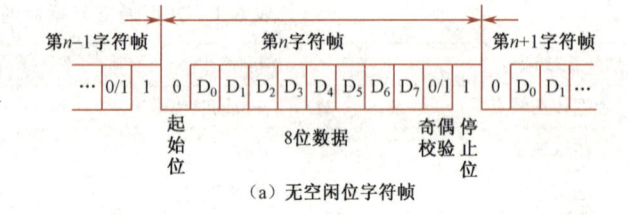

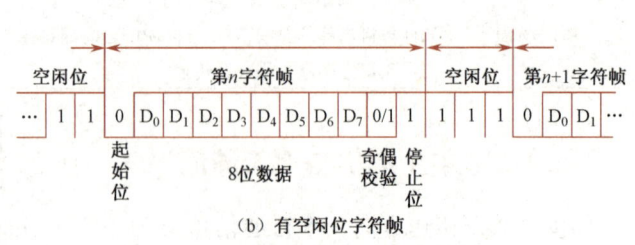

(a) 无空闲位字符帧

(b) 有空闲位字符帧

图 6.4　异步通信的字符帧格式

（4）停止位：位于字符帧最后，为逻辑 1 高电平。通常可取 1 位、1.5 位或 2 位，用于向接收端表示一帧字符信息已经发送完，也为发送下一帧做准备。

在串行通信中，两相邻字符帧之间可以没有空闲位，也可以有若干空闲位，这由用户来决定。图 6.4（a）表示无空闲位的字符帧格式，图 6.4（b）表示有 3 个空闲位的字符帧格式。

小知识 为了确保传送的数据准确无误,在串行通信中,经常在传送过程中进行相应的检测,奇偶校验是常用的检测方法。

奇偶校验的工作原理:P 是专用寄存器 PSW 的最低位,它的值根据累加器 A 的运算结果而变化。如果 A 中 "1" 的个数为偶数,则 P=0;如果为奇数,则 P=1。如果在进行串行通信时,把 A 的值(数据)和 P 的值(代表所传数据的奇偶性)同时发送,那么接收到数据后,也对接收数据进行一次奇偶校验。如果检验结果相符(校验后 P=0,而传送过来的校验位也等于 0;或者校验后 P=1,而传送过来的校验位也等于 1),就认为接收到的数据是正确的,反之,则是错误的。

异步通信在发送字符时,数据位和停止位之间可以有 1 位奇偶校验位。

2)波特率(Baud Rate)

波特率为每秒钟传送二进制数码的位数,单位为 b/s(位/秒)或 bps(bit per second 的缩写)。波特率用于表示数据传输的速度,波特率越高,数据传输的速度越快。通常,异步通信的波特率为 50~19 200 bps。

小问答 问:波特率和字符的实际传输速率一样吗?有什么区别?

答:二者不一样,波特率为每秒钟传送二进制数码的位数,用于表示数据传输的速度,波特率越高,数据传输的速度越快。但波特率和字符的实际传输速率不同,字符的实际传输速率是每秒内所传字符帧的帧数,和字符帧格式有关。

2. 同步通信(Synchronous Communication)

同步通信是一种连续串行传送数据的通信方式,一次通信只传输一帧信息。这里的信息帧和异步通信的字符帧不同,通常有若干个数据字符,如图 6.5 所示。图 6.5(a)为单同步字符帧结构,图 6.5(b)为双同步字符帧结构,但它们均由同步字符、数据字符和校验字符 CRC 三部分组成。在同步通信中,同步字符可以采用统一的标准格式,也可以由用户约定。同步通信的缺点是要求发送时钟和接收时钟保持严格的同步。

| 同步字符1 | 数据字符1 | 数据字符2 | … | 数据字符n | CRC$_1$ | CRC$_2$ |

(a)单同步字符帧格式

| 同步字符1 | 同步字符2 | 数据字符1 | 数据字符2 | … | 数据字符n | CRC$_1$ | CRC$_2$ |

(b)双同步字符帧格式

图 6.5 同步通信的字符帧格式

小问答 问:同步通信与异步通信各自的优缺点是什么?

答:同步通信的优点是数据传输速率较高,通常可达 56 000 bps 或更高,其缺点是要求发送时钟和接收时钟必须保持严格同步。

异步通信的优点是不需要发送与接收时钟同步,字符帧长度不受限制,故设备简单;缺点是字符帧中因包含起始位和停止位而降低了有效数据的传输速率。

6.2 51单片机的串行接口

知识分布网络：
- 单片机串行接口
  - 串行口结构
  - 设置工作方式
    - 控制寄存器SCON
    - 串行口工作方式
  - 设置波特率

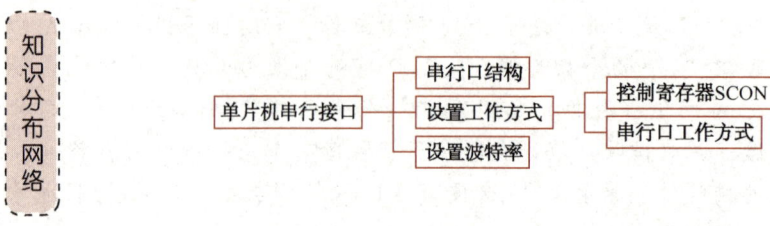

51单片机内部集成了1～2个可编程通用异步串行通信接口（Universal Asynchronous Receiver/Transmitter，即UART），采用全双工制式，可以同时进行数据的接收和发送，也可用做同步移位寄存器。该串行通信接口有四种工作方式，可以通过软件编程设置为8位、10位和11位的帧格式，并能设置各种波特率。

扫一扫看单片机串行口结构演示文稿

扫一扫看单片机串行口结构教学视频

6.2.1 串行口结构

51单片机的异步串行通信接口内部结构如图6.6所示，主要由串行口数据缓冲器SBUF、串行口控制寄存器SCON和波特率发生器构成，外部引脚有串行数据接收端RXD（P3.0）和串行数据发送端TXD（P3.1）。

串行口数据缓冲器SBUF用于存放发送/接收的数据；串行口控制寄存器SCON用于控制串行口的工作方式、表示串行口的工作状态；波特率发生器由定时器T1构成，波特率与单片机晶振频率、定时器T1初值、串行口工作方式以及波特率选择位SMOD有关。

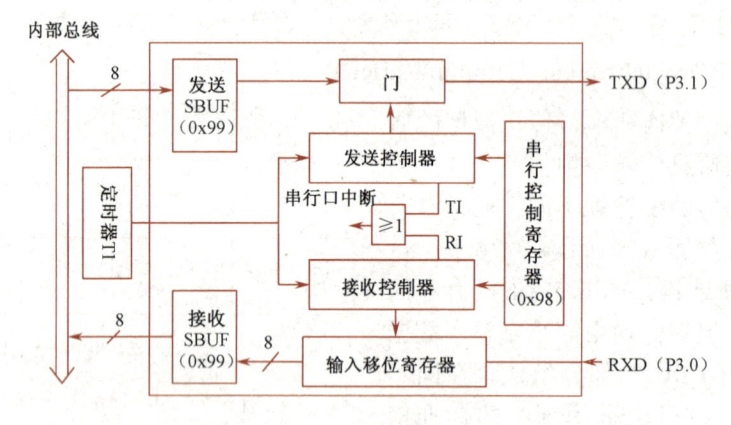

图6.6 串行口结构

两个基于单片机设备的相互通信称为**双机通信**。51单片机通过串行接口完成双机通信的硬件电路如图6.1所示，通信双方只连接了3根线，甲方（乙方）发送端TXD与乙方（甲方）接收端RXD相连，同时双方共地。

双机通信的控制程序设计主要包括串口初始化和数据发送/接收两大模块，其中，串口初始化实现工作方式设置、波特率设置、启动波特率发生器和允许接收等功能。在进行双机通信时，两机应采用相同的工作方式和波特率，因此收、发双方的串口初始化程序模块基本相同，采用查询方式的发送、接收程序参见任务6-1。

6.2.2 设置工作方式

51 单片机的串行口有四种工作方式，通过写串口控制寄存器 SCON 来设置。

1. 串行口控制寄存器 SCON

SCON 用来控制串行口的工作方式和状态，可以进行位寻址，字节地址为 0x98。单片机复位时，所有位全为 0，其格式如图 6.7 所示。

SCON（0x98）

| SM0 | SM1 | SM2 | REN | TB8 | RB8 | TI | RI |

图 6.7 SCON 的各位定义

对各位的含义说明如表 6.2 所示。

表 6.2 SCON 各位含义

控制位		说明			
		SM0	SM1	工作方式	功能	波特率

控制位		说明
SM0 SM1	工作方式选择位	SM0=0, SM1=0 方式0 8位同步移位寄存器 $f_{osc}/12$ SM0=0, SM1=1 方式1 10位 UART 可变 SM0=1, SM1=0 方式2 11位 UART $f_{osc}/64$ 或 $f_{osc}/32$ SM0=1, SM1=1 方式3 11位 UART 可变
SM2	多机通信控制位	在方式 0 中，SM2 应为 0。在方式 1 处于接收时，若 SM2=1，则只有当收到有效的停止位后，RI 才置 1。在方式 2、3 处于接收时，若 SM2=1，且接收到的第 9 位数据 RB8 为 0 时，则不激活 RI；若 SM2=1，且 RB8=1 时，则置 RI=1。在方式 2、3 处于发送方式时，若 SM2=0，则不论接收到的第 9 位 RB8 为 0 还是为 1，TI、RI 都以正常方式被激活
REN	允许串行接收位	由软件置位或清零。REN=1 时，允许接收；REN=0 时，禁止接收。在任务 6-1 中由于乙机用于接收数据，因此 REN=1，允许乙机接收
TB8	发送数据的第 9 位	在方式 2 和方式 3 中，由软件置位或清零。一般可做奇偶校验位。在多机通信中，可作为区别地址帧或数据帧的标志位，一般约定地址帧时 TB8 为 1，数据帧时 TB8 为 0
RB8	接收数据的第 9 位	功能同 TB8
TI	发送中断标志位	在方式 0 中，发送完 8 位数据后，由硬件置位；在其他方式中，在发送停止位之初由硬件置位。因此，TI=1 是发送完一帧数据的标志，其状态既可供软件查询使用，也可请求中断。TI 位必须由软件清零
RI	接收中断标志位	在方式 0 中，接收完 8 位数据后，由硬件置位；在其他方式中，当接收到停止位时该位由硬件置 1。因此，RI=1 是接收完一帧数据的标志，其状态既可供软件查询使用，也可请求中断。RI 位也必须由软件清零

例如：下述语句定义串行口工作于方式 1，并允许接收数据。

```
SCON=0x50;        //定义串行口工作于方式1，并允许接收数据
```

2. 串行口工作方式

1) 方式 0

在方式 0 下，串行口做同步移位寄存器使用，其波特率固定为 $f_{osc}/12$。串行数据从 RXD（P3.0）端输入或输出，同步移位脉冲由 TXD（P3.1）送出。这种方式通常用于扩展 I/O 端口。

关于串行口方式 0 的具体应用参见任务 6-3 和第 6.5 节。

2) 方式 1

任务 6-1 中，收发双方都是工作在方式 1 下，此时，串行口为波特率可调的 10 位通用异步接口 UART，发送或接收的一帧信息包括 1 位起始位 0、8 位数据位和 1 位停止位 1。其帧格式如图 6.8 所示。

图 6.8 方式 1 下 10 位帧格式

发送时，当数据写入发送缓冲器 SBUF 后，启动发送器发送，数据从 TXD 输出。当发送完一帧数据后，置中断标志 TI 为 1。方式 1 下的波特率取决于定时器 T1 的溢出率和 PCON 中的 SMOD 位，参见第 6.2.3 节。

接收时，REN 置 1，允许接收，串行口采样 RXD，当采样由 1 到 0 跳变时，确认是起始位"0"，开始接收一帧数据。当 RI = 0，且停止位为 1 或 SM2 = 0 时，停止位进入 RB8 位，同时置中断标志 RI；否则信息将丢失。所以，采用方式 1 接收时，应先用软件清除 RI 或 SM2 标志。

3) 方式 2

在方式 2 下，串行口为 11 位 UART，传送波特率与 SMOD 有关。发送或接收的一帧数据包括 1 位起始位 0、8 位数据位、1 位可编程位（用于奇偶校验）和 1 位停止位 1，其帧格式如图 6.9 所示。

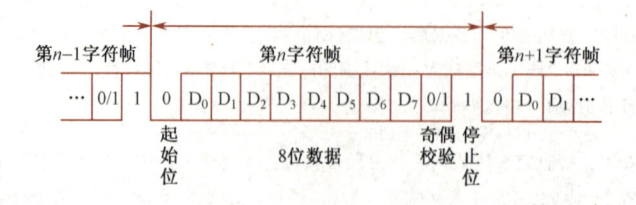

图 6.9 方式 2 下 11 位帧格式

发送时，先根据通信协议由软件设置 TB8，然后将要发送的数据写入 SBUF，启动发送。写 SBUF 的语句，除了将 8 位数据送入 SBUF 外，同时还将 TB8 装入发送移位寄存器的第 9

位，并通知发送控制器进行一次发送，一帧信息即从 TXD 发送。在发送完一帧信息后，TI 被自动置 1，在发送下一帧信息之前，TI 必须在中断服务程序或查询程序中清零。

当 REN=1 时，允许串行口接收数据。当接收器采样到 RXD 端的负跳变，并判断起始位有效后，数据由 RXD 端输入，开始接收一帧信息。当接收器接收到第 9 位数据后，若同时满足以下两个条件：RI=0 和 SM2=0 或接收到的第 9 位数据为 1，则接收数据有效，将 8 位数据送入 SBUF，第 9 位送入 RB8，并置 RI=1。若不满足上述两个条件，则信息丢失。

4）方式 3

方式 3 为波特率可变的 11 位 UART 通信方式，除了波特率以外，方式 3 与方式 2 完全相同。

6.2.3 设置波特率

51 单片机的串行口通过编程可以有四种工作方式，其中方式 0 和方式 2 的波特率是固定的，方式 1 和方式 3 的波特率可变，由定时器 T1 的溢出率决定。

1. 方式 0 和方式 2

在方式 0 中，波特率为时钟频率的 1/12，即 $f_{osc}/12$，固定不变。

在方式 2 中，波特率取决于 PCON 中的 SMOD 值，当 SMOD=0 时，波特率为 $f_{osc}/64$；当 SMOD=1 时，波特率为 $f_{osc}/32$，即波特率 $=\dfrac{2^{SMOD}}{64}\times f_{osc}$。

> **小知识** 电源及波特率选择寄存器 PCON 是为 CHMOS 型单片机的电源控制而设置的专用寄存器，字节地址为 0x87，不可以位寻址。其格式如图 6.10 所示。
>
> PCON（0x87）
>
> | SMOD | × | × | × | GF1 | GF0 | PD | IDL |
> |------|---|---|---|-----|-----|----|----|
>
> 图 6.10 PCON 的各位定义
>
> 与串行通信有关的只有 SMOD 位。SMOD 为波特率选择位。在方式 1、2 和 3 时，串行通信的波特率与 SMOD 有关。当 SMOD=1 时，通信波特率乘以 2，当 SMOD=0 时，波特率不变。
>
> 其他各位用于电源管理，在此不再赘述。

2. 方式 1 和方式 3

在方式 1 和方式 3 下，波特率由定时器 T1 的溢出率和 SMOD 共同决定，即：

$$波特率=\dfrac{2^{SMOD}}{32}\times T1\ 溢出率$$

其中 T1 的溢出率取决于单片机定时器 T1 的计数速率和定时器的预置值。当定时器 T1 设置在定时方式时，定时器 T1 溢出率＝（T1 计数速率）/（产生溢出所需机器周期数），T1 计数速率 $=f_{osc}/12$，产生溢出所需机器周期数＝定时器最大计数值 M－计数初值 X，所以串行接口工作在方式 1 和方式 3 时的波特率计算公式如下：

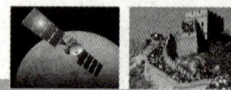

$$\text{波特率} = \frac{2^{\text{SMOD}}}{32} \times \frac{f_{\text{osc}}}{12 \times (M-X)}$$

实际上,当定时器 T1 做波特率发生器使用时,通常是工作在定时器的工作方式 2 下,即作为一个自动重装载初值的 8 位定时器,TL1 做计数用,自动重装载的值在 TH1 内。此时,M=256,可得:

$$\text{波特率} = \frac{2^{\text{SMOD}}}{32} \times \frac{f_{\text{osc}}}{12 \times (256-X)}$$

$$\text{计数初值 } X = 256 - \frac{2^{\text{SMOD}}}{32} \times \frac{f_{\text{osc}}}{12 \times \text{波特率}}$$

表 6.3 列出了常用的波特率及获得方法。

表 6.3 常用的波特率及获得方法

波特率	f_{osc}（MHz）	SMOD	定时器 T1		
			C/$\overline{\text{T}}$	方式	初始值
方式 0：1 Mbps	12	×	×	×	×
方式 2：375 kbps	12	1	×	×	×
方式 1、3：62.5 kbps	12	1	0	2	0xFF
19.2 kbps	11.059 2	1	0	2	0xFD
9.6 kbps	11.059 2	0	0	2	0xFD
4.8 kbps	11.059 2	0	0	2	0xFA
2.4 kbps	11.059 2	0	0	2	0xF4
1.2 kbps	11.059 2	0	0	2	0xE8
137.5 kbps	11.986	0	0	2	0x1D
110 bps	6	0	0	2	0x72
110 bps	12	0	0	1	0xFEEB

综上所述,设置串口波特率的步骤如下:

(1) 写 TMOD,设置定时器 T1 的工作方式;

(2) 给 TH1 和 TL1 赋值,设置定时器 T1 的初值 X;

(3) 置位 TR1,启动定时器 T1 工作,即启动波特率发生器。

例如,在任务 6-1 中,f_{osc}=11.059 2 MHz,要求设置串行通信的波特率为 2 400 bps。对照表 6.3,定时器 T1 工作于方式 2,初值应为 0xF4。程序 ex6_1.c 中波特率的设置程序段如下:

```
TMOD=0x20;          //定时器 T1 工作于方式2下
TL1=0xf4;           //初值设置,波特率为 2 400 bps
TH1=0xf4;
TR1=1;
```

项目6 串行通信技术应用

> **小问答**
>
> 问：对于增强型51单片机如STC89C516RD+（见下图），若使用的晶振频率为 $f_{osc}=$ 22.118 4 MHz，需设定波特率为9 600 bps，应如何编写串行通信初始化程序段？
>
> 答：程序段如下。
>
> ```
> SCON=0x40;     //定义串行口工作于方式1
> TMOD=0x20;     //定时器T1工作于方式2
> TL1=0xfa;      //波特率定义
> TH1=0xfa;
> TR1=1;
> ```

6.3 51单片机串行口工作过程

知识分布网络

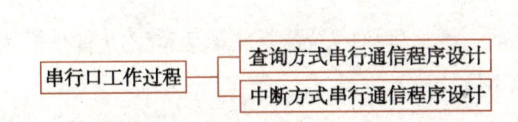

串行口工作过程 —— 查询方式串行通信程序设计
　　　　　　　└ 中断方式串行通信程序设计

51单片机串行口可以采用查询方式或中断方式进行串行通信编程。

6.3.1 查询方式串行通信程序设计

任务6-1中的程序 ex6_1.c 和 ex6_2.c 采用的就是查询方式，查询方式的工作过程如下。

1. 发送过程

（1）串口初始化。设置工作方式（帧格式）、设置波特率（传输速率）、启动波特率发生器（T1）。程序 ex6_1.c 中的串口初始化程序段如下：

```
TMOD=0x20;     //定时器T1工作于方式2
TL1=0xf4;      //波特率为2 400 bps
TH1=0xf4;
TR1=1;
SCON=0x40;     //定义串行口工作于方式1
```

（2）发送数据。将要发送的数据送入 SBUF，即可启动发送。此时串口自动按帧格式将 SBUF 中的数据组装为数据帧，并在波特率发生器的控制下将数据帧逐位发送到 TXD 端（最低位先发）。当发送完一帧数据后，单片机内部自动置中断标志 TI 为 1。

```
SBUF=send[i];     //发送第i个数据
```

（3）判断一帧是否发送完毕。判断 TI 是否为 1，是则表示发送完毕，可以继续发送下一帧；否则继续判断直至发送结束。

195

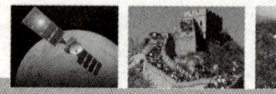

```
            while(TI==0);              //查询等待发送是否完成
```

(4) 清零发送标志位 TI。

```
            TI=0;                      //发送完成，TI 由软件清 0
```

(5) 跳转到 (2)，继续发送下一帧数据。

2. 接收过程

(1) 串口初始化。设置工作方式（帧格式）、设置波特率（传输速率）、启动波特率发生器（T1）。值得注意的是，发送方和接收方的初始化必须一致。

(2) 允许接收。置位 SCON 寄存器的 REN 位。此时串行口采样 RXD，当采样到由 1 到 0 跳变时，确认是起始位 "0"，开始在波特率发生器的控制下将 RXD 端接收的数据逐位送入 SBUF，一帧数据接收完毕后单片机内部自动置中断标志 RI 为 1。

```
            REN=1;                     //接收允许
```

(3) 判断是否接收到一帧数据。判断 RI 是否为 1，是则表示接收完毕，接收到的数据已存入 SBUF；否则继续判断直至一帧数据接收完毕。

```
            while(RI==0);              //查询等待接收标志为1，表示接收到数据
```

(4) 清零接收标志位 RI。

```
            RI=0;                      //RI 由软件清 0
```

(5) 转存数据。读取 SBUF 中的数据并转存到存储器中。

```
            buffer[i]=SBUF;            //接收数据
```

(6) 跳转到 (2)，继续接收下一帧数据。

> **小提示** 串行通信的方式 1、2 和 3 都可以按照上述接收和发送过程来完成通信。对于方式 0，接收和发送数据都由 RXD 引脚实现，TXD 引脚输出同步移位时钟脉冲信号。

6.3.2 中断方式串行通信程序设计

在很多应用中，双机通信的接收方采用中断方式来接收数据，以提高 CPU 的工作效率，发送方仍然采用查询方式。

51 单片机串行口中断分为发送中断和接收中断两种。每当串行口发送或接收完一帧串行数据后，串行口电路自动将串行口控制寄存器 SCON 中的 TI、RI 中断标志位置位，并向 CPU 发出串行口中断请求，CPU 响应串行口中断后便立即转入串行口中断服务程序执行。

51 单片机串行口的中断类型号是 4，其中断服务程序格式如下：

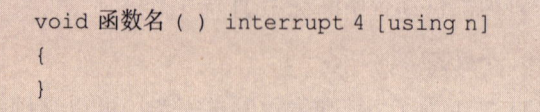

```
            void 函数名() interrupt 4 [using n]
            {
            }
```

其中，n 为单片机工作寄存器组的编号，共四组，取值为 0、1、2、3，默认值为 0。

将任务 6-1 中的接收程序 ex6_2.c 采用中断方式编写，参考程序如下。

```c
//程序：ex6_5.c
//功能：乙机接收程序，采用中断方式实现
#include<reg51.h>            //包含头文件 reg51.h，定义 51 单片机的专用寄存器
code unsigned char tab[]={0xc0,0xf9,0xa4,0xb0,0x99,0x92,0x82,0xf8,0x80,
                         0x90};    //定义 0~9 共阳极显示字型码
unsigned char buffer[]={0x00,0x00,0x00,0x00,0x00,0x00};    //定义接收数据缓冲区
unsigned char i;              //定义全局变量 i
void main()                   //主函数
{
    TMOD=0x20;                //定时器 T1 工作于方式 2
    TL1=0xf4;                 //波特率定义
    TH1=0xf4;
    TR1=1;
    SCON=0x40;                //定义串行口工作于方式 1
    REN=1;                    //接收允许
    ES=1;                     //开串行口中断
    EA=1;                     //开总中断允许位
    i=0;
    while(1) disp();          //显示函数 disp() 参见任务6-1的ex6_2.c程序
}
//函数名：serial
//函数功能：串行口中断接收数据
//形式参数：无
//返回值：无
void serial() interrupt 4     //串口中断类型号为4
{
    EA=0;                     //关中断
    RI=0;                     //软件清除中断标志位
    buffer[i]=SBUF;           //接收数据
    i++;
    if(i==6) i=0;
    EA=1;                     //开中断允许位
}
```

> **小提示** 数据传送可采用中断和查询两种方式编程。无论用哪种方式，都要借助于 TI 或 RI 标志。串行口发送时，当 TI 置 1（发送完一帧数据）后向 CPU 申请中断，在中断服务程序中要用软件把 TI 清零，以便发送下一帧数据。采用查询方式时，CPU 不断查询 TI 的状态，只要 TI 为 0 就继续查询，TI 为 1 就结束查询，TI 为 1 后也要及时用软件把 TI 清零，以便发送下一帧数据。

任务6-2 移动终端数据上传系统设计

1. 目的与要求

基于单片机的移动终端设备，如手持抄表器、巡更器、车载公交收费机等，通常需要在

现场记录数据，并于事后上传到 PC 主机的数据库中以供存储、查询及分析，或者从 PC 机上接收命令或设置。

通过移动终端数据上传系统的设计与制作，实现 PC 机和单片机之间的通信，学习单片机和 PC 机的串行通信方法、单片机和 PC 机串行通信协议、电平转换技术，以及单片机和 PC 机数据收发程序设计方法。

本任务要求基于 51 单片机的数据终端设备和 PC 机之间按以下协议进行通信：

（1）PC 机发送数据串给数据终端，以 0x0A 作为数据串的结束字符；数据终端接收到 PC 机发来的数据后，再将数据回传到 PC 机。

（2）设置 PC 机和数据终端的波特率为 2 400 bps；帧格式为 10 位，包括 1 位起始位、8 位数据位、1 位停止位，无校验位。

2. 电路设计

基于 51 单片机的手持终端串行通信硬件电路如图 6.11 所示。电路中采用 MAX232 芯片实现电平转换，它可以将单片机 TXD 端输出的 TTL 电平转换成 RS-232C 标准电平。PC 机的 9 针串行接口通过 9 芯串口线与手持终端上的 9 针串口插座 D 连接，9 针串口插座通过 MAX232 芯片和单片机 UART 连接，MAX232 的 13、14 引脚接 9 芯串口插座；11、12 引脚接至单片机的 TXD 和 RXD 端。

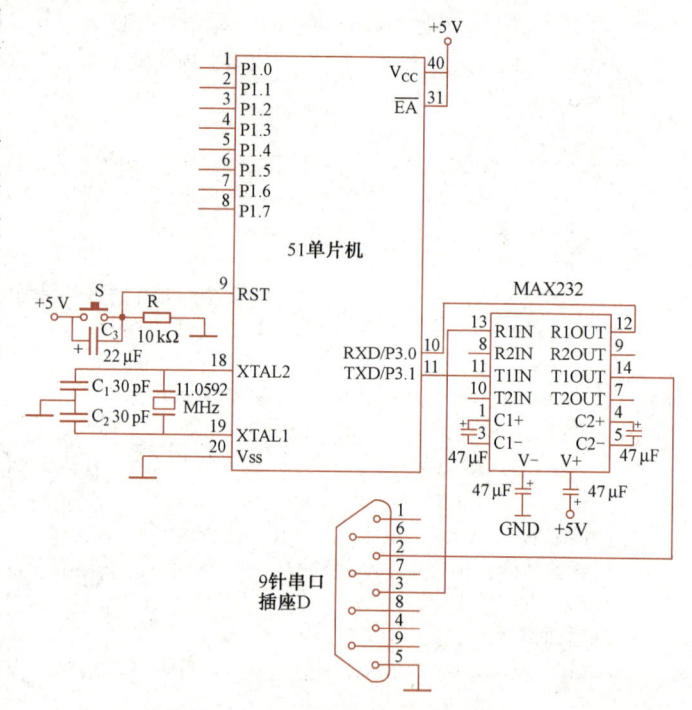

图 6.11 PC 机与单片机通信电路

> **小知识** 51 单片机输入、输出的逻辑电平为 TTL 电平；而 PC 机配置的 RS-232C 标准接口逻辑电平为负逻辑。逻辑"0"：+5~+15 V，而逻辑"1"：-5~-15 V，所以单片机与 PC 机之间的通信要增加电平转换电路，常用的电平转换芯片有 MAX232 等。

3. 数据终端程序设计

PC 机端的通信程序通常采用高级语言 VC、VB 等来编写，单片机通信程序采用嵌入式 C 语言来编写。通信程序调试时，PC 机端（也称为上位机）可以采用"串口调试助手"软件来帮助调试。由于通信时发送者为主动方而接收者为被动方，通常单片机通信程序设计时，接收数据采用中断方式处理，发送数据采用查询方式处理。

基于 51 单片机的移动终端串口通信程序如下：

```c
//程序：ex6_6.c
//功能：移动终端数据上传程序，晶振为11.059 2 MHz
#include<reg51.h>              //包含头文件reg51.h，定义51单片机的专用寄存器
#define uchar unsigned char    //为了书写方便，用符号uchar来定义无符号字符型变量
#define MAX_LEN   50           //接收缓冲区最大长度为50
uchar  readCounts;             //接收数据个数
uchar  trdata[MAX_LEN];        //发送暂存缓冲区
uchar  sendlen;                //发送数据长度
bit    frameFlag;              //接收完数据标志
void send_string_com(uchar *str,uchar strlen);    //发送字符串函数声明
void main()                    //主函数
{
    TMOD=0x20;                 //定时器T1为工作方式2
    TH1=0xf4;                  //设置串行口波特率为2 400 bps
    TL1=0xf4;
    TR1=1;                     //启动波特率发生器
    SCON=0x50;                 //串行口工作于方式1，允许接收
    EA=1;                      //开总中断允许位
    ES=1;                      //开串行口中断
    while(1)
    {
      if(frameFlag)            //接收完数据标志为1
      { frameFlag=0;           //调用发送字符串函数，将接收的数据发送出去
        send_string_com(trdata,sendlen); }
    }
}
//函数名：send_string_com
//功能：向串口发送一个字符串，strlen为该字符串长度
//形式参数：*str，字符串指针；strlen，字符串长度
//返回值：无
void send_string_com(uchar *str,uchar strlen)
{
    uchar k;
    for(k=0;k< strlen;k++)
    {  SBUF=*(str+k);          //将单元地址为str+k的内容赋给专用寄存器SBUF，启动发送
       while(TI==0);           //等待发送完毕
       TI=0;                   //软件清零
    }
}
//函数名：serial
//功能：串行口中断函数，接收来自PC机的数据
//形式参数：无
//返回值：无
void serial() interrupt 4      //串行口中断类型号是4
{
    uchar rxch;
```

```
        if(RI)                          //中断标志RI=1,数据接收
        {
          RI=0;                         //软件清零
          rxch=SBUF;                    //读缓冲
          trdata[readCounts]=rxch;      //存入数组,供发送
          readCounts++;                 //接收字符个数增1
          if(rxch==0x0A)                //字符串结束标志
            { frameFlag=1;              //设置接收完标志位
              sendlen=readCounts;       //接收字符串长度存入sendlen
              readCounts=0; }
        }
```

小知识 指针是C语言的一个特殊的变量,它存储的数值被解释成为内存的一个地址。指针定义的一般形式如下:

> 数据类型   *指针变量名;

例如:

> int i,j,k,*i_ptr;   //定义整型变量i、j、k和整型指针变量i_ptr

指针运算包括以下两种:

(1) 取地址运算符。取地址运算符&是单目运算符,其功能是取变量的地址,例如:

> i_ptr=&i;   //变量i的地址送给指针变量i_ptr

(2) 取内容运算符。取内容运算符*是单目运算符,用来表示指针变量所指单元的内容,在星号运算符*之后跟的必须是指针变量。例如:

> j=*i_ptr;   //将i_ptr所指单元的内容赋给变量j

可以把数组的首地址赋予指向数组的指针变量。例如:

> int a[5],*ap;
> ap=a;   //数组名表示数组的首地址,故可赋予指向数组的指针变量

也可以写成:

> ap=&a[0];   //数组第一个元素的地址也是整个数组的首地址,也可赋予指针变量ap

还可以采用初始化赋值的方法:

> int a[5],*ap=a;

也可以把字符串的首地址赋予指向字符类型的指针变量。例如:

> unsigned char *cp;
> cp="Hello World!";

这里应该说明的是,并不是把整个字符串装入指针变量,而是把存放该字符串的字符数组的首地址装入指针变量。

项目6 串行通信技术应用

对于指向数组的指针变量，可以进行加减运算，例如：

  cp--;   //cp 指向上一个数组元素
  ap++;   //ap 指向下一个数组元素

在程序 ex6_6.c 中，函数 send_string_com( ) 定义了指针类型的形式参数如下：

  uchar *str;

该形式参数表示一个无符号字符型变量的地址。函数中采用了以下赋值语句：

  SBUF=*(str+k); //将单元地址为 str+k 的内容赋给专用寄存器 SBUF，启动发送

在调用该函数时，直接把数组 trdata [ ] 的数组名作为实际参数代入即可，因为数组名表示数组的首地址，故可直接赋予指向数组的指针变量。

4. 调试并运行程序

在进行 PC 机与移动终端串行通信软硬件调试时，最简单的方法是在 PC 机上安装"串口调试助手"应用软件，只要设定好波特率等参数就可以直接使用。调试成功后再在 PC 机上运行自己编写的通信程序，与移动终端进行联调。

先在 PC 机上安装"串口调试助手"应用程序，连接 PC 机与移动终端的通信电路，然后进行以下测试。

（1）在 PC 上运行"串口调试助手"程序，设置波特率参数如图 6.12 所示。
（2）给移动终端上电。
（3）在"串口调试助手"主界面中，用 PC 机的键盘在下部发送窗口中输入十六进制数据并以"0x0A"作为结束字符，单击"手动发送"按钮。
（4）在 PC 机接收窗口观察所接收到的数据，是否与发送数据一致。

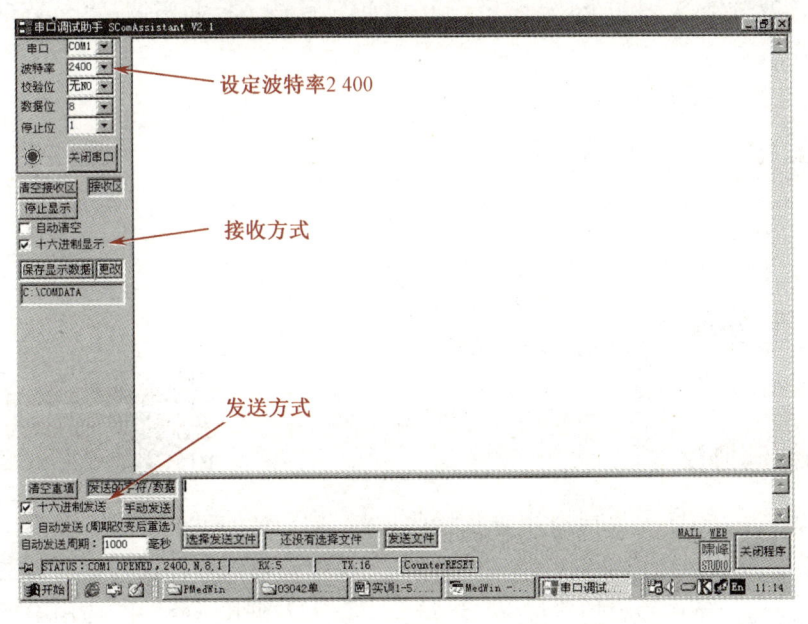

图 6.12 "串口调试助手"程序的参数设置

5. 任务小结

通过 PC 机与基于 51 单片机的数据终端的通信程序调试，让读者了解上位机 PC 机和单片机进行串口通信的电路设计和控制程序设计方法，尤其是串行通信软硬件调试方法。

6. 举一反三

实现用 PC 机作为控制主机、单片机控制交通灯为从机的远程控制系统。主、从机双方除了要有统一的数据格式、波特率外，还要约定一些握手应答信号，即通信协议，如表 6.4 所示。

表 6.4　交通灯控制系统 PC 与单片机通信协议

主机（PC）		从机（单片机）	
发送命令	接收应答信息	接收命令	回发应答信息
0x01	0x01	0x01	0x01
命令含义：紧急情况，要求所有方向均为红灯，直到解除命令			
0x02	0x02	0x02	0x02
命令含义：解除命令，恢复正常交通指示灯状态			

协议说明：

（1）通过 PC 机键盘输入 0x01 命令，发送给单片机；单片机收到 PC 机发来的命令后，进入紧急情况状态，将两个方向的交通指示灯都变为红灯，再发送 0x01 作为应答信号，PC 机收到应答信号并在屏幕上显示出来。

（2）通过 PC 机键盘输入 0x02 命令，发送给单片机；单片机收到 PC 机发来的命令后，恢复正常交通灯指示状态，并回送 0x02 作为应答信号，PC 机屏幕上显示 0x02。

（3）设置主、从机的波特率为 2 400 bps；帧格式为 10 位，包括 1 位起始位、8 位数据位、1 位停止位，无校验位。

6.4　串行通信协议

知识分布网络：

串行通信协议 → 常用串行通信协议 → UART / SPI / I²C
　　　　　　 → EIA 串行通信标准

扫一扫看常用串行通信协议演示文稿

6.4.1　常用串行通信协议

微处理器中常用的集成串行总线包括通用异步接收发送器（UART）、串行外设接口（Serial Peripheral Interface，SPI）、内部集成电路（I^2C）等，而微处理器与外设的接口则主要有美国电子工业协会（EIA）的串行通信接口（RS-232、RS-422 和 RS-485）、通用串行总线（USB）以及 IEEE 1394 接口（firewire）等。

1. 通用异步串行接口 UART

UART 是一种通用串行数据总线，用于异步通信。该总线双向通信，可以实现全双工传送和接收。在嵌入式设计中，UART 用于微处理器控制外围器件与 PC 机进行通信。本项目中讨论的 51 单片机串行接口即为 UART 接口。

目前，市场上使用的 UART 接口有两种：异步通信接口、异步与同步通信接口。例如：摩托罗拉微控制器中的串行通信接口（SCI），只支持异步通信的接口；而 Microchip 微控制器中的通用同步/异步收发器（USART）、富士通微控制器中的 UART，51 单片机中的串行通信接口 UART 都是同时支持异步通信和同步通信的典型实例。

2. 串行外设接口 SPI

串行外设接口（SPI）是由摩托罗拉公司开发的全双工同步串行总线，该总线大量用在与 E^2PROM、ADC、FRAM 和显示驱动器之类的慢速外设器件通信。

该总线的通信方式采用主—从配置方式。它有以下四个信号：MOSI（主出/从入）、MISO（主入/从出）、SCK（串行时钟）、SS（从属选择）。芯片上 SS 的引脚数决定了可连到总线上的器件数量。在 SPI 传输过程中，数据是同步进行发送和接收的。数据传输的时钟来自主处理器的时钟脉冲 SCK。

SPI 传输串行数据时首先传输最高位。波特率可高达 5 Mbps，具体速度取决于 SPI 硬件。例如，Xicor 公司的 SPI 串行器件传输速度能达到 5 Mbps。

AVR Atmeg 16 单片机中就集成了 SPI 通信接口。很多外部接口芯片也是采用的 SPI 通信接口，例如时钟模块 S35190A。

3. 双线同步总线 I^2C 总线

I^2C（Inter-Intergrated Circuit）总线是由工荷兰飞利浦（Philips）公司推出的芯片间串行传输总线，它以两根连线实现完善的全双工同步数据传送，可以方便地构成多机系统和外围设备扩展系统。它是同步通信的一种特殊形式，具有接口线少、控制方式简单、器件封装体积小、通信速率较高等优点，已经成为微电子通信控制领域广泛采用的一种总线标准。

I^2C 总线由 SDA（串行数据线）和 SCL（串行时钟线）两根线构成，可在 CPU 与被控 IC 之间、IC 与 IC 之间进行发送和接收数据的双向传送，总线上的每个器件通过软件寻址来识别。

I^2C 总线支持多主（multimastering）和主从两种工作方式，通常为主从工作方式。在主从工作方式中，总线上只有一个主控器件（单片机），连接在总线上的任何器件都是具有 I^2C 总线的从器件。主控器件控制信号的传输和时钟频率。

> **小知识** IC 器件的 I^2C 总线接口通常都是开漏或开集电极输出，因此使用时在总线上都要连接上拉电阻。如果传送速率为 100 kbps，可以选择 10 kΩ 的上拉电阻。一般来说，传送速率越快，选择的上拉电阻越小。

该总线网络中的每一个器件都预指定一个 7 位或 10 位的地址，飞利浦公司给器件制造商分配器件地址。10 位寻址的优点是允许更多的器件（高达 1 024 个）布置在总线网络中。

需要考虑的是，总线中器件的数目受限于总线的电容量，而总线的电容量必须限制在 400 pF 以内。

I^2C 总线设计用于三种数据传输速率，三种传输速率都具有向下兼容性：①低速，数据传输速率为 0 到 100 kbps；②快速，数据传输速率可以高达 400 kbps；③高速，数据传输速率可以高达 3.4 Mbps。其数据传输首先从最高位开始。

I^2C 总线的具体应用和编程方法请参考项目 7，A/D 和 D/A 转换器件 PCF8591 就是采用 I^2C 总线接口。

6.4.2 EIA 串行通信标准

RS-232、RS-422 和 RS-485 是由 EIA 制订并发布的异步串行通信标准，其中 RS-232 在 PC 机及工业通信中被广泛采用，如录像机、计算机以及 f 许多工业控制设备上都配备有 RS-232 串行通信接口。

通常 RS-232 接口以 9 个引脚（DB-9）或是 25 个引脚（DB-25）的形态出现，一般 PC 机上会有 1~2 组 RS-232 接口，分别称为 COM1 和 COM2。RS-232 标准规定，采用 150 pF/m 的通信电缆时，最大通信距离为 15 m，最高传输速率为 20 kbps。

1. RS-232C 的帧格式

RS-232C 为异步串行通信标准，字符帧格式与 UART 相同。该标准规定：数据帧的开始为起始位，数据本身可以是 5、6、7 或 8 位，1 位奇偶校验位，最后为停止位。数据帧之间用 "1"，表示空闲位。

2. RS-232C 的电气标准

RS-232C 的电气标准采用下面的负逻辑。逻辑 "0"：+5~+15 V，逻辑 "1"：-5~-15 V。因此，RS-232C 不能和 TTL 电平直接相连，否则将使 TTL 电路烧坏。在实际应用中，RS-232C 和 TTL 电平之间必须进行电平转换，该电平的转换可采用德州仪器公司（TI）推出的电平转换集成电路 MAX232。图 6.13 为 MAX232 的引脚图，单片机与 MAX232 的连接电路参见任务 6-2 中的图 6.11。

3. RS-232C 的总线规定

RS-232C 标准总线为 25 根，可采用标准的 DB-25 和 DB-9 的 D 形插头。目前计算机上只保留了两个 DB-9 插头，作为主板上 COM1 和 COM2 两个串行接口的连接器。DB-9 连接器各引脚的排列如图 6.14 所示，各引脚定义如表 6.5 所示。

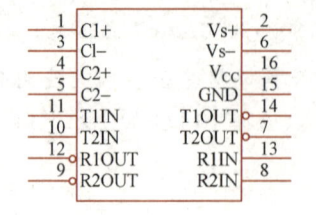

图 6.13　MAX232 电平转换芯片引脚

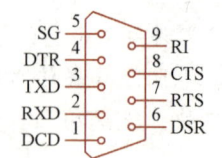

图 6.14　DB-9 连接器引脚

项目6 串行通信技术应用

表 6.5 DB-9 连接器各引脚定义

引脚	名称	功能	引脚	名称	功能
1	DCD	载波检测	6	DSR	数据准备完成
2	RXD	发送数据	7	RTS	发送请求
3	TXD	接收数据	8	CTS	发送清除
4	DTR	数据终端准备完成	9	RI	振铃指示
5	SG（GND）	信号地线			

在简单的 RS-232C 标准串行通信中，仅连接发送数据（2）、接收数据（3）和信号地（5）三个引脚即可。

> **小知识** PC 机的 COM1 和 COM2 两个串行接口采用的 DB-9 连接器是公（针）头，而设备上多采用母（孔）头，如图 6.15 所示。市售的串口线则分为直通线和交叉线两种：直通线将 2、3、5 分别连接 2、3、5，一般为 9 针—9 孔，适用于延长及连接 PC 与设备；交叉线将 2 对 3、3 对 2、5 对 5 连接，一般为 9 孔—9 孔，多用于 PC 机与 PC 机对接。当然，实际使用时也可按各自的要求选用串口座和串口线。

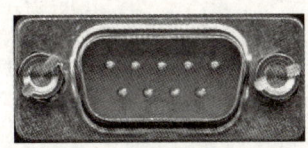

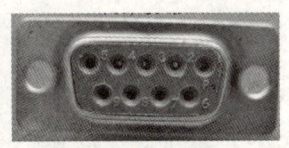

（a）9 针公头接口　　　（b）9 孔母头接口

图 6.15　DB-9 连接器

> 现在很多 PC 机上没有 COM 接口，只有 USB 接口。此时可以在电路中增加一个 RS-232C 到 USB 的转换接口芯片，例如 PL2303 等，将 RS-232C 接口转换为 USB 接口；进行通信时，在 PC 机上安装一个相应的 RS-232C 到 USB 的转换驱动程序，即可通过 USB 接口实现串行通信，方便实用。

任务 6-3　串口控制数码管显示系统设计

1. 目的与要求

采用串入并出移位寄存器 74LS164 实现单片机串行口的并行 I/O 端口扩展，并编程实现 2 位数码管的显示程序，让读者熟悉采用串行口扩展并行 I/O 端口的方法和应用。

任务要求利用单片机串行口扩展并行 I/O 端口电路，驱动 2 个数码管，并编写控制程序，使每片 74LS164 所连接的数码管显示给定的内容。

2. 电路设计

利用单片机串行口扩展并行 I/O 端口控制 2 位数码管显示的硬件电路如图 6.16 所示。利用单片机的串行口与 2 片 74LS164 连接，扩展 8×2 根输出口线，每 8 根输出口线为一组与

数码管的段码控制端相连，共阳极数码管的公共端连接到+5 V 电源上。当 74LS164 的并行输出端输出低电平时，相应端口所接数码管的字段便被点亮。

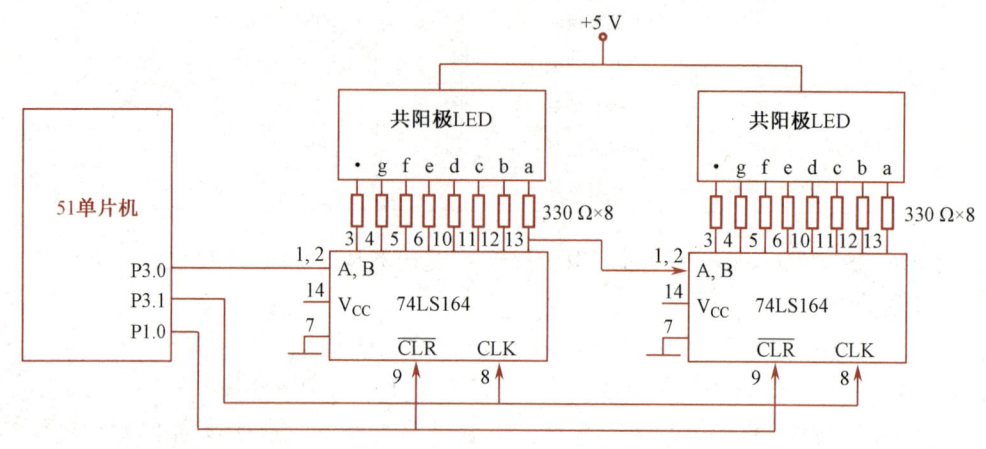

图 6.16　单片机串行口扩展并行 I/O 端口电路控制数码管显示电路

> **小提示**　关于串入并出移位寄存器 74LS164 芯片的引脚及功能参见 6.5.2 节。

3. 源程序设计

```c
//程序：ex6_7.c
//程序功能：实现在数码管上显示数字0~9的功能
#include "reg51.h"            //包含头文件 reg51.h，定义51单片机的专用寄存器
unsigned char da[]={0xC0,0xF9,0xA4,0xB0,0x99,0x92,0x82,0x0F8,0x80,0x90};
                              //定义0~9的共阳极字型显示码
void delay(unsigned int i);   //延时函数声明
main()
{
    unsigned char i;
    P1=0xff;                  //P1.0置1，允许串行移位
    SCON=0x00;                //设串行口方式0
    while(1)
    {
        for(i=0;i<10;i++)
        { SBUF=da[i];         //送显示数据
          TI=0;
          while(!TI);         //等待发送完毕
          delay(2000);
        }
    }
}
void delay(unsigned int i)    //延时函数参见任务1-2中的ex1_1.c
```

> **小问答**
>
> 问：上面数码管显示是静态显示还是动态显示？
> 答：是静态显示，显示码通过同步移位操作在 P3.0 引脚上逐位移出，控制数码管各段的显示，没有动态扫描的过程。

4. 任务小结

本任务完成的功能是通过串行口对 2 片 8 位串入并出移位寄存器 74LS164 写入数据，然后再逐一送到输出端口，控制数码管显示。如果直接采用单片机的并行 I/O 端口资源控制 2 个数码管，则需占用单片机至少 16 位并行 I/O 端口，而采用串行口进行并行 I/O 端口扩展，则只需 2 位 I/O 端口资源。

由此可见，在实时性要求不高的场合下，这种采用串行口扩展并行 I/O 端口的方法，可有效减少单片机 I/O 端口的资源开销。

5. 举一反三

利用单片机串行口扩展并行 I/O 端口电路，驱动 16 个发光二极管，并编写控制程序，使每片 74LS164 所连接的 8 个发光二极管，同时按左右方向往返循环依次点亮。

6.5 串行口的 I/O 端口扩展

知识分布网络

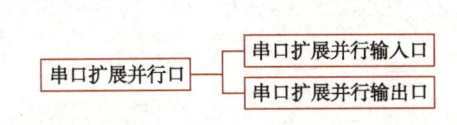

串口扩展并行口 ── 串口扩展并行输入口
　　　　　　　　└─ 串口扩展并行输出口

51 单片机内部有 4 个双向并行 I/O 端口 P0~P3，如果需要进行系统扩展，P0 口分时作为低 8 位地址线和数据线，P2 口作为高 8 位地址线，且 P3 口的第二功能也经常被使用。在实际应用中，很多场合需要扩展并行 I/O 端口。

扩展并行 I/O 端口的方法有很多，这里介绍使用最广泛的采用串行口扩展并行 I/O 端口的方法。

6.5.1 采用串行口扩展并行输入口

51 单片机有一个全双工的串行口，其工作方式 1、2、3 用于异步串行通信，工作方式 0 用于同步串行输入/输出。利用串行通信接口的方式 0，可以实现并行 I/O 端口的扩展。

利用 51 单片机的串行口扩展 16 位并行输入口的实用电路如图 6.17 所示，采用两片 74LS165，单片机的 P3.0（RXD）引脚是串行数据的输入端，P3.1（TXD）引脚送出 74LS165 的移位脉冲，P3.1 引脚连接两片 74LS165 的时钟端 CLK，P1.0 引脚与它们的控制端 S/$\overline{L}$ 相连，右边的 74LS165 的数据输出位 QH 与左边 74LS165 的信号输入端 SIN 相连。

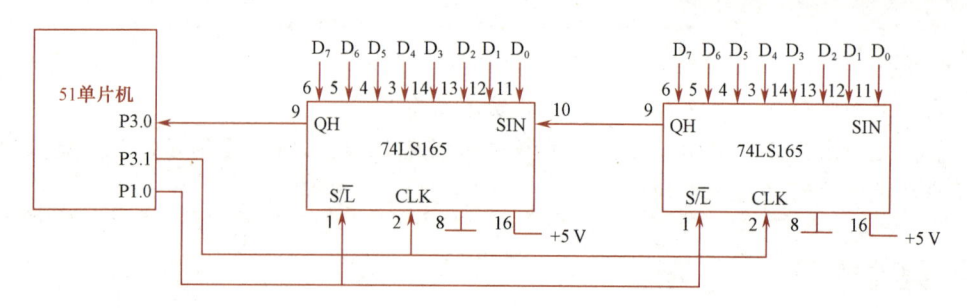

图 6.17 利用串行口扩展并行输入口

> **小知识** 74LS165 芯片如右图所示，对引脚说明如下。
> (1) $D_0 \sim D_7$：并行输入口。
> (2) QH：串行输出口。
> (3) CLK：时钟输入。
> (4) SIN：串行输入口，通过它可以将多个 74LS165 连接起来。
> (5) $S/\overline{L}$：移位/装载数据控制。当为低电平时，将并行输入口上的数据送寄存器中；当为高电平时，在时钟信号下进行移位。

```c
//程序名：ex6_8.c
//程序功能：实现从 16 位扩展口读入 8 字节数据，并把它们转存到内部 RAM 中
#include "reg51.h"          //包含头文件 reg51.h，定义 51 单片机的专用寄存器
unsigned char buffer[]={0x00,0x00,0x00,0x00,0x00,0x00,0x00,0x00};
                            //定义数据缓冲区
sbit P1_0=P1^0;
void main ( )
{
    unsigned char i;
    P1_0=0;                 //并行置入数据
    P1_0=1;                 //允许串行移位
    SCON=0x10;              //设串行口工作方式0并允许接收
    while (1)
    {   for (i=0;i<8;i++)
        { while (RI==0);    //查询接收标志
          RI=0;             //RI 清零
          buffer[i]=SBUF; } //接收数据
    }
}
```

6.5.2 采用串行口扩展并行输出口

任务 6-3 中给出了采用串行口扩展并行输出口的方法，控制 2 个数码管的显示。

采用的 74LS164 是一个串入并出的 8 位移位寄存器，其外形和引脚如图 6.18 所示。其中，$Q_0 \sim Q_7$ 为并行输出端；A、B 为串行输入端。$\overline{CLR}$ 为清除端，当 $\overline{CLR}=0$ 时，输出清零；

CLK 为时钟输入端。

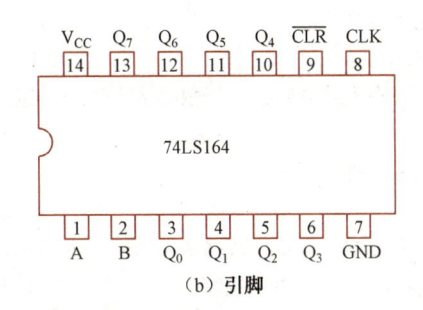

(a) 外形 (b) 引脚

图 6.18　74LS164 移位寄存器

> **小提示**　74LS164 无并行输出控制端，在串行输入过程中，其输出端的状态会不断变化，故在某些使用场合，在 74LS164 与输出装置之间，还应加上输出可控的缓冲级（如 74LS244），以便串行输入过程结束后再输出。另外，由于 74LS164 在低电平输出时，允许通过的电流可达 8 mA，故不需再加驱动电路。

知识梳理与总结

　　计算机之间或计算机与外设之间的通信有并行通信和串行通信两种方式。

　　51 单片机内部具有一个全双工的异步串行通信接口，该串行口有四种工作方式，其波特率和帧格式可以编程设定。帧格式有 10 位和 11 位。工作方式 0 和工作方式 2 的传送波特率是固定的，工作方式 1 和工作方式 3 的波特率是可变的，由定时器 T1 的溢出率决定。

　　单片机与单片机之间及单片机与 PC 机之间都可以进行通信，其控制程序设计通常采用两种方法：查询法和中断法。

　　本项目要掌握的重点内容如下：

（1）串行通信基础知识；
（2）串行口的结构、工作方式和波特率设置；
（3）单片机之间的双机通信；
（4）单片机与 PC 机之间的通信；
（5）并行 I/O 端口的扩展。

思考与练习题 6

6.1　单项选择题

（1）串行口是单片机的_____。
　　A. 内部资源　　　B. 外部资源　　　C. 输入设备　　　D. 输出设备
（2）51 单片机的串行口是_____。
　　A. 单工　　　　　B. 全双工　　　　C. 半双工　　　　D. 并行口
（3）表示串行数据传输速率的指标为_____。
　　A. USART　　　　B. UART　　　　　C. 字符帧　　　　D. 波特率
（4）单片机和 PC 机接口时，往往要采用 RS-232 接口芯片，其主要作用是_____。

A. 提高传输距离　　B. 提高传输速率　　C. 进行电平转换　　D. 提高驱动能力

（5）单片机输出信号为_____电平。

　　A. RS-232C　　B. TTL　　C. RS-449　　D. RS-232

（6）串行口工作在方式 0 时，串行数据从_____输入或输出。

　　A. RI　　B. TXD　　C. RXD　　D. REN

（7）串行口的控制寄存器为_____。

　　A. SMOD　　B. SCON　　C. SBUF　　D. PCON

（8）当采用中断方式进行串行数据的发送时，发送完一帧数据后，TI 标志要_____。

　　A. 自动清零　　B. 硬件清零　　C. 软件清零　　D. 软、硬件均可

（9）当采用定时器 T1 作为串行口波特率发生器使用时，通常定时器工作在方式_____。

　　A. 0　　B. 1　　C. 2　　D. 3

（10）当设置串行口工作为方式 2 时，采用_____语句。

　　A. SCON = 0x80;　　B. PCON = 0x80;　　C. SCON = 0x10;　　D. PCON = 0x10;

（11）串行口工作在方式 0 时，其波特率_____。

　　A. 取决于定时器 T1 的溢出率　　B. 取决于 PCON 中的 SMOD 位

　　C. 取决于时钟频率　　D. 取决于 PCON 中的 SMOD 位和定时器 T1 溢出率

（12）串行口工作在方式 1 时，其波特率_____。

　　A. 取决于定时器 T1 的溢出率

　　B. 取决于 PCON 中的 SMOD 位

　　C. 取决于时钟频率

　　D. 取决于 PCON 中的 SMOD 位和定时器 T1 溢出率

（13）串行口的发送数据和接收数据端为_____。

　　A. TXD 和 RXD　　B. TI 和 RI　　C. TB8 和 RB8　　D. REN

6.2　问答题

（1）什么是串行异步通信？有哪几种帧格式？

（2）定时器 T1 做串行口波特率发生器时，为什么采用工作方式 2？

6.3　编程题

（1）利用串行口设计 4 位静态 LED 显示，画出电路图并编写程序，要求 4 位 LED 每隔 1 s 交替显示 "1234" 和 "5678"。

（2）编程实现甲乙两个单片机进行点对点通信，甲机每隔 1 s 发送一次 "A" 字符，乙机接收到以后，在 LCD 上能够显示出来。

（3）编写一个实用的串行通信测试软件，其功能为：将 PC 机键盘的输入数据发送给单片机，单片机收到 PC 机发来的数据后，回传同一数据给 PC 机，并在屏幕上显示出来。只要屏幕上显示的字符与所键入的字符相同，说明二者之间的通信正常。

　　通信协议：第一字节，最高位（MSB）为 1，为第一字节标志；第二字节，MSB 为 0，为非第一字节标志，依次类推，最后一字节为前几字节后 7 位的异或校验和。

　　单片机串行口工作在方式 1，晶振为 11.059 2 MHz，波特率为 4 800 bps。

项目 7
A/D 与 D/A 转换接口设计

扫一扫
看本项目教学课件

在单片机应用系统中,经常需要把单片机中的数字信号转变为连续变化的物理量,即模拟量,如电压、电流、压力等,送到外部去控制某些外设;反之,需要把外部连续变化的模拟信号送入单片机中进行处理。完成这种由数字量到模拟量或模拟量到数字量转换的器件分别称为数模(Digital to Analog,D/A)转换器和模数(Analog to Digital,A/D)转换器,它们是单片机(数字世界)同外部世界的模拟信号(模拟世界)交换数据时不可缺少的器件。

教学导航

知识重点	1. A/D 转换和 D/A 转换的概念; 2. STC12C5A60S2 单片机的 A/D 转换模块功能及应用; 3. A/D 和 D/A 转换芯片 PCF8591 功能及应用; 4. I^2C 总线接口
知识难点	1. STC12C5A60S2 单片机 A/D 转换的工作过程; 2. I^2C 总线的 PCF8591 芯片 D/A、A/D 转换操作
推荐教学方式	从工作任务入手,通过数字电压表和可调光台灯任务的训练,让学生从外到内、从直观到抽象,逐渐学会 A/D 和 D/A 转换的应用。如果不具备带有 ADC 模块的单片机,可以直接采用 PCF8591 芯片完成 A/D 和 D/A 制作任务,因为该芯片集成了 4 路 A/D 转换和 1 路 D/A 转换
建议学时	4 学时
推荐学习方法	先通过制作任务,让学生了解数模(D/A)、模数(A/D)的转换现象及结果。收集学生训练过程中出现的问题及疑问,从而引入理论知识,最后再回到任务中,之前的问题及疑问将迎刃而解
必须掌握的理论知识	1. STC12C5A60S2 单片机的 A/D 转换软件编程; 2. PCF8591 的软件编程
必须掌握的技能	A/D 和 D/A 转换应用

任务 7–1 简易数字电压表设计

1. 目的与要求

通过设计实现简易数字电压表，学习 A/D 转换技术在单片机系统中的应用，熟悉模拟信号采集与输出数据显示的综合程序设计与调试方法。

采用 STC12C5A60S2 单片机内部 A/D 转换器采集 0～5 V 连续可变的模拟电压信号，转变为 8 位二进制数字信号（0x00～0xFF）后，送单片机处理，并在四位数码管上显示出 0.000～5.000 V（小数点不用显示）。0～5 V 的模拟电压信号通过调节电位器来获得。

2. 电路设计

简易数字电压表硬件电路如图 7.1 所示，该电路包括单片机、复位电路、晶振电路、电源电路、可变电阻器构成的模拟电压输入电路及由四位数码管组成的显示电路。模拟电压信号从 STC12C5A60S2 单片机的 P1.0（第 1 引脚）输入，四位数码管采用动态显示方式连接，用 P2 口控制段码，P0.0～P0.3 控制位选码，P0.0 位控制最低位数码管的显示、P0.3 位控制最高位数码管的显示。

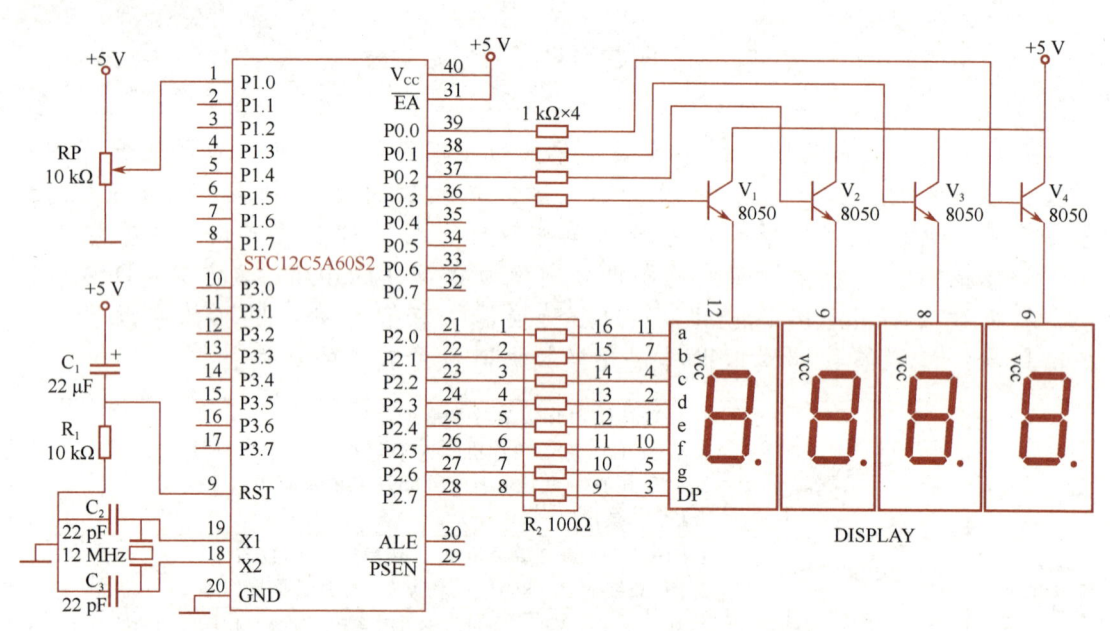

图 7.1 简易数字电压测量电路

输入的模拟电压信号需要转换为单片机能够识别的数字信号，将连续变化的模拟信号转换为数字信号的技术称为 **A/D 转换技术**。在实际应用中，可以在输入信号与单片机之间连接 A/D 转换器来完成 A/D 转换，还可以选择使用具有内部 A/D 转换器的单片机来处理。本任务选用了具有内部 A/D 转换器（A/D Converter，简称 ADC）的 STC12C5A60S2 单片机来完成电路系统设计，模拟电压信号输入到单片机中，转变成数字信号后，进行数值分析处理计算出电压值，最后用四个数码管显示出来。STC12C5A60S2 单片机的 ADC 模块的具体介绍参看第 7.2 节。

项目7 A/D与D/A转换接口设计

> **小问答**
> 问：图7.1电路中的三极管8050起到什么作用？
> 答：三极管8050起到开关作用，并为每个数码管提供必要的驱动电流。
> 为了让数码管有充分的亮度，需要为数码管提供大约20~40 mA的电流，而单片机IO端口一般没有这样大的驱动能力，所以需要在单片机的I/O端口设计驱动电路。数码管驱动可以采用74系列逻辑器件，也可以采用三极管驱动，本任务中采用三极管8050驱动。

3. 源程序设计

本程序主要包括三个部分：主函数、数据处理和动态显示。

主函数的功能是启动单片机内部的ADC进行A/D转换并读取转换结果，A/D转换的结果是一个8位二进制数。

数据处理模块的功能是将A/D转换的8位二进制数（0x00~0xFF）转换成0.000~5.000的字符形式。当测量+5.0 V电压时，ADC转换的结果为255。假设实际电压值为V_i，A/D转换结果为i，则二者之间的关系如下式：

$$V_i = (5/255) \times i = 0.019\,6 \times i$$

为了在四位数码管上显示"5.000"的电压值，可以将A/D转换值255乘以196，即把结果扩大10 000倍，此时的电压数值应为50 000。将该值存在变量temp中，在四位数码管上需要显示的是其中的高四位数，即万位、千位、百位和十位。

要将一个数据显示在数码管或LCD上，需要把该数据的每位数值单独分离出来，由于只是显示高四位，程序中做了以下处理：

```
disp[3]=temp/10000;         //得到万位
disp[2]=(temp/1000)%10;     //得到千位
disp[1]=(temp/100)%10;      //得到百位
disp[0]=(temp/10)%10;       //得到十位
```

在程序中定义一个长度为4的全局字符数组disp[ ]，用来存储以上四位分离后的数值。

动态显示函数的功能是将全局数组disp[ ]的值，在4个LED数码管上显示出来，如果模拟输入电压为5.0 V，显示效果为"5000"。

主函数流程如图7.2所示。

简易数字电压测量程序如下。

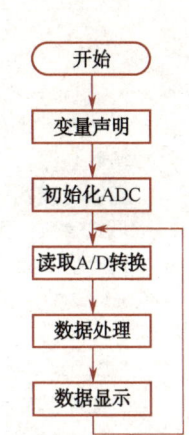

图7.2 数字电压测量主函数流程图

```
//程序：ex7_1.c
//功能：0~5 V连续可变的模拟电压信号测量，并在四位数码管上显示出0000~5000
#include<reg51.h>              //包含头文件reg51.h，定义51单片机的专用寄存器
#define uint unsigned int      //为了书写方便，用符号uint来定义无符号整型变量
#define uchar unsigned char    //为了书写方便，用符号uchar来定义无符号字符型变量
uchar code SEGTAB[]={0xC0,0xF9,0xA4,0xB0,0x99,0x92,0x83,0xF8,0x80,0x98};
                               //定义共阳极七段数码管显示字型码
#define  SEGDATA  P2           //定义数码管段选信号数据接口
#define  SEGSELT  P0           //定义数码管位选信号数据接口
```

```c
//声明与ADC有关的特殊功能寄存器
sfr P1_ASF    =0x9D;                    //A/D转换模拟功能控制寄存器
sfr ADC_CONTR =0xBC;                    //A/D转换控制寄存器
sfr ADC_RES   =0xBD;                    //A/D转换结果寄存器
sfr ADC_RESL  =0xBE;                    //A/D转换结果寄存器,8位转换没有用到该寄存器
//定义与ADC有关的操作命令
#define ADC_POWER    0x80               //ADC电源控制
#define ADC_FLAG     0x10               //模数转换完成标志
#define ADC_START    0x08               //模数转换器转换启动控制
#define ADC_SPEED    0x00               //模数转换速度控制
//定义全局数组变量disp[],存储4个显示数码管对应的显示值
unsigned char disp[4]={0,0,0,0};
//函数名:delay_ms
//函数功能:实现单位时间的延时,该函数采用软件延时,有一定的误差,在精度要求不高的
//         情况下,人们习惯这种用法
//形式参数:延时毫秒数
//返回值:无
void delay_ms ( uint ms )
{
    uint i,j;
    for (;ms>0;ms--)
    {
        for (i=0;i<7;i++)
            for (j=0;j<210;j++);
    }
}
//函数名称:ADC_initiate
//函数功能:初始化ADC转换
//形式参数:无
//返回值:无
void ADC_initiate ( )
{
    P1_ASF=0XFF;                              //设置P1端口8位均为A/D模拟输入通道
    ADC_RES=0;                                //A/D转换结果寄存器清零
    ADC_CONTR=ADC_POWER|ADC_SPEED;            //打开模数转换器电源
    delay_ms(1);                              //延时1ms使ADC电源稳定
}
//函数名:ADC_STC12C5
//函数功能:取AD结果函数
//形式参数:第ch路通路
//返回值:A/D转换结果0~255
unsigned char ADC_STC12C5 ( unsigned char ch )
{
    ADC_RES=0;                                //A/D转换结果寄存器清零
    ADC_CONTR |=ch;                           //选择A/D当前通道
    delay_ms(1);                              //使输入电压达到稳定
    ADC_CONTR |= ADC_START;                   //令ADC_START=1,启动A/D转换
```

```c
    while(!(ADC_CONTR & ADC_FLAG));           //等待A/D转换结束
    ADC_CONTR &= (~ADC_START);                //令ADC_START=0，关闭A/D转换
    return(ADC_RES);                          //返回A/D转换结果
}
//函数名：data_process
//函数功能：把ADC转换的8位数据转换为实际的电压值
//形式参数：输入数据
//返回值：无，实际电压值分离后存放在全局数组disp[]中
void data_process(unsigned char value)
{
    unsigned int  temp;
    temp=value*196;                           //0~255转换为0~50 000
    disp[3]=temp/10000;                       //得到万位
    disp[2]=(temp/1000)%10;                   //得到千位
    disp[1]=(temp/100)%10;                    //得到百位
    disp[0]=(temp/10)%10;                     //得到十位，个位不需要，只显示高四位
}
//函数名：seg_display
//函数功能：将全局数组变量的值动态显示在4个数码管上
//形式参数：引用全局数组变量disp
//返回值：无
void seg_display(void)
{
    unsigned char i,scan;
    scan=1;
    for(i=0;i<4;i++)                          //控制四位数码管显示
    {
        SEGDATA=0xFF;
        SEGSELT=~scan;                        //送位选码
        SEGDATA=SEGTAB[disp[i]];              //送段选码
        delay_ms(5);
        scan<<=1;                             //位选码左移1位
    }
}
void main()                                   //主函数
{
    unsigned char voltage;
    ADC_initiate();                           //STC单片机初始化
    delay_ms(10);
    while(1)
    {
      voltage=ADC_STC12C5(0);                 //测0通道电压
      data_process(voltage);                  //数据处理
      seg_display();                          //数据显示
      delay_ms(10);
    }
}
```

4. 任务小结

通过简易数字电压表的制作，让读者对 A/D 转换技术在单片机应用系统中的硬件设计与软件编程有所了解，初步熟悉模拟信号采集与输出数据显示的综合程序设计与调试方法，为今后应用单片机处理相关问题奠定基础。

5. 举一反三

采用低成本的温度传感器——NTC 器件实现环境温度的采集与显示。

1) NTC 器件的温度测量原理

NTC 负温度系数热敏电阻传感器通过与被测介质接触进行温度测量，是近年来出现的一种新型半导体测温元件。

NTC 的阻值随温度的上升而下降，其阻值和温度呈非线性特性，因此必须采用一定的方法对曲线进行线性化处理。使用 NTC 热敏电阻测量温度的原理是：测量其阻值，通过其温度特性曲线查询温度值。通常是将电阻的变化转化为电压的变化，通过测量电压变化测得温度的变化。

2) NTC 测温电路

使用 NTC 热敏电阻传感器构成的测温电路如图 7.3 所示。NTC 热敏电阻 R_v 和测量电阻 R_m（精密电阻）组成一个简单的串联分压电路，参考电压 +5 V 经过分压可以得到一个电压值 V_{adc}，该电压值是一个随着温度值变化而变化的数值，反映 NTC 电阻的大小，也就是相应温度值的大小。

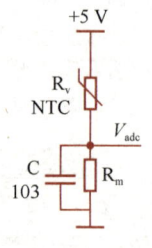

图 7.3 NTC 测温电路

3) A/D 转换值与温度对应关系的线性插值计算

由于 NTC 热敏电阻传感器的温度—电阻特性是非线性的，在不同的温度值下测量电阻值时，在温度变化量 Δt 相同的情况下，对应的电阻值变化量 ΔR_m 是不同的，即温度值与阻值呈非线性关系。因此，ADC 转换后所得到的二进制数值不能采用简单的数学运算来进行数据处理。

对于这种非线性的特性曲线，在具体应用环境中，通常可以在系统中存储一个与温度值对应的 A/D 转换值表，ADC 转换器得到的 A/D 转换值，通过查表就能得到该值对应的温度，完成温度测量。

由于单片机的资源有限，A/D 转换值表格不可能做得太大，只能将转换数据分段存储，用 ADC 转换器得到的 A/D 转换值处在此表格中的两个数据中间，这就需要对其用线性插值法做进一步的精确定位。

线性插值法等同于模拟线性化方法中的非线性函数的折线近似逼近，如图 7.4 所示。显然，近似逼近的精度取决于折线段数，段数愈多逼近的精度愈高。

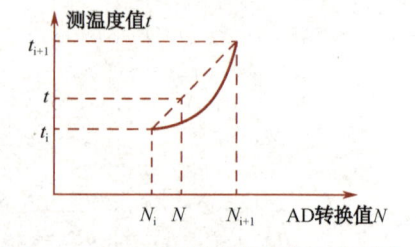

图 7.4 A/D 转换值线性插值法示意图

使用线性插值法精确定位所测量的温度的方法如下。

（1）利用一维查表法查找 A/D 转换值 N 所处的表区间 $[N_i, N_i+1]$，N_i 为第 i 个转折点所对应的 A/D 转换值。

(2) 按下述插值公式进行线性内插，运用线性插值法计算出温度 t。

$$t = t_i + \frac{N - N_i}{N_{i+1} - N_i}(t_{i+1} - t_i)$$

4) 程序设计

进行温度测量程序设计时，可以考虑使用一维浮点数组存储温度值表，使用另一个一维字符数组存储对应的 A/D 转换值表。

对实际测量数据处理时，考虑使用低通滤波器对 ADC 转换的结果进行滤波，主要方法是连续采集 7 次数据，去掉最大值和最小值，对中间 5 个采集数据求出平均值，将此平均值作为所测量温度下的 A/D 转换值。这种滤波方法也称为中值平均滤波法，是非常实用的数据采集滤波技术。然后，使用线性插值法进行数据转换而得到所测量的温度，各个关键函数的参考程序如下。

```c
//选取的测试点温度值表
float code temtest[18]={5.5,10.0,15.0,20.0,23.0,26.0,30.0,35.0,36.9,40.1,41.7,
                       43.0,45.0,48.9,52.3,56.0,60.6,67.6};
//选取的测试点温度对应的A/D转换值表
uchar code temdata[18]={11,46,61,100,137,160,165,182,199,207,214,222,228,
                       233,239,244,248,253};
//函数名：Temperature_LPF
//函数功能：通过低通滤波器对ADC转换的结果进行滤波，主要方法是连续采集7次数据，去掉最
//         大值和最小值，对中间5个采集数据求平均值
//形式参数：无
//返回值：滤波后的A/D转换值
uchar Temperature_LPF()
{
    uchar temp[7],a;
    uchar i,j,k;
    for(i=0;i<=6;i++)                    //数据采集存储，连续采集7次
    {
        temp[i]=ADC_STC12C5(2);          //采集7个两通道数据
        delay_ms(5);
    }
    for(j=0;j<=6;j++)                    //按从小到大排序
    {
        for(k=j;k<=6;k++)
        {
            if(temp[j]>=temp[k])
                { a=temp[j];
                  temp[j]=temp[k];
                  temp[k]=a; }
        }
    }
    temp[0]=temp[6]=0;                   //去掉最大最小值
    return (temp[1]+temp[2]+temp[3]+temp[4]+temp[5])/5;   //求平均值
}
```

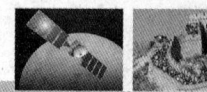

```
//函数名：Data_temperatur
//函数功能：用线性插值法对测定的A/D值转换为温度值
//形式参数：A/D转换值
//返回值：转换后的温度值
uchar Data_temperature ( uchar LPFdata )
{
    float b;
    uchar i,temperature;
    for ( i=0;i<=18;i++)
    {
        if ( (LPFdata>=temdata[i] ) & ( LPFdata<temdata[i+1] ) )
        {
            b=temtest[i]+ ( LPFdata-temdata[i] ) * ( ( temtest[i+1]-temtest[i] )
                / ( temdata[i+1]-temdata[i] ) );
            break;
        }
    }
    temperature=b*10;                       //强制转化为整型
    return temperature;
}
void main ( )                               //主函数
{
    unsigned char voltage;                  //A/D转换的电压值
    unsigned char temperature;              //测量的温度值
    ADC_initiate ( );                       //初始化STC单片机内部
    delay_ms (10);
    while (1)
    {   voltage=Temperature_LPF ( );        //测电压并低通滤波
        temperature=Data_temperature ( voltage );  //线性插值计算
        data_process ( temperature );       //温度数据处理，参见ex7_1.c程序
        seg_display ( );                    //温度显示，参见ex7_1.c程序
        delay_ms (10);  }
}
```

7.1 模拟信号与数字信号

知识分布网络

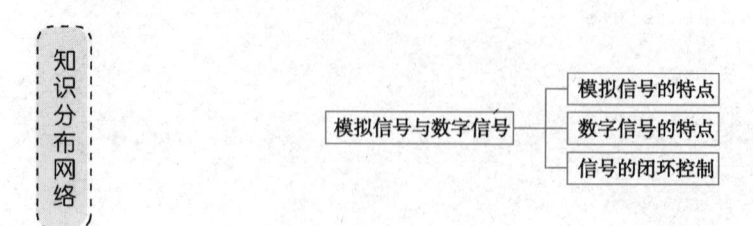

模拟信号与数字信号 —— 模拟信号的特点
　　　　　　　　　　—— 数字信号的特点
　　　　　　　　　　—— 信号的闭环控制

模拟信号（Analog signal）是一种连续的信号。模拟信号分布于自然界的各个角落，如每天的温度变化、湿度变化、光线变化等，人类直接感受的就是模拟信号。而数字信号

（Digital signal）是人为抽象出来的在时间上不连续的信号，并用 0 和 1 的有限组合来表示大自然的各种物理量。

模拟信号主要是指振幅和相位都连续变化的电信号，如图 7.5（a）所示，此信号可以用类比电路进行各种运算，如放大、相加、相乘等。数字信号是离散时间信号的数字化表示，如图 7.5（b）所示。

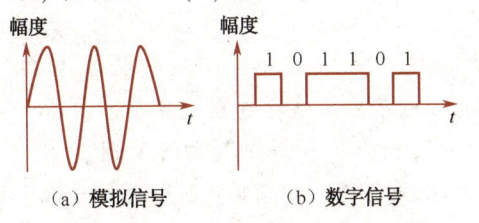

图 7.5 模拟信号与数字信号

小知识 模拟信号不易存储、处理与传输，容易产生失真。数字信号容易存储与处理，并且效率高，在传输上不易产生失真，成为目前信号处理的主流。

典型的单片机控制系统示意图如图 7.6 所示。在控制系统中，外部世界的信号由传感器转换成模拟信号，再通过 A/D 转换器转换为数字信号，由单片机系统根据要求对数字信号进行相应的处理。处理完成后，单片机输出的数字信号再经 D/A 转换器将它转换为模拟信号，以驱动控制单元（如电热器、电磁阀、电机等），由此形成一个闭环控制系统。

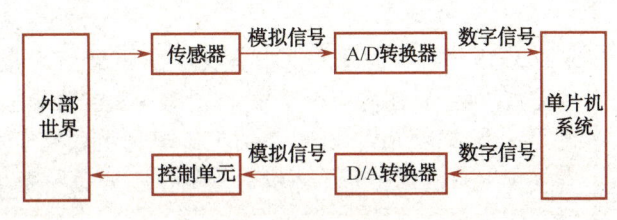

图 7.6 典型单片机控制系统示意图

小知识 A/D 转换器是实现模拟量向数字量转换的器件，按转换原理可分为四种：计数式 A/D 转换器、双积分式 A/D 转换器、逐次逼近式 A/D 转换器和并行式 A/D 转换器。

目前最常用的 A/D 转换器是双积分式 A/D 转换器和逐次逼近式 A/D 转换器。前者的主要优点是转换精度高，抗干扰性能好，价格便宜，但转换速度较慢，一般用于速度要求不高的场合；后者是一种速度较快、精度较高的转换器，其转换时间大约在几 μs 到几百 μs 之间。

D/A 转换器是实现数字量向模拟量转换的器件，按照转换原理分为权电阻电流式、R－2R 电阻网络电压分压式、R－2R 电阻网络电流式、等值电阻分压式、PWM 积分式等多种类型。

7.2 单片机内部 ADC 及其应用

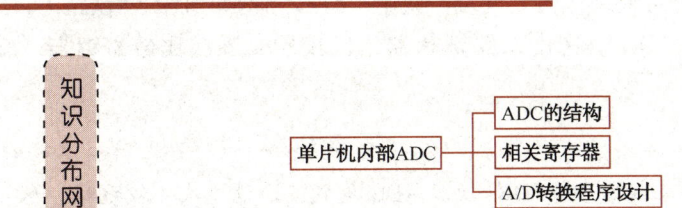

知识分布网络：单片机内部 ADC —— ADC 的结构 / 相关寄存器 / A/D 转换程序设计

随着电子技术的发展，许多 51 单片机产品内部含有 ADC，例如 Atmel 公司生产的

AT89C5115、AT89C51AC2 及 AT89C51AC3 等。中国宏晶公司生产的许多单片机具有 ADC 模块，任务 7-1 采用的就是宏晶 STC12C5A60S2 单片机。

> **小经验** 在很多单片机应用产品设计中都需要 A/D 转换功能，一般首选具有 ADC 模块的单片机，如果片内 ADC 不能满足转换要求，再选择技术指标较高的 A/D 转换芯片。
>
> A/D 转换器的主要性能指标有如下几个方面。
>
> 1) 分辨率
>
> 分辨率表示转换器对微小输入量变化的敏感程度，通常用转换器输出数字量的位数来表示。n 位转换器，其数字量变化范围为 $0\sim2^n-1$，当输入电压满刻度为 x V 时，则转换电路对输入模拟电压的分辨能力为 $x/(2^n-1)$。如果是 8 位的转换器，5 V 满量程输入电压时，则分辨率为 $5/(2^8-1)=1.22$（mV）。
>
> 2) 转换精度
>
> A/D 转换器的精度是指与数字输出量所对应的模拟输入量的实际值与理论值之间的差值。在 A/D 转换电路中，与每个数字量对应的模拟输入量并非是一个单一的数值，而是一个范围值 Δ，其中 Δ 的大小理论上取决于电路的分辨率。定义 Δ 为数字量的最小有效位 LSB。但在外界环境的影响下，与每一数字输出量对应的输入量的实际范围往往偏离理论值 Δ。
>
> 精度通常用最小有效位的 LSB 的分数值表示。目前常用的 A/D 转换集成芯片精度为 1/4~2 LSB。
>
> 3) 转换速率与转换时间
>
> 转换速率是指 ADC 能够重复进行数据转换的速度，即每秒转换的次数。转换时间则是指完成一次 A/D 转换所需的时间（包括稳定时间），是转换速率的倒数。
>
> 由于生产商在设计 A/D 转换器时考虑了各种性能指标对精度的影响，一般各种误差都控制在最小分辨率以内，所以，通常进行 A/D 转换器选型时，分辨率和转换速率是最重要的性能指标。

1. STC12C5A60S2 的内部 ADC 结构

具有增强型 8051 内核的宏晶单片机 STC12C5A60S2 内部有 8 路 10 位高速 ADC，采用逐次比较型 A/D 转换，转换速率可达到 250 kHz，精度可达 10 位。8 路电压输入型模拟信号输入接口与单片机的通用 I/O 端口 P1 口复用，通过 ADC 控制寄存器设置 P1 端口的功能，可以将 8 路中的任何一路设置为 A/D 转换，不需要作为模拟信号输入端口使用的其他 P1 端口引脚仍可继续作为 I/O 端口使用。ADC 结构如图 7.7 所示。

STC12C5A60S2 单片机的内部 ADC 结构由八路选择器、比较器、逐次比较寄存器、输出寄存器和控制寄存器组成。

> **小知识** 逐次比较型 ADC 由比较器和 A/D 转换器 ADC 构成，通过逐次比较逻辑，从最高位（MSB）开始，顺序地对每一输入电压与内置 A/D 转换器进行比较，使转换所得的数字量逐次逼近输入模拟量的对应值，逐次比较型 ADC 具有速度高、功耗低等优点。

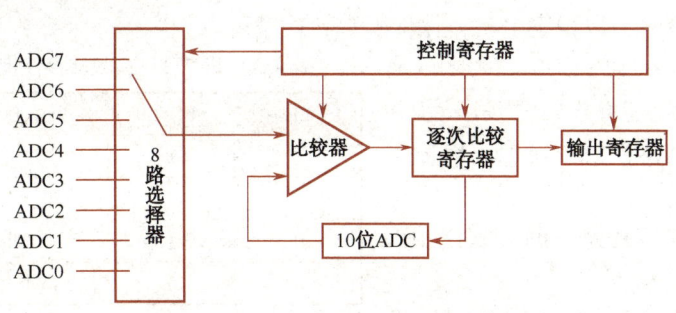

图 7.7 STC12C5A60S2 的 ADC 结构

2. ADC 相关寄存器

STC12C5A60S2 单片机内部 A/D 转换相关的寄存器有 P1ASF、ADC_CONTR、ADC_RES/ADC_RESL、AUXR1、IP、IE 等。

A/D 转换结束后，转换结果保存到 ADC 转换结果寄存器 ADC_RES 和 ADC_RESL 中，同时，将 ADC 控制寄存器 ADC_CONTR 中的 A/D 转换结束标志 ADC_FLAG 置位，以供程序查询或发出中断申请。模拟通道的选择由 ADC 控制寄存器 ADC_CONTR 的 CHS2~CHS0 确定。ADC 的转换速度由 ADC 控制寄存器的 SPEED1 和 SPEED0 确定。在使用 ADC 之前，应先给 ADC 上电，即置位 ADC 控制寄存器的 ADC_POWER 位。

1) P1 口模拟功能控制寄存器——P1ASF

STC12C5A60S2 系列单片机 P1 口的功能选择，可通过设置专用寄存器 P1ASF 来实现。当 P1ASF 中的相应 I/O 口位置 1 时，该位被设置为 A/D 模拟输入通道；当 P1ASF 中的相应 I/O 口位置为 0 时，该位作为通用 I/O 端口使用。P1ASF 格式如下：

寄存器	地址	D7	D6	D5	D4	D3	D2	D1	D0
P1ASF	0x9D	P17ASF	P16ASF	P15ASF	P14ASF	P13ASF	P12ASF	P11ASF	P10ASF

注意：该寄存器为只写寄存器，不能进行读操作，且不能够进行位操作。

例如：

```
sfr P1_ASF=0x9D;        //A/D 转换模拟功能控制寄存器
P1_ASF=0xFF;            //设置 P1 端口 8 位均为 A/D 模拟输入通道
```

2) 模数转换控制寄存器——ADC_CONTR

ADC 模块上电、转换速度、模拟输入通道的选择、启动模数转换及转换状态等，均可通过模数转换控制寄存器 ADC_CONTR 进行配置及查看。ADC_CONTR 寄存器的格式如下：

寄存器	地址	D7	D6	D5	D4	D3	D2	D1	D0
ADC_CONTR	0xBC	ADC_POWER	SPEED1	SPEED0	ADC_FLAG	ADC_START	CHS2	CHS1	CHS0

其中各位的含义如下。

(1) ADC_POWER：ADC 电源控制位。当 ADC_POWER 置 1 时，打开 ADC 电源；为 0 时关闭 ADC 电源。当 A/D 转换进入空闲模式时，应关闭 ADC 电源降低功耗。初次打开

ADC 电源应适当延时,以稳定电源,保证模数转换精度。

(2) SPEED1 和 SPEED0:模数转换速度控制位,具体功能设置如表 7.1 所示。

表 7.1 模数转换速度控制

SPEED1	SPEED0	A/D 转换所需时间
1	1	90 个时钟周期转换一次
1	0	180 个时钟周期转换一次
0	1	360 个时钟周期转换一次
0	0	540 个时钟周期转换一次

(3) ADC_FLAG:模数转换完成标志位。当 A/D 转换完成后,该位置 1。无论 ADC 工作于查询方式还是中断方式,ADC_FLAG 只能由软件清零。

(4) ADC_START:模数转换器转换启动控制位。将该位设置为 1 时,启动 A/D 转换;当 A/D 转换完毕时,该位自动清零。

(5) CHS2、CHS1 和 CHS0:模拟输入通道选择控制位,具体功能设置如表 7.2 所示。

表 7.2 通道选择

CHS2	CHS1	CHS0	Analog Channel Select(模拟输入通道选择)
0	0	0	选择 P1.0 作为 A/D 输入通道
0	0	1	选择 P1.1 作为 A/D 输入通道
0	1	0	选择 P1.2 作为 A/D 输入通道
0	1	1	选择 P1.3 作为 A/D 输入通道
1	0	0	选择 P1.4 作为 A/D 输入通道
1	0	1	选择 P1.5 作为 A/D 输入通道
1	1	0	选择 P1.6 作为 A/D 输入通道
1	1	1	选择 P1.7 作为 A/D 输入通道

3) ADC 转换结果寄存器——ADC_RES 和 ADC_RESL

专用寄存器 ADC_RES 和 ADC_RESL 寄存器用于保存 A/D 转换的结果。

4) 辅助寄存器 1——AUXR1

AUXR1 寄存器的格式如下:

寄存器名	地址	D7	D6	D5	D4	D3	D2	D1	D0
AUXR1	0xA2	-	PCA_P4	SPI_P4	S2_P4	GF2	ADRJ	-	DPS

其中的 ADRJ 位是 A/D 转换结果寄存器的数据格式调整控制位。

当 ADRJ=0 时,10 位 A/D 转换结果的高 8 位存放在 ADC_RES 中,低 2 位存放在 ADC_RESL 的低 2 位中。当 ADRJ=1 时,10 位 A/D 转换结果的低 8 位存放在 ADC_RESL 中,高 2 位存放在 ADC_RES 的低 2 位中。系统复位时,ADRJ=0。

> 小提示 如果只需要 8 位转换数据,只能在 ADRJ=0 的情况下,读取 ADC_RES 寄存器中的 8 位数据,丢掉 ADC_RESL 中的两位即可,程序 ex7_1.c 中就是这样读取 8 位 A/D 转换数据的。

5) ADC 中断相关寄存器

ADC 的中断控制位是中断允许寄存器 IE 的 EA 和 EADC 位,IE 寄存器的格式如下:

项目7 A/D与D/A转换接口设计

寄存器名	地址	D7	D6	D5	D4	D3	D2	D1	D0
IE	0xA8	EA	ELVD	EADC	ES	ET1	EX1	ET0	EX0

其中，当 EA=1 时表示 CPU 开放中断，当 EA=0 时表示 CPU 关闭所有中断。EADC 是 A/D 转换中断允许位，当 EADC=1 时允许 A/D 转换中断，当 EADC=0 时禁止 A/D 转换中断。

3. A/D 转换程序设计

A/D 转换结束后，可以采用中断和查询两种方式读入转换结果。在任务 7-1 的程序 ex7_1.c 中，采用查询方式读入转换结果，程序段如下。

```
unsigned char ADC_STC12C5 ( unsigned char ch)
{
    ADC_RES=0;                              //A/D 转换结果寄存器清零
    ADC_CONTR |=ch;                         //选择 A/D 当前通道
    delay_ms (1);                           //使输入电压达到稳定
    ADC_CONTR |=ADC_START;                  //令 ADC_START=1，启动 A/D 转换
    while (!(ADC_CONTR & ADC_FLAG));        //等待 A/D 转换结束
    ADC_CONTR &= (~ADC_START);              //令 ADC_START=0，关闭 A/D 转换
    return (ADC_RES);                       //返回 A/D 转换结果
}
```

任务 7-2　基于 A/D 和 D/A 转换芯片的可调光台灯设计

1. 目的与要求

通过基于 A/D 和 D/A 转换芯片 PCF8591 的可调光台灯设计，学习 D/A 转换芯片在单片机应用系统中的硬件接口技术与编程方法，掌握 I^2C 总线接口的工作原理及一般编程方法。

任务 3-4 中，采用 PWM 技术实现了可调光台灯，本任务要求利用 A/D 和 D/A 转换芯片 PCF8591，产生一个模拟电压值 V_{out}，点亮与该引脚相连的 LED 发光二极管。通过控制程序调整模拟输出电压，观察发光二极管的亮度变化。

2. 电路设计

如图 7.8 所示，采用单片机 P2 端口的 P2.6 和 P2.7 实现单片机与 PCF8591 芯片的 I^2C 总线连接，P1 端口的 P1.0 和 P1.1 连接两个独立式按键，控制输出电压的增大与减小，输出电压值 V_{out} 的范围为 0~+5 V，通过 1 kΩ 限流电阻控制发光二极管的亮度。

3. 源程序设计

采用 PCF8591 产生输出电压的编程思路：先从 AOUT 端口输出 2.5 V 的电压，当按下 P1.1 连接的按键 S_1 时，电压递增 0.1 V，输出电压的最大值可达到+5.0 V；当按下 P1.0 连接的按键 S_2 时电压减小 0.1 V，输出电压的最小值可以达到+0.0 V。程序流程如图 7.9 所示。

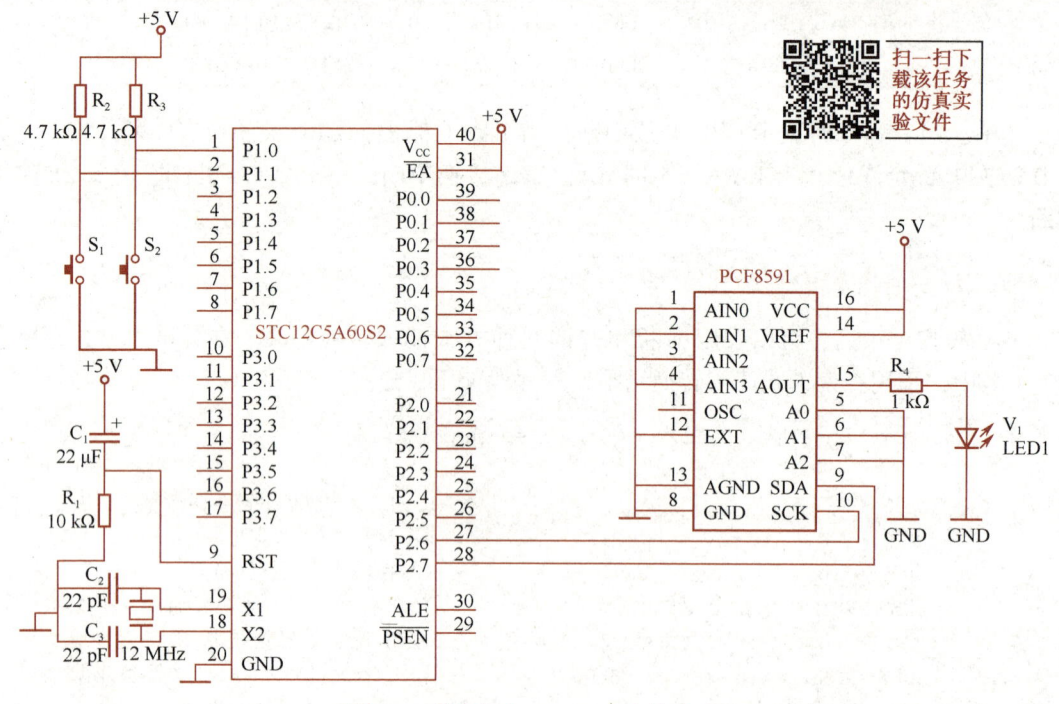

图 7.8 单片机与 PCF8591 连接方式

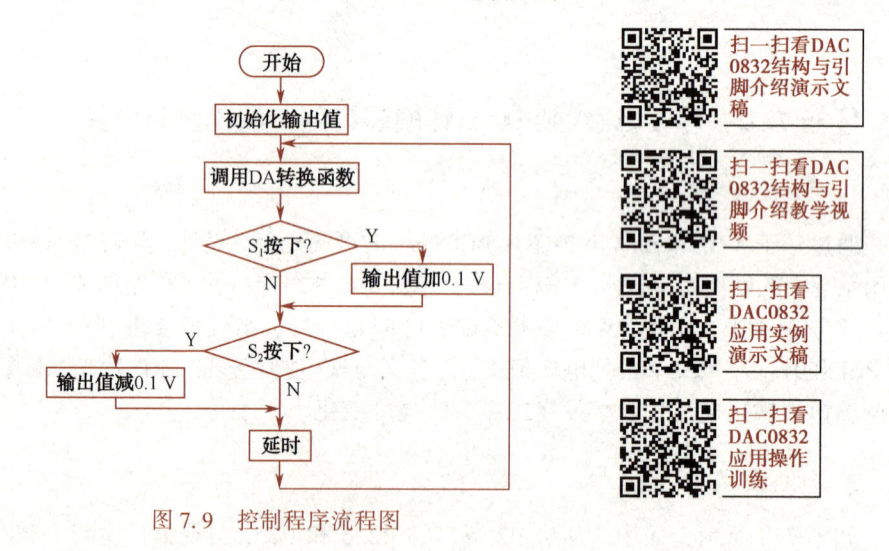

图 7.9 控制程序流程图

可调光台灯控制程序参考如下。

```
//程序：ex7_2.c
//功能：可调光台灯控制程序
#include<reg51.h>         //包含头文件 reg51.h，定义 51 单片机的专用寄存器
#include<intrins.h>       //包含头文件 intrins.h，代码中引用了_nop_()函数
sbit SDA=P2^7;            //P2.7 定义为 I²C 数据线
sbit SCL=P2^6;            //P2.6 定义为 I²C 时钟线
sbit S1=P1^1;             //P1.1 控制按键，亮度增加
sbit S2=P1^0;             //P1.0 控制按键，亮度减小
```

```
#define  delayNOP();  {_nop_();_nop_();_nop_();_nop_();}
bit  bdata SystemError;                    //从机错误标志位
//------PCF8591专用变量定义------------------------
#define PCF8591_WRITE   0x90       //器件写地址,具体参考第7.3.2节介绍
#define PCF8591_READ    0x91       //器件读地址
//函数名：iic_start
//函数功能：启动I²C总线,即发送I²C起始条件
//形式参数：无
//返回值：无
void iic_start()
{
    EA=0;              //关中断
    SDA=1;             //时钟保持高,数据线从高到低一次跳变,I²C通信开始
    SCL=1;
    delayNOP();        //起始条件建立时间大于4.7 μs,延时
    SDA=0;
    delayNOP();        //起始条件锁定时间大于4 μs
    SCL=0;             //钳住I²C总线,准备发送或接收数据
}
//函数名：iic_stop
//函数功能：停止I²C总线数据传送
//形式参数：无
//返回值：无
void iic_stop()
{
    SDA=0;             //时钟保持高,数据线从低到高一次跳变,I²C通信停止
    SCL=1;
    delayNOP();
    SDA=1;
    delayNOP();
    SCL=0;
}
//函数名：slave_ACK
//函数功能：从机发送应答位
//形式参数：无
//返回值：无
void slave_ACK()
{
    SDA=0;
    SCL=1;
    delayNOP();
    SDA=1;
    SCL=0;
}
//函数名：slave_NOACK
//函数功能：从机发送非应答位,迫使数据传输过程结束
```

```c
//形式参数：无
//返回值：无
void slave_NOACK ( )
{
    SDA=1;
    SCL=1;
    delayNOP ( ) ;
    SDA=0;
    SCL=0;
}
//函数名：check_ACK
//函数功能：主机应答位检查，迫使数据传输过程结束
//形式参数：无
//返回值：无
void check_ACK ( )
{
    SDA=1;                    //将 I/O 设置成输入，必须先向端口写 1
    SCL=1;
    F0=0;
    if ( SDA==1 ) F0=1;       //若 SDA=1 表明非应答，置位非应答标志 F0
    SCL=0;
}
//函数名：IICSendByte
//函数功能：发送一个字节
//形式参数：要发送的数据
//返回值：无
void IICSendByte ( unsigned char ch )
{
    unsigned char idata n=8;  //向 SDA 上发送一个字节数据，共八位
    while ( n-- )
    {
        if ( ( ch & 0x80 ) ==0x80 )  //若要发送的数据最高位为1则发送位1
        { SDA=1;                     //传送位1
          SCL=1;
          delayNOP ( ) ;
          SDA=0;
          SCL=0;  }
        else
        { SDA=0;                     //否则传送位0
          SCL=1;
          delayNOP ( ) ;
          SCL=0;  }
        ch=ch<<1;                    //数据左移一位
    }
}
//函数名：IICReceiveByte
//函数功能：接收一个字节数据
```

```c
//形式参数：无
//返回值：返回接收的数据
unsigned char IICReceiveByte ( )
{
    unsigned char idata n=8;              //从 SDA 线上读取一个字节数据，共八位
    unsigned char tdata;
    while ( n-- )
      { SDA=1;
        SCL=1;
        tdata=tdata<<1;                    //左移一位，或_crol_(temp,1)
        if ( SDA==1 )
            tdata=tdata | 0x01;           //若接收到的位为 1，则数据的最后一位置 1
        else
            tdata=tdata & 0xfe;           //否则数据的最后一位清 0
        SCL=0;    }
    return ( tdata );
}
//函数名：DAC_PCF8591
//函数功能：发送 n 位数据
//形式参数：control 为控制字，wdata 为要转换的数字量
//返回值：无
void DAC_PCF8591 ( unsigned char controlbyte,unsigned char wdata )
{
    iic_start ( );                        //启动 I²C
    IICSendByte ( PCF8591_WRITE );        //发送地址位
    check_ACK ( );                        //检查应答位
    if ( F0==1 )
        { SystemError=1;
          return; }                       //若非应答表明器件错误或已坏，置错误标志位 SystemError
    IICSendByte ( controlbyte & 0x77 );   //Control byte
    check_ACK ( );                        //检查应答位
    if ( F0==1 )
        { SystemError=1;
          return; }                       //若非应答表明器件错误或已坏，置错误标志位 SystemError
    IICSendByte ( wdata );                //data byte
    check_ACK ( );                        //检查应答位
    if ( F0==1 )
        { SystemError=1;
          return; }                       //若非应答表明器件错误或已坏，置错误标志位 SystemError
    iic_stop ( );                         //全部发完则停止
    delayNOP ( );
    delayNOP ( );
    delayNOP ( );
    delayNOP ( );
}
//函数名：delay_ms
//函数功能：采用定时器 T1 延时 t 毫秒，采用工作方式 1，定时器初值为 64 536
```

```c
//形式参数：延时毫秒数
//返回值：无
void  delay_ms(unsigned char t)
{
    unsigned char i;
    TMOD=0x10;                          //设置T1为工作方式1
    for(i=0;i<t;i++)
       { TH1=0xFC;                      //置定时器初值0xFC18=64 536
         TL1=0x18;
         TR1=1;                         //启动定时器1
         while(!TF1);                   //查询计数是否溢出，即1 ms定时时间到，TF1=1
         TF1=0;   }                     //1 ms定时时间到，将定时器溢出标志位TF1清零
}
void main()                             //主函数
{
    unsigned char   voltage;            //输出电压寄存器，0对应0.0 V，255对应+5.0 V
                                        //每次按键按下加减5，则对应0.1 V电压变化
    voltage=125;
    while(1)
    {
        DAC_PCF8591(0x40,voltage);     //控制字为0100 0000，允许模拟量输出
        if(S1==0)                       //按键$S_1$按下
          { if(voltage==255) voltage=125;
            else voltage=voltage+5;
          }
        if(S2==0)                       //按键$S_2$按下
          { if(voltage==0) voltage=125;
            else voltage=voltage-5;
          }
        delay_ms(1);
    }
}
```

5. 任务小结

通过可调光台灯的设计与制作，让读者学习在单片机应用系统中进行D/A转换的技术，初步掌握数模转换芯片与单片机的接口方法，为运用单片机组成各种开环或闭环控制电路奠定基础。

6. 举一反三

采用PCF8591产生正弦波，编程思路如下：把要产生的波形以二进制数值的形式预先存放在程序存储器中，再按顺序依次取出送至D/A转换器，程序流程图如图7.10所示。

把程序ex7_2.c中的主函数换成下面给出的主函数，就可以完成正弦波发生器的功能。

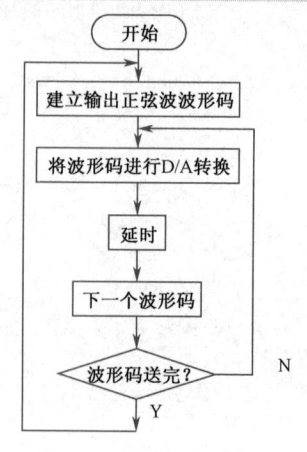

图7.10 产生正弦波程序流程图

```c
//程序：ex7_3.c
//功能：产生正弦波，周期约256 ms，幅度约2.5 V
unsigned char code sin[]=                //定义正弦波波形码
              {0x80,0x83,0x86,0x89,0x8D,0x90,0x93,0x96,0x99,0x9C,0x9F,
               0xA2,0xA5,0xA8,0xAB,0xAE,0xB1,0xB4,0xB7,0xBA,0xBC,0xBF,
               0xC2,0xC5,0xC7,0xCA,0xCC,0xCF,0xD1,0xD4,0xD6,0xD8,0xDA,
               0xDD,0xDF,0xE1,0xE3,0xE5,0xE7,0xE9,0xEA,0xEC,0xEE,0xEF,
               0xF1,0xF2,0xF4,0xF5,0xF6,0xF7,0xF8,0xF9,0xFA,0xFB,0xFC,
               0xFD,0xFD,0xFE,0xFF,0xFF,0xFF,0xFF,0xFF,0xFF,0xFF,0xFF,
               0xFF,0xFF,0xFF,0xFF,0xFE,0xFD,0xFD,0xFC,0xFB,0xFA,0xF9,
               0xF8,0xF7,0xF6,0xF5,0xF4,0xF2,0xF1,0xEF,0xEE,0xEC,0xEA,
               0xE9,0xE7,0xE5,0xE3,0xE1,0xDF,0xDD,0xDA,0xD8,0xD6,0xD4,
               0xD1,0xCF,0xCC,0xCA,0xC7,0xC5,0xC2,0xBF,0xBC,0xBA,0xB7,
               0xB4,0xB1,0xAE,0xAB,0xA8,0xA5,0xA2,0x9F,0x9C,0x99,0x96,
               0x93,0x90,0x8D,0x89,0x86,0x83,0x80,0x80,0x7C,0x79,0x76,
               0x72,0x6F,0x6C,0x69,0x66,0x63,0x60,0x5D,0x5A,0x57,0x55,
               0x51,0x4E,0x4C,0x48,0x45,0x43,0x40,0x3D,0x3A,0x38,0x35,
               0x33,0x30,0x2E,0x2B,0x29,0x27,0x25,0x22,0x20,0x1E,0x1C,
               0x1A,0x18,0x16,0x15,0x13,0x11,0x10,0x0E,0x0D,0x0B,0x0A,
               0x09,0x08,0x07,0x06,0x05,0x04,0x03,0x02,0x02,0x01,0x00,
               0x00,0x00,0x00,0x00,0x00,0x00,0x00,0x00,0x00,0x00,0x00,
               0x01,0x02,0x02,0x03,0x04,0x05,0x06,0x07,0x08,0x09,0x0A,
               0x0B,0x0D,0x0E,0x10,0x11,0x13,0x15,0x16,0x18,0x1A,0x1C,
               0x1E,0x20,0x22,0x25,0x27,0x29,0x2B,0x2E,0x30,0x33,0x35,
               0x38,0x3A,0x3D,0x40,0x43,0x45,0x48,0x4C,0x4E,0x51,0x55,
               0x57,0x5A,0x5D,0x60,0x63,0x66,0x69,0x6C,0x6F,0x72,0x76,
               0x79,0x7C,0x80};
void main ( )                          //主函数
{
  unsigned char i;
  while (1)
  {
    for ( i=0;i<=255;i++ )             //形成正弦波输出值
      { DAC_PCF8591 ( 0x40,sin[i] );   //D/A转换输出
        delay_ms (1); }
  }
}
```

7.3　I²C 总线 A/D 与 D/A 转换器 PCF8591

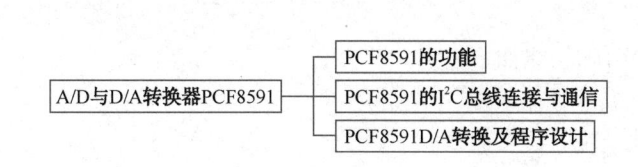

知识分布网络

A/D与D/A转换器PCF8591
- PCF8591的功能
- PCF8591的I²C总线连接与通信
- PCF8591 D/A转换及程序设计

7.3.1 PCF8591 的功能

A/D 与 D/A 转换器 PCF8591 是一个单片集成、单独供电、低功耗、8 位 CMOS 数据获取器件，其功能包括多路模拟输入、内置跟踪保持、8-bits 模数转换和 8-bits 数模转换。它既可以做 A/D 转换，也可以做 D/A 转换，进行 A/D 转换时为逐次比较型转换。PCF8591 器件的地址、控制和数据信号都是通过 I²C 总线，以串行的方式进行传输，PCF8591 的最大转换速率由 I²C 总线的最大速率决定。

> **小知识**　8 位 D/A 转换器中的"8 位"是指输入数字量的位数，它决定了 D/A 转换器的分辨率。分辨率是 D/A 转换器对输入量变化敏感程度的描述，如果输入数字量的位数为 n，则 D/A 转换器的分辨率为 2^{-n}。所以 PCF8591 的分辨率是 1/256。一般来说，数字量位数越多，分辨率也就越高，转换器对输入量变化的敏感程度也就越高。常用的有 8 位、10 位、12 位三种 D/A 转换器。
>
> 建立时间是描述 D/A 转换速度快慢的一个参数，用来表示转换速度，指从输入数字量变化到输出达到终值误差 ±(1/2) LSB（最低有效位）时所需的时间。转换器的输出形式为电流时建立时间较短；输出形式为电压时，还要加上运算放大器的延迟时间，建立时间比较长。

PCF8591 广泛应用于闭环控制系统中，例如远程数据的低功耗转换器、电池供电、汽车、音响和 TV 等设备的模拟数据处理。

PCF8591 芯片为 16 引脚、SOP 或 DIP 封装，其外形与引脚分布如图 7.11 所示。PCF8591 系列芯片有 4 路 A/D 转换输入，1 路 D/A 模拟输出和 1 个串行 I²C 总线接口。

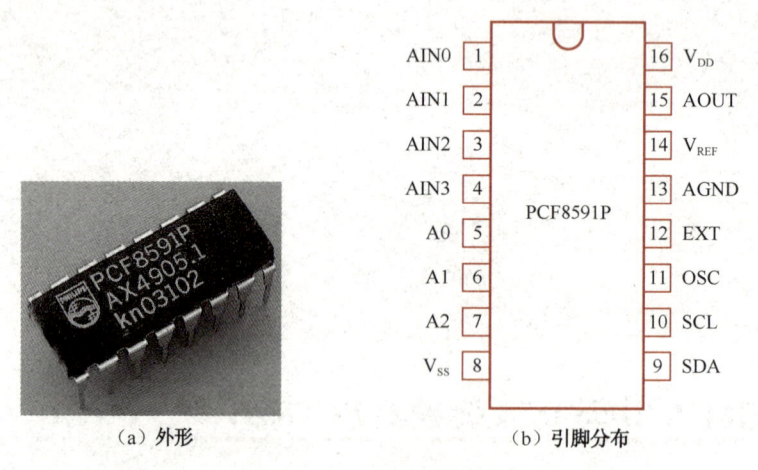

(a) 外形　　(b) 引脚分布

图 7.11　PCF8591 转换器

PCF8591 芯片的引脚功能如下。

AIN0 ~ AIN3：模拟信号输入端。

A0 ~ A2：硬件地址端。

V_{DD}、V_{SS}：电源端。

SDA：I²C 总线的数据线。

SCL：I²C 总线的时钟线。
OSC：外部时钟输入端，内部时钟输出端。
EXT：内部、外部时钟选择线，使用内部时钟时 EXT 接地。
AGND：模拟信号地。
AOUT：D/A 转换输出端。
V_{REF}：基准电源端。

7.3.2 PCF8591 的 I²C 总线连接与通信

单片机与 PCF8591 芯片按照 I²C 总线方式连接。

1. 器件总地址

连接在 I²C 总线上的 IC 器件都必须有一个唯一的地址，该地址由器件地址和引脚地址组成，共 7 位。器件地址是 I²C 器件固有的地址编码，在器件出厂时就已经给定，由 I²C 总线委员会分配，不可更改。引脚地址由 I²C 总线器件的地址引脚（A2、A1、A0）决定，根据其在电路中接电源正极、接地或悬空的不同形式形成地址码。引脚地址数决定了同一种器件可接入 I²C 总线的最大数目。I²C 总线器件的地址格式如下：

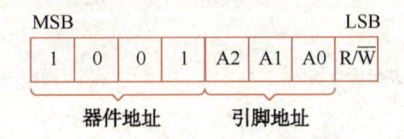

MSB						LSB
1	0	0	1	A2	A1	A0	R/$\overline{W}$

器件地址：1001；引脚地址：A2 A1 A0

其中，R/$\overline{W}$ 是方向位。当 R/$\overline{W}$=0 时，表示主器件向从器件发送数据；当 R/$\overline{W}$=1 时，表示主器件读取从器件数据。

> **小知识** 飞利浦公司规定该器件地址高 4 位为 1001。引脚地址为 A2A1A0，其值由用户选择，因此 I²C 系统中最多可接 2^3=8 个具有 I²C 总线接口的 A/D 器件。

总线操作时，由器件地址、引脚地址和方向位组成的从地址为主控器件发送的第一字节。任务 7-2 中，由于电路中 A2A1A0 都接地，因此器件地址分别为 0x90 和 0x91。

任务 7-2 的程序 ex7_2.c 中定义了以下器件读写地址：

```
#define PCF8591_WRITE    0x90
#define PCF8591_READ     0x91
```

2. 控制寄存器

PCF8591 的控制寄存器存放转换控制字，用于设置器件的各种功能，如模拟信号由哪几个通道输入等，是总线操作时由主控器件向从器件 PCF8591 发送的第二字节。其格式如下所示。

MSB							LSB
0	×	×	×	0	×	×	×
D7	D6	D5	D4	D3	D2	D1	D0

其中，D1、D0 为 A/D 通道编号：00 通道 0，01 通道 1，10 通道 2，11 通道 3。

D2：自动增益选择（有效位为1）。

D3：固定为0。

D5、D4 为模拟量输入选择位：00 为四路单输入，01 为三路差分输入，10 为单端与差分配合输入，11 为两路差分输入，如图 7.12 所示。

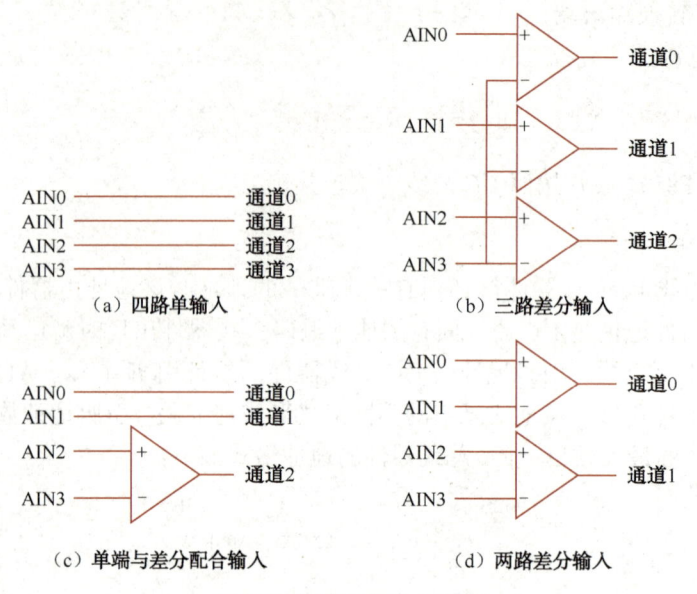

图 7.12 模拟量输入选择

D6：模拟输出允许，该位为1时，允许模拟输出。当系统为 A/D 转换时，该位为0。

D7：固定为0。

例如，控制字节 0x40，二进制为 01000000B，设置为四路单输入、自动增益无效、选择通道 0、允许模拟输出。

任务 7-2 的程序 ex7_2.c 中，调用 D/A 转换函数语句如下。

```
DAC_PCF8591（0x40，Voltage）；       //0x40 为控制字节
```

3. 器件在 I²C 总线中的通信

I²C 总线在传送数据过程中共有三种类型信号，它们分别是：开始信号、结束信号和应答信号。

开始信号：SCL 为高电平时，SDA 由高电平向低电平跳变，开始传送数据。

结束信号：SCL 为高电平时，SDA 由低电平向高电平跳变，结束传送数据。

应答信号：接收数据的器件在接收到 8 bit 数据后，必须向发送数据的器件发出特定的低电平脉冲，表示已收到数据。

I²C 总线以字节为单位传送数据，首先传送数据的最高位（MSB）。每次传送时传送的字节数不限，但要求每传送一个字节数据后，都要在收到应答信号后才能继续下一个字节数据的传送，若未收到应答信号，则判断为接收数据的器件出现故障。

I²C 总线的时序如图 7.13 所示。I²C 总线程序设计参见 7.3.3 节。

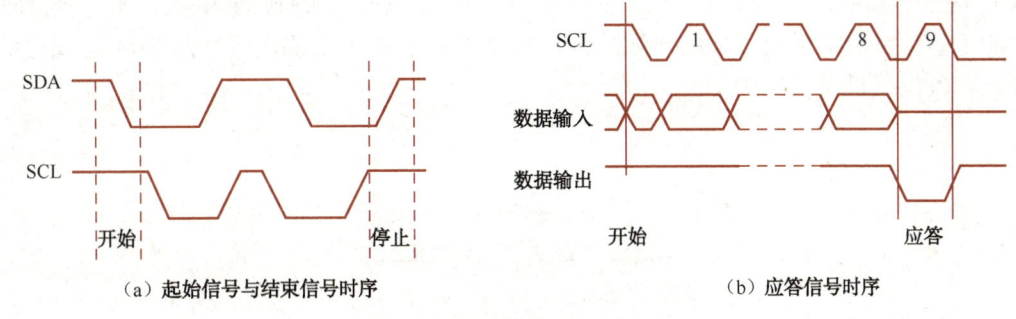

(a) 起始信号与结束信号时序   (b) 应答信号时序

图 7.13 I²C 总线时序

7.3.3 PCF8591 的 D/A 转换及程序设计

1. I²C 总线数据操作格式

PCF8591 的关键单元是 D/A 转换器。该器件进行 D/A 转换是通过 I²C 总线的写入方式操作完成的，其数据操作格式如图 7.14 所示。

| S | SLAW | A | CONBYT | A | data 1 | A | data 2 | A | ... | data n | A | P |

图 7.14 D/A 转换数据操作格式

其中 S 位为 I²C 总线的起动信号位，第一个字节 SLAW 为主控器件（即单片机）发送的 PCF8591 地址选择字节，第二个字节 CONBYT 为主控器件发送的 PCF8591 控制字节，data 1～data n 为待转换的二进制数字，A 为一个字节传送完毕由 PCF8591 产生的应答信号，P 为主机发送的 I²C 总线停止信号位。

任务 7-2 中的 ex7_2.c 程序中的 DAC_PCF8591( ) 函数中给出了以上 D/A 转换的代码，图 7.16 给出了其流程。

2. I²C 总线操作时序及程序设计

单片机编程控制 I²C 器件的工作主要包括两部分，一是按照时序图和上述各操作说明编写基本 I²C 时序函数；二是根据每个器件的特性编写应用函数，调用基本时序函数完成数据的读写功能。

下面根据 I²C 总线的操作时序，编写 PCF8591 相应的操作程序。

1) 时钟和数据转换

SDA 总线上的数据仅在 SCL 为低电平期间数据可能改变，如图 7.15 所示。如果在 SCL 高电平期间数据发生改变，表示定义"开始"或"停止"两种状态。

（1）输出数据：当数据（包括地址和数据）由单片机送往 PCF8591 芯片时，称为输出数据（写数据）。数据总是按字节（8 位）逐位串行输出，每个时钟脉冲输出一位。SDA 总线上的数据应在 SCL 低电平期间改变（输出），在 SCL 高电平期间稳定。

51 单片机可利用串行输出字节函数 IICSendByte( ) 来实现输出（写）一个字节数据的操作，具体函数参见程序 ex7_2.c。

（2）输入数据：当单片机从 PCF8591 芯片的数据线上读取数据时，称为输入数据（读数据）。数据总是按字节（8位）逐位串行输入，每个时钟脉冲输入一位。同样的，PCF8591芯片在SCL低电平期间将数据送往SDA总线，在SCL高电平期间SDA总线上的数据稳定，可供接口设备读取。

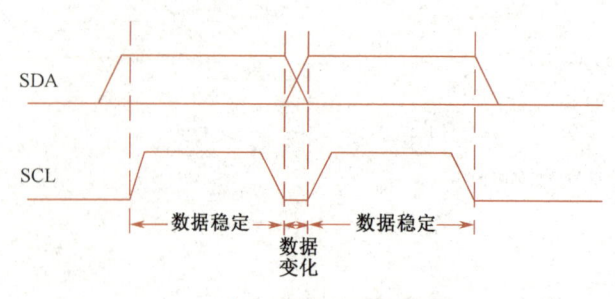

图 7.15 I^2C 总线数据的有效性时序

51单片机可利用串行输入字节函数IICReceiveByte( )，来实现输入（读）一个字节数据的操作，具体函数参见程序 ex7_2.c。

2) 开始状态 (START)

SCL处于高电平时，SDA从高电平转向低电平，表示一个"开始"状态。该状态表示一种操作的开始，因此必须在所有命令之前执行，如图7.13（a）所示。

51单片机可利用开始函数 iic_start( ) 实现一个开始操作，具体函数参见程序 ex7_2.c。

3) 停止状态 (STOP)

SCL处于高电平时，SDA由低电平转向高电平表示一个"停止"状态。该状态表示一种操作的结束并将终止所有通信，如图7.13（a）所示。

51单片机可利用停止函数 iic_stop( ) 来实现停止操作，具体函数参见程序 ex7_2.c。

4) 确认应答 (ACK)

所有地址和数据以8位二进制码形式串行输入/输出 PCF8591。PCF8591在收到每个地址或数据码之后，置SDA为低电平作为确认应答，该确认应答发生于第9个时钟周期，如图7.13（b）所示。

当单片机向PCF8591发送完8位数据后，程序将产生第9个时钟脉冲，并从SDA线读入应答位ACK，此时ACK位的状态即为PCF8591的响应状态。当ACK=1时，表示PCF8591尚未接收到数据或内部定时写周期尚未结束，不能进行下一步的操作；当ACK=0时，表示PCF8591已接收到数据或内部定时写周期结束，可以进行下一步的操作。应答函数 check_ACK( ) 参见程序 ex7_2.c。

5) D/A 转换程序设计

D/A 转换流程图如图 7.16 所示。代码参见 ex7_2.c。

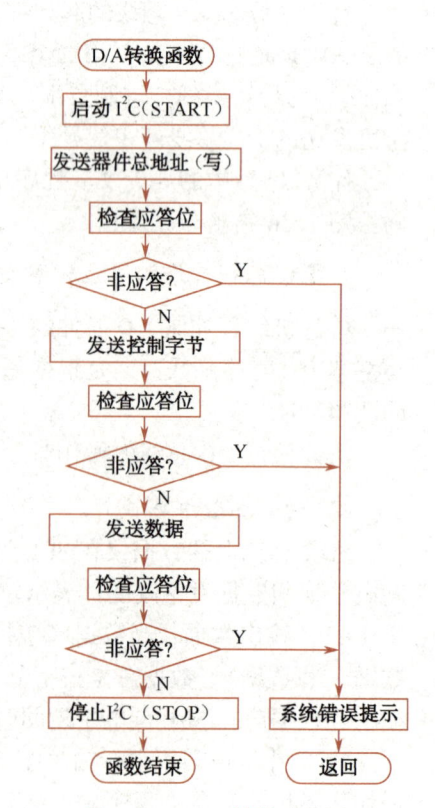

图 7.16 D/A 转换流程图

7.3.4 PCF8591 的 A/D 转换及程序设计

PCF8591 的 A/D 转换器采用逐次逼近转换技术，在 A/D 转换周期内将临时使用片上 D/A 转换器和高增益比较器。一个 A/D 转换周期总是开始于发送一个有效模式地址给 PCF8591，然后，A/D 转换周期在应答时钟脉冲的后沿触发，所选通道的输入电压采样保存到芯片中，并被转换为对应的 8 位二进制码。

取自差分输入的采样将被转换为对应的 8 位二进制码。转换结果被保存在 ADC 数据寄存器等待传输。如果自动增量标志被置 1，将选择下一个通道。

任务 7-2 中给出了 PCF8591 芯片的 DAC 工作过程，下面给出其 A/D 转换的操作函数。

```c
//函数名：ADC_PCF8591
//函数功能：读取 A/D 转换结果
//形式参数：controlbyte 为控制字（控制字的 D1 和 D0 位表示通道号）
//返回值：转换后的数字值
unsigned char ADC_PCF8591 ( unsigned char controlbyte )
{
    unsigned char idata receive_da,i=0;
    iic_start ( );                          //启动信号
    IICSendByte ( PCF8591_WRITE );          //发送器件总地址（写）
    check_ACK ( );
    if ( F0==1 )
     { SystemError=1;
       return 0; }
    IICSendByte ( controlbyte );            //写入控制字，控制字介绍参见 7.3.2 节
    check_ACK ( );
    if ( F0==1 )
        { SystemError=1;
          return 0; }
    iic_start ( );                          //重新发送开始命令
    IICSendByte ( PCF8591_READ );           //发送器件总地址（读）
    check_ACK ( );
    if ( F0==1 )
        { SystemError=1;
          return 0; }
    receive_da=IICReceiveByte ( );          //该函数参见任务 7-2 的 ex7_2.c
    slave_ACK ( );                          //收到一个字节后发送一个应答位
    slave_NOACK ( );                        //收到最后一个字节后发送一个非应答位
    iic_stop ( );
    return ( receive_da );
}
```

知识梳理与总结

A/D 和 D/A 转换器是单片机与外界联系的重要途径，由于计算机只能处理数字信号，因此当计算机系统中需要控制和处理温度、速度、电压、电流等模拟量时，就需要采用 A/D 和 D/A 转换器。

本项目重点介绍了 51 单片机 STC12S5A60S2 芯片内部的 A/D 转换模块及其应用，以及 I^2C 总线接口的 8 位 A/D、D/A 芯片 PCF8591 与 51 单片机的接口设计。

思考与练习题 7

7.1 单项选择题

（1）A/D 转换结束通常采用_____方式编程。
　　A. 中断方式　　　B. 查询方式　　　C. 延时等待方式　　D. 中断、查询和延时等待

（2）A/D 转换的精度由_____确定。
　　A. A/D 转换位数　B. 转换时间　　　C. 转换方式　　　D. 查询方法

（3）D/A 转换的纹波消除方法是_____。
　　A. 比较放大　　　B. 电平抑制　　　C. 低通滤波　　　D. 高通滤波

（4）STC12S5A60S2 芯片内部的 A/D 转换为_____。
　　A. 16 位　　　　　B. 12 位　　　　　C. 10 位　　　　　D. 8 位

（5）PCF8591 芯片是_____A/D 和 D/A 芯片。
　　A. 串行　　　　　B. 并行　　　　　C. 通用　　　　　D. 专用

7.2 填空题

（1）A/D 转换器的作用是将_____量转为_____量；D/A 转换器的作用是将_____量转为_____量。

（2）描述 D/A 转换器性能的主要指标有_____。

7.3 问答题

（1）判断 A/D 转换是否结束，一般可采用几种方式？每种方式有何特点？

7.4 应用题

（1）设计一个锯齿波发生器系统。

（2）E^2PROM 芯片 AT24C02 采用的也是 I^2C 总线接口，请设计 51 单片机扩展 E^2PROM 的软硬件系统。

项目 8 单片机应用系统综合设计

通过对前面各项目的学习，我们已经掌握了单片机的硬件结构、工作原理和程序设计方法、人机接口、串行通信接口技术、模拟量输入/输出通道等。在具备上述单片机基本模块的软、硬件设计基础上，我们一起进入系统设计实战阶段，进行单片机应用系统的综合设计与开发。

本项目首先通过数字钟的设计与制作，将所学知识系统化，使读者熟练应用单片机内部资源及外部键盘、显示等人机接口，掌握模块化程序设计方法；其次以图形液晶显示系统设计实例，让读者系统地掌握单片机应用系统的接口设计方法；接着以单片机温度检测记录系统设计实例，让读者系统地掌握单片机与外围接口芯片常用的 1 线/2 线（I^2C 总线）/3 线或 4 线（SPI 总线）等串行总线接口的用法，最后通过家居照明蓝牙控制系统和 WIFI 遥控小车 2 个设计任务，让读者掌握应用多种新技术开展单片机串行通信接口控制项目的设计方法。通过上述 5 个综合任务的设计与开发，让读者学习和领会单片机应用系统的设计、开发和调试的思路、技巧和方法，理解和掌握低功耗、抗干扰等单片机实用技术。

任务 8-1 数字钟的设计与制作

8-1-1 任务目的

通过数字钟的设计与制作，将前面所学的单片机内部定时器资源、并行 I/O 端口、键盘和显示接口等知识融会贯通，锻炼独立设计、制作和调试应用系统的能力，深入领会单片机应用系统硬件设计、模块化程序设计及软硬件调试方法等，并掌握单片机应用系统的开发过程。

8-1-2 任务要求

设计并制作出具有如下功能的数字钟：
（1）自动计时，由 6 位 LED 显示器显示时、分、秒。
（2）具备校准功能，可以设置当前时间。
（3）具备定时启闹功能，可以设置启闹时间，并同时开启闹钟功能，启闹 15 s 后自动关闭闹铃。
（4）在闹钟开启状态下或在闹铃过程中，可以按键关闭闹钟功能。

8-1-3 系统方案选择

1. 单片机选型

选用具有串口和 ISP 下载功能的 STC90C516RD+系列增强型 8 位单片机，频率高达 80 MHz，可工作于 6 Clock、32 I/O 端口、3 个定时器、内置 WDT 和 E^2PROM。指令代码完全兼容传统的 51 单片机。

> **小经验** 目前单片机的种类、型号极多，有 8 位、16 位、32 位机等，片内的集成度各不相同，有的处理器在片内集成了 WDT、PWM、串行 E^2PROM、A/D、比较器等多种资源，并提供 UART、I^2C、SPI 协议的串行接口，最大工作频率范围也从早期的 0~12 MHz 增至 33~40 MHz。我们应根据系统的功能目标、复杂程度、可靠性要求、精度和速度要求，选择性能/价格比合理的单片机机型。在进行机型选择时应考虑以下几个方面：
> （1）所选处理器内部资源尽可能符合系统总体要求，同时应综合考虑低功耗等性能要求，要留有余地，以备后期更新升级。
> （2）开发方便，具有良好的开发工具、开发环境和软硬件技术支持。
> （3）市场货源（包括外部扩展器件）在较长时间内供应充足。
> （4）设计人员对处理器的开发技术熟悉，以利于缩短研制周期。

2. 计时方案

1）采用实时时钟芯片

针对应用系统对实时时钟功能的普遍需求，各大芯片生产厂家陆续推出了一系列实时时钟集成电路，如 DS1287、DS12887、DS1302、PCF8563、S35190 等。这些实时时钟芯片具备年、月、日、时、分、秒计时功能和多点定时功能，计时数据每秒自动更新一次，不需程序干预。单片机可通过中断或查询方式读取计时数据。实时时钟芯片的计时功能无需占用 CPU 时间，功能完善，精度高，软件程序设计相对简单，在实时工业测控系统中多采用这一类专用芯片来实现。

> **小经验**　有些实时时钟芯片带有锂电池做后备电源，具备永不停止的计时功能；有些具有可编程方波输出功能，可用做实时测控系统的采样信号等；还有些芯片内部带有非易失性 RAM，可用来存放需长期保存但有时也需变更的数据。读者可根据任务需求进行芯片选型。

2) 采用单片机内部定时器

利用 STC90C516RD+内部定时/计数器进行中断定时，配合软件延时实现时、分、秒的计时。该方案节省硬件成本，且能够使读者对前面所学知识进行综合运用，因此，本系统设计采用这一方案。

3. 显示方案

1) 利用串行口扩展 LED，实现 LED 静态显示

该方案占用单片机资源少，且静态显示亮度高，但硬件开销大，电路复杂，信息刷新速度慢，比较适用于单片机并行口资源较少的场合。

2) 利用单片机并行 I/O 端口，实现 LED 动态显示

该方案直接使用单片机并行口作为显示接口，无须外扩接口芯片，但占用资源较多，且动态扫描显示方式需占用 CPU 时间。在非实时测控或单片机具有足够并行口资源的情况下可以采用。这里采用此动态显示方案。

4. 系统方案确定

综合上述方案分析，本系统选用具有串口下载功能的 STC90C516RD+单片机作为主控制器，采用单片机内部定时器实现计时、独立式键盘和动态 LED 显示（6 位）。

1) 键盘功能定义

系统采用独立式按键，任务中使用了 3 个按键：S_1、S_2 和 S_3 键。

S_1 键：在闹钟功能关闭的状态下，按下 S_1 键进入闹钟时间修改，再次按下 S_1 键，结束闹钟时间修改过程同时开启闹钟功能。在闹钟功能开启状态下或在闹铃过程中，按下 S_1 键则关闭闹铃和闹钟功能。

S_2 键：修改时间或闹钟时间的"小时"，每按一次 S_2 键，"小时"加 1，加到 23 后再加 1 则清零。

S_3 键：修改时间或闹钟时间的"分钟"，每按一次 S_3 键，"分钟"加 1，加到 59 后再加 1 则清零。

2) 显示定义

6 位 LED 从左到右依次显示时、分、秒，采用 24 小时方式计时。

3) 系统工作流程设计

（1）时间显示：上电后，系统自动进入时钟显示，从 "00：00：00" 开始计时。

（2）时间调整：在计时过程中，随时按下 S_2 键修改"小时"，按下 S_3 键修改"分钟"。

(3) 闹钟设置/启闹/停闹：按下 S_1 键，数码管显示 "00：00：00"，进入闹钟时间设置状态。用 S_2 键、S_3 键分别修改闹钟时间的 "小时"、"分钟"，再次按下 S_1 键结束闹钟时间设置过程，同时启动定时启闹功能，闹钟指示灯亮，并恢复时间显示。当定时时间到后，蜂鸣器鸣叫 15 s 后停闹。在闹钟设置过程中，系统继续计时。

(4) 在闹钟功能开启状态或者响铃状态下，按下 S_1 键关闭闹铃和闹钟功能。

8-1-4 系统硬件设计

系统硬件设计电路如图 8.1 所示，单片机的 P0 口作为 6 位 LED 显示的位选口，其中 P0.0~P0.5 分别对应 LED0~LED5，P1 口作为段选口，由于采用共阴极数码管，因此 P0 口输出低电平选中相应的位，而 P1 口输出高电平则点亮相应的段。

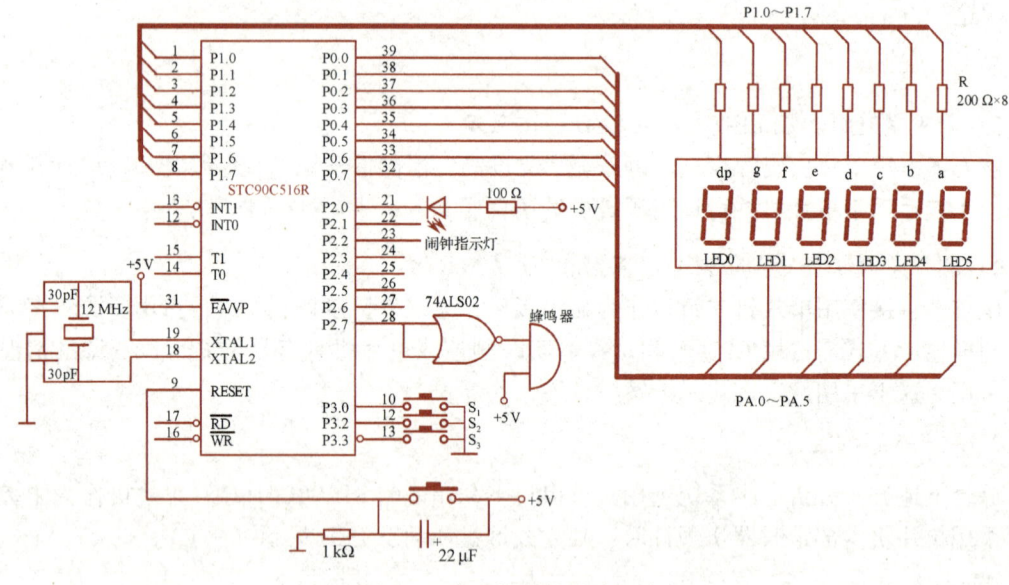

图 8.1 数字钟硬件设计电路

单片机 P3 口的 P3.0、P3.2 和 P3.3 为键盘输入口。

单片机的 P2.7 引脚接蜂鸣器，低电平驱动蜂鸣器鸣叫，模拟闹钟启闹。P2.0 引脚连接一个 LED 作为闹钟功能指示灯，闹钟功能开启则 LED 点亮，闹钟功能关闭则 LED 熄灭。

> **小经验** 数字钟电路板制作可以采用面包板搭建电路、万用板焊接电路等方式实现。电路板完成后，需要先进行硬件测试，包括脱机检查和联机调试等，具体方法参见本任务中的"系统调试与脱机运行"，测试电路板连接的正确性。在此基础上再进行系统软件设计。

8-1-5 系统软件设计

明确任务要求，完成方案设计和硬件电路制作后，进入系统软件设计阶段。我们采用自顶向下、逐步细化的模块化设计方法。

> **小提示** 自顶向下的模块化设计是指从整体到局部，再到细节的设计过程。这种方法必须先对整体任务进行透彻的分析和了解，明确任务需求后再设计程序模块，可以避免因任务分析不到位而导致的修改返工。模块化程序设计的开发过程介绍如下。
> （1）明确设计任务，依据现有硬件，确定软件整体功能，将整个任务合理划分成小模块，确定各个模块的输入/输出参数和模块之间的调用关系。
> （2）分别编写各个模块的程序，编写专用测试主程序进行各模块的编译调试。
> （3）把所有模块进行链接调试，反复测试成功后，就可以将代码固化到应用系统中，再次测试，直到完成任务为止。
> 模块化程序设计具有结构层次清晰，便于编制、阅读、扩充和修改，应用模块共享，可节省内存空间等特点。

1. 模块划分

根据任务要求分析，首先把任务划分为相对独立的功能模块，系统模块划分如图 8.2 所示，可分为以下几个功能模块。

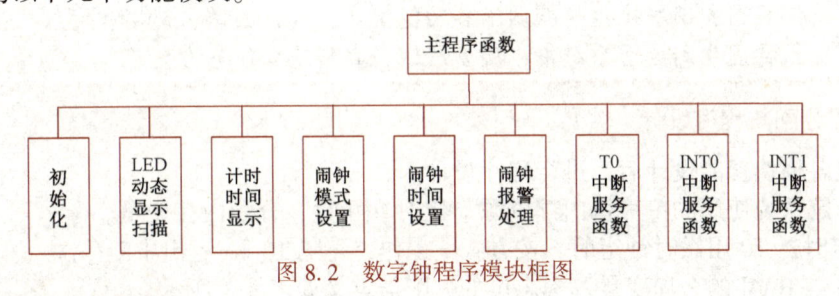

图 8.2 数字钟程序模块框图

1) 主程序函数 main

主函数完成系统的初始化，包括定时/计数器和中断系统的初始化，闹钟指示灯设置、更新显示时间、设置闹钟模式和闹钟报警处理等。

2) 初始化函数

定时器初始化，T0 工作于工作方式 1，在晶振频率 12 MHz 下，设置 10 ms 定时初值，并开放 T0 中断以及两个外部中断。

3) LED 显示扫描函数

6 位 LED 动态显示，将显示缓冲区中的 6 个数依次扫描显示一遍。

4) 计时时间显示函数

将当前计时时间的"小时"、"分钟"和"秒"拆分到显示缓冲区，并调用 LED 显示扫描函数实现时间的显示。

5) 闹钟模式设置函数

按下 S_1 键进入闹钟时间设置，调用闹钟时间设置函数；在闹钟开启或闹铃鸣响期间，按下 S_1 键关闭闹钟功能。

6) 闹钟时间设置函数

按 S_2 键修改闹钟时间的"小时"，按 S_3 键修改闹钟时间的"分钟"，按 S_1 键结束修改；设置完闹钟时间后，自动开启闹钟功能。

7) 闹钟报警处理函数

当闹钟的时、分和当前的时、分相同，在闹钟功能开启的情况下，蜂鸣器鸣响 15 s。

8) 定时器 T0 中断服务函数

修改当前时钟的 10 ms 定时参数。

9) 外部中断 0 服务函数

采用加 1 方式修改当前时间的"小时"。

10) 外部中断 1 服务函数

采用加 1 方式修改当前时间的"分钟"。

> **小经验** 当任务模块比较多时，一般由多个人合作完成系统软件设计，此时可每人分别负责几个模块的编码和调试，然后再进行各模块联调，这样可以加快项目的开发进度。例如键盘模块、显示模块等相对独立的模块均可分别编写。
>
> 在一般情况下，先编写简单的测试用程序进行模块调试。调试成功后由模块负责人编写模块接口文档，明确模块的调用方式，如参数传递等模块接口信息。最后再根据系统主程序的流程图和模块接口文档调用各功能模块，进行编译、链接和定位，生成系统可执行程序，再固化到应用系统中，反复测试，直到完成任务为止。

2. 资源分配与程序设计

在完成各模块功能设计后，进行程序设计。

首先确定系统使用的单片机内部资源（定时/中断），分配内存变量。

(1) 定时器 T0 用做时钟定时，按方式 1 工作，每隔 10 ms 溢出中断一次。

(2) 片内 RAM 的全局变量及标志位的分配与定义如表 8.1 所示。

表 8.1 变量定义

程序中的变量定义	意 义
bit nao;	闹钟开关标志，nao＝1 闹钟开；nao＝0 闹钟关
unsigned char a;	记录 S_1 键按下次数，第一次按下修改闹钟时间，第 2 次按下切换闹钟开关
unsigned char display [ ] = {0, 0, 0, 0, 0, 0};	显示缓冲区，对应六个数码管
unsigned char ssec;	10 ms 计数变量
unsigned char sec;	当前时间"秒"变量
unsigned char min;	当前时间"分"变量
unsigned char hour;	当前时间"小时"变量
unsigned char nao_hour;	闹钟时间"小时"变量
unsigned char nao_min;	闹钟时间"分钟"变量

系统源程序如下。

```
//*************************** 数字钟程序 *************************** //
//程序：ex8_1.c
//功能：数字钟程序
#include "reg51.h"
typedef unsigned int u16;
typedef unsigned char u8;
```

// ************************ 位名称定义 ****************************//
```c
sbit naodeng=P2^0;      //闹钟开灯亮；否则灭
sbit S1=P3^0;           //切换模式（开关闹钟，调闹钟）
sbit S2=P3^2;           //调时
sbit S3=P3^3;           //调分
sbit beep=P2^7;         //蜂鸣器
```
// ************************ 函数声明 ****************************//
```c
void shijian();         //计时时间显示
void Timer0Init();      //定时器中断初始化函数
void DigDisplay();      //LED动态显示扫描函数
void alarm();           //闹铃报警处理
void tiao_nao();        //闹钟时间设置
void moshi();           //闹钟模式设置
void delay(u16 i);      //软件延时函数
```
// ************************ 全局变量定义 ****************************//
```c
bit nao;                //闹钟开关标志，nao=1闹钟开；nao=0闹钟关
u8 a=0;                 //记录 S1 按下次数，第一次按下修改闹钟时间，
                        //第2次按下切换闹钟开关
u8 display[] = {0, 0, 0, 0, 0, 0};   //显示缓冲区，对应六个数码管
u8 ssec, sec, min, hour, nao_hour=0, nao_min=0;
                        //10毫秒、秒、分、小时、闹钟小时、闹钟分钟
```
// ************************ 延时函数 ****************************//
```c
//函数名：delay
//函数功能：软件延时
//形式参数：无符号整型变量i，0-65535
//返回值：无
void delay(u16 i)
{
    while(i--);
}
```
// ************************ 定时器中断初始化函数 ****************************//
```c
//函数名：Timer0Init
//函数功能：定时器T0定时中断，interrupt 1，开放两个外部中断
//形式参数：无
//返回值：无
void Timer0Init()
{
    TMOD|=0X01;     //选择为定时器0模式，工作方式1，仅用TR0打开启动。
    EX0=1;
    IT0=1;          //外部中断0采用下降沿触发
    PX0=1;
    EX1=1;
    IT1=0;          //外部中断1采用低电平触发
    TH0=0Xd8;       //给定时器赋初值，定时10ms，12MHz晶振频率
    TL0=0Xf0;
    ET0=1;          //开放定时器0中断允许
    EA=1;           //开放总中断
    TR0=1;          //定时器开始计数
}
```
// ************************ 6位LED显示函数 ****************************//
```c
//函数名：DigDisplay
```

```c
//函数功能：6位LED动态显示，将显示缓冲区display中的6个数依次扫描显示一遍
//形式参数：无
//返回值：无
void DigDisplay()
{
  u8 i, j, m, temp;
  u8   led [] = {0x3f, 0x06, 0x5b, 0x4f, 0x66, 0x6d, 0x7d, 0x07, 0x7f, 0x6f};
                    //0-9的共阴极显示码
    temp=0x01;
    for(i=0; i<6; i++)
    {
      P1=0x00;                  //关显示
      j=display[i];
      P1=led[j];                //P1送段码
      P0=~temp;                 //P0对应端口低电平选位
      temp<<=1;
      for(m=0; m<100; m++);     //每一位显示延时
    }
}
//****************************** 报警函数 ******************************//
//函数名：alarm
//函数功能：闹钟时分和当前时分相同、闹钟功能开启的情况下，蜂鸣器响15秒
//形式参数：无
//返回值：无
void alarm()
{
  if(nao_hour==hour && nao_min==min && sec>=0 && sec<15 && nao==1)
  {
    beep=1;
    delay(5);
    beep=0;
    delay(5);
  }
}
//****************************** 闹钟时间调节 ******************************//
//函数名：tiao_nao
//函数功能：闹钟时间修改，修改小时和分钟，S1按下结束调节
//          设置完闹钟时间后，自动开启闹钟
//形式参数：无
//返回值：无
void tiao_nao()
{
    IT0=0;                      //关溢出进1；否则调闹时针后时加1；
    EX1=0;                      //关中断系统
    EX0=0;                      //关中断系统
    delay(10);
    while(S1)       //当S1没有按下时进行闹钟时间调节，当按下S1时，结束闹钟时间调节
    {
    if(S2==0)                       //闹钟小时调节
      {delay(10);
      if(S2==0) nao_hour++;
      while(!S2);}
    if(nao_hour>=24) nao_hour=0;    //24小时后归0
```

```c
            if(S3==0)                       //闹钟分钟调节
              {delay(10);
                if(S3==0) nao_min++; while(!S3);}
            if(nao_min>=60) nao_min=0;      //60分钟后归0
            display[5]=0;                   //闹钟显示
            display[4]=0;
            display[3]=nao_min%10;
            display[2]=nao_min/10;
            display[1]=nao_hour%10;
            display[0]=nao_hour/10;
            DigDisplay();                   //数码管显示函数
          }
    IT0=1;
    EX1=1;
    EX0=1;
    nao=1;                                  //退出闹钟调试,自动开启闹钟
}
//***************************** 闹钟功能设置 *****************************//
//函数名:moshi
//函数功能:按键S₁用来控制闹钟功能的开启和关闭,以及闹钟时间设置
//         按下进入闹钟时间设置,在该状态下再次按下S₁结束闹钟时间设置
//         并同时开启闹钟功能
//         在闹钟开启或闹铃响期间,按下S₁关闭闹钟功能
//         形式参数:无
//返回值:无
void moshi()
{
    if(S1==0)
    {
      delay(100);
      if(S1==0)
      {
        a++;                                //记录S1按下次数
        if(a>=2) a=0;
        while(!S1);
        switch(a)
        {
          case(0): nao=~nao; break;
          case(1): tiao_nao(); break;
        }
      }
    } while(!S1);
}
//***************************** 当前时间显示 *****************************//
//函数名:shijian
//函数功能:将当前计时时间的"小时"、"分钟"和"秒"拆分到显示缓冲区
//         并调用LED显示扫描函数实现时间的显示。
//形式参数:无
//返回值:无
void shijian()
{
    display[5]=sec%10;
    display[4]=sec/10;
```

```c
        display[3]=min%10;
        display[2]=min/10;
        display[1]=hour%10;
        display[0]=hour/10;
        DigDisplay();                      //LED 显示扫描函数
}
//************************** T0中断服务函数 ******************************//
//函数名：Timer0
//函数功能：每10ms中断一次，进行10ms、秒、分、小时计数
//形式参数：无
//返回值：无
void Timer0() interrupt 1
{
    TH0=0Xd8;                              //给定时器赋初值，定时10ms
    TL0=0Xf0;
    ssec++;
    if(ssec>=100)                          //1s
     {
        ssec=0;
        sec++;
        if(sec>=60)
         {
            sec=0;
            min++;
            if(min>=60)
             {
                min=0;
                hour++;
                if(hour>=24)
                {
                    hour=0;
                }
             }
         }
     }
}
//************************** 外部中断0服务函数 ******************************//
//函数名：int0
//函数功能：小时调节
//形式参数：无
//返回值：无
void int0() interrupt 0
{
    delay(10);                             //采用下降沿触发，延时去抖
    hour++;
    if(hour>=24) hour=0;
}
//************************** 外部中断1服务函数 ******************************//
//函数名：int1
//函数功能：分钟调节
//形式参数：无
//返回值：无
```

```
void int1 ( )  interrupt 2
{
    min++;
    if ( min==60 )  min=0;
    while ( ! S3 );                    //采用低电平触发，等待按键弹起，避免重复中断
}
//***************************** main 函数 *****************************//
void main ( )
{
    Timer0Init ( );                    //定时器中断初始化
    while ( 1 )
    {
        if ( nao==1 )  naodeng=0;      //LED 提示闹钟功能开关状态
        else naodeng=1;
        shijian ( );                   //显示当前时间
        moshi ( );                     //闹钟时间设置等
        alarm ( );                     //闹钟报警
    }
}
```

> **小经验**　在软件编程过程中应注意对程序代码的优化，一般要从以下几方面考虑。
> （1）灵活选择变量的存储类型是提高程序运行效率的重要途径，要合理分配存储器资源，对经常使用和频繁计算的数据，应该采用内部存储器。
> （2）灵活分配变量的全局和局部类型，高效利用存储器。
> （3）合理设置变量类型及设置运算模式可以减少代码量，尽可能选用无符号的字符类型减少占用存储空间。
> （4）合理分配模块间函数调用的参数，可以利用指针作为传递参数，使各模块有很好的独立性和封装性，同时又能实现各模块间数据的灵活高效传输。
> （5）用汇编语言与 C 语言混合编程，以提高程序执行效率，汇编语言程序的执行效率高，实时响应性好，将一些实时性或者运算能力要求很高的程序，如中断处理程序、数据采集程序、实时控制程序等嵌入到 C 语言中，或分开独立编成汇编语言程序进行处理。
> （6）利用丰富的标准函数，可以大大地提高编程效率。

8-1-6　系统调试与脱机运行

系统调试包括硬件调试和软件调试两部分，硬件调试一般需要利用调试软件来进行，软件调试也需要通过对硬件的测试和控制来进行，因此软、硬件调试是不可能绝对分开的。

1. 硬件调试

硬件调试的主要任务是排除硬件故障，其中包括设计错误和工艺性故障。

1) 脱机检查

使用万用表，按照电路原理图，检查印制电路板中所有器件的引脚，尤其是电源的连接是否正确，排除短路故障；检查数据总线、地址总线和控制总线是否有短路等故障，连接顺序是否正确；检查各开关按键是否能正常开关，连接是否正确；检查各限流电阻是否短路等。为了

保护芯片，应先对各 IC 插座（尤其是电源端）电位进行检查，确定其无误后再插入芯片调试。

2）联机调试

拔掉单片机芯片，将仿真器的 40 芯仿真插头插入单片机芯片插座进行调试，检验键盘、显示接口电路是否满足设计要求，可以通过一些简单的测试软件来查看接口电路工作是否正常。

> **小经验** 设计测试软件，使 P1、P0 口输出 0x55 或 0xAA，同时读 P2 口。运行程序后，用万用表检查相应端口电平是否一高一低，在仿真器中检查读入的 P2 口低 3 位是否为 1，如果正常则说明并行端口工作正常。
>
> 设计一个测试 LED 显示函数的程序，使所有 LED 全显示 "8" 的稳定显示程序来检验 LED 的好坏。如果运行测试结果与预期不符，很容易根据故障现象判断故障原因，并采取针对性措施排除故障。

2. 软件调试

软件调试的任务是利用开发工具进行在线仿真调试，发现和纠正程序错误。一般采用先分别测试程序模块，再进行模块联调的方法。

> **试一试** （1）运行主程序调试计时模块，不按任何键，检查系统能否从 "00：00：00" 开始正确计时。若不能正确计时，则应在定时器中断服务函数中设置断点，检查各计时单元是否随断点运行而变化。然后，修改计时单元初始值，将计时初值改为 "23：58：48"，运行主程序（不按任何键），检验能否正确进位。
>
> （2）运行主程序联调，检查能否用键盘修改当前时间及设置闹钟，能否正确计时、启闹、停闹。
>
> 程序的调试应一个模块、一个模块地进行，首先单独调试各子模块功能，测试程序是否能够实现预期的功能，接口电路的控制是否正常等；最后逐步将各子函数模块链接起来联调，联调需要注意的是各程序模块间能否正确传递参数。

3. 脱机运行

软、硬件调试成功后，可以将程序下载到单片机芯片 STC90C516RD+ 的 Flash 存储器中，接上电源脱机运行。

> **小经验** 软、硬件调试成功后，脱机运行时不一定成功，有可能会出现以下故障。
>
> （1）系统不工作。主要原因是晶振不起振（晶振损坏、晶振电路不正常导致晶振信号太弱等）；或 $\overline{EA}$ 引脚没有接高电平（接地或悬空）。
>
> （2）系统工作时好时坏。这主要是干扰引起的，由于本系统没有传感输入通道和控制输出通道，干扰源相对较少且简单，在电源、总线处对地接滤波电容一般可以解决问题。
>
> 由于工业环境中常有强大的干扰，当单片机应用系统没有采取抗干扰措施或措施不力时，将会导致系统失灵。经过反复修改硬件和软件设计，增加相应的抗干扰措施后，系统才能适应现场环境，按预期目标正常工作。实际上，为抗干扰所做的工作常常比前期实验室研制样机的工作还要多，由此可见抗干扰技术的重要性。

主要的抗干扰技术有以下几方面。

(1) 充分考虑电源对单片机的影响。电源做得好，整个电路的抗干扰就解决了一大半。许多单片机对电源噪声很敏感，要给单片机电源加滤波电路或稳压器，以减小电源噪声对单片机的干扰。

(2) 如果单片机的 I/O 端口用来控制电机等噪声器件，在 I/O 端口与噪声源之间应加隔离（增加π形滤波电路）或光电隔离。对于单片机闲置的 I/O 端口，不要悬空，要接地或接电源。其他芯片的闲置端在不改变系统逻辑的情况下接地或接电源。

(3) 注意晶振布线。晶振与单片机引脚尽量靠近，用地线把时钟区隔离起来，晶振外壳接地并固定。电源线和地线要尽量粗。除减小压降外，更重要的是降低耦合噪声。尽量减小回路环的面积，以降低感应噪声。

(4) 电路板要合理分区，如强、弱信号，数字、模拟信号。尽可能把干扰源（如电机、继电器）与敏感元器件（如单片机）远离。单片机和大功率器件的地线要单独接地，以减小相互干扰。大功率器件尽可能放在电路板边缘。用地线把数字区与模拟区隔离。数字地与模拟地要分离，最后在一点接于电源地。A/D、D/A 芯片布线也以此为原则。

8-1-7 任务小结

(1) 通过完成数字钟的设计与制作调试，掌握单片机应用系统的设计过程。单片机应用系统开发的一般工作流程包括：项目任务的需求分析（确定任务），制定系统软、硬件方案（总体设计），系统硬件设计与制作，系统软件模块划分与设计，系统软、硬件联调，程序固化，脱机运行等。

(2) 学习自顶向下的模块化程序设计方法，构建出程序设计的整体框架，包括主程序流程和子模块流程的设计、各功能模块之间的调用关系。在细化流程图的基础上，合理分配系统变量资源，即可轻松编写程序代码。

(3) 在调试程序前，一定要预先将源程序分析透彻，这有助于在系统调试过程中，通过现象分析判断产生故障的原因及故障可能存在的大致范围，快速有效地排查和缩小故障范围。

任务 8-2 图形液晶显示系统设计

8-2-1 目的与要求

很多应用场合需要显示大量的中文信息，如公交报站屏、医院候诊屏等，对于显示多个汉字、图形及曲线等的应用，选择图形点阵液晶会更加灵活方便。本任务通过用图形液晶显示汉字"深圳"，学习图形液晶显示器的工作原理及使用方法。

设计并制作信息发布屏：在图形液晶上显示"深圳"。

8-2-2 系统方案选择

128×64 图形点阵液晶模块的产品型号很多，内置的控制器型号也不统一，常见的有 KS0108、HD61202、T6963C、ST7920、S6B0724 等，初学者易混淆模块型号与控制器型号。

如果各品牌型号的图形点阵液晶模块采用相同的控制器型号，则其内部存储结构、控制信号线及外部引脚都基本一致，仅顺序微调，这类液晶模块就可以采用同一套显示程序。相反，如果各模块控制器不同，虽然其显示原理基本相同，但在程序编码方面还是要根据每个控制器的存储结构进行微调的。本任务选用的 PG12864F 模块，其内置的 T6963C 控制器应用范围比较广泛，编程时只需查阅控制器 T6963C 的相关资料即可。

1. 认识液晶显示模块 PG12864F

PG12864F 是内置了 T6963C 控制器的 128×64 点阵式液晶显示模块，模块外形和引脚排列如图 8.3 所示。

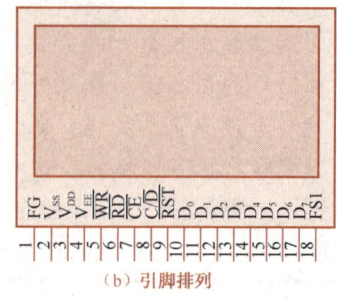

（a）模块外形　　　　　　　　　　（b）引脚排列

图 8.3　PG12864F 模块

PG12864F 模块有 18 个外部引脚，其中 8 条数据线、5 条控制线，控制线用于和 MCU 连接同步时序，完成基本命令和数据的读写操作，具体接口信号说明见表 8.2。

表 8.2　PG12864F 液晶模块接口信号说明

引脚号	引脚名称	引脚定义
1	FG	边框地，用于防静电、防雷击，应与大地相连接，禁止悬空
2	V_{SS}	数字地
3	V_{DD}	逻辑电源+5 V
4	V_{EE}	液晶驱动电压
5	$\overline{WR}$	写选通信号，低电平有效，输入信号
6	$\overline{RD}$	读选通信号，低电平有效，输入信号
7	$\overline{CE}$	T6963C 的片选信号，低电平有效
8	C/D	通道选择信号，1 为指令通道，0 为数据通道
9	$\overline{RST}$	低电平有效的复位信号，将行、列计数器和显示寄存器清零，关显示；可通过对+5 V 接 4.7 kΩ 电阻，对地接 4.7 μF 电容来实现
10~17	$D_0 \sim D_7$	显示缓冲区 8 位数据总线
18	FS1	字体选择。FS1＝1 选 8×6 点阵；FS1＝0 选 8×8 点阵

> **小提示**　采用图形液晶模块作为显示器件时，可以和字符液晶模块对照学习，从模块引脚、硬件连接和程序设计等方面进行比较，有利于读者更快地掌握图形液晶的应用。

PG12864F 液晶显示模块中已经实现了 T6963C 与行、列驱动器及显示缓冲区 RAM 的接口，同时也已用硬件设置了液晶屏的结构（单、双屏）、数据传输方式、显示窗口长宽等，其内部结构框图如图 8.4 所示。

T6963C 是点阵式液晶图形显示控制器，可以图形方式、文本方式及图形和文本合成方式进行显示，以及文本方式下的特征显示；具有内部字符发生器 CGROM，共有 128 个字符，其字符字体可由硬件或软件设置为 8×6 或 8×8；可管理 8 KB 显示缓冲区及字符发生器 CGRAM，并允许单片机随时访问显示缓冲区，甚至可以进行位操作。

2. 图形点阵 LCD 模块的文本和图形显示方法

T6963C 内部有 8 KB 字节的显示缓冲区，用于存储当前要求显示的数据。根据显示模式不同划分为 3 个显示区：文本显示区为 DDRAM，图形显示区为 GDRAM，文本特性区为 TRAM。另外有 2 KB CGRAM 可以供用户自定义字模。T6963C 控制器内置出厂已固化好的字符点阵库 CGROM 存储 128 字节的字符 ASCII 码，如图 8.5 所示。

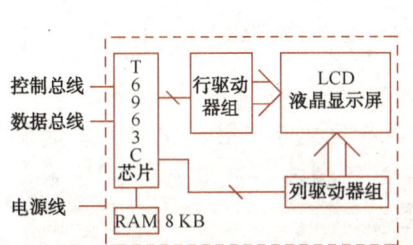

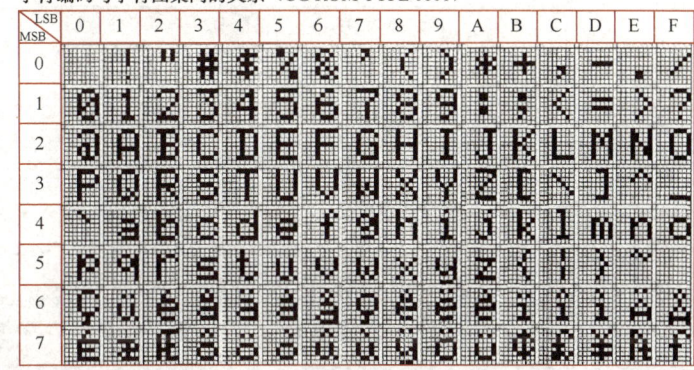

图 8.4　PG12864F 液晶模块内部结构　　　图 8.5　T6963C 控制器内置 CGROM 字符编码

通过显示开关命令码可以设置显示 RAM 的文本显示方式或图形显示方式；通过显示方式设置命令码可以选择内部 CGROM 是否有效及文本特征显示方式。文本特征显示时，在文本特性区每个字节作为对应文本区的每个字符显示的特征，包括字符显示与不显示、字符闪烁及字符的"负向"显示等特征。

T6963C 控制器内部不带中文字库，文本显示缓冲区 DDRAM 提供的空间可显示 8 列×4 行的 16×16 自定义点阵汉字或 8×8 点阵字符，显存 DDRAM 的地址指针与显示屏幕的坐标位置一一对应。若要在文本方式下显示字符，只需要通过指针设置命令码让控制器工作在文本方式，根据在 LCD 上开始显示的行列号及每行的列数确定显示 DDRAM 对应的地址，设置屏幕坐标对应的显存 DDRAM 指针，并将该字符对应的代码（非点阵字模）写入该单元，就可以显示内部 CGROM 字符发生器的字符字库以及用户自定义的中文字符等。该方式编程方法与字符液晶类似。

图形显示缓冲区 GDRAM 提供 64×16 个字节的存储空间与显示屏幕对应，如图 8.6 所示。

图 8.6　图形显示 RAM 与显示位置映射图

3. T6963C 控制器常用命令

（1）显示区域设置命令字，格式如下（两个参数命令字）：

参数	命令字格式
D1 D2	0 1 0 0 0 0 N1 N0

该命令字根据 N1、N0 的不同取值，有四种指令功能形式，如表 8.3 所示。

表 8.3 显示区域设置命令字

N1	N0	参数 D1	参数 D2	指令代码	功　能
0	0	低字节	高字节	0x40	文本区首址
0	1	字节数	0x00	0x41	文本区宽度（字节数/行）
1	0	低字节	高字节	0x42	图形区首址
1	1	字节数	0x00	0x43	图形区宽度（字节数/行）

> 🔔 **小提示**　文本区和图形区首地址对应显示屏左上角字符位或字节位。文本区宽度（字节数/行）设置和图形区宽度（字节数/行）设置，用于调整一行显示所占显示 RAM 的字节数，从而确定显示屏与显示 RAM 单元的对应关系。

（2）显示开关命令字，格式如下（无参数命令字）：

参数	命令字格式
无	1 0 0 1 N3 N2 N1 N0

N0：1/0，光标闪烁启用/禁止。　　N1：1/0，光标显示启用/禁止。
N2：1/0，文本显示启用/禁止。　　N3：1/0，图形显示启用/禁止。

（3）地址指针设置命令字，格式如下（两个参数命令字）：

参数	命令字格式
D1 D2	0 0 1 0 0 N2 N1 N0

地址指针设置命令字的作用是设置将要进行操作的显示缓冲区（RAM）的一个单元地址，D1、D2 为该单元地址的低位和高位。

（4）数据一次写方式命令字，格式如下（一个参数命令字）：

参数	命令字格式
D1	1 1 0 0 0 N2 N1 N0

参数 D1 为需要写的数据。命令字根据 N2、N1、N0 的不同取值有三种功能，如表 8.4 所示。

表 8.4 数据一次写方式命令字功能

N2	N1	N0	指令代码	功　能
0	0	0	0xC0	数据写，地址加 1
0	1	0	0xC2	数据写，地址减 1
1	0	0	0xC4	数据写，地址不变

T6963C 控制器与单片机的接口时序如图 8.7 所示，该时序是实现液晶显示的基础，间接连接

方式下，按照时序图可编程实现基本操作函数，编程思路与字符液晶显示原理一致，包括写数据函数 write_data（ ）、无参数写命令字函数 write_cmd1（unsigned char cmd）、一个参数写命令字函数 write_cmd2（unsigned char dat，unsigned char cmd）、两个参数写命令字函数 write_cmd3（unsigned char data1，unsigned char data2，unsigned char cmd）、读状态操作函数 read_status（ ）。

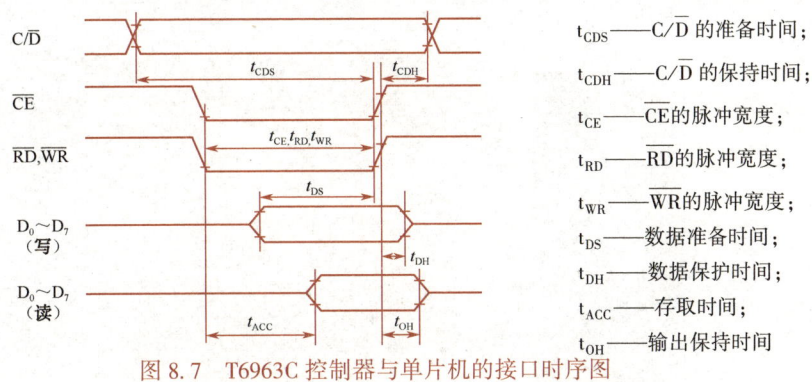

t_{CDS}——C/$\overline{D}$ 的准备时间；
t_{CDH}——C/$\overline{D}$ 的保持时间；
t_{CE}——$\overline{CE}$ 的脉冲宽度；
t_{RD}——$\overline{RD}$ 的脉冲宽度；
t_{WR}——$\overline{WR}$ 的脉冲宽度；
t_{DS}——数据准备时间；
t_{DH}——数据保护时间；
t_{ACC}——存取时间；
t_{OH}——输出保持时间。

图 8.7 T6963C 控制器与单片机的接口时序图

8-2-3 系统硬件设计

PG12864F 液晶显示模块与单片机采用间接连接方式，单片机通过并行 I/O 接口，按照模拟模块时序的方式，间接实现对液晶显示模块的控制。根据液晶显示模块的需要，LCD 的 8 位并行数据线与单片机的 P1 口连接，读控制线 $\overline{RD}$ 连接单片机的 P2.6 引脚，写控制线 $\overline{WR}$ 连接单片机的 P2.5 引脚，数据与命令选择线 C/$\overline{D}$ 连接单片机的 P2.4 引脚，片选 $\overline{CE}$ 连接 P2.2 引脚，复位线 $\overline{RST}$ 连接 P2.3 引脚，硬件电路如图 8.8 所示。

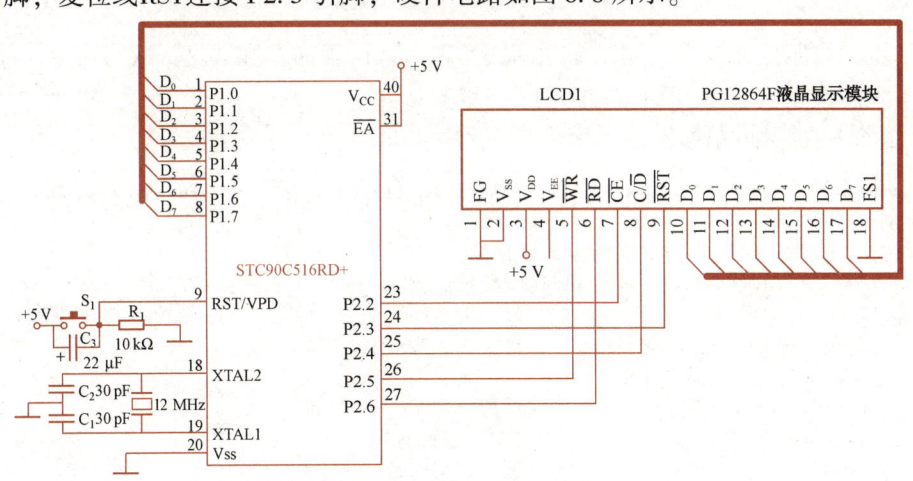

图 8.8 单片机控制图形点阵液晶显示电路

8-2-4 系统软件设计

下面来编写 PG12864F 液晶模块显示汉字的控制程序，在第一行第三列显示"深圳"。

在图形方式下显示汉字会比在文本方式下更灵活，编程思路如下。

第一步，用字模软件对要显示的汉字取模，这里使用 Zimo21 字模软件，如图 8.9 所示，需要设置"横向取模"、"C51 格式"，例如："深"字的宋体字模为：0x00，0x00，0x27，

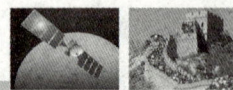

0xFC, 0x14, 0x04, 0x14, 0xA4, 0x81, 0x10, 0x42, 0x08, 0x40, 0x40, 0x10, 0x40,
0x17, 0xFC, 0x20, 0x40, 0xE0, 0xE0, 0x21, 0x50, 0x22, 0x48, 0x2C, 0x46, 0x20,
0x40, 0x00, 0x40。

> **小提示**
> 每条命令的执行都是先送入参数（如果有的话），再送入命令代码。每次操作之前最好先进行状态字检测。

图 8.9　Zimo21 字模软件使用界面

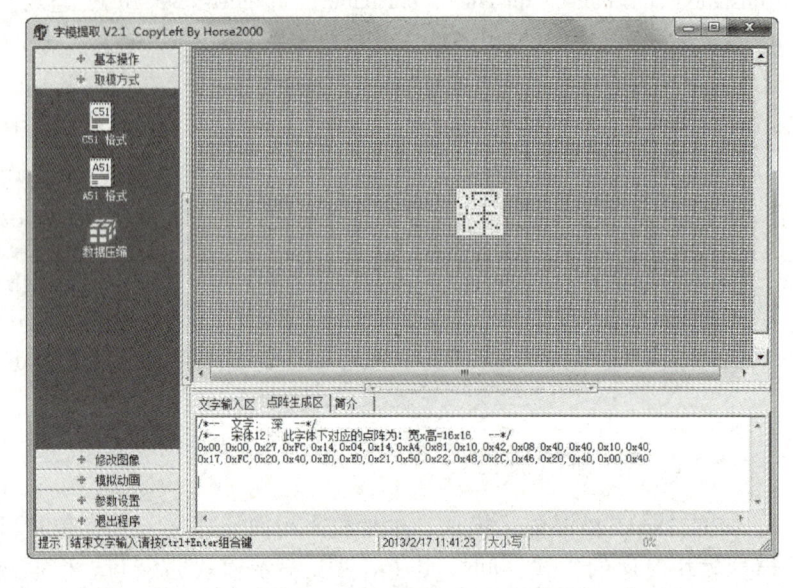

第二步，编写函数实现 LCD 的基本接口时序操作，由于各命令含参数的个数不同，可根据命令格式分别调用无参数写命令函数、一个参数写命令函数和两个参数写命令函数。

第三步，编程实现 LCD 图形显示方式、图形显示区域设置等操作的初始化函数 init_12864()。

第四步，按照任务要求调用写命令函数实现指针设置命令和数据一次写命令功能，将汉字字模写入图形显示缓存 GDRAM 的对应存储单元。

PG12864F 图形液晶模块显示"深圳"程序如下。

```c
//*********************** 图形液晶显示汉字程序 ***********************//
//程序：ex8_2.c
//功能：PG12864F 图形液晶模块显示"深圳"
//*********************** 预处理语句 ***********************//
#include<reg51.h>            //包含头文件 reg51.h，定义 51 单片机的专用寄存器
#define uchar unsigned char  //数据类型符号定义
#define uint unsigned int
#define BytePerLine          //每行16字节
#define Lines 64             //64行逐行扫描
//*********************** 端口定义 ***********************//
sbit ce=P2^2;                //lcd 片选线
sbit rst=P2^3;               //lcd 复位线
sbit cd=P2^4;                //lcd 命令数据选择线
sbit wr=P2^5;                //lcd 写选择线
sbit rd=P2^6;                //lcd 读选择线
//*********************** 函数声明 ***********************//
void delay100us(uchar t);                            //软件延时
```

```c
void write_data ( uchar dat );                              //写数据函数
void write_cmd1 ( uchar cmd );                              //无参数写命令函数
void write_cmd2 ( uchar dat, uchar cmd );                   //一个参数写命令函数
void write_cmd3 ( uchar data1, uchar data2, uchar cmd );   //两个参数写命令函数
uchar read_status ( );                  //读状态字函数
void check_status ( );                  //等待LCD控制器状态准备好函数
void clear_screen ( );                  //清屏函数
void init_12864 ( );                    //液晶初始化函数
void display_HZ ( uchar x, uchar y, uchar * hz );           //显示汉字函数
//*********************** 定义汉字字模数组 *********************** //
uchar code Name[2][32]={
{                          //文字：宋体12；此字体下对应的点阵为：宽×高=16×16
  0x00,0x00,0x27,0xFC,0x14,0x04,0x14,0xA4,0x81,0x10,0x42,0x08,0x40,0x40,
  0x10,0x40,0x17,0xFC,0x20,0x40,0xE0,0xE0,0x21,0x50,0x22,0x48,0x2C,0x46,
  0x20,0x40,0x00,0x40  },     //文字：深
{ 0x11,0x04,0x11,0x24,0x11,0x24,0x11,0x24,0x11,0x24,0xFD,0x24,0x11,0x24,
  0x11,0x24,0x11,0x24,0x11,0x24,0x11,0x24,0x1D,0x24,0xE1,0x24,0x42,0x24,
  0x02,0x04,0x04,0x04  }      //文字：圳
};
//*********************** 主函数 *********************** //
void main ( )
{   uchar i,j=0;
    init_12864 ( );                             //液晶初始化
    for ( i=0;i<2;i++) display_HZ ( 2+i,0,Name[i] );    //调用汉字显示函数
    while ( 1 );   }
//*********************** 写数据函数 *********************** //
//函数名：write_data
//函数功能：写数据
//形式参数：数据已存入dat单元中
//返回值：无
void write_data ( uchar dat )
{   rd=1;                           //模拟液晶写数据时序
    cd=0;                           //写数据有效
    ce=0;                           //片选信号
    wr=0;                           //写操作低电平有效
    P1=dat;                         //写入数据
    delay100us ( 10 );
    wr=1;
    ce=1;
    cd=1;    }
//*********************** 无参数写命令函数 *********************** //
//函数名：write_cmd1
//函数功能：写命令字
//形式参数：命令字已存入cmd单元中
//返回值：无
void write_cmd1 ( uchar cmd )
{   rd=1;                           //模拟液晶写命令时序
    cd=1;                           //写命令有效
    ce=0;                           //片选信号
    wr=0;                           //写操作低电平有效
    P1=cmd;                         //写入命令
    delay100us ( 10 );
```

```c
        wr=1;
        ce=1;
        cd=0;   }
//*************************一个参数写命令函数*****************************//
//函数名：write_cmd2
//函数功能：一个参数写命令字，先送参数，再送命令
//形式参数：命令字已存入cmd单元中，一个参数存入dat单元中
//返回值：无
void write_cmd2 (uchar dat,uchar cmd)
{   check_status ( );              //等待LCD控制器准备好
    write_data (dat);              //写入参数
    check_status ( );              //等待LCD控制器准备好
    write_cmd1 (cmd);   }          //写入命令
//************************两个参数写命令函数*****************************//
//函数名：write_cmd3
//函数功能：两个参数写命令字，先送两个参数，再送命令
//形式参数：命令字已存入cmd单元中，参数存入data1和data2单元中
//返回值：无
void write_cmd3 (uchar data1,uchar data2,uchar cmd)
{   check_status ( );              //等待LCD控制器准备好
    write_data (data1);            //写入第一个参数
    check_status ( );              //等待LCD控制器准备好
    write_data (data2);            //写入第二个参数
    check_status ( );              //等待LCD控制器准备好
    write_cmd1 (cmd);   }          //写入命令
//****************************读状态字函数******************************//
//函数名：read_status
//函数功能：读状态字
//形式参数：无
//返回值：返回状态字，最高位 $D_7=1$，LCD控制器空闲；$D_7=0$，LCD控制器忙
uchar read_status ( )
{   uchar status;
    rd=0;                          //模拟液晶读状态字时序
    wr=1;
    ce=0;
    cd=1;
    status=P1;                     //读入状态字
    return status;   }             //返回状态字
//********************等待LCD控制器状态准备好函数***********************//
//函数名：check_status
//函数功能：等待LCD控制器状态准备好
//形式参数：无
//返回值：无
void check_status ( )
{   uchar s;
    while ( (s & 0x80) !=0x80)
        s=read_status ( );   }     //最高位 $D_7=0$，LCD控制器忙，循环等待
//******************************清屏函数********************************//
//函数名：clear_screen
//函数功能：数据自动写方式清屏
//形式参数：无
//返回值：无
```

```c
void clear_screen()
{   uint i,j;
    write_cmd3(0x00,0x00,0x24);      //图形方式下,位地址指针设置命令0x24,设为0x0000
    check_status();
    for(i=0;i<Lines;i++)             //数据自动写方式逐位存入GDRAM数据0
      { write_cmd3((i*16)%256,(i*16)/256,0x24);      //写显示地址指针
        check_status();
        write_cmd1(0xb0);            //数据自动写命令0xb0,每写一次,地址指针自动加1
        for(j=0;j<16;j++)            //每行128像素,128/8=16字节
          { check_status();
            write_data(0x00); }
        write_cmd1(0xb2); }          //自动写数据结束
}
// ************************* LCD控制器初始化函数 ************************* //
//函数名:init_12864
//函数功能:LCD控制器初始化设置
//形式参数:无
//返回值:无
void init_12864()
{   rst=1;
    delay100us(10);
    rst=0;
    wr=1;
    rd=1;
    ce=1;
    cd=1;
    rst=1;                           //初始化时序控制
    check_status();
    write_cmd3(0x01,0x00,0x21);      //光标指针设置
    check_status();
    write_cmd3(0x00,0x00,0x42);      //图形区首地址0x0000
    check_status();
    write_cmd3(16,0x00,0x43);        //图形区宽度16字节/行
    check_status();
    write_cmd1(0x80);                //显示方式设置,正常显示
    check_status();
    write_cmd1(0x94);                //显示状态设置 1 0 1 0 N3 N2 N1 N0
                                     //文本显示,光标不显示,不闪烁
    write_cmd1(0x98);                //图形方式显示,不显示字母,只位寻址描点
    check_status();
    write_cmd1(0xa0);                //光标形状设置 1 0 1 0 0 N2 N1 N0
    clear_screen(); }                //清屏
// ************************* 显示汉字函数 ************************* //
//函数名:display_HZ
//函数功能:汉字显示函数,在x、y处显示汉字hz
//形式参数:水平坐标x(0~7),垂直坐标y(0~3),汉字字模指针hz
//返回值:无
void display_HZ(uchar x,uchar y,uchar *hz)
{
    uint add_init,add;
    uchar i,j=0;
    add_init=y*16;
```

```
        i=0;
        for(j=add_init;j<add_init+16;j++)
         { add=j*16+x*2;                              //地址指针定位 GDRAM 的位地址
            write_cmd3(add%256,add/256,0x24);//地址指针设置：低位地址, 高位地址, 命令
            write_cmd2(hz[i++],0xc0);
            write_cmd2(hz[i++],0xc0); }
}
//********************** 软件延时函数 ************************//
//函数名：delay100us
//函数功能：采用软件实现延时, 基准延时时间为 100 μs（12 MHz 晶振）, 共延时 100*1 μs
//形式参数：延时时间控制参数存入变量 t 中
//返回值：无
void delay100us(unsigned char t)
{   unsigned char j,i;
    for(i=0;i<t;i++)
      for(j=0;j<10;j++);
}
```

> **小提示** 汉字的显示一般采用图形方式, 事先提取需要显示的汉字点阵码, 每个汉字占 32 字节, 分左、右两半部, 各占 16 字节, 左边为 1、3、5、…, 右边为 2、4、6、…, 根据在 LCD 上开始显示的行列号及每行的列数可确定显示 GDRAM 对应的地址, 设立光标, 送上要显示的汉字的第一个字节, 光标位置加 1, 送第 2 字节, 换行按列对齐, 送第 3 字节…直到 32 字节显示完就可在 LCD 上得到一个完整的汉字。

8-2-5 举一反三

图形液晶模块的优势在于逐位寻址的绘图和汉显功能, 我们在显示汉字的基础上, 实现在图形点阵液晶 PG12864F 上显示一副漂亮的图片, 显示效果如图 8.10 所示。

本任务仍然采用图形显示模式, 首先通过字模软件得到 128×64 的图片点阵数据, 再通过逐行扫描的方式将显示数据写入 GDRAM。

下面给出用图形液晶显示图片的具体程序 ex8_3.c, 其中基本写命令、写数据、读状态操作函数参见程序 ex8_2.c。

图 8.10 图片显示效果

```
//********************** 图形显示程序 ************************//
//程序：ex8_3.c
//功能：PG12864F 液晶模块显示精美图片
//********************** 预定义语句 ************************//
#include<reg51.h>              //包含头文件 reg51.h, 定义 51 单片机的专用寄存器
#define uchar unsigned char    //数据类型符号定义
#define uint unsigned int
#define BytePerLine 16         //每行16字节
#define Lines 64               //64行逐行扫描
```

```c
// ****************************** 端口定义 ****************************** //
sbit ce=P2^2;              //lcd 片选线
sbit rst=P2^3;             //lcd 复位线
sbit cd=P2^4;              //lcd 命令数据选择线
sbit wr=P2^5;              //lcd 写选择线
sbit rd=P2^6;              //lcd 读选择线
// ****************************** 函数声明 ****************************** //
void delay100us(unsigned char t);        //可控延时函数
void write_data(uchar dat);              //写数据函数
void write_cmd1(uchar cmd);              //无参数写命令函数
void write_cmd2(uchar dat,uchar cmd);    //一个参数写命令函数
void write_cmd3(uchar data1,uchar data2,uchar cmd);  //两个参数写命令函数
uchar read_status();                     //读状态字函数
void check_status();                     //等待 LCD 控制器状态准备好函数
void clear_screen();                     //清屏函数
void init_12864();                       //液晶初始化函数
void Set_Lcd_Pos(uchar row,uchar col);   //新增加函数设置当前指针地址
void display_TX(uchar *tx);              //新增加函数显示一屏图片
// ****************************** 定义图形点阵数组 ****************************** //
uchar code ImageX[]=
{ 0x00,0x00,0x00,0x00,0x00,0x00,0x00,0x00,0x00,0x00,0x00,0x00,0x00,0x00,
0x00,0x00,0x00,0x00,0x00,0x00,0x00,0x00,0x00,0x00,0x00,0x00,0x00,0x00,0x00,
0x00,0x00,0x00,0x00,0x00,0x00,0x60,0x00,0x00,0x00,0x00,0x00,0x00,0x00,0x00,
0x00,0x00,0x00,0x00,0x00,0x00,0x20,0x00,0x00,0x00,0x00,0x00,0x00,0x00,0x00,
0x00,0x00,0x00,0x00,0x00,0x00,0x08,0x00,0x00,0x00,0x00,0x00,0x00,0x00,0x00,
0x00,0x00,0x00,0x00,0x00,0x00,0x00,0x26,0x00,0x00,0x00,0x00,0x00,0x00,0x80,
0x00,0x00,0x00,0x00,0x00,0x00,0x00,0x00,0x21,0x00,0x00,0x00,0x00,0x00,0x01,
0xA4,0x00,0x00,0x00,0x00,0x00,0x00,0x00,0x00,0x21,0x40,0x80,0x00,0x00,0x7C,
0x01,0xFC,0x00,0x03,0xE0,0x00,0x00,0x00,0x00,0x00,0x00,0xA1,0x80,0x01,0xFE,
0x58,0x03,0x20,0x00,0x30,0x00,0x00,0x00,0x00,0x00,0x0E,0x40,0x91,0x40,0x00,
0x06,0x00,0x0C,0x20,0x00,0x21,0x00,0x00,0x00,0x00,0x07,0x00,0x09,0x20,
0x00,0x06,0x00,0x10,0x3E,0x00,0x21,0x00,0x00,0x00,0x00,0x06,0xC0,0xA1,
0x10,0x00,0x04,0x00,0x03,0xF0,0x00,0x61,0xB0,0x00,0x00,0x00,0x04,0x40,
0xE6,0x10,0x00,0x0F,0xE0,0x02,0x30,0x00,0x63,0xD8,0x00,0x00,0x00,0x64,
0x40,0x04,0x10,0x00,0x08,0x60,0x06,0x10,0x00,0x6B,0x10,0x00,0x00,0x00,
0x74,0x70,0x0C,0x0C,0x00,0x18,0x70,0x06,0x3F,0xE0,0x42,0x10,0x80,0x10,0x00,
0x00,0x3C,0x3F,0x04,0x1C}……(省略数据,见电子文件中);
// ****************************** 主函数 ****************************** //
void main()
{   init_12864();              //初始化
    Set_Lcd_Pos(0,0);          //设置坐标位置
    display_TX(ImageX);        //调用函数显示图片
    while(1);
}
// ****************************** 根据行列坐标设置当前指针地址函数 ****************************** //
//函数名: Set_Lcd_Pos
//函数功能: 根据行列坐标设置当前指针地址
//形式参数: 显示行坐标 row, 显示列坐标 col
//返回值: 无
void Set_Lcd_Pos(uchar row,uchar col)
{   uint Pos;
    Pos=row*16+col;
```

```
        write_cmd3 ( Pos%256,Pos/256,0x24 );         //写显示地址指针
}
//*********************** 显示一屏图形函数 *********************** //
//函数名：display_TX
//函数功能：显示一屏图形
//形式参数：图形点阵指针 tx
//返回值：无
void display_TX ( uchar *tx )
{   uchar i,j=0;
    for ( i=0;i<64;i++ )                              //64行循环
        { Set_Lcd_Pos ( i,0 );                        //从每行起点开始显示
          write_cmd1 ( 0xb0 );                        //自动写数据
          for ( j=0;j<16;j++ )                        //每行128像素，128/8=16字节
              { write_data ( tx[i*16+j] );  }
          write_cmd1 ( 0xb2 );                        //自动写数据结束
        }
}
```

8-2-6 任务小结

本任务实现了在图形点阵液晶显示器上显示汉字和图片，采用单片机 I/O 端口间接访问方式控制图形液晶显示汉字，训练单片机并行 I/O 端口时序控制的应用能力，实现图形模式下的汉字显示功能；熟练掌握图形点阵液晶显示原理以及二维数组、字符指针的编程与调试能力；训练了在使用比较复杂的可编程芯片或模块时，如何根据生产厂家提供的资料进行编程的基本能力；为设计制作具有液晶显示功能的单片机应用产品奠定基础。

任务 8-3 单片机温度检测记录系统设计

8-3-1 任务目的

温度参数检测在测控系统、工业控制等场合中占有重要的地位。针对环境温度检测，贴片机 PCB 板制造中回流焊接温度的测量分析，喷涂业、食品加工业、陶瓷工业、生物科研领域等需要检测和分析温度变化的场合，设计一个具有温度实时显示和动态记录功能的温度检测记录系统，对于提高工作效率和实现智能化测控具有很好的应用价值。

通过本任务学习单片机与外围接口芯片的软硬件设计，系统掌握常用的串行总线接口——单总线、I^2C 总线（2线）、SPI 总线（3线或4线）的协议规范和应用方法，为在工程实践中灵活应用各种接口芯片奠定基础。

8-3-2 任务要求

设计并制作出具有如下功能的温度检测系统。
（1）LCD 显示实时时钟：年、月、日、时、分、秒。
（2）每 30 s 采样温度，LCD 更新显示温度值。
（3）按键触发存储当前温度和时钟信息（年、月、日、时、分）。
（4）按键触发串口传输存储的温度和时钟信息。
（5）温度测量精度：±1°。

8-3-3 系统方案选择

系统选用 AT89S52 单片机作为主控制器，选用独立式按键和 128×64 图形点阵 LCD 模块 LM6029 作为人机接口。外围接口芯片还有数字温度传感器 DS18B20、实时时钟 S35190A、存储温度信息的 EEPROM 芯片 24LC02B。另外，通过单片机的串口资源传输温度信息到 PC，动态检测、记录温度变化曲线。

对系统的工作流程介绍如下。

(1) 时间显示：上电后，系统自动进入时间显示，显示当前的年、月、日、时、分、秒的时间信息，每隔 1 s 刷新显示。

(2) 检测温度：每隔 30 s 动态检测温度一次，并在 LCD 上显示温度信息。

(3) 记录温度：按下 0#键，LCD 显示提示信息"正在存储"，完成向 EEPROM 存储当前温度和时间信息（共 7 B）的功能，同时记录已存储温度的总记录数。

(4) 传输温度：按下 1#键，从 EEPROM 中取出温度和时间信息到发送缓冲区中，通过串口发送数据到 PC，PC 可通过串口调试软件接收显示。

8-3-4 系统硬件设计

系统硬件包括 MCU、温度检测（包括实时时钟检测）、温度存储（EEPROM 存储）、温度传输（串口电平转换）和人机接口（LCD 与按键）五个主要模块电路，系统硬件如图 8.11 所示，电路原理如图 8.12 所示。

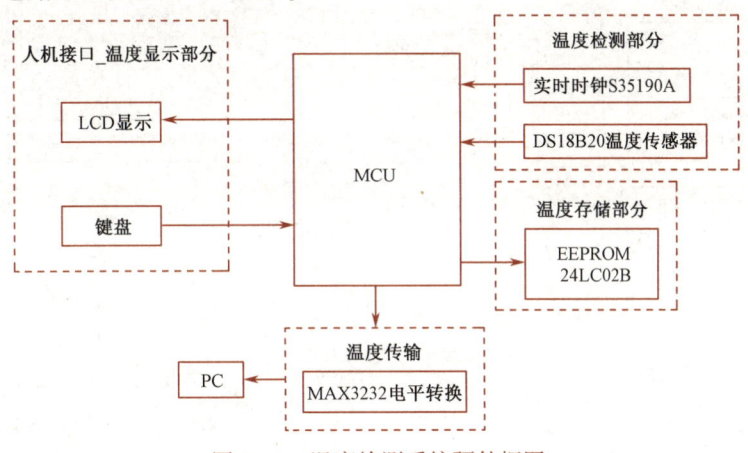

图 8.11 温度检测系统硬件框图

> **小经验** 下面给出单片机应用系统硬件电路设计应注意的几个问题。
>
> (1) I/O 端口：I/O 端口大致可归类为并行接口、串行接口、模拟采集通道（接口）、模拟输出通道（接口）等。应尽可能选择已集成所需接口的单片机，以简化 I/O 端口设计，提高系统的可靠性。如果单片机内部没有这些资源，必须外扩器件时，在传输速度允许的情况下尽可能选择单片机的串行总线接口，用普通 I/O 端口模拟总线时序，简化软硬件设计。
>
> (2) 总线驱动能力：MCS-51 系列单片机的外部扩展功能很强，但 4 个 8 位并行口

的负载能力是有限的。P0 口能驱动 8 个 TTL 电路，P1～P3 口只能驱动 3 个 TTL 电路。在实际应用中，这些端口的负载不应超过总负载能力的 70%，以保证留有一定的余量。如果满载，会降低系统的抗干扰性。在外接负载较多的情况下，如果负载是 MOS 芯片，因负载消耗电流很小，影响不大。如果驱动较多的 TTL 电路，则应采用总线驱动电路，以提高端口的驱动能力和系统的抗干扰能力。

数据总线宜采用双向 8 路三态缓冲器 74LS245 作为总线驱动器；地址和控制总线可采用单向 8 路三态缓冲器 74LS244 作为单向总线驱动器。

（3）系统速度匹配：MCS-51 系列单片机的时钟频率可在 2～12 MHz 之间任选，在不影响系统技术性能的前提下，时钟频率选择低一些为好，这样可降低系统中对元器件工作速度的要求，从而提高系统的可靠性，在一定程度上降低系统功耗。

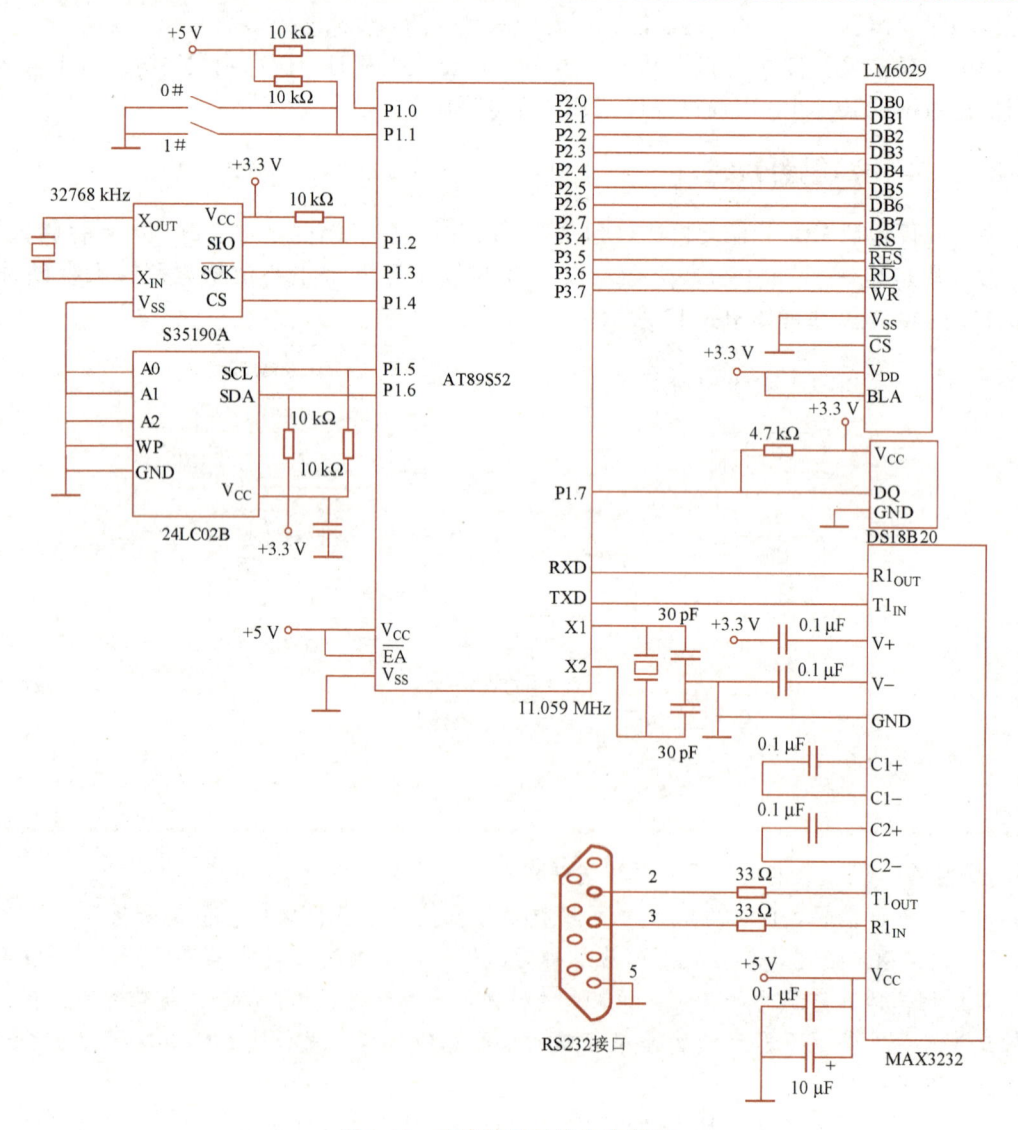

图 8.12　温度检测系统电路原理

项目8 单片机应用系统综合设计

1. MCU 控制模块

由于系统的控制方案简单，数据量也不大，考虑到系统的可扩展性，MCU 选用 AT89S52 作为控制系统的核心。AT89S52 是 Atmel 公司推出的一种低功耗、高性能的 CMOS 单片机，它采用 8051 内核，引脚与 MCS-51 系列单片机全兼容，内带 8 KB 可编程 Flash 存储器、256 B 内部 RAM、3 个 16 位定时/计数器、WDT，并具备在系统可编码 ISP 功能，便于程序在系统修改和调试，可大大缩短系统的开发周期。

AT89S52 单片机采用外部时钟方式，系统采用 11.059 MHz 的工作频率。

2. 温度检测

温度检测部分包括数字温度传感器 DS18B20 和 RTC 时钟 S35190A。

温度检测电路采用 Dallas 公司生产的 1-Wire 接口数字温度传感器 DSl8B20，如图 8.13 所示，它采用 3 引脚 T0-92 封装，温度测量范围为 $-55 \sim +125$ ℃，编程设置 $9 \sim 12$ 位分辨率。现场温度直接以 1-Wire 的数字方式传输，大大提高了系统的抗干扰性。MCU 只需一根端口线就能与多个 DS18B20 通信，但需要接 4.7 kΩ 的上拉电阻。该芯片硬件接口简单，可节省大量的引线和逻辑电路，具有很好的通用性。系统中将单片机的 P1.7 引脚与 DS18B20 的数据线连接。

图 8.13 DS18B20 数字传感器

S35190A 是精工电子公司提供的 CMOS 实时时钟芯片，可以在超低消耗电流、宽工作电压范围内工作，具有 3 线 SPI 串行总线接口。其工作电压为 $1.3 \sim 5.5$ V，可适用于从主电源电压开始到备用电源电压驱动为止的宽幅度的电源电压。计时工作时，消耗电流为 0.25 μA，工作电压为 1.1 V，可大幅度改善电池的持续时间。芯片内置了时钟调整功能，可以在很宽范围内校正石英的频率偏差，以最小分辨能力为 1×10^{-6} 来进行校正。

如图 8.12 所示，系统中将单片机的 P1.2 引脚连接 SIO 串行数据信号线，P1.3 连接 $\overline{SCK}$ 时钟信号，P1.4 连接 CS 片选信号。

3. 温度存储

为了在掉电状态下能够存储温度和时钟信息，系统选用 EEPROM 芯片 24LC02B。该芯片是 CMOS 2048 位串行 EEPROM，在内部组织成 256×8 位存储格式，具有低功耗的特点，工作电压为 $2.5 \sim 5.5$ V。

24LC02B 具有允许在简单的 2 线总线上工作的串行接口和软件协议，即常说的 I^2C 总线，占用端口少，同时采用标准协议，使得软件设计模块化和可重用性大大提高。

如图 8.12 所示，系统中芯片 24LC02B 的串行时钟 SCL 端与单片机的 P1.5 相连，串行数据 SDA 端与单片机的 P1.6 相连，注意这两个信号端都需要接 10 kΩ 的上拉电阻。

由于在这个 I^2C 总线上只有一个器件，所以把 24LC02B 的地址设为 000，即把 A0、A1、A2 都接地。另外 WP 为写保护引脚，如果该引脚接高电平，则处于写保护状态，因此需要将其接地以保证能够进行读写。单片机检测得到的温度和时钟信息通过 SDA、SCL 向 24LC02B 传送。

> **小经验** 24LC02B 和 AT24C02 是同一系列的串行存储芯片，只是生产厂家不同。前者是 Microchip 公司生产的，后者是 Atmel 公司生产的。型号后面的数字 02 表示存储容量为 2 kb，可根据任务需求选择该系列具有不同容量的其他型号芯片；对于不同芯片，基本的软硬件设计方法类同。

4. 温度传输

系统采用串口通信,将温度信息传输到上位机 PC 中,以便进行更多的信息处理及动态检测。系统选用 MAX 公司推出的 RS232 电平转换芯片 MAX3232。PC 串口 RS232 电平是 $-10 \sim +10$ V,而一般的单片机应用系统的信号电压是 TTL 电平 $0 \sim +5$ V,MAX3232 可以实现其间的电平转换功能,而且该芯片具有低功耗特征,可采用 5 V 或 3.3 V 供电,耗电流为 0.3 mA。

5. 人机接口

人机接口电路包括键盘和 LCD 显示两部分电路。

LCD 模块 LM6029 是一款 128×64 的图形点阵 LCD,采用 S6B0724 控制器,8 位并口数据传输方式,可以实现字符、图形等的显示。如图 8.12 所示,LCD 的 8 位并行数据线选用 P2 口,读控制线 $\overline{RD}$ 连接单片机的 P3.6 引脚,写控制线 $\overline{WR}$ 连接单片机的 P3.7 引脚,数据与命令选择线 RS 连接单片机的 P3.4,复位线 $\overline{RES}$ 连接单片机的 P3.5,片选 $\overline{CS}$ 接地。

为实现记录温度和传输温度的控制功能,系统设置两个功能键,分别连接单片机的 P1.0 和 P1.1 引脚,如图 8.12 所示。

0#键:记录触发键,按下它后即将当前的温度和时钟信息存储到 EEPROM 中。

1#键:传输触发键,按下它后即将 EEPROM 中存储的数据通过串口传输到 PC。

8-3-5 系统软件整体设计

根据任务要求及需求分析,首先把任务划分为相对独立的功能模块,系统的详细模块划分如图 8.14 所示,包括 LCD 显示、1 线读温度等 6 个功能模块,每个模块包含若干相关函数。

(1) 主程序模块 main.c:完成系统初始化,调用时钟和温度控制函数,显示当前时间和温度。循环扫描按键,按下 0#键则调用读写数据存储器函数实现数据存储;按下 1#键则调用串口发送函数实现数据传输。另外串口传送函数模块也直接放置在 main.c 中实现。

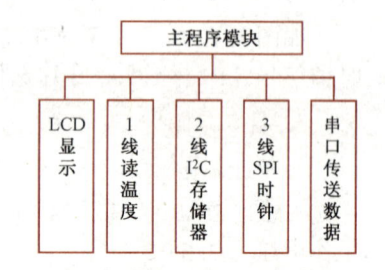

图 8.14 温度检测系统软件框图

(2) LCD 显示模块 LM6029.c:实现 LCD 模块的初始化、写命令、写数据、设置页地址、显示字符、显示汉字等函数。

(3) 1 线读温度模块 DS18B20.c:实现 DS18B20 初始化、读字节、写字节、读温度数据命令等函数。

(4) 2 线 I^2C 存储器模块 M24LC02.c:实现 24LC02B 存储器的 I^2C 时序、存储单字节、存储 1 页 8 字节数据、读某地址单元的单字节数据、读连续若干字节数据等函数。

(5) 3 线 SPI 时钟模块 S3519.c:实现时钟芯片的初始化设置、读字节、写字节、配置状态寄存器、设置时钟寄存器、读取时钟寄存器等函数。

(6) 串口传送数据模块:将存储在 EEPROM 中的数据传送到 PC。

小经验 由于系统包含的功能模块较多，且相对独立，因此在开发环境中最好先建立一个项目工程，在项目工程下再包含若干模块文件，这样避免大量函数代码都堆积在主程序模块文件中，使得程序的结构清晰、模块性强，提高可读性和可移植性。

如图 8.15 所示，项目工程包含的文件有：主程序模块（包含串口传送函数）Main.c、并口 LCD 显示模块 LM6029.c 和其函数声明 LM6029.h、1 线读温度模块 DS18B20.c 和其函数声明 DS18B20.h、2 线 I^2C 存储器模块 M24LC02.c 和其函数声明 M24LC02.h、3 线 SPI 总线时钟模块 S3519.c 和其函数声明 S3519.h。

图 8.15 项目工程文件的层次结构

8-3-6 模块程序设计

1. LCD 显示模块文件

LM6029 图形点阵 LCD 的内部存储结构如图 8.16 所示。

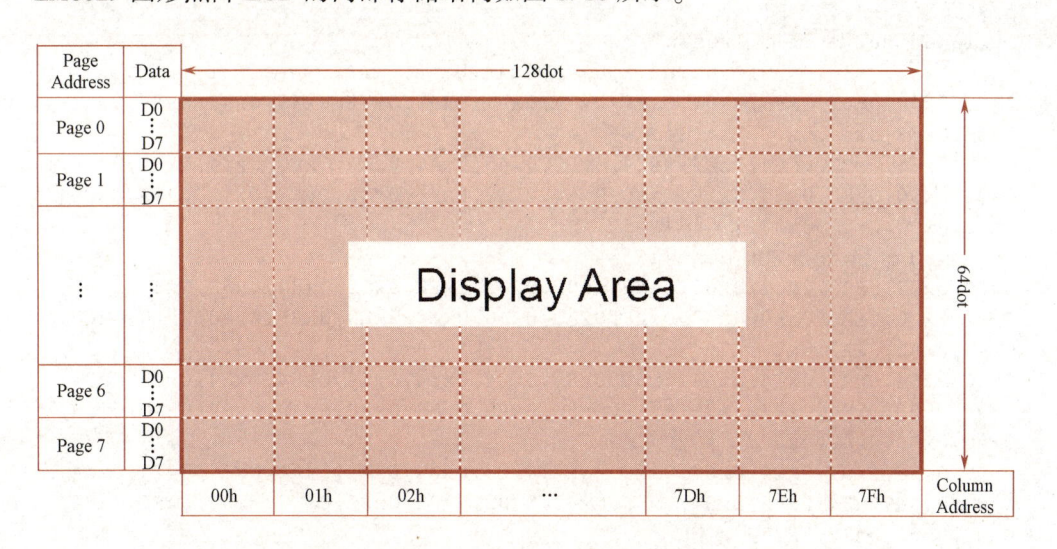

图 8.16 LM6029 模块的显示缓存 DDRAM

定位 LCD 显示位置包括页地址（Page Address）和列地址（Column Address）的定位，分别代表了行地址和列地址。表 8.5 给出了 LCD 命令和数据的读写操作，关于具体的命令

字及其含义在此不做详述，请查阅相关的数据资料。

LCD 显示控制流程如图 8.17 所示，首先需要发送一系列初始化命令字对 LCD 模块进行工作方式等参数设置，然后定位 DDRAM 显存地址，逐字节发送字符的点阵字模。

表 8.5 LM6029 模块控制线使用方法

操 作	RS	$\overline{WR}$	$\overline{RD}$	功 能 说 明
写寄存器命令	0	0	1	写指令到指令寄存器
读寄存器命令	0	1	0	读状态字（READ STATUS）
写数据操作	1	0	1	写显示数据
读数据操作	1	1	0	读显示数据

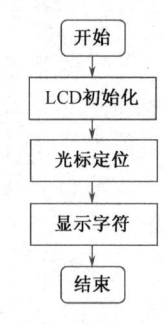

图 8.17 LCD 显示控制基本流程

LCD 显示模块源程序如下。

```
//************************** LM6029.c 源程序 ***************************//
//程序：LM6029.c
//功能：液晶显示
#include <reg52.h>
#include "intrins.h"          //系统函数_nop_(void)的声明头文件
sbit    P3_7 = P3^7;          //端口定义
sbit    P3_6 = P3^6;
sbit    P3_5 = P3^5;
sbit    P3_4 = P3^4;
#define     LcdDataPort     P2      //数据口定义
#define     _RD             P3_6
#define     _WR             P3_7
#define     RS              P3_4
#define     _RES            P3_5
unsigned char code hz_wendu[]={
0x10,0x21,0x86,0x70,0x00,0x7E,0x4A,0x4A,0x4A,0x4A,0x4A,0x7E,0x00,0x00,
0x00,0x00,0x02,0xFE,0x01,0x40,0x7F,0x41,0x41,0x7F,0x41,0x41,0x7F,0x41,
0x41,0x7F,0x40,0x00, /*"温"*/
0x00,0x00,0xFC,0x04,0x24,0x24,0xFC,0xA5,0xA6,0xA4,0xFC,0x24,0x24,0x24,
0x04,0x00,0x80,0x60,0x1F,0x80,0x80,0x42,0x46,0x2A,0x12,0x12,0x2A,0x26,
0x42,0xC0,0x40,0x00}; /*"度"*/
unsigned char code hz_cunchu[]={
0x00,0x02,0x02,0xC2,0x02,0x02,0x02,0x02,0xFE,0x82,0x82,0x82,0x82,0x82,
0x02,0x00,0xA0,0xA0,0xA0,0xBF,0xA0,0xA0,0xA0,0xA0,0xBF,0xA0,0xA0,0xA0,
0xA0,0xA0,0xA0,0x80, /*"正"*/
0x00,0x04,0x04,0xC4,0x64,0x9C,0x87,0x84,0x84,0xE4,0x84,0x84,0x84,0x84,
0x04,0x00,0x84,0x82,0x81,0xFF,0x80,0xA0,0xA0,0xA0,0xA0,0xBF,0xA0,0xA0,
0xA0,0xA0,0xA0,0x80, /*"在"*/
0x00,0x04,0x04,0xC4,0x64,0x1C,0x27,0x25,0x24,0x24,0xA4,0x64,0x24,0x04,
0x00,0x00,0x84,0x82,0x81,0xFF,0x80,0x82,0x82,0x82,0xC2,0x82,0xFF,0x82,
0x82,0x82,0x82,0x80, /*"存"*/
0x40,0x20,0xD8,0x27,0x22,0xEC,0x00,0x24,0x24,0xA4,0x7F,0x24,0x34,0x2E,
0x24,0x00,0x80,0x80,0xFF,0x80,0xA0,0xFF,0xA2,0x91,0xFF,0xA5,0xA5,0xA5,
0xA5,0xFF,0x80,0x80}; /*"储"*/
unsigned char code Char_code[]={
```

```c
0x00,0xE0,0x10,0x08,0x08,0x10,0xE0,0x00,0x00,0x0F,0x10,0x20,0x20,0x10,
0x0F,0x00,/*"0"*/
0x00,0x10,0x10,0xF8,0x00,0x00,0x00,0x00,0x00,0x20,0x20,0x3F,0x20,0x20,
0x00,0x00,/*"1",*/
0x00,0x70,0x08,0x08,0x08,0x88,0x70,0x00,0x00,0x30,0x28,0x24,0x22,0x21,
0x30,0x00,/*"2",*/
0x00,0x30,0x08,0x88,0x88,0x48,0x30,0x00,0x00,0x18,0x20,0x20,0x20,0x11,
0x0E,0x00,/*"3",*/
0x00,0x00,0xC0,0x20,0x10,0xF8,0x00,0x00,0x00,0x07,0x04,0x24,0x24,0x3F,
0x24,0x00,/*"4",*/
0x00,0xF8,0x08,0x88,0x88,0x08,0x08,0x00,0x00,0x19,0x21,0x20,0x20,0x11,
0x0E,0x00,/*"5",*/
0x00,0xE0,0x10,0x88,0x88,0x18,0x00,0x00,0x00,0x0F,0x11,0x20,0x20,0x11,
0x0E,0x00,/*"6",*/
0x00,0x38,0x08,0x08,0xC8,0x38,0x08,0x00,0x00,0x00,0x00,0x3F,0x00,0x00,
0x00,0x00,/*"7",*/
0x00,0x70,0x88,0x08,0x08,0x88,0x70,0x00,0x00,0x1C,0x22,0x21,0x21,0x22,
0x1C,0x00,/*"8",*/
0x00,0xE0,0x10,0x08,0x08,0x10,0xE0,0x00,0x00,0x00,0x31,0x22,0x22,0x11,
0x0F,0x00,/*"9",*/
0x00,0x00,0x00,0xC0,0xC0,0x00,0x00,0x00,0x00,0x00,0x00,0x30,0x30,0x00,
0x00,0x00,/*":"*/
0x00,0x00,0x00,0x00,0x80,0x60,0x18,0x04,0x00,0x60,0x18,0x06,0x01,0x00,
0x00,0x00/*"/"*/
};
//*********************** 延时 Delx×4个时钟周期 ************************//
//函数名：LCD_Delay
//形式参数：延时时间参数 Delx, unsigned int 类型
//返回值：无
void LCD_Delay ( unsigned int Delx )
{   while ( Delx-- );   }
//*********************** 向 LCD 写命令 Com ***************************//
//函数名：LcdCommand
//形式参数：输出命令字 Com, unsigned char 类型
//返回值：无
void LcdCommand ( unsigned char Com )
{   RS=0;                           //选择命令信号 RS=0
    LcdDataPort=Com;                //LCD 数据线输出显示
    _nop_( );_nop_( );_nop_( );     //系统函数 _nop_( ) 声明在 intrins.h 中，
                                    //功能同汇编指令 nop
    _WR=0;                          //写信号有效
    _nop_( );_nop_( );_nop_( );
    _WR=1;   }
//*********************** 向 LCD 写数据 dat ***************************//
//函数名：LcdDataWrite
//形式参数：输出显示数据 dat, unsigned char 类型
//返回值：无
void LcdDataWrite ( unsigned char dat )
{   RS=1;                           //选择数据信号 RS=1
    LcdDataPort = dat;
    _WR=0;                          //写信号有效
    _nop_( );_nop_( );_nop_( );
    _WR=1;   }
```

```c
// ************************** 初始化LCD ********************************//
//函数名：InitializeLCD
//形式参数：无
//返回值：无
void InitializeLCD ( )
   {  _RES=0;                        //LCD复位
      LCD_Delay ( 2500 );            //延时约10 ms
      _RES=1;
      LcdCommand ( 0xa0 );           //设置横向SEG输出方向为正向(SEG0-SEG131)
      LcdCommand ( 0xc8 );           //设置纵向COM输出方向为反向(COM63-COM0)
      LcdCommand ( 0xa2 );           //设置LCD驱动电压的偏压比为1/9bias0
      LcdCommand ( 0x2f );           //设置对比度电流量大小为101111
      LcdCommand ( 0x81 );           //对比度电流量调节模式设置
      LcdCommand ( 0x29 );           //内部电源操作设置VF=1
      LcdCommand ( 0x40 );           //DDRAM起始行地址设置为0
      LcdCommand ( 0xaf );  }        //开显示
// ************************** 设置页地址（横向行地址）************************ //
//函数名：SetPage
//形式参数：页地址Page（取值0~7），unsigned char 类型
//返回值：无
void SetPage ( unsigned char Page )
   {  Page=Page & 0x0f;
      Page=Page | 0xb0;              //按照命令格式配置设页地址的命令字
      LcdCommand ( Page );  }        //输出设置DDRAM页地址的命令字
// ************************** 设置列地址（纵向地址）************************** //
//函数名：SetColumn
//形式参数：列地址Column（取值0~127），unsigned char 类型
//返回值：无
void SetColumn ( unsigned char Column )
   {  unsigned char temp;
      temp=Column;
      Column=Column & 0x0f;          //按照命令格式配置设列地址低4位的命令字
      Column=Column | 0x00;
      LcdCommand ( Column );         //输出设置DDRAM低4位列地址的命令字
      temp=temp>>4;
      Column=temp & 0x0f;
      Column=Column | 0x10;          //按照命令格式配置设列地址高4位的命令字
      LcdCommand ( Column );  }      //输出设置DDRAM高4位列地址的命令字
// ************************** 写数据0清屏 ********************************** //
//函数名：ClearScr
//形式参数：无
//返回值：无
void ClearScr ( )
   {  unsigned char i,j;
      for ( i=0;i<8;i++ )            //8页（行）字符=64像素点
         {  SetColumn ( 0 );         //设置行列地址
            SetPage ( i );
            for ( j=0;j<128;j++ )    //128列像素点
               LcdDataWrite ( 0x00 );  }  }
// ************************** 显示1个16×8点阵的字符 ********************** //
//函数名：OneChar
//形式参数：行地址x（0~7）；列地址y（0~127）；查字模表的索引num
```

```c
//                  参数类型均为 unsigned char 类型
//返回值：无
void OneChar ( unsigned char x,unsigned char y,unsigned char num )
{   unsigned char i;
    SetPage ( x ) ;                        //设置行坐标
    SetColumn ( y ) ;                      //设置列坐标
    num<<=4;                               //定位字模位置
    for ( i=num;i<num+8;i++ )              //显示字模上半部分
        LcdDataWrite ( Char_code[i] ) ;
    SetPage ( x+1 ) ;                      //显示字模下半部分
    SetColumn ( y ) ;
    for ( ;i<num+16;i++ )
        LcdDataWrite ( Char_code[i] ) ;  }
// ********************* 显示1个16×16点阵的字符 ************************ //
//函数名：Hanzi
//形式参数：行地址 x (0~7)；列地址 y (0~127)；显示汉字个数 num (0~7)
//         以上3个参数类型均为 unsigned char 类型
//         汉字字模首地址 hz，参数类型为 unsigned char * 类型
//返回值：无
void Hanzi ( unsigned char x,unsigned char y,unsigned char num,unsigned char *hz )
{   unsigned char i,j,xPage,yColum;
    xPage=x;                               //初始化坐标
    yColum=y;
    for ( j=0;j<num;j++ )                  //显示 num 个汉字
    {   SetPage ( xPage ) ;                //设置行坐标
        SetColumn ( yColum ) ;             //设置列坐标
        for ( i=0;i<16;i++ )               //显示字模上半部分
            LcdDataWrite ( hz[i+j<<5] ) ;
        SetPage ( xPage+1 ) ;              //显示字模下半部分
        SetColumn ( yColum ) ;
        for ( ;i<32;i++ )
            LcdDataWrite ( hz[i+j<<5] ) ;
        yColum+=16;  }  }                  //光标移至下一个字符位置
```

为使主程序模块能够有效调用该模块的函数，使用其变量，需编写 LCD 模块的头文件如下。

```c
// ************************ 头文件 LM6029.h ************************** //
extern void InitializeLCD ( ) ;            //外部调用函数声明
extern void ClearScr ( ) ;
extern void  OneChar ( unsigned char x,unsigned char y,unsigned char num ) ;
extern void Hanzi ( unsigned char x,unsigned char y,unsigned char num,
unsigned char *hz ) ;
extern unsigned char code hz_wendu[];      //声明字模为项目全局变量，可外部调用
extern unsigned char code hz_cunchu[];
extern unsigned char code Char_code[];
```

扫一扫
阅读本
程序代
码

2.1 线读温度模块文件

DS18B20 是采用由一条数据线实现数据双向传输的 1-Wire 单总线协议方式。该协议定义了三种通信时序：初始化时序、读时序和写时序。而 AT89S52 单片机在硬件上并不支持单总线协议，因此，必须采用软件方法模拟单总线的协议时序来完成与 DS18B20 间的通信。

该协议所有时序都是将主机作为主设备，单总线器件作为从设备。而每一次命令和数据的传输都是从主机主动启动写时序开始，如果要求单总线器件回送数据，在进行写命令后，主机需启动读时序完成数据接收。数据和命令的传输都是以低位在先的串行方式进行。

> **小经验** DS18B20 是可编程器件，在使用时必须经过以下三个步骤：初始化、写字节操作和读字节操作。每一次读写操作之前都要先将 DS18B20 初始化复位，复位成功后才能对 DS18B20 进行预定的操作，三个步骤缺一不可。
>
> 对于比较复杂的可编程器件，为了方便用户编制应用程序，制造商会提供针对各种功能进行编程的时序图，使用者参照时序图中提供的时序来编制程序，因此学会阅读时序图对正确编制应用程序将有很大帮助。

DS18B20 复位时序如图 8.18 所示。单片机先将 DQ 设置为低电平，延时至少 480 μs 后再将其变成高电平，即提供一个脉宽 480 μs<T<960 μs 的复位脉冲。等待 15~60 μs 后，检测 DQ 是否变为低电平（阴影部分），若已变为低电平则表明复位成功，然后可进入下一步操作。否则可能发生器件不存在、器件损坏或其他故障。

DS18B20 初始化流程如图 8.20 所示。

DS18B20 写字节时序如图 8.19 所示。单片机要先将 DQ 设置为低电平，延时 15 μs 后，将待写的数据以串行形式送一位至 DQ 端，DS18B20 将在 60 μs<T<120 μs 时间内接收一位数据。发送完一位数据后，将 DQ 端的状态再拉回到高电平，并保持至少 1 μs 的恢复时间，即每写完一位串行数据后中间至少要有 1 μs 以上的恢复时间，然后再写下一位数据。

DS18B20 写字节流程如图 8.21 所示。

> **小提示** 编程时只需严格按照时序图，按顺序和时间要求依次在 I/O 端口输出相应的高低电平（或读入数据）即可。

图 8.18　DS18B20 复位时序

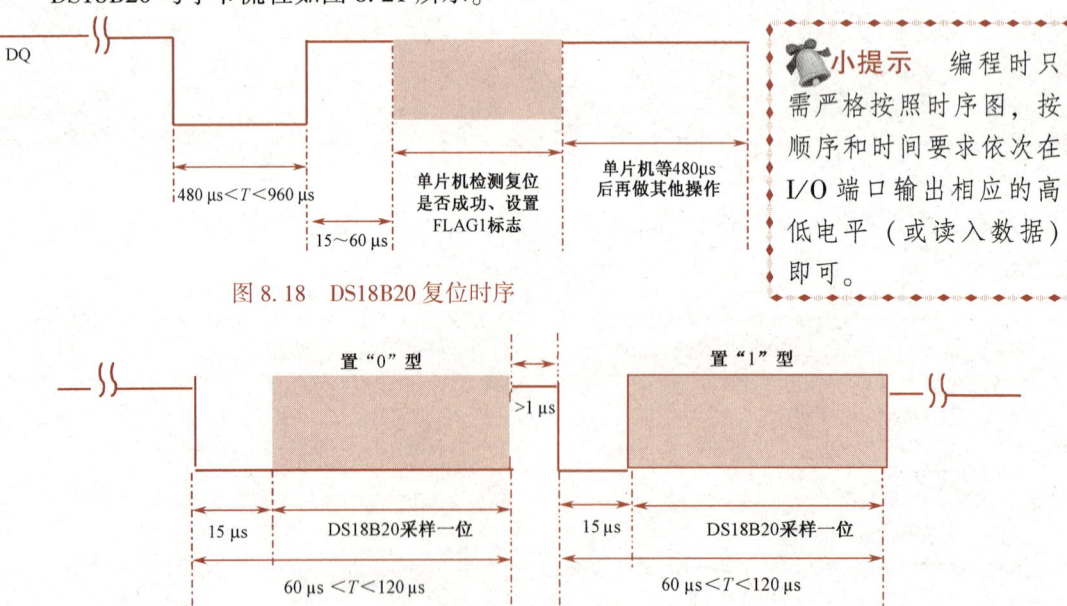

图 8.19　DS18B20 写字节时序

DS18B20 读字节时序如图 8.22 所示。当单片机准备从 DS18B20 温度传感器读取每一位数据时，应先发出启动读时序脉冲，即将 DQ 总线设置为低电平，保持 1 μs 以上时间后，再将其设置为高电平。启动后等待 15 μs，以便 DS18B20 能可靠地将温度数据送至 DQ 总线上，然后单片机再开始读取 DQ 总线上的结果，单片机在完成取数操作后，要等待至少 45 μs。同样，读完每位数据后至少要保持 1 μs 的恢复时间。

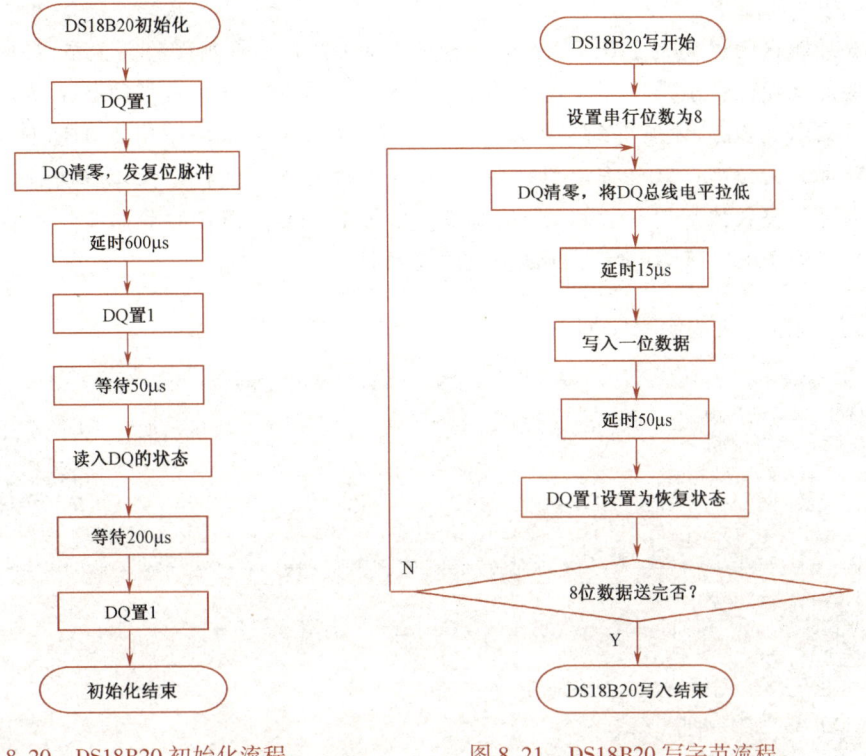

图 8.20　DS18B20 初始化流程

图 8.21　DS18B20 写字节流程

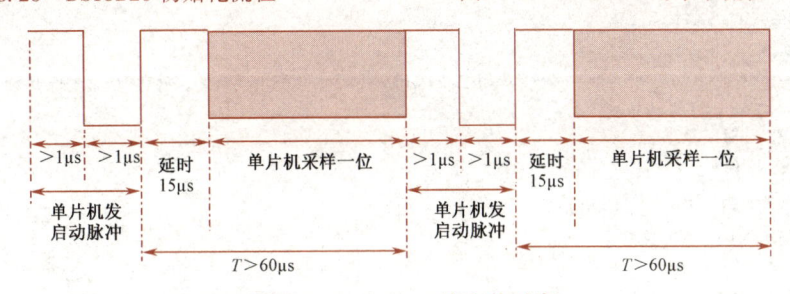

图 8.22　DS18B20 读字节时序

> **小知识**　DS18B20 温度传感器是一个直接数字化的温度传感器。可将 −55 ～ +125 ℃ 之间的温度值按 9 位、10 位、11 位和 12 位的分辨率进行量化，与之对应的温度增量单位值分别是 0.5 ℃、0.25 ℃、0.125 ℃ 和 0.0625 ℃。传感器上电后的默认值是 12 位的分辨率，当 DS18B20 接收到单片机发出的温度转换命令 44H 后，便开始进行温度转换操作。
>
> 温度测量结果以二进制补码形式存放，如图 8.23 所示，分辨率为 12 位的测量结果用带 5
>
> | | bit7 | bit6 | bit5 | bit4 | bit3 | bit2 | bit1 | bit0 |
> |---|---|---|---|---|---|---|---|---|
> | LS Byte | 2^3 | 2^2 | 2^1 | 2^0 | 2^{-1} | 2^{-2} | 2^{-3} | 2^{-4} |
> | | bit15 | bit14 | bit13 | bit12 | bit11 | bit10 | bit9 | bit8 |
> | MS Byte | S | S | S | S | S | 2^6 | 2^5 | 2^4 |
>
> 图 8.23　DS18B20 温度传感器的温度值格式

个符号位的16位二进制格式来表示,高低8位分别存储在两个RAM单元中,前面5位S代表符号位。

如果测得的温度大于0,这5位符号位S为0,只要将测得的数值乘以0.0625即可得到实际温度值;如果所测温度小于0,这5位符号位为1,测得的数值必须要先取反加1再乘以0.0625才能得到实际温度值。例如+125℃的数字输出为07D0H。如果不考虑小数部分的精度,只要将读到的16位温度值的最高4位和最低4位去掉,就能得到当前温度的整数值。例如读到的16位温度值为0191H,将它的最高4位和最低4位去掉,就得到19H=25,正好是当前温度的整数值。

1线读温度模块的源程序如下。

```c
//************************ DS18B20.c 源程序 ************************//
//程序: DS18B20.c
//功能: 温度检测
#include <reg52.h>
#include "intrins.h"
sbit DQ=P1^7;
//********************* 延时 time×8时钟周期 *********************//
//函数名: delay
//形式参数: 延时时间参数 time, unsigned char 类型
//返回值: 无
void delay ( unsigned char time )
{   unsigned char n;
    n=0;
    while ( n<time ) n++;
    return;  }
//********************* 1总线初始化复位 *********************//
//函数名: Init_DS18B20
//形式参数: 无
//返回值: 复位状态, unsigned char 类型
unsigned char Init_DS18B20 ( void )
{   unsigned char x=0;
    DQ=1;
    delay(8);
    DQ=0;
    delay(85);              //低电平480~960 μs
    DQ=1;
    delay(14);              //等待50~100 μs
    x=DQ;                   //读取复位状态
    delay(20);
    return x;  }
//*********************** 读取1字节 ***********************//
//函数名: ReadOneChar
//形式参数: 无
//返回值: 读取字节数据, unsigned char 类型
unsigned char ReadOneChar ( void )
{   unsigned char i=0;
    unsigned char dat=0;
    for ( i=8;i>0;i-- )
```

```c
    { DQ=1;                        //启动前的恢复信号至少延时1 μs
      delay(1);
      DQ=0;                        //启动信号至少延时15 μs
      dat>>=1;
      DQ=1;
      delay(2);                    //DS18B20启动后至少等待15 μs取数据
      if(DQ) dat |=0x80;
      delay(4); }                  //读完需要45 μs的等待
      return(dat); }
//****************************** 写1字节 ****************************** //
//函数名：WriteOneChar
//形式参数：写字节数据dat,unsigned char 类型
//返回值：无
void WriteOneChar(unsigned char dat)
{   unsigned char i=0;
    for(i=8;i>0;i--)
    { DQ=0;
      delay(2);                    //DS18B20低电平保持15 μs
      DQ=dat&0x01;                 //向总线写位数据
      delay(5);                    //延时50 μs等待写完成
      DQ=1;                        //恢复高电平,至少保持1 μs
      dat>>=1; }                   //下次写作准备,移位数据
      delay(4); }                  //延时30 μs
//****************************** 读取温度值 ****************************** //
//函数名：ReadTemperature
//形式参数：无
//返回值：单字节的温度值, unsigned char 类型
unsigned char ReadTemperature(void)
{   unsigned char tempL=0;
    unsigned char tempH=0;
    unsigned char temperature;
    Init_DS18B20();
    WriteOneChar(0xcc);            //跳过ROM匹配,跳过读序列号的操作,可节省操作时间
    WriteOneChar(0x44);            //启动DS18B20进行温度转换
    delay(125);
    Init_DS18B20();                //开始操作前需要复位
    WriteOneChar(0xcc);
    WriteOneChar(0xbe);            //写读暂存器中温度值的命令
    tempL=ReadOneChar();           //分别读取温度的低、高字节
    tempH=ReadOneChar();
    temperature=((tempH*256)+tempL)>>4;    //温度转换
    delay(200);
    return(temperature);
}

//****************************** 头文件DS18B20.h ****************************** //
extern unsigned char ReadTemperature(void);
```

3.2 线 I^2C 存储器模块

I^2C 总线（Inter IC BUS）是 Philips 公司推出的芯片间串行传输总线，它以两根连线实现完善的全双工同步数据传送，可以方便地构成多机系统和外围器件扩展系统。I^2C 总线采用了器件地址的硬件设置方法，通过软件寻址完全避免了器件的片选线寻址方法，从而使硬

件系统具有最简单的灵活的扩展方法。

I²C 总线支持多主和主从两种工作方式，通常为主从工作方式。在主从工作方式中，系统中只有一个主器件（单片机），总线上的其他器件都是具有 I²C 总线的外围从器件。在主从工作方式中，主器件启动数据的发送（发出启动信号），产生时钟信号，发出停止信号。为了实现通信，每个从器件均有唯一的器件地址，具体地址由 I²C 总线委员会分配。

关于 I²C 总线的详细内容请参考项目 7 的相关内容，在此仅对 I²C 总线的通信协议及其应用技巧进行阐述，并给出 I²C 总线时序的一种编程实现方法。

图 8.24 为 I²C 总线上进行一次数据传输的通信格式，可以清楚看到整个通信过程的起始、寻址、应答、读写、应答、停止等几个典型的操作，单片机只需严格按照标准用 I/O 端口模拟输出时序，就可以使这些 I²C 器件工作起来了。

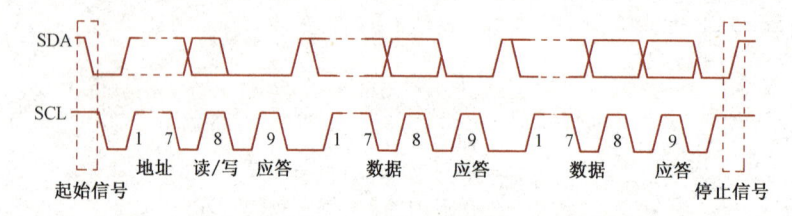

图 8.24 I²C 总线上进行一次数据传输的通信格式

（1）发送起始（启动）信号。在利用 I²C 总线进行一次数据传输时，首先由主机发出启动信号启动 I²C 总线。在 SCL 为高电平期间，SDA 出现下降沿则为启动信号。此时，具有 I²C 总线接口的从器件会检测到该信号。

（2）发送寻址信号。主机发送启动信号后，再发出寻址信号。器件地址有 7 位和 10 位两种，这里只介绍 7 位地址寻址方式。寻址信号由一字节构成，高 7 位为地址位，最低位为方向位，用以表明主机与从器件的数据传送方向。方向位为"0"，表明主机对从器件的写操作；方向位为"1"，表明主机对从器件的读操作。

（3）应答信号。I²C 总线协议规定，每传送一字节控制字数据（含地址及命令字）后，都要有一个应答信号，以确定数据传送是否正确。应答信号由接收设备产生，在 SCL 信号为高电平期间，接收设备将 SDA 拉为低电平，表示数据传输正确，产生应答。

（4）数据传输。主机发送寻址信号并得到从器件应答后，便可进行数据传输，每次传输一字节，但每次传输都应在得到应答信号后再进行下一字节的传送。

（5）非应答信号。当主机为接收设备时，主机对最后的一字节不应答，以向发送设备表示数据传送结束。

在 I²C 总线上每次传送的数据字节数不限，但是每一字节必须为 8 位，而且每个传送的字节后面必须跟一个认可位（第 9 位），也称应答位（ACK）。I²C 总线的数据在 SCL 的上升沿传送，且每一字节都是以高位先传送。

应答位的机制为：当 I²C 主器件发送完一字节后将等待接收从器件发送过来的 ACK，这时主器件将 SCL 拉高，并释放 SDA，即将 SDA 设置为输入信号；从设备将 SDA 拉低，使 SDA 在该 SCL 的高电平期间保持稳定的低电平，从器件的响应信号结束后，SDA 返回高电平。

（6）发送停止信号。在全部数据传送完毕，主机发送停止信号，即在 SCL 为高电平期间，SDA 上产生一上升沿信号。

> **小经验** 单片机编程控制 I²C 器件的工作主要包括两部分，一是按照时序图和上述各操作说明编写基本 I²C 时序函数；二是根据每个器件的特性编写应用函数，调用基本时序函数完成数据的读写功能。
>
> 例如本任务中的 EEPROM 器件基本 I²C 时序函数包括：I2CStart、I2CStop、I2CAck、I2CSend 及 I2CReceive 等函数，而真正读写存储器的函数是根据芯片资料的读写时序说明，调用基本时序函数实现的，如 WriteSingleByte、PageWrite、ReadRandom、ReadSeq 等函数。

2 线 I²C 存储器模块源程序如下。

```c
//************************** M24LC02.c 源程序 **************************//
//程序: M24LC02.c
//功能: EEPROM 读写程序
#include <reg52.h>
#include "intrins.h"
sbit SDA = P1^6;              //24LC02的引脚定义
sbit SCL = P1^5;
#define Write_Code 0xA0       //定义写控制字0xA0
#define Read_Code  0xA1       //定义读控制字0xA1
//**************************** 延时30 μs ****************************//
//函数名: Delay
//形式参数: 无
//返回值: 无
void Delay (void)
{   unsigned char i;
    for (i=0; i<8; i++);   }
//*************************** I²C 基本函数 ***************************//
//*************************** I²C 总线起始 ***************************//
//函数名: I2CStart
//形式参数: 无
//返回值: 无
//时序说明: I²C 总线的起始条件为  SCL=1, SDA = 1-->0
void I2CStart (void)
{   unsigned char i;
    SDA = 1;                  //初始状态 SDA 和 SCL 均为高电平
    _nop_ ( );
    _nop_ ( );
    SCL = 1;
    for (i=0; i<8; i++);      //延时大于4.7 μs
    SDA = 0;                  //SCL 高电平时, SDA 下降沿启动数据传送
    for (i=0; i<8; i++);      //延时大于4 μs
    SCL = 0;                  //SCL 恢复初始低电平状态
    _nop_ ( );
    _nop_ ( );   }
//**************************** I²C 总线停止 ****************************//
//函数名: I2CStop
//形式参数: 无
//返回值: 无
```

```
//时序说明: I²C总线的结束条件为 SCL =1, SDA = 0-->1
void I2CStop ( void )
{   unsigned char i;
    SDA = 0;
    _nop_ ( );
    _nop_ ( );
    SCL = 1;                    //SCL 高电平时, SDA 上升沿信号结束数据传送
    for ( i=0; i<8; i++);       //延时大于4.7 μs
    SDA = 1;
    Delay ( );
    SCL = 0;                    //SCL 恢复初始低电平状态
    for ( i=0; i<16; i++);  }
// ********************** I²C 发送第9位 ( 应答位或非应答位 ) ********************** //
//函数名: I2CAck
//形式参数: 应答或非应答参数 Ack, unsigned char 类型
//返回值: 无
//时序说明: 当 I²C 总线需要继续读取下一字节时发送应答位 "0", 否则发送非应答位 "1"
void I2CAck ( unsigned char Ack )
{   unsigned char j;
    SCL = 0;
    SDA = !(!( Ack ));          //两次逻辑取反运算, 把一字节变量数值转为逻辑值赋给位变量
    for ( j=0;j<20; j++);
    SCL = 1;                    //向总线输出 Ack
    for ( j=0;j<20; j++);
    SCL = 0; }                  //SCL 恢复低电平状态
// *************************** I²C 发送一字节数据 *************************** //
//函数名: I2CSend
//形式参数: 待发送数据 I2CData, unsigned char 类型
//返回值: 发送完成状态 flag ( 0 表示成功; 1 表示失败 ), unsigned char 类型
//时序说明: 当 SCL = 0, 主设备向总线发一字节数据; SCL=1 时, 从设备获取该字节数据
unsigned char I2CSend ( unsigned char I2CData )
{   unsigned char i,j;
    unsigned char temp,flag;
    for ( i=0; i<8; i++)
{   temp = I2CData;
    temp = temp<<i;             //先发送字节数据 I2CData 的高位
    temp = !(!( temp&0x80 ));   //同上采用逻辑非运算转换字节变量值为逻辑值
    SCL = 0;
    SDA=temp;                   //输出具有逻辑值的字节变量 temp 到数据线 SDA
    _nop_ ( );
    _nop_ ( );
    _nop_ ( );                  //延时
    for ( j=0;j<30; j++);
    SCL = 1;                    //拉高 SCL 通知从设备开始接收数据位
    for ( j=0;j<30; j++);  }
SCL = 0;
temp = 0;
for ( j=0;j<30; j++);
SCL = 1;                        //拉高 SCL
for ( j=0;j<30; j++);           //等待从设备将 SDA 拉低 ( 等待 ACK )
flag = SDA;                     //读入 SDA 数据线的 ACK 位
while ( flag!=0 && temp <100 )  //循环等待应答状态 ACK=0 表示完成发送一字节
```

```c
{   flag = SDA;
    temp++; }
    SCL = 0;
    return ( flag );  }                        //等待时间到,返回应答状态 ACK
// ************************ I²C 接收一字节数据 **************************** //
//函数名:I2CReceive
//形式参数:无
//返回值:接收到的字节数据, unsigned char 类型
//时序说明:当 SCL = 1,主设备从总线逐位接收数据,首先接收字节数据的高位(MSB)
unsigned char I2CReceive ( void )
{   unsigned char i=0;
    unsigned char j=0;
    unsigned char I2CData=0;
    _nop_ ( );
    _nop_ ( );
    _nop_ ( );
    for ( i=0; i<8; i++ )
    {   I2CData = I2CData<<1;          //先接收字节数据的高位
        SCL = 0;                        //拉低 SCL 准备接收数据位
        for ( j=0;j<30; j++ );
        SCL = 1;                        //拉高 SCL 使数据线上的数据位有效
        if ( SDA == 1 )  I2CData |=0x01;  //读取数据线上的数据位,存入 I2CData
        for ( j=0;j<30; j++ ) ;   }
    SCL = 0;                            //恢复 SCL 低电平
    return ( I2CData );  }              //返回读取的字节数据 I2CData
// *********************** EEPROM 器件的应用函数 ************************* //
// *************************** 向 EEPROM 写一字节 ************************ //
//函数名:WriteSingleByte
//形式参数:EEPROM 的字节单元地址 nAddr ( 0~255 ), unsigned char 类型;
//          待写入 EEPROM 的数据 nValue, unsigned char 类型
//返回值:写字节操作执行状态,为 1 表示操作成功;为 0 表示忙状态
unsigned char  WriteSingleByte ( unsigned char nAddr,unsigned char nValue )
{   I2CStart ( );                       //启动 I²C 总线
    if ( I2CSend ( Write_Code ) ==0 )   //发送写控制字节 Write_Code,等待 ACK
    {   if ( I2CSend ( nAddr ) ==0 )    //发送 EEPROM 字节单元的地址 nAddr,等待 ACK
        {   I2CSend ( nValue );  } }    //发送字节数据 nValue,写入 EEPROM 中
    else   return 0;                    //未成功执行写数据操作,返回状态 0
    I2CStop ( );                        //停止总线
    return 1;  }                        //成功完成写数据操作,返回状态 1
// *********************** 向 EEPROM 写一页 8 字节数据 ******************** //
//函数名:PageWrite
//形式参数:EEPROM 的页首地址 nAddr ( 8 的整数倍 ), unsigned char 类型;
//          待写入 EEPROM 的 8 字节数据数组 pBuf, unsigned char 数组类型
//返回值:写页操作执行状态,为 1 表示操作成功;为 0 表示忙状态
unsigned char  PageWrite ( unsigned char nAddr,unsigned char pBuf[] )
{   unsigned char i;
    I2CStart ( );                       //启动 I²C 总线
    if ( I2CSend ( Write_Code ) ==0 )   //发送写控制字节 Write_Code,等待 ACK
{   if ( I2CSend ( nAddr ) ==0 )        //发送 EEPROM 页首地址 nAddr,等待 ACK
    {   for ( i=0;i<8;i++ )
        {   I2CSend ( pBuf[i] );  } }   //依次发送数组中的数据,写入 EEPROM 中
```

```c
        else   return 0;//未成功执行写数据操作,返回状态0
        I2CStop();//停止总线
        return 1;   }//成功完成写1页数据,返回状态1
//************************ 从EEPROM读一字节数据 ****************************//
//函数名:ReadRandom
//形式参数:EEPROM的字节单元地址nAddr(0~255),unsigned char 类型;
//         从EEPROM读取一字节数据的保存地址nValue,unsigned char 指针类型
//返回值:读字节操作执行状态,为1表示操作成功;为0表示忙状态
unsigned char ReadRandom(unsigned char nAddr, unsigned char *nValue)
{   I2CStart();                                //启动数据总线
    if(I2CSend(Write_Code)==0)                 //发送写地址控制字节,等待ACK
    {   if(I2CSend(nAddr)==0)                  //发送地址字节,等待ACK
        {   I2CStart();                        //启动数据总线
            if(I2CSend(Read_Code)==0)          //发送读控制字节
                {   *nValue = I2CReceive();  } }   //读取数据
    }
    else   return 0;
    I2CStop();                                 //停止总线
    return 1;  }
//*********************** 从EEPROM读一组数据 *************************** //
//函数名:ReadSeq
//形式参数:EEPROM的字节单元地址nAddr(0~255),unsigned char 类型;
//         从EEPROM读取数据存放的数组单元nValue,unsigned char 数组类型
//         从EEPROM读取数据长度nLen,unsigned char 数组类型
//返回值:读操作执行状态,为1表示操作成功;为0表示忙状态
unsigned char   ReadSeq(unsigned char nAddr, unsigned char nValue[],
unsigned char nLen)
{   unsigned char i;
    I2CStart();                                //启动数据总线
    if(I2CSend(Write_Code)==0)                 //发送写地址控制字节,等待ACK
    {   if(I2CSend(nAddr)==0)                  //发送地址字节,等待ACK
        {   I2CStart();                        //启动数据总线
            if(I2CSend(Read_Code)==0)          //发送读控制字节
            {   for(i = 0; i < nLen; i++)      //读多字节数据/
                {   nValue[i] = I2CReceive();  //读取数据
                    if(i == nLen-1)            //多字节读需要向从设备发送ACK
                        I2CAck(1);             //最后一字节接收完成,发送非ACK信号
                    else I2CAck(0);            //继续等待接收,发送ACK
                }
            }
        }
    }
    else   return 0;
    I2CStop();                                 //停止总线
    return 1;
}

//************************* M24LC02.h头文件 *************************** //
extern void WriteSingleByte(unsigned char nAddr,unsigned char nValue);
extern void PageWrite(unsigned char nAddr,unsignedchar pBuf[]);
extern void ReadRandom(unsigned char nAddr, unsignedchar *nValue);
extern void ReadSeq(unsigned char nAddr,
unsigned char nValue[], unsigned char
nLen);
```

4.3 线 SPI 时钟模块

SPI（Serial Peripheral Interface——串行外设接口）总线系统是一种同步串行外设接口，它可以使 MCU 与各种外围设备以串行方式进行通信。SPI 总线系统可直接与各个厂家生产的多种标准外围器件直接连接，该接口一般使用 4 条线：串行时钟线（SCK）、主机输入/从机输出数据线 MISO、主机输出/从机输入数据线 MOSI 和从机选择信号线 CS（高电平有效或低电平有效，根据具体的芯片确定）。有的 SPI 芯片没有主机输出/从机输入数据线 MOSI，只有一根双向的信号线 SIO，因此一般 3 线、4 线的串行接口器件大多符合 SPI 总线标准。

SPI 系统总线与并行总线相比可以简化电路设计，与 I^2C 总线相比又有一定的稳定优势，不仅节省很多常规电路中的接口器件和 I/O 端口线，也提高了系统设计的可靠性。

S35190A 采用 3 线 SPI 接口，即采用双向的信号线 SIO、时钟信号线 $\overline{SCK}$ 和片选线 CS。在片选线 CS 选中该器件后，即可通过 SCK 协调主从器件进行数据收发。首先需要发送器件控制字，用来选择总线上器件、控制指令及规定读写方向，如图 8.25 所示。其

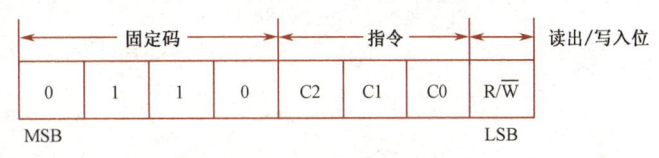

图 8.25 S35190A 控制字结构

中 C0、C1、C2 指令含义如表 8.6 所示，可以看做访问各内部状态或数据寄存器的命令码。

表 8.6 S35190A 内部主要操作的命令码

指		令		数	据						
C2	C1	C0	内容	B7	B6	B5	B4	B3	B2	B1	B0
0	0	0	存取状态寄存器1	POC	BLD	INT2	INT1	SC1	SC0	$\overline{12/24}$	RESET
0	0	1	存取状态寄存器2	TEST	INT2E	SC	SC	32KE	INT1AE	INT1ME	INT1FE
0	1	0	存取实时数据1	Y80	Y40	Y20	Y10	Y8	Y4	Y2	Y1
				–	–	M10	M8	M4	M2	M1
				–	–	D20	D10	D8	D4	D2	D1
				–	–	–	–	W4	W2	W1
				–	$\overline{AM/PM}$	H20	H10	H8	H4	H2	H1
				–	m40	m20	m10	m8	m4	m2	m1
				–	s40	s20	s10	s8	s4	s2	s1

> **小问答**
>
> 问：读状态寄存器 2 和写状态寄存器 1 的控制命令字各是什么？
>
> 答：读状态寄存器 2 的命令字是 001，读命令 $R/\overline{W}$ 位为 1。所以首先要向器件发送命令字 0x63，然后才可以从总线读取该寄存器的数据。
>
> 同理可知写状态寄存器 1 的命令字是 0x62。需要首先向器件发送命令字 0x62，然后再发送一字节的数据去设置状态寄存器各位的信息。

图 8.26 给出了 3 线同步串行操作实例，从片选后首先发送的控制命令字可以看出：指令控制字 "01100101" 按照图 8.25 解析得到其对应的指令码为 010，就对应表 8.6 中的第 5 行信息，即访问实时数据 1 寄存器；而控制字最后一位为 1，表示是读操作，所以，图 8.26

所示的时序为读取实时时钟数据 1 中 7 字节数据的时序图，具体传输的时间数据格式见表 8.6 的第 5 行信息。读操作流程通过调用 SPI 基本时序函数实现以下操作：

片选有效→写控制字→读 0 字节→读 1 字节→…→读 6 字节。

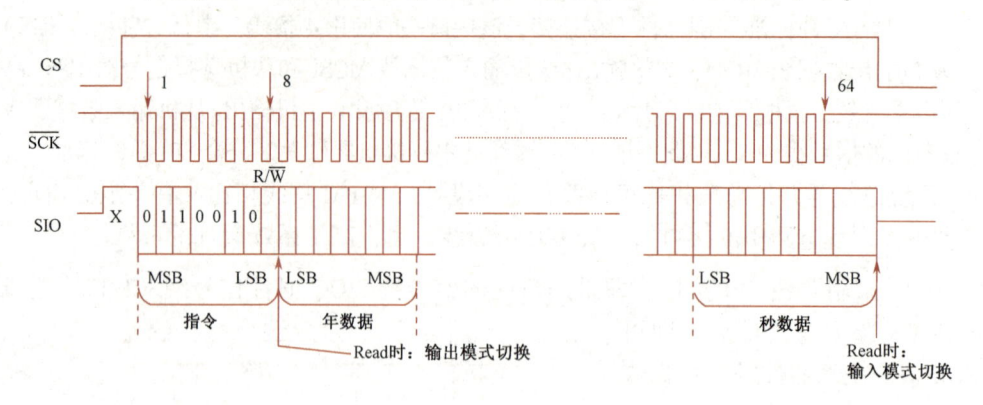

图 8.26　S35190A 读取实时数据 1 的时序

（1）写字节时序。首先 SCK 低电平，然后在 SIO 上发送某位数据，再给出一个上升沿，使 SPI 内部存取该数据位。字节数据逐位发送，对于控制字高位 MSB 先发送，而对于数据则是低位 LSB 先发送，需要特别注意，每个器件的串行移位方式有细微差异，需要根据手册确定并修改程序。

（2）读字节时序。字节数据逐位接收，自然是低位 LSB 先接收，首先 SCK 低电平，然后再给出一个上升沿，使 SPI 内部能够存取从器件发送的数据位，在 SCK 为高电平时从 SIO 上读取某位数据。

3 线 SPI 时钟模块源程序如下。

```
//************************** S3519.c 源程序 ************************** //
//程序：S3519.c
//功能：实时时钟程序
#include <reg52.h>
#include "intrins.h"
sbit SIO = P1^2;              //三线 SPI 串行接口的时钟操作，定义端口
sbit SLK = P1^3;
sbit CS  = P1^4;
#define    WR_Reg_1        0x60    //定义时钟芯片写状态寄存器1的控制字
#define    RE_Reg_1        0x61    //定义时钟芯片读状态寄存器1的控制字
#define    WR_Reg_2        0x62    //定义时钟芯片写状态寄存器2的控制字
#define    RE_Reg_2        0x63    //定义时钟芯片读状态寄存器2的控制字
#define    WR_RTCData_1    0x64    //定义时钟芯片写数据寄存器1的控制字
#define    RE_RTCData_1    0x65    //定义时钟芯片读数据寄存器1的控制字
//************************** SPI 基本时序函数 ************************** //
//************************** 时钟芯片片选有效 ************************** //
//函数名：SET_CS
//形式参数：无
//返回值：无
void SET_CS(void)
{   _nop_();
    _nop_();
```

```c
        CS = 1;
        _nop_ ( );
        _nop_ ( );   }
//************************ 时钟芯片片选无效 ****************************** //
//函数名: CLEAR_CS
//形式参数: 无
//返回值: 无
void CLEAR_CS ( void )
{   _nop_ ( );
    _nop_ ( );
    CS = 0;
    _nop_ ( );
    _nop_ ( );   }
//******************* 发送一字节命令码(字节高位先发送) ******************** //
//函数名: Send_CMDByte
//形式参数: 待发送命令字 chr, unsigned char 类型
//返回值: 无
void Send_CMDByte ( unsigned char chr )
{   unsigned char temp, BitCount;
    temp = chr;
    BitCount = 8;
    do
      {   SLK = 0;                            //时钟信号先拉低
          _nop_ ( );
          BitCount--;                         //修改位选择变量
          SIO = ( temp >> BitCount ) & 0x01;  //字节高位先发送
          SLK = 1;                            //时钟信号高电平通知从设备取数据
          _nop_ ( );
          _nop_ ( );
          _nop_ ( );
          _nop_ ( );
          _nop_ ( );                          //延时等待从设备接收
          SLK = 0;
      } while ( BitCount );   }               //循环直到从高位到低位各位都发送完毕
//********************* 发送一字节数据(字节低位先发) *********************** //
//函数名: Send_DATAByte
//形式参数: 待发送数据 chr, unsigned char 类型
//返回值: 无
void Send_DATAByte ( unsigned char chr )
{   unsigned char temp, i ;
    temp = chr;
    for ( i = 0; i < 8; i++ )                 //循环完成逐位数据发送
      {   SLK = 0;                            //时钟信号先拉低
          _nop_ ( );
          SIO = ( temp >> i ) & 0x01;         //字节低位先发送
          SLK = 1;                            //时钟信号高电平通知从设备取数据
          _nop_ ( );
          _nop_ ( );
          _nop_ ( );
          _nop_ ( );
          _nop_ ( );   }
```

```c
    SLK = 0;   }//时钟信号恢复低电平状态
// ******************* 接收一字节数据(先接收字节低位) ******************** //
//函数名：Rev_Byte
//形式参数：无
//返回值：接收的字节数据，unsigned char 类型
unsigned char Rev_Byte ( void )
{   char BitCount, temp;
    char input;
    BitCount = 8;
    input = 0x00;
    for ( BitCount = 0; BitCount < 8; BitCount++ )
    {   SLK = 0;//时钟信号低电平，从设备向总线发送数据
        _nop_ ( ) ;
        _nop_ ( ) ;
        SLK = 1;//时钟信号高电平，允许从总线接收数据
        _nop_ ( ) ;
        _nop_ ( ) ;
        temp = SIO;//从总线读取数据位存入变量 temp
        input |= ( ( temp & 0x01 ) << BitCount ) ;   //变量 input 调整位，等待接收下一位
        _nop_ ( ) ;
        _nop_ ( ) ;   }
    return ( input );//返回数据 input
    SLK = 0;   }//时钟信号线恢复低电平状态
// **************** S35190A 器件调用上述时序函数的专用函数 ***************** //
// ************************ 状态寄存器的初始化设置 ********************** //
//函数名：SetupInit
//形式参数：无
//返回值：无
void SetupInit ( void )
{   SET_CS ( ) ;                          //片选时钟芯片
    Send_CMDByte ( WR_Reg_1 ) ;           //发送写状态寄存器1的命令字
    Send_DATAByte ( 0x01 ) ;              //发送状态寄存器1的值，复位位置1
    CLEAR_CS ( ) ;
    SET_CS ( ) ;
    Send_CMDByte ( WR_Reg_2 ) ;           //发送写状态寄存器2的命令字
    Send_DATAByte ( 0x00 ) ;              //发送状态寄存器2的值，Test 位清零
    CLEAR_CS ( ) ;   }
// ****************************** 芯片初始化 ****************************** //
//函数名：HWInint
//形式参数：无
//返回值：无
void HWInint ( void )
{   unsigned char temp;
    SET_CS ( ) ;
    Send_CMDByte ( RE_Reg_1 ) ;           //发送读状态寄存器1的命令字
    temp = Rev_Byte ( ) ;                 //读取状态寄存器1的值到变量 temp
    CLEAR_CS ( ) ;
    if ( ( temp|0x7F==0xFF ) || ( temp|0xBF==0xFF ) )
        SetupInit ( ) ;             //寄存器1最高位 POC=1 或 BLD=1 则需要进行初始化设置
    do
{   SET_CS ( ) ;
    Send_CMDByte ( RE_Reg_2 ) ;           //发送读状态寄存器2的命令字
```

```c
        temp = Rev_Byte();        //读取状态寄存器2的值到变量 temp
        CLEAR_CS();
        if (temp|0x7F==0xFF)
            SetupInit();          //状态寄存器2最高位 TEST=1, 则需要进行初始化设置
        else  break;
    } while (1);
}
// ************************** 设置时间 ************************** //
//函数名: SetDate
//形式参数: 时间信息的首地址 Date (年、月、日、周、时、分、秒), unsigned char 数组类型
//返回值: 无
void SetDate (unsigned char Date[])
{   unsigned char i;
    SET_CS();
    Send_CMDByte (WR_RTCData_1);   //发送写数据寄存器1的命令字
    for (i=0;i<7;i++)
        Send_DATAByte (Date[i]);   //逐字节发送设置时间信息的数据字节
    CLEAR_CS();  }
// ************************** 读取时间 ************************** //
//函数名: GetDate
//形式参数: 时间信息的首地址 Date (年、月、日、周、时、分、秒), unsigned char 数组类型
//返回值: 无
void GetDate (unsigned char Date[])
{   unsigned char i;
    SET_CS();
    Send_CMDByte (RE_RTCData_1);   //发送读数据寄存器1的命令字
    for (i=0;i<7;i++)
        Date[i]=Rev_Byte();        //逐字节读取时间信息的字节数据
    CLEAR_CS();  }

// ************************** S3519.h 头文件 ************************** //
extern void HWInint (void);
extern void SetDate (unsigned char Date[]);
extern void GetDate (unsigned char Date[]);
```

> **小经验**　针对某个器件的读写操作过程,就是针对器件资料中的读写时序和内部寄存器结构、调用基本的 SPI 读字节和写字节的时序函数来实现的。这一点与 I²C 器件的应用方法类似。
>
> 　　程序分为两部分: 一部分实现 SPI 标准时序函数, 这部分函数相对比较标准, 只是要根据个别芯片的特殊时序进行微调即可。主要包括片选有效、片选无效、读字节、写字节 4 个函数; 另一部分是根据器件具体结构和操作方法调用 SPI 标准时序函数的过程, 从而实现每个器件特殊的功能, 再把这些专用函数声明为外部函数, 在主程序模块中调用, 而 SPI 时序函数如果在其他模块中无须调用, 就不用在头文件中声明了, 如 S3519.h 文件仅声明了器件初始化和读写操作的函数。

5. 串口传送数据模块

存储在 EEPROM 中的温度和时间信息可以通过串口传送到 PC, 因此只需实现向 PC 发送的程序即可。该功能模块较简单, 可直接在 Main.c 文件中实现, 无须头文件说明。源程序如下。

```
//************************ 串口初始化设置 ***************************** //
//函数名：UartInit
//形式参数：无
//返回值：无
void UartInit ( void )
{    TMOD=0x20;                    //定时器1初始化
     TL1=0xFD;                     //波特率为9600 b/s，晶振为11.059 MHz
     TH1=0xFD;
     TR1=1;
     SCON=0x40;    }               //定义串行口工作方式
//************************ 串口发送数据 ***************************** //
//函数名：UartSend
//形式参数：待发送数据的数组首地址 SendData, unsigned char 数组类型
//待发送数据的长度 Len, unsigned char 类型
//返回值：无
void UartSend ( unsigned char SendData[],unsigned char Len )
{    unsigned char i;
     for ( i=0;i<Len;i++ )
         {   SBUF=SendData[i];     //发送第 i 个数据
             while ( TI==0 );      //等待发送是否完成
             TI=0;    }    }       //TI 清零
```

6. 主程序模块

完成各功能模块的软件设计后，主程序模块就比较简单了，这也是模块化程序设计的优势。根据任务需求，调用各功能模块就可以实现，主程序模块流程如图 8.27 所示。

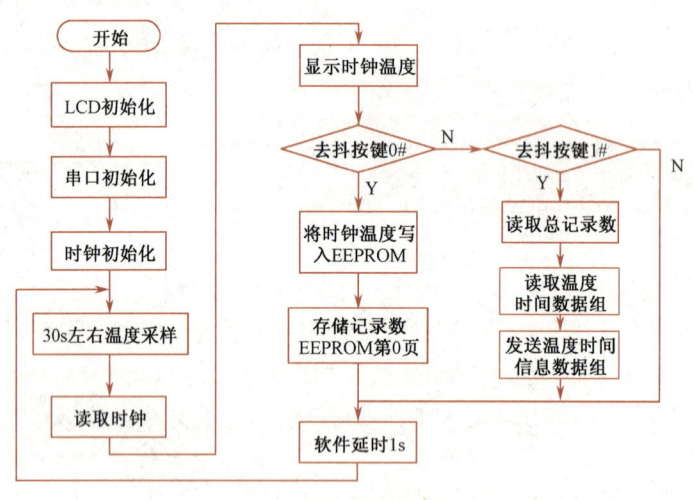

图 8.27 主程序模块流程

主程序模块源程序如下。

```
//************************ 主程序模块 Main.c ***************************** //
#include<reg51.h>                  //包含头文件
#include<INTRINS.H>
#include "LM6029.h"
#include "M24LC02.h"
#include "S3519.h"
```

```c
#include "DS18B20.h"
sbit Key0=P1^0;                                         //定义按键
sbit Key1=P1^1;
main()
{
unsigned char Sec_30=0;                                 //控制温度采样频度
unsigned char Temp=0;                                   //当前温度
unsigned char DateInit[7]={0x08,0x08,0x08,0x01,0x01,0x01,0x00};
unsigned char DateNow[8]={0};                           //时钟读出的当前时间
unsigned char i,y=0;                                    //坐标
unsigned char nTotal=0;                                 //总记录数统计
unsigned char UartBuf[8];
InitializeLCD();                                        //初始化LCD
ClearScr();                                             //清屏
UartInit();                                             //初始化串口
HWInint();                                              //初始化时钟
GetDate(DateNow);                                       //判断时钟是否已初始化
if(DateNow[0]!=0x08)
    SetDate(DateInit);                                  //初始化时钟
while(1)
  { if(Sec_30++==30)
        Temp=ReadTemperature();                         //大约30s采样一次温度
    GetDate(DateNow);                                   //读取时钟数据
    for(i=0;i<3;i++)                                    //显示年、月、日
{   OneChar(0,y,DateNow[i]>>4);
    y+=8;
    OneChar(0,y,DateNow[i]&0x0F);
    y+=8;
    if(i<2)
    {   OneChar(0,y,0x0B);
        y+=8; } }
for(i=4;i<7;i++)                                        //换行显示时:分:秒
{   OneChar(2,y,DateNow[i]>>4);
    y+=8;
    OneChar(2,y,DateNow[i]&0x0F);
    y+=8;
    if(i<6)
    {   OneChar(2,y,0x0A);
        y+=8; } }
Hanzi(4,0,2,hz_wendu);                                  //显示温度
OneChar(4,40,Temp/10);
OneChar(4,48,Temp%10);
if(!Key0)                                               //判断按键
{   delay_3us(600);                                     //2ms延时去抖
    if(!Key0)                                           //如果按下0#键存储数据
    {   nTotal++;
        DateNow[7]=Temp;        //构造存储数据结构,前7字节为时间,最后1字节为温度
        PageWrite(nTotal<<3,DateNow);
        WriteSingleByte(0x00,nTotal); }                 //在EEPROM第0页首地址存储总记录数
}
else if(!Key1)                                          //判断按键
{   delay_3us(600);                                     //2 ms延时去抖
```

```
        if (!Key1)                          //如果按下0#键存储数据
        {   ReadRandom(0x00,&nTotal);       //读取总记录数
            for (i=0;i<nTotal;i++)          //逐页取出数据发送
            {   ReadSeq(i<<3,UartBuf,8);
                        UartSend(UartBuf,8);  }  }
        }
            for (i=0;i<100;i++) delay_3us(1500);  //1s 延时
    }
}
```

8-3-7 系统调试与脱机运行

由于本任务涉及多个接口芯片模块的调试,所以一定要先对逐一模块进行调试,再进行整体联调。在每个模块完成后,编写一个专用于测试的 main() 函数,调用模块函数测试是否运行成功,模块测试过程中同步检测硬件电路和软件编码的问题。

8-3-8 系统功能扩展

本任务重点训练多种串行接口协议的实现方法,因此基本任务设计较简单,还有很大的扩展空间,读者可参考以下应用自行完成。

(1) 温度检测在一些应用中,常需要有超温报警的功能,可在本系统上扩展温度阈值设置模块和报警判断模块。

(2) 在电烤箱、微波炉、电热水器、烘干箱等需要进行温度检测与控制的家用电器应用中,可扩展温度控制模块,当温度达到设定值时断开电炉,当温度降到低于某值时接通电炉,从而保持恒温控制。

(3) 实时时钟芯片的时钟信息可通过键盘和 LCD 进行设置与显示。

(4) 根据应用需求,扩充存储容量。

8-3-9 任务小结

(1) 通过完成温度检测系统的设计与制作调试,进一步熟练掌握单片机应用系统设计、分析与调试的一般方法,重点学习自顶向下的模块化程序设计中多文件的项目管理方法。针对复杂任务的模块一般都是以独立文件的形式包含多个函数,因此就需要掌握如何管理工程项目,把主模块尽可能简化,增强系统的可读性,同时也可增强各模块的可重用性。

(2) 通过任务制作,系统掌握单片机与外部接口电路的各种串行连接方法,包括 1 线、2 线的 I^2C、3 线或 4 线的 SPI 几种协议标准。随着大规模集成电路技术的发展,很多传感器等外部器件都以数字接口方式与单片机连接,其中大部分使用这几种标准串口协议,因此读者只需掌握其基本时序和编程方法,举一反三,很多传感器或其他接口芯片的应用就迎刃而解了。

任务 8-4 家居照明蓝牙控制系统的设计

8-4-1 目的与要求

随着科技的进步,一些无线通信技术已经成熟并迅速普及,比如大家熟知的蓝牙技术已

项目8 单片机应用系统综合设计

成为众多智能终端的标配,这极大地提高了通信的便捷性。本任务就来开发一个家居照明的蓝牙控制系统。

本任务首先在手机端安装已开发好的蓝牙串口 APP,通过这个 APP 并利用手机内的蓝牙模块可发送控制命令,从机蓝牙模块接收到控制信号后,通过 51 单片机的串行通信接口将控制信号传给单片机,单片机判断控制信号并以此点亮或者熄灭家居中不同的灯,如此就可实现家居照明的无线控制。

8-4-2 电路设计

基于 51 单片机的家居照明蓝牙控制系统硬件电路如图 8.28 所示。电路中采用了 HC-06 蓝牙模块(如图 8.29),该模块共有四个引出端:V_{CC} 为电源,其输入电压范围为 3.6~6 V,GND 为地,TX 为信号输出端,RX 为信号输入端。由于 HC-06 模块支持 UART 接口,因此把 HC-06 的 TX、RX 分别和 51 单片机的 RXD、TXD 相连,通电后即可进行二者之间的串口通信。

> **小知识** HC-06 嵌入式蓝牙串口通信模块是专为智能无线数据传输而打造的,采用英国 CSR 公司 BlueCore4-Ext 芯片,遵循 V2.0+EDR 蓝牙规范。该模块支持 UART、USB、SPI 等接口,具有成本低、体积小、功耗低、收发灵敏等优点。该模块主要用于短距离的数据无线传输领域,可方便地与手机等智能终端的蓝牙设备相连,也可实现两个模块之间的数据互通。

图 8.28 家居照明蓝牙控制系统电路设计

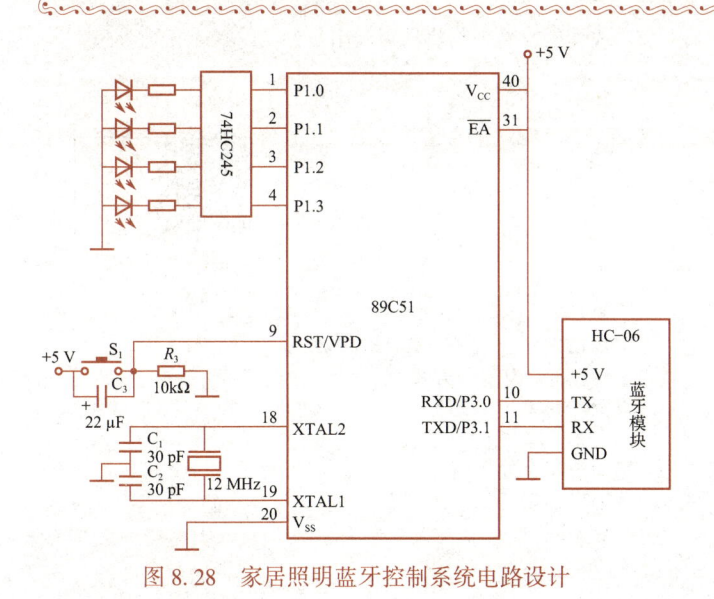

图 8.29 HC-06 蓝牙模块

> **小提示** TX 代表传送(Transmit)数据,RX 代表接收(Receive)数据,所以 TX 与 MCU 的 RXD 连接,RX 与 MCU 的 TXD 连接。

8-4-3 程序设计

本设计中的单片机只是以串口方式从蓝牙模块接收控制信号，而且这个控制信号是随机出现的，因此最有效的方式就是采用串口中断方式来接收控制信号。整个系统的控制程序采用模块化的设计方法。

基于51单片机的家居照明蓝牙控制系统的参考程序如下。

```c
//程序:ex8_4.c
//功能：单片机通过蓝牙模块接收信号并控制家居照明灯的亮灭
#include<reg51.h>              //包含头文件reg51.h,定义了51单片机的专用寄存器
#define uint unsigned int;     //为了书写方便，用符号uint来定义无符号整型变量
#define uchar unsigned char;   //用符号uchar来定义无符号字符型变量
sbit LED0=P1^0;                //定义客厅灯
sbit LED1=P1^1;                //定义卧室灯
sbit LED2=P1^2;                //定义厨房灯
sbit LED3=P1^3;                //定义卫生间灯
uchar rev=0;                   //蓝牙接收缓存值
bit rok=0;                     //定义rok为接收标志，其值为1代表成功接收控制信号
void Com_Init();               //串口初始化子函数声明
void id_signal();              //判断控制字符并执行响应的子函数声明
void main()                    //主函数
{
    P1=0x00;                   //熄灭所有灯
    Com_Init();                //初始化
    while(1)
    {
        if(rok)                //若成功接收到控制信号则调用id_signal函数处理
            id_signal();
    }
}
//函数名：Com_Init
//功能：串口初始化子函数
//形式参数：无
//返回值：无
void Com_Init()
{
    SCON = 0x50;               //串行口工作于方式1，允许接收
    TMOD = 0x20;               //定时器T1为工作方式2
    TH1 = 0xFD;                //设置波特率9 600 bps
    TL1 = 0xFD;
    TR1 = 1;                   //启动波特率发生器
    ES = 1;                    //开串口中断
    EA = 1;                    //开总中断
}
//函数名：id_signal
//功能：判断控制字符并执行响应的子函数
//形式参数：无
//返回值：无
void id_signal()
{
```

```
    switch ( rev )
     {
      case '0': LED0 =~ LED0 ; break;     //控制信号为 0 时，客厅灯循环点亮或熄灭
      case '1': LED1 =~ LED1 ; break;     //控制信号为 1 时，卧室灯循环点亮或熄灭
      case '2': LED2 =~ LED2 ; break;     //控制信号为 2 时，厨房灯循环点亮或熄灭
      case '3': LED3 =~ LED3 ; break;     //控制信号为 3 时，卫生间灯循环点亮或熄灭
      default: break;
     }
     rok=0;                               //控制信号处理完毕，rok 标志位复位
 }
 //函数名：Com_ Init
 //功能：串口中断服务子函数
 //形式参数：无
 //返回值：无
 void Com_ Int ( )  interrupt 4
 {
    ES = 0;                               //关串口中断
    if ( RI )                             //当硬件接收到一个数据时，RI 会置位
     {
        rev=SBUF;                         //将接收到的数据保存到 rev 中
        RI = 0;                           //软件清除中断标志位
        rok=1;                            //rok 标志位置 1
     }
    ES = 1;                               //开串口中断
 }
```

8-4-4 蓝牙 APP 设置及系统运行调试

上面主要介绍了家居照明蓝牙控制系统接收端的程序设计，至于控制信号的发送端，需要在手机端安装蓝牙串口 APP 来实现。首先在手机上安装 "蓝牙串口.apk"，如图 8.30 所示。注意：该 APP 只能在安卓手机上运行。

开启手机的蓝牙功能，然后打开 "蓝牙串口" APP。点击右上角的 "连接" 按钮，此时会列出手机已配对的所有蓝牙模块，若连接在单片机上的蓝牙模块未出现在列表中（如本例中蓝牙模块已命名为 "SZPT"），则可以点击右上角的 "搜索" 按钮进行搜索，这时可看到名为 "SZPT" 的蓝牙模块出现在 "其他设备" 下面，点击 "SZPT" 进行配对并输入密码 "1234" 就可以成功完成连接，如图 8.31（b）所示。

图 8.30 蓝牙串口 APP

此时默认进入聊天页面，逐个点击页面标题直至出现 "开关" 页面，可看到若干灰色的空白按钮，长按任一个按钮都会弹出 "按钮编辑器" 窗口。每个按钮可以编辑两种状态（OFF 和 ON），由于前面编写的程序是通过按钮次数来控制灯亮灭的，因此这里无需区分两种状态。在 4 个按钮的文本框中分别输入 "客厅灯"，"消息" 框中分别输入 "0"，均选择 "字符" 单选项，最后点击 "确定" 按钮。依次编辑其他 3 个按钮，"1" 对应卧室灯，"2" 对应厨房灯，"3" 对应卫生间灯。设置好的按钮页面如图 8.32（c）所示。

手机端的蓝牙设置完成后，就可以使用手机蓝牙 APP 对家居照明灯进行控制了。

(a) 搜索蓝牙模块　　　　(b) 连接成功

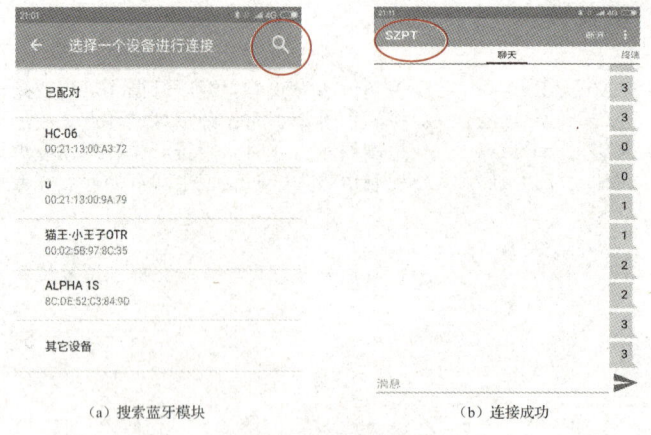

图 8.31　连接设备

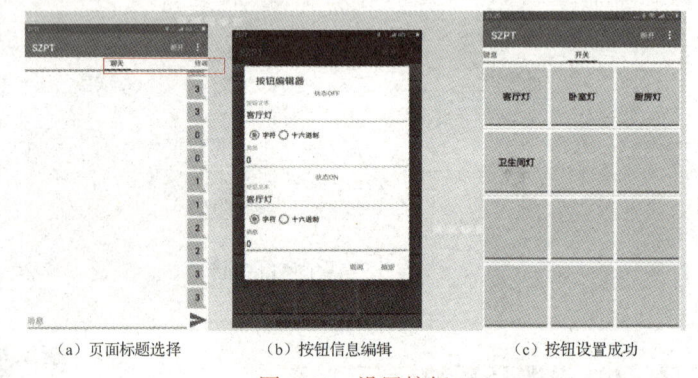

(a) 页面标题选择　　(b) 按钮信息编辑　　(c) 按钮设置成功

图 8.32　设置按钮

8-4-5　任务小结

通过对家居照明蓝牙控制系统的设计与调试，让读者了解了蓝牙模块 HC-06 的基本使用方法。同时，配合 51 单片机的串行通信技术，实现了无线通信和有线通信的混合应用。

8-4-6　举一反三

在使用蓝牙模块前，通常需要先对其进行 AT 指令测试，以验证模块是否通信正常，并设置模块名称、波特率、密码等参数。

AT 指令测试需要在 AT 模式下进行，蓝牙模块上电后在不配对的情况下就是 AT 模式了。

> **小提示**　AT 指令就是以 AT 开头，然后加上具有特定含义命令字符的指令格式，通常用于终端设备与 PC 应用之间的连接与通信。不同的终端设备有着不同的 AT 指令集。
> 　　本任务使用的蓝牙模块 HC-06 就是一种终端设备，要对它进行 AT 指令测试，就必须先把它和 PC 机相连，也就是说利用 PC 机对它进行 AT 指令测试。

可以使用 USB 到 TTL 的转接口来实现蓝牙模块和 PC 机之间的串口连接，如图 8.33 所示。连线时要注意转接口的 RXD 要接蓝牙模块的 TX，而转接口的 TXD 要接蓝牙模块的 RX。

项目8 单片机应用系统综合设计

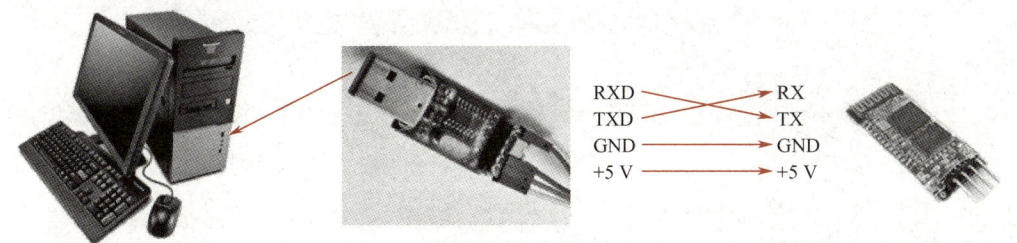

图 8.33 蓝牙模块和 PC 机之间的串口连接

连接好硬件后，打开电脑上的串口调试助手。首先在"串口设置"栏选择蓝牙模块连接的 PC 串口号，然后设置波特率及帧格式，由于蓝牙模块出厂默认的波特率是 9600 bps，因此这里需要将波特率设置成 9600，点击"打开串口"按钮。在"接收设置"栏选择以"ASCII"方式接收并选择"自动换行"选项，最后在字符输入框中输入"AT"，点击"发送"按钮。该指令用于测试蓝牙模块是否通信正常，若正常则会返回"OK"，否则不返回信息，如图 8.34 所示。

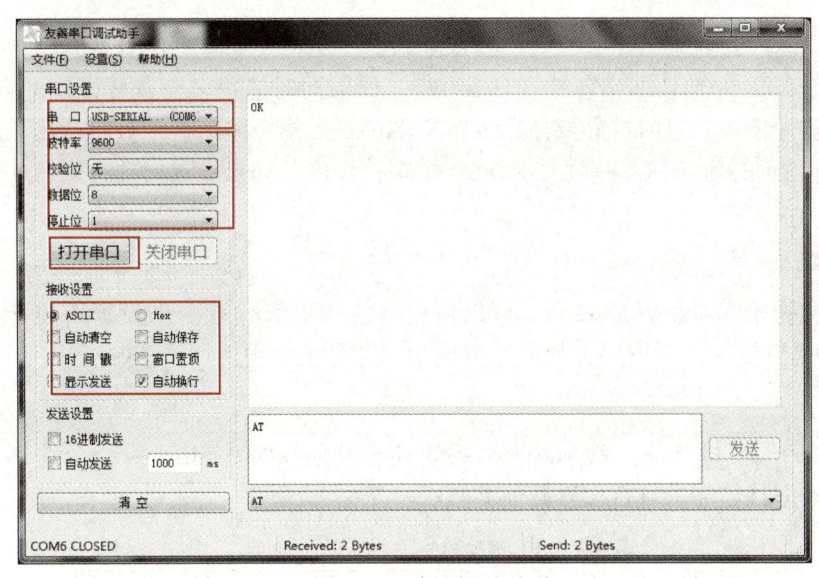

图 8.34 串口调试助手

1. 设置蓝牙串口通信波特率

在字符输入框中输入 AT+BAUDx 指令，可用于设置蓝牙串口通信的波特率，如图 8.35 所示。这里的 x 可以是 1 到 C 的任一个字符，其对应的波特率如下所示。由于蓝牙模块的出厂默认波特率就是 9600 bps，因此如果实际项目中也用该波特率通信的话这一步可省略。

1——1 200 bps   7——57 600 bps
2——2 400 bps   8——115 200 bps
3——4 800 bps   9——230 400 bps
4——9 600 bps（默认设置） A——460 800 bps
5——19 200 bps   B——921 600 bps
6——38 400 bps   C——1 382 400 bps

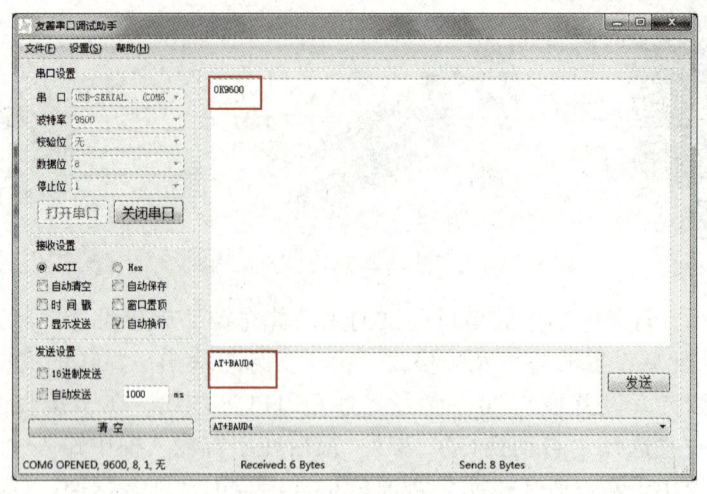

图 8.35 设置波特率

2. 设置蓝牙名称

HC-06 蓝牙模块出厂时的默认名字就是"HC-06",如果同时使用多个蓝牙模块的话,就很难分辨出不同的蓝牙模块。这时有必要使用 AT+NAMEname 指令来给蓝牙重新命名。这里的小写 name 就是要设置的新名称,一般要求在 20 个字符以内。如果设置成功,则蓝牙模块会返回'OKname'。

3. 设置蓝牙配对密码

蓝牙模块出厂时的初始配对密码是 1234,可以使用 AT+PIN××××指令来设置新的配对密码。这里的××××就是要设置的新密码,如果设置成功,蓝牙模块会返回'OKsetPIN'。

4. 其他指令

除了上面介绍的几个 AT 指令外,HC-06 蓝牙模块还有其他一些 AT 指令。指令总集如表 8.7 所示,读者可根据具体需求自行设置其他参数。

表 8.7 AT 指令总集

序号	作用	AT 指令(小写 x 表示参数)
1	测试通信	AT
2	改蓝牙串口通信波特率	AT+BAUDx
3	改蓝牙名称	AT+NAMEname
4	改蓝牙配对密码	AT+PINxxxx
5	更改模块主从工作模式	AT+ROLE=S(从)/AT+ROLE=M(主)
6	无校验设置指令	AT+PN
7	偶校验设置指令	AT+PE
8	奇校验设置指令	AT+PO
9	获取 AT 指令版本命令	AT+VERSION
10	开关灯指令	AT+LED0(开)/AT+LED1(关)

任务8-5　WIFI遥控小车设计

8-5-1　目的与要求

在互联网时代，各种无线通信技术飞速发展，其中WIFI技术已经被大家所熟知。如果把WIFI技术和单片机技术相结合，就可以实现对很多对象的无线感知和操控。本任务就来共同开发一个WIFI遥控小车。

这里的WIFI遥控小车使用安卓智能手机作为遥控器，首先在手机端安装"WIFI小车"APP，通过这个APP并利用手机内的WIFI模块发送控制命令，小车端的WIFI模块接收到控制信号后，通过51单片机的串行通信接口将控制信号传给单片机，单片机判断控制信号并作出相应的动作，如此就实现了小车的WIFI遥控。

8-5-2　电路设计

在本任务中，采用业界应用广泛的ESP8266WIFI模块，如图8.36所示。该模块有8个引出脚，可支持UART串口通信，具体管脚介绍如图8.37所示。

管脚	说明
V_{CC}	3.3 V电源
RST	ESP8266复位管脚，可做外部硬件复位使用
CH_PD	使能管脚，高电平有效
UTXD	串口发送管脚
URXD	串口接收管脚
GP100	GP100为高电平代表从FLASH启动，GP100为低电平代表进入系统升级状态，此时可以通过串口升级内部固件，这里我们不需要对此管脚操作
GP102	此管脚为ESP8266引出的一个IO
GND	GND管脚

图8.36　ESP8266WIFI模块　　　　图8.37　管脚介绍

由于该模块是3.3 V供电，和51单片机的电源不一样，这给直接使用带来不便。为此本任务使用了一个ESP8266模块转接板。

通过这个转接板后只引出四个输出线，分别为电源V_{CC}，地GND，信号输出端TXD和信号输入端RXD，并且可以5 V供电，可以直接配合51单片机使用，非常方便。由于ESP8266模块支持UART接口，因此把转接板的TXD、RXD分别和51单片机的RXD、TXD相连，通电后就可进行二者之间的串口通信了。

WIFI遥控小车的硬件电路如图8.38所示。

8-5-3　程序设计

本任务简单来说就是单片机接收控制信号，然后根据控制信号驱动小车做出相应的动作。单片机和WIFI模块通过UART方式通信，为了能正常通信，首先需要对单片机串口进行初始化，并对WIFI模块进行适当的配置。图8.39为单片机控制程序的基本流程图。

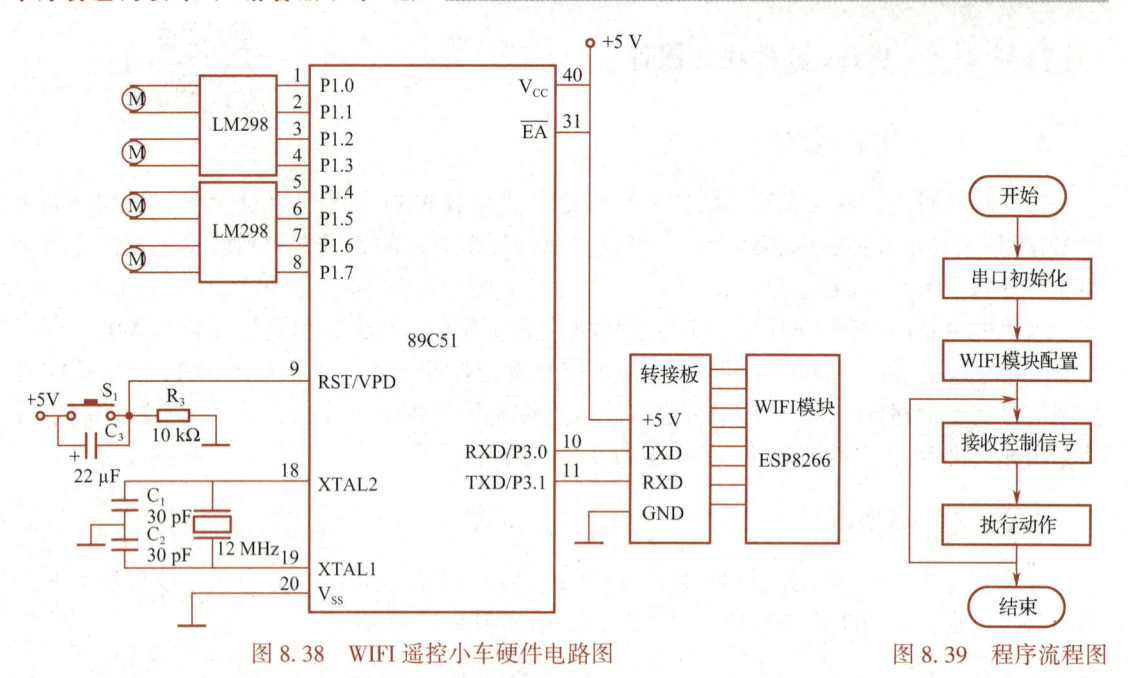

图 8.38　WIFI 遥控小车硬件电路图　　　　　图 8.39　程序流程图

采用模块化程序设计方法，WIFI 遥控小车的参考控制程序如下。

```c
//程序：ex8_5.c
//功能：单片机通过WIFI模块接收控制信号，并以此驱动小车完成相应的动作
#include <reg51.h>              //包含头文件reg51.h，定义了51单片机的专用寄存器
#define uint unsigned int       //为了书写方便，用符号uint来定义无符号整型变量
#define uchar unsigned char     //用符号uchar来定义无符号字符型变量
uchar Receive_table[20];        //用于存放WIFI模块接收到并发送给单片机的数据
uchar i;                        //定义全局变量i，用于计算接收到的控制字符的个数
bit start;                      //开始接收控制信号的标志位
void DelayMs(uint t);           //延时子函数声明
void Uart_Init();               //串口初始化子函数声明
void ESP8266_Set(uchar *puf);   // WIFI模块设置子函数声明
void Drive_Car();               //功能判断子函数声明
void main()                     //主函数
{
    Uart_Init();                                    //串口初始化
    ESP8266_Set("AT+CWMODE=2\r\n");                 //设置ESP8266工作在路由器模式2
    ESP8266_Set("AT+RST\r\n");                      //重新启动ESP8266
    ESP8266_Set("AT+CIPMUX=1\r\n");                 //开启多连接模式，允许多个客户端接入
    ESP8266_Set("AT+CIPSERVER=1,5000\r\n");         //启动TCP服务器模式，端口为5000
    ES=1;                                           //允许串口中断
    while(1)
        if(!start)
            Drive_Car();
}
//函数名：DelayMs
//功能：延时子函数
//形式参数：无符号整型变量t，其值可控制延时长短
//返回值：无
```

```c
void DelayMs (uint t )
{
    uchar j;                            //定义循环变量
    while ( t-- )
        {
         for ( j=0; j<100; j++);        //采用12MHz晶振时, 延时约为1ms
        }
}
//函数名: Uart_ Init
//功能: 串口初始化子函数
//形式参数: 无
//返回值: 无
void Uart_ Init (    )
{
    SCON = 0x50;                        //串行口工作于方式1, 允许接收
    TMOD = 0x20;                        //定时器T1为工作方式2
    TH1 = 0xFD;                         //设置波特率9600bps
    TL1 = 0xFD;
    TR1 = 1;                            //启动波特率发生器
    ES = 0;                             //关闭串口中断
    EA = 1;                             //开总中断
}
//函数名: ESP8266_ Set
//功能: 按照需要配置模块, 以实现无线接入和控制
//形式参数: 使用指针puf作为形式参数, puf就是要发送指令字符串的首地址
//返回值: 无
void ESP8266_ Set ( uchar *puf )        //数组指针*puf指向字符串数组
{
    ES=0;                               //关闭串口中断
    while ( *puf! ='\0'  )              //字符串结束跳出循环
    {
        SBUF= *puf;                     //向WIFI模块发送控制指令
        while ( TI==0 );                //等待发送完毕
        TI=0;                           //清发送完毕中断请求标志位
        puf++;                          //指针指向下一个控制字符
    }
    DelayMs ( 2000 );                   //模块需要一定的反应时间, 该延时时间需要根据硬件调整
}
//函数名: Drive_ Car
//功能: 单片机根据接收到的控制字符, 驱动小车作出相应的响应
//形式参数: 无
//返回值: 无
voidDrive_ Car (  )   //P1口控制驱动小车的四个电机, 其中高四位控制右边的两个
                      //电机, 低四位控制左边的两个电机
{
    switch ( Receive_ table [9] )       //通过判断数组中第10位控制字符来执行相应的动作
        {
            case '0': P1=0x55; break;   //控制字符'0'代表前进
            case '1': P1=0xaa; break;   //控制字符'1'代表后退
            case '2': P1=0x50; break;   //控制字符'2'代表左转
            case '3': P1=0x05; break;   //控制字符'3'代表右转
            case '4': P1=0x00; break;   //控制字符'4'代表停止
```

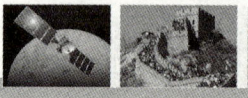

```c
            default: break;
        }
    }
//函数名：Uart_Interrupt
//功能：采用串口中断方式接收WIFI模块发送来的控制信息
//形式参数：无
//返回值：无
void Uart_Interrupt( ) interrupt 4        //串口中断类型号为4
{   uchar receive;                        //定义局部变量用于暂存接收到的控制字符
    if(RI==1)                             //成功接收到一个控制字符后，RI会自动置1
    {
        RI=0;                             //软件清除中断标志位
        receive=SBUF;                     //单片机接收ESP8266反馈回来的数据
        if(receive=='+' )                 //接收到的控制信号首个字符需为'+'
        { i=0;                            //控制信号格式正确，开始计算控制字符个数
          start=1;                        //开始接收控制信号
        }
        if(start)
        {
            Receive_table[i]=receive;     //将暂存的控制字符保存到全局数组中
            i=i+1;                        //数组下标自动加1
            if(i==10)                     //控制字符个数超过10时，停止接收
                start=0;
        }
    }
}
```

> **小提示** 为方便读者理解上述程序，将分别对不同模块中的难点作一解读：
>
> （1）主函数首先调用串口初始化子函数，然后配置ESP8266模块，最后就是不断处理接收到的控制信号。在配置ESP8266模块时，输入的AT指令写成字符串的形式，最后的\r\n是转义字符，\r表示回车的意思，\n表示换行的意思，前者使光标到行首，后者使光标下移一格，两个放一起就和执行Enter键的作用一样。这里需要注意的是，本设计在配置WIFI模块时采用了查询方式，但在接收控制信号时使用了中断方式，因此在配置好ESP8266模块后一定要记得开串口中断。
>
> （2）在串口初始化子函数中，需要注意的是ES = 0这条语句。由于控制程序在开始配置WIFI模块时没有使用中断方式，因此在串口初识化时就不需要开启串口中断。
>
> （3）对于WIFI模块设置子函数ESP8266_Set，由于AT指令本质上就是一串字符，这里使用指针puf作为形式参数，puf就是要发送指令字符串的首地址。考虑到串口通信每次只能发送一个字符，因此这里使用while语句完成字符串的逐个发送，为确保发送正常，这里采用查询方式发送。每个AT指令字符串发送完成后，WIFI模块还需要一定的反应时间，这个延时要根据系统硬件调整，本任务中的延时大概为2 s。
>
> （4）要理解串口中断处理子函数，必须了解ESP8266模块接收信号的数据格式。在多路连接时，ESP8266接收到的数据是形如+IPD、0、1：3的格式，具体参数的意义读者可查阅相关参考资料，这里不赘述。对于本任务而言，真正有用的控制字符就是最

项目8 单片机应用系统综合设计

后那个字符，其他都可以认为是格式字符。因此，如果单片机接收到一个有效控制信号，则一定是以+IPD开头（程序中简化为只判断字符'+'），并且真正有用的控制字符位于这个字符串的第10位。

（5）对于功能判断子函数，单片机通过判断全局数组中第10位控制字符来执行相应的动作。其中控制字符'0'~'4'是在手机端的"WIFI 小车"APP 上自行定义的。

8-5-4　WIFI 模块 APP 设置及系统运行调试

将上述控制程序编译下载到单片机中，并连接好 ESP8266WIFI 模块，WIFI 遥控小车接收端就准备就绪了。接下来需要完成发送端的相关设计。

首先在手机端安装"Unicorn WIFI 小车.apk"，如图 8.40 所示。注意，该 APP 只能在安卓手机上运行。

图 8.40　安装"Unicorn WIFI 小车"APP

接着开启手机的无线局域网（WLAN）功能，找到 ESP8266 模块的名称并连接（本任务中已将 ESP8266 模块的名字设置为"SZPT"）。打开"Unicorn WIFI 小车"APP，这里 192.168.4.1 就是 ESP8266 模块的默认 IP 地址，端口号已经设置为 5000，直接点击右上角的"连接"按钮，正常会出现"连接成功"的提示。WIFI 模块连接过程如图 8.41 所示。

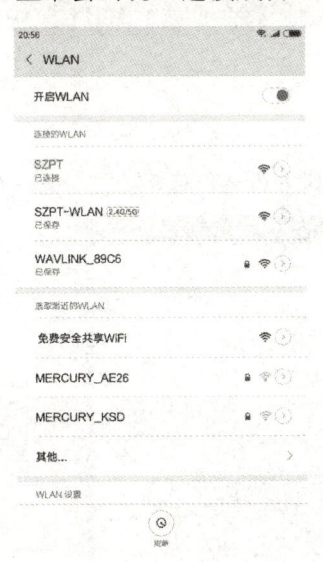

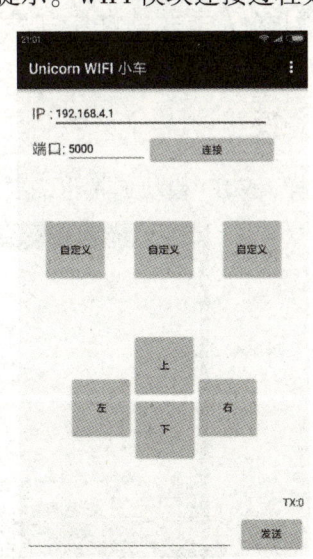

（a）搜索并连接WIFI模块　　　（b）连接配置好的WIFI模块

图 8.41　WIFI 模块连接过程

最后可通过点击图 8.42（a）中右上角的三个点来对按钮的键值（控制字符）进行设置。在如图 8.42（b）所示的"点击按钮进行设置"页面，点击要设置的按钮就会出现设置界面。可见每个按钮设置包括三个要素，即按钮名称、弹起发送及按下发送，其中"弹起发送"指按钮松开时发送的控制字符，"按下发送"指按钮按下时发送的控制字符。这里以控制前进的按钮设置为例，可将按钮"上"改为"前进"，"弹起发送"设置为'4'，"按下发送"设置为'0'。其他三个按钮可参照进行设置。设置完成后，当按下不同按钮时会发送不同的控制字符，小车执行相应的动作；当松开按钮时则均发送控制字符'4'，此时小车停止。

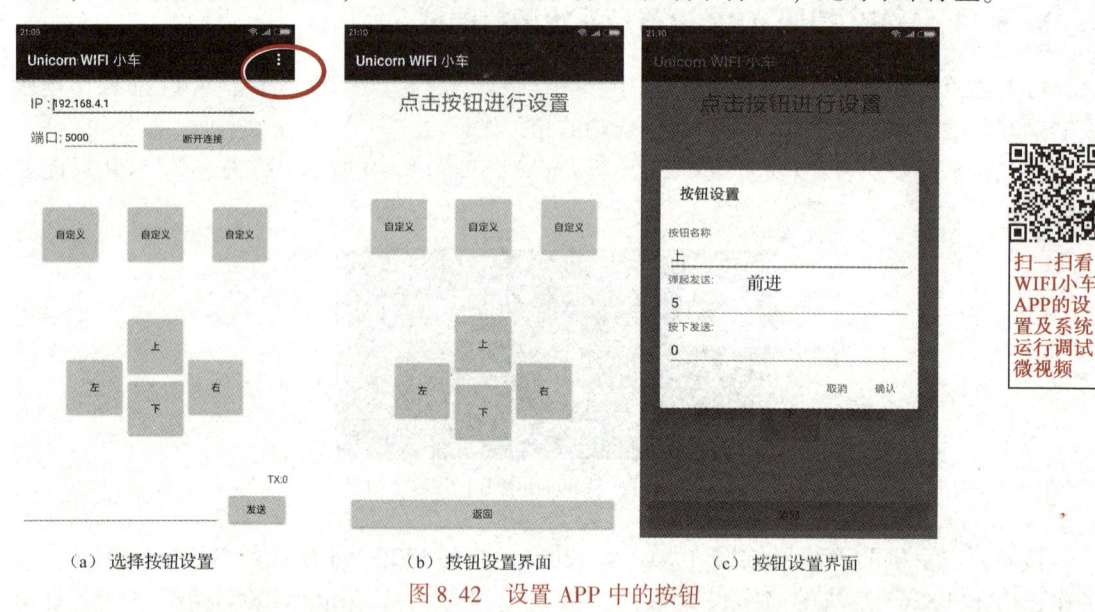

（a）选择按钮设置　　　　　（b）按钮设置界面　　　　　（c）按钮设置界面

图 8.42　设置 APP 中的按钮

8-5-5　任务小结

通过对 WIFI 遥控小车系统的设计与调试，让读者了解了 WIFI 模块的基本使用方法，同时更进一步熟悉了串口通信的应用。

8-5-6　举一反三

和蓝牙模块一样，WIFI 模块通常也需要对其进行 AT 指令设置，方法如图 8.43 所示。

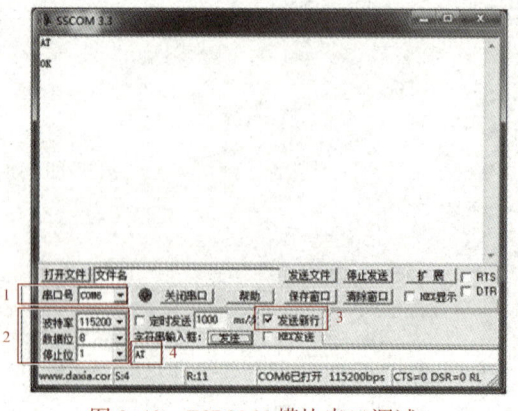

图 8.43　ESP8266 模块串口调试

类似地，WIFI 模块也可利用 USB 到 TTL 的转接口来连接电脑。硬件连接好后，打开电脑上的串口调试助手。首先选择 WIFI 模块连接的 PC 串口号，然后设置波特率及帧格式，由于 ESP8266 WIFI 模块出厂默认的波特率是 115 200 bps，因此这里需要将波特率设置成 115 200。帧格式设置数据位 8 位，停止位 1 位。选择"发送新行"，最后在字符串输入框中输入"AT"，点击"发送"按钮。该指令用于测试 WIFI 模块是否通信正常，若正常则会返回"OK"，否则不返回信息，如图 8.43 所示。

其他 AT 指令的设置和蓝牙模块的操作方法类似，这里不再赘述。ESP8266 模块常用的指令如表 8.8 所示。

表 8.8　ESP8266 模块 AT 指令集

	命令	描述		命令	描述
基础指令	AT	测试 AT 启动	TCP/IP指令	AT+CIPSTATUS	获得连接状态
	AT+RST	重启模块		AT+CIPSTART	建立 TCP 连接或注册 UDP 端口号
	AT+GMR	查看版本信息		AT+CIPSEND	发送数据
WIFI功能指令	AT+CWMODE	选择 WIFI 应用模式		AT+CIPCLOSE	关闭 TCP 或 UDP
	AT+CWJAP	加入 AP		AT+CIFSR	获取本地 IP 地址
	AT+CWLAP	列出当前可用 AP		AT+CIPMUX	启动多连接
	AT+CWQAP	退出与 AP 的连接		AT+CIPSERVER	配置为服务器
	AT+CWSAP	设置 AP 模式下的参数		AT+CIPMODE	设置模块传输模式
	AT+CWLIF	查看已接入设备的 IP		AT+CIPSTO	设置服务器超时时间

知识梳理与总结

本项目以 5 个单片机应用系统的综合开发任务为例，通过对系统的目标、任务、指标要求等分析，确定功能技术指标的软硬件分工方案是设计的第一步；分别进行软硬件设计、制作、编程是系统设计中最重要的内容；软件与硬件相结合对系统进行仿真调试、修改、完善是系统设计的关键所在。

单片机应用开发过程中常涉及各种存储器、传感器、A/D、D/A 等外围器件的接口设计，本项目的第三个任务重点介绍了 1 总线、I^2C 总线、SPI 总线器件的应用方法，读者可举一反三，在工程实践中轻松完成同类串行总线接口器件的开发应用。

本项目还对单片机应用中的器件选型、硬件设计、抗干扰、蓝牙与 WIFI 等实用技术进行了经验总结，为读者提供了非常实用的单片机应用系统设计参考素材。

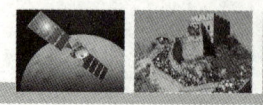

附录 A 课程设计的步骤

课程设计是单片机应用技术课程教学的一个关键环节，学生可以自己动手设计一个完整的单片机应用系统，掌握前面所学的各种知识和技能，并对单片机的应用有一个完整的认识和训练。单片机应用系统设计包括硬件设计和软件设计两部分。一般来说，应用系统所要完成的任务不同，相应的硬件和软件也就不同。硬件软件化是提高系统性价比的有效方法，尽量减少硬件成本，多用软件实现相同的功能，这样也可以大大提高系统的可靠性。

为了保证系统能够可靠地工作，在软、硬件设计中，还要考虑系统的抗干扰设计。虽然单片机的硬件选型不尽相同，软件编写也千差万别，但系统的开发步骤和方法是基本一致的，一般分为总体设计、硬件设计、软件编制和仿真调试、资料整理等五个阶段。单片机应用系统的开发流程如图 A.1 所示。

1. 总体设计

总体设计阶段包括需求分析和方案论证等，是单片机应用系统设计工作的开始和基础。只有经过深入细致的需求分析和周密科学的方案论证，才能使系统设计工作顺利完成。先确立功能目标，再进行单片机选型，最后进行方案论证。

2. 硬件设计

图 A.1 单片机应用系统的开发流程

根据总体设计中确立的功能特性要求，确定单片机的型号（单片机最初的选型很重要，原则上是选择高性价比的单片机）、所需外围扩展芯片、存储器、I/O 电路、驱动电路，可能还有 A/D 和 D/A 转换电路及其他模拟电路，设计出应用系统的电路原理图。

3. 软件设计

进行系统资源分配，设计程序结构及程序流程图，编写程序。

4. 仿真调试

硬件和软件设计完成后，一般不能按预计的任务正常工作，需要查错和调试。调试时，应将硬件和软件分成几部分，逐个进行调试，然后再进行联调，并进行性能测定。

5. 资料整理

资料不仅是设计工作的结果，而且是以后使用、维修以及进一步再设计的依据。资料应包括任务描述、设计思路及设计方案论证、性能测定及软件资料（流程图、函数使用说明、程序清单）和硬件资料（电路原理图、线路板图、注意事项等）。

从总体上来看，设计任务分为硬件设计和软件设计两部分，两者缺一不可。硬件设计的绝大部分工作量是在最初阶段，到后期只需做一些修改；软件设计任务贯彻始终，到中后期

基本上都是软件设计任务。在应用系统的设计中,软件、硬件和抗干扰设计是紧密相关、不可分离的。设计者应根据实际情况,合理地安排软、硬件的比例,选取最佳的设计方案,使系统具有最佳的性价比。

项目 8 中的 3 个综合设计任务可以作为单片机应用系统设计的参考。也可以扫二维码参考如下 10 个项目作为课程设计任务。

（扫码图略：课程设计参考项目1：音乐倒计数器设计；项目2：温度计设计；项目3：公交车报站器设计；项目4：环境湿度控制系统设计；项目5：红外遥控密码锁设计；项目6：倒车雷达系统设计；项目7：声控小车设计；项目8：简易MP3设计；项目9：自动旋转花样显示屏设计；项目10：智能巡迹小车设计）

附录 B　常用的 C51 标准库函数

下面简单介绍 Keil μVision3 编译环境提供的常用 C51 标准库函数,以便在进行程序设计时选用。

1. I/O 函数库

I/O 函数主要用于数据通过串口的输入和输出等操作,C51 的 I/O 库函数的原型声明包含在头文件 stdio.h 中。由于这些 I/O 函数使用了 51 单片机的串行接口,因此在使用前需要先进行串口的初始化。然后,才可以实现正确的数据通信。

典型的串口初始化需要设置串口模式和波特率,示例如下:

```
SCON=0x50;              //串口模式 1,允许接收
TMOD |=0x20;            //初始化 T1 为定时功能,工作方式 2
PCON |=0x80;            //设置 SMOD=1
TL1=0xF4;               //波特率 4800 bps,初值
TH1=0xF4;
IE |=0x90;              //中断
TR1=1;                  //启动定时器
```

2. 标准函数库

标准函数库提供了一些数据类型转换以及存储器分配等操作函数。标准函数的原型声明包含在头文件 stdlib.h 中,标准函数库的函数如表 B.1 所示。

表 B.1　常用标准函数

函数	功能	函数	功能
atoi	将字符串 sl 转换成整型数值并返回该值	srand	初始化随机数发生器的随机种子
atol	将字符串 sl 转换成长整型数值并返回该值	calloc	为 n 个元素的数组分配内存空间
atof	将字符串 sl 转换成浮点数值并返回该值	free	释放前面已分配的内存空间
strtod	将字符串 s 转换成浮点型数据并返回该值	init_mempool	对前面申请的内存进行初始化
strtol	将字符串 s 转换成 long 型数值并返回该值	malloc	在内存中分配指定大小的存储空间
strtoul	将字符串 s 转换成 unsigned long 型数值并返回该值	realloc	调整先前分配的存储器区域大小
rand	返回一个 0 到 32767 之间的伪随机数		

3. 字符函数库

字符函数库提供了对单个字符进行判断和转换的函数。字符函数库的原型声明包含在头文件 ctype.h 中，字符函数库的常用函数如表 B.2 所示。

表 B.2　常用字符处理函数

函数	功能	函数	功能
isalpha	检查形参字符是否为英文字母	isspace	检查形参字符是否为控制字符
isalnum	检查形参字符是否为英文字母或数字字符	isxdigit	检查形参字符是否为十六进制数字
iscntrl	检查形参字符是否为控制字符	toint	转换形参字符为十六进制数字
isdigit	检查形参字符是否为十进制数字	tolower	将大写字符转换为小写字符
isgraph	检查形参字符是否为可打印字符	toupper	将小写字符转换为大写字符
isprint	检查形参字符是否为可打印字符以及空格	toascii	将任何字符型参数缩小到有效的 ASCII 范围之内
ispunct	检查形参字符是否为标点、空格或格式字符	_tolower	将大写字符转换为小写字符
islower	检查形参字符是否为小写英文字母	_toupper	将小写字符转换为大写字符
isupper	检查形参字符是否为大写英文字母		

4. 字符串函数库

字符串函数的原型声明包含在头文件 string.h 中。在 C51 语言中，字符串应包括 2 个或多个字符，字符串的结尾以空字符来表示。字符串函数通过接受指针串来对字符串进行处理。常用的字符串函数如表 B.3 所示。

表 B.3　常用的字符串函数

函数	功能	函数	功能
memchr	在字符串中顺序查找字符	strncpy	将一个指定长度的字符串覆盖另一个字符串
memcmp	按照指定的长度比较两个字符串的大小	strlen	返回字符串中字符总数
memcpy	复制指定长度的字符串	strstr	搜索字符串出现的位置
memccpy	复制字符串，如果遇到终止字符则停止复制	strchr	搜索字符出现的位置
memmove	复制字符串	strpos	搜索并返回字符出现的位置
memset	按规定的字符填充字符串	strrchr	检查字符串中是否包含某字符

续表

函数	功能	函数	功能
strcat	复制字符串到另一个字符串的尾部	strrpos	检查字符串中是否包含某字符
strncat	复制指定长度的字符串到另一个串符串的尾部	strspn	查找不包含在指定字符集中的字符
strcmp	比较两个字符串的大小	strcspn	查找包含在指定字符集中的字符
strncmp	比较两个字符串的大小，比较到字符串结束符后便停止	strpbrk	查找第一个包含在指定串符集中的字符
strcpy	将一个字符串覆盖另一个串符串	strrpbrk	查找最后一个包含在指定字符集中的串符

5. 内部函数库

内部函数库提供了循环移位和延时等操作函数。内部函数的原型声明包含在头文件 intrins.h 中，内部函数库的常用函数如表 B.4 所示。

表 B.4 内部函数库的常用函数

函数	功能	函数	功能
crol	将字符型数据按照二进制循环左移 n 位	_iror_	将整型数据按照二进制循环右移 n 位
irol	将整型数据按照二进制循环左移 n 位	_lror_	将长整型数据按照二进制循环右移 n 位
lrol	将长整型数据按照二进制循环左移 n 位	_nop_	使单片机程序产生延时
cror	将字符型数据按照二进制循环右移 n 位	_testbit_	对字节中的一位进行测试

6. 数学函数库

数学函数库提供了多个数学计算的函数，其原型声明包含在头文件 math.h 中，数学函数库的函数如表 B.5 所示。

表 B.5 数学函数库的函数

函数	功能	函数	功能
abs	计算并返回输出整型数据的绝对值	sqrt	计算并返回浮点数 x 的平方根
cabs	计算并返回输出字符型数据的绝对值	cos、sin、tan、acos、asin、atan、atan2、cosh、sinh、tanh	计算三角函数的值
fabs	计算并返回输出浮点型数据的绝对值		
labs	计算并返回输出长整型数据的绝对值	ceil	计算并返回一个不小于 x 的最小正整数
exp	计算并返回输出浮点数 x 的指数	floor	计算并返回一个不大于 x 的最小正整数
log	计算并返回浮点数 x 的自然对数	modf	将浮点型数据的整数和小数部分分开
log10	计算并返回浮点数 x 的以 10 为底的对数值	pow	进行幂指数运算

7. 绝对地址访问函数库

绝对地址访问函数库提供了一些宏定义的函数，用于对存储空间的访问。绝对地址访问函数包含在头文件 abcacc.h 中，常用函数如表 B.6 所示。

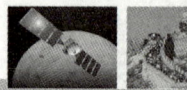

表 B.6 绝对地址访问库的函数

函数	功能	函数	功能
CBYTE	对51单片机的存储空间进行寻址 CODE 区	PWORD	访问51单片机的 PDATA 区存储器空间
DBYTE	对51单片机的存储空间进行寻址 IDATA 区	XWORD	访问51单片机的 XDATA 区存储器空间
PBYTE	对51单片机的存储空间进行寻址 PDATA 区	FVAR	访问 far 存储器区域
XBYTE	对51单片机的存储空间进行寻址 XDATA 区	FARRAY	访问 far 空间的数组类型目标
CWORD	访问51单片机的 CODE 区存储器空间	FCARRAY	访问 fconst far 空间的数组类型目标
DWORD	访问51单片机的 IDATA 区存储器空间		

参 考 文 献

[1] 张永枫. 单片机应用实训教程. 北京：清华大学出版社，2008.

[2] 刘守义. 单片机应用技术（第2版）. 西安：西安电子科技大学出版社，2007.

[3] 陈海松. 单片机应用技能项目化教程. 北京：电子工业出版社，2012.

[4] 李朝青. 单片机原理及接口技术（第3版）. 北京：航空航天大学出版社，2005.

[5] 郭天祥. 新概念51单片机C语言教程：入门、提高、开发、拓展全攻略. 北京：电子工业出版社，2009.

[6] 张义和等. 例说51单片机（C语言版）. 北京：人民邮电出版社，2010.

[7] 杜洋. 爱上单片机. 北京：人民邮电出版社，2011.

[8] 范洪刚. 51单片机自学笔记. 北京：北京航空航天大学出版社，2010.

[9] 徐玮. C51单片机高效入门. 北京：机械工业出版社，2006.

[10] 李伯成. 嵌入式系统可靠性设计. 北京：电子工业出版社，2006.

[11] 刘建清. 从零开始学单片机C语言. 北京：国防工业出版社，2006.

[12] www.mcu-memory.com